普通高等教育"十四五"规划教材

分离工程

主　编　刘纪昌

副主编　赵基钢　沈本贤　徐心茹　杨敬一

中国石化出版社

·北京·

内 容 提 要

分离工程是化工与制药类、石油与天然气工程类专业重要的基础课程。本书主要针对化工分离过程，尤其是石油化工分离过程开发和设计中遇到的工程问题，讲授适宜分离方法的选择、分离流程和操作条件的确定、分离过程的实验研究方法和设计计算等，重点培养学生在化学工程、石油化工、油气储运等领域分离技术的应用研究和开发能力。

本书适合作为化工与制药类、石油与天然气工程类专业的本科生、研究生的教材，也适合相关领域的工程技术人员阅读参考。

图书在版编目(CIP)数据

分离工程／刘纪昌主编．—北京：中国石化出版社，2024.3
ISBN 978-7-5114-7448-3

Ⅰ．①分… Ⅱ．①刘… Ⅲ．①分离-化工过程 Ⅳ．①TQ028

中国国家版本馆 CIP 数据核字(2024)第 053918 号

中国石化出版社出版发行
地址：北京市东城区安定门外大街 58 号
邮编：100011　电话：(010)57512500
发行部电话：(010)57512575
http://www.sinopec-press.com
E-mail：press@sinopec.com
北京富泰印刷有限责任公司印刷
全国各地新华书店经销
*
710 毫米×1000 毫米 16 开本 22.5 印张 372 千字
2024 年 3 月第 1 版　2024 年 3 月第 1 次印刷
定价：58.00 元

前　言

分离工程相关技术是化工、石油、材料、制药等行业的核心技术之一，也是相关专业高等院校学生必须修习的课程。近年来出版的多本《分离工程》教材较好地满足了化工类专业课程学习的需求。

我国具有石油特色的院校和专业肩负着为石油、石化行业培养人才的重任，石油、石化领域的分离问题与常规的化工行业分离问题虽有共通之处，但同时又有自己的特殊性。在学习化工相关分离技术的同时，如果能够结合石油、石化行业的特点，了解石油体系分离问题的解决方法，无疑会更有利于相关高校学生和企业技术人才的成长。

同时，随着行业的发展和技术进步，一些新的分离工艺在特定的行业领域涌现并发挥了关键作用，这些技术值得相关领域学生和技术人员学习借鉴，以期能消化、吸收、触类旁通，促进新分离技术与不同领域的交叉融合。

本书基于华东理工大学和石河子大学两个化学工程与技术“一流学科”高校和广东石油化工学院等石油院校分离工程相关课程的教学实践，并结合华东理工大学石油加工系学科特色和石河子大学所在地域的石油资源优势编写，全书分为九章。在讲述典型化工分离过程，如多组分精馏、特殊蒸馏等的过程中，结合若干石油、石化领域的分离实例，还专门设置了石油蒸馏过程章节，力求阐述相关分离问题的解决方法；在介绍传统吸收过程时，结合国内外行业发展趋势，尤其是“双碳”目标的要求，讲述了 CO_2 分离领域的技术要点和计算方法；对膜分离等新型分离技术和吸附、结晶等近年来有显著技术创新的分离技术也作了必要介绍。

本书主编为刘纪昌，副主编为赵基钢、沈本贤、徐心茹、杨敬一。参加编写的还有华东理工大学许振良(负责膜分离技术章节)、张相洋(负责结晶技术章节)、濮鑫(负责吸附分离章节)，石河子大学李翠华(负责固液浸取章节)、白兰莉(负责液液萃取章节)；华东理工大学的凌昊、孙辉、叶磊、韩鑫、覃兴龙和石河子大学的王荣杰、李江兵、孔令涛以及广东石油化工学院的杨冲、肖业鹏也参与了本书的编写工作。

限于编者的能力与水平，以及相关学科和行业技术的快速进步，本书难免存在不完善和不全面之处，敬请专家、读者批评指正！

目　录

1 多组分精馏

精馏是利用混合物中各组分挥发度不同，通过加入能量获取高纯度产品的操作。在石油与天然气工业中存在大量典型的多组分精馏过程，比如催化重整过程得到的混合芳烃通过精馏分离成苯、甲苯和混合二甲苯；催化裂化过程得到的液化石油气通过精馏生产丙烯和各种丁烯产品；石脑油或煤、柴油馏分热裂解的气体混合物通过精馏生产乙烯、丙烯和 C_4馏分；油田气分离等。由于处理的原料组分复杂，得到的产品数量众多，因此计算方法比二元精馏烦琐。掌握多组分精馏计算方法不仅可直接进行多组分物系分离过程的计算，而且还可以应用到石油产品蒸馏过程的计算机辅助设计和生产控制。

1.1 多组分精馏流程方案及选择

多组分精馏过程的流程方案多样。以三组分混合物的分离为例，可提出如图 1-1 所示的 8 个流程方案。其中前 2 个为简单塔流程，其余 6 个流程由具有侧线的复杂塔构成。对复杂塔流程经济性的详细考察表明，一般情况下并不比简单塔流程有突出的优势，大多数工业流程在可能情况下都尽量采用简单塔。因此，寻找最优精馏流程的研究工作首先针对简单塔流程进行。

如果要求将组分数为 N 的原料分离为 N 个产品，则需要($N-1$)个简单塔。具有简单塔的流程称为分离序列(Separation sequence)；在一个塔中完成的一步分离称为分离子问题(Sub-problem)；在所有的分离子问题中出现的进料、中间产物和最终产品称为分离子团(Sub-group)。

当组分数目增多时，分离子问题和分离序列数目急速增长，见表 1-1。不同分离序列的分离成本一般是不一样的。把每一个可能的分离序列都进行计算的方法称为穷举法。分离子问题的数目就是穷举法必须计算的塔数。一般情况下穷举法计算工作量过大，应该寻找最优分离序列的适宜产生方法。Rothore 等人首次提出了最优能量集成的概念，在流程中各塔的冷凝器与再沸器之间建立换热网络。只有给定了分离序列，才有可能确定塔之间的换热方案，而换热产生的经济效果，又影响最优分离序列的寻找。

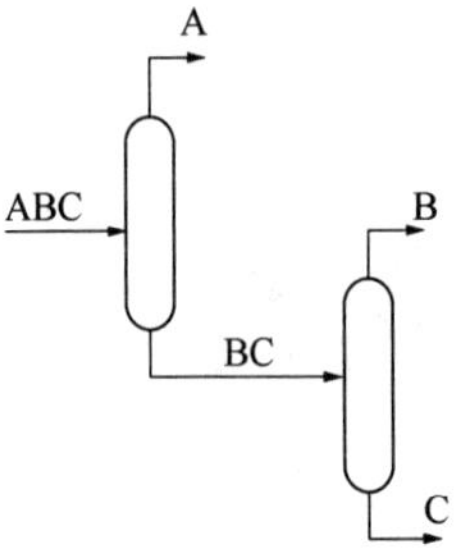

(a)直系列流程

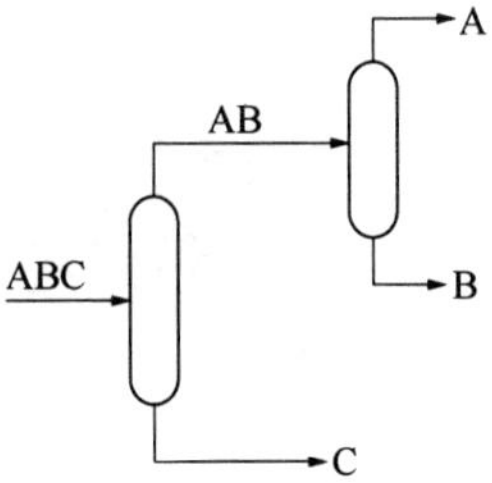

(b)反系列流程

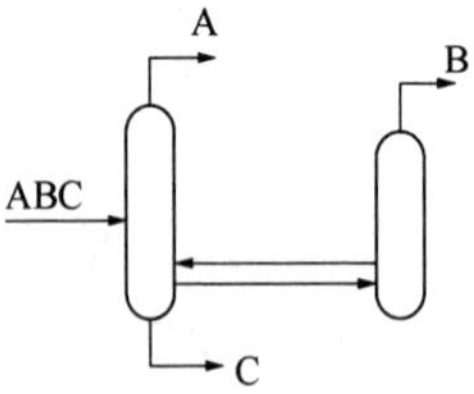

(c)低位侧线精馏段流程

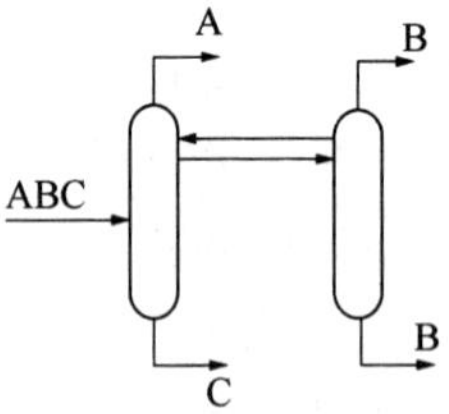

(d)高位侧线提馏段流程

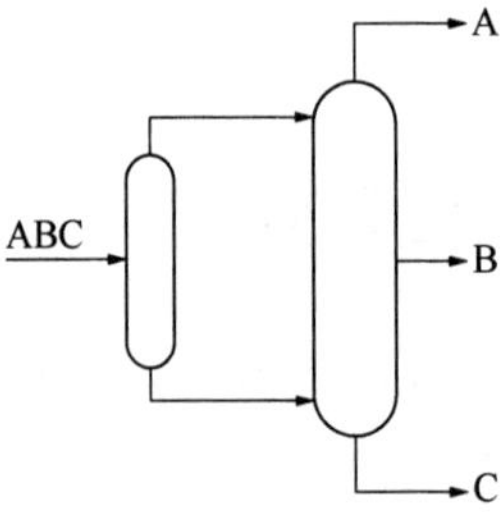

(e)预分馏两塔流程

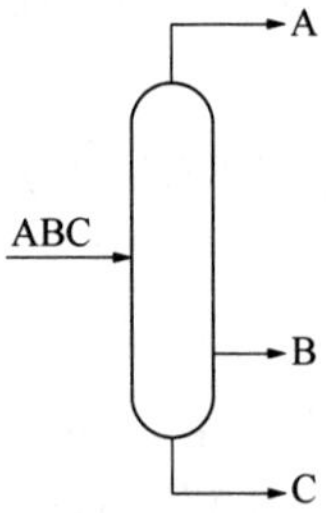

(f)低位侧线单塔流程

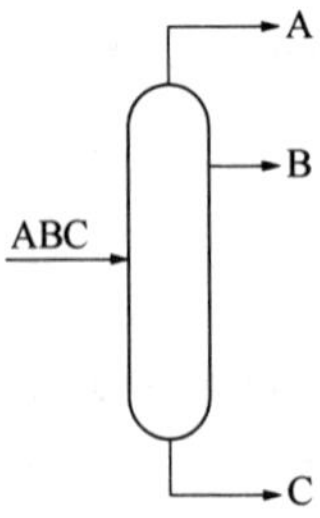

(g)高位侧线单塔流程

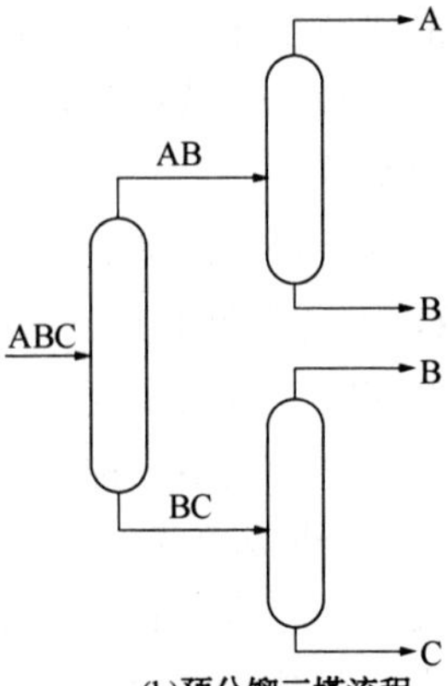

(h)预分馏三塔流程

图 1-1　三组分混合物精馏分离流程

表 1-1　多组分精馏的组合特征

组分数	分离序列	分离子问题	分离子团
3	2	4	6
4	5	10	10
5	14	20	15
6	42	35	21
7	132	56	28
8	429	84	36
9	1430	120	45
N	$\frac{[2(N-1)]!}{N!\ (N-1)!}$	$\frac{N(N-1)(N+1)}{6}$	$\frac{N(N+1)}{2}$

为了描述最优流程合成过程中的分离序列、分离子问题和分离子团，Hendry 和 Hughes 提出了名单分割法和子团三角矩阵。若用字母表示混合物中的组分，并按组分挥发性递降的次序排列，便得到有序组分名单(Ordered component list)。例如四组分混合物可以表示为 ABCD，其中 A 是最易挥发的组分，D 是最难挥发的组分。用斜线"/"隔开在一个简单塔中被分离的关键组分对，那么"/"即表示一个分离子问题(或一个简单塔)，两旁的分离子团分别是塔顶和塔底产物，如图 1-2 所示。

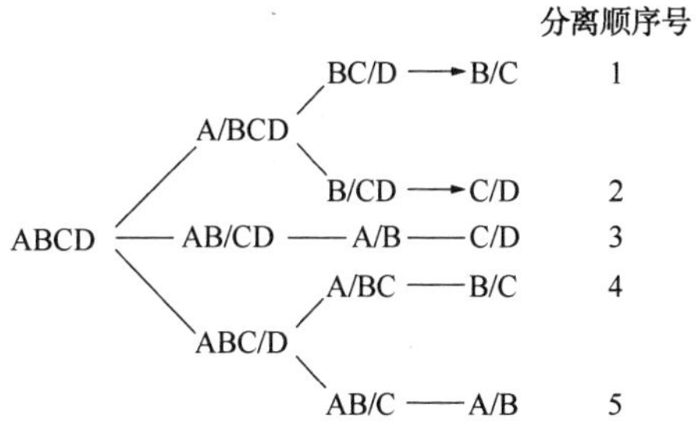

图 1-2　四组分混合物的分离序列

分离序列为 5 个，分离子团有 10 个，分别为①ABCD，②A，③BCD，④AB，⑤CD，⑥ABC，⑦D，⑧BC，⑨B，⑩C；分离子问题(或简单塔)有 10 个，分别为①A/BCD，②BC/D，③B/C，④B/CD，⑤C/D，⑥AB/CD，⑦A/B，⑧ABC/D，⑨A/BC，⑩AB/C。

若将各分离子团按下述规则排列，便得到分离子团三角矩阵。将原料混合物(如 ABCD)作为第一行第一列元素，然后在同一行中依次去掉名单中最后一个组分。第二行从第二列开始，名单中的第二组分成为最易挥发组分，其他各列的元素仍然是依次去掉最后一个组分。这样矩阵中每一行都有一个共同的最易挥发组分，每一列的分离子团组分数相同。四组分混合物的分离子团三角矩阵如图 1-3 所示。

若将分离子团三角矩阵划分为两个子阵，上面一个不包含最难挥发组分 D，

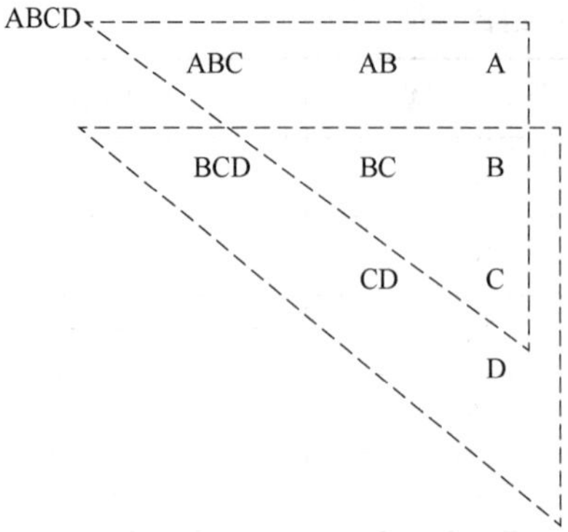

图 1-3　四组分混合物的分离子团三角矩阵

其中的分离子团都可成为塔顶产品；下面一个子阵不包含最易挥发组分 A，其中的分离子团都可以成为塔底产品；两个子阵的公共分离子团既可成为塔顶产品，也可成为塔底产品。

寻找最优分离序列的方法有三种：启发式方法、调优式方法与数学规划法。

启发式方法是根据某些经验规则决定组分分离序列的方法。

调优式方法是首先按一定的启发式方法得出一个初始序列，然后按另一些规则对初始序列的结构做局部调整优化，直到得出总成本最低的序列。

数学规划法分为动态规划法和分支定界搜索法。

以启发式方法为例，规则分为四类：

(1) 分离方法探试(M 探试)法则——Method heuristics。

规则 1(M1 法则)：在其他情况相同时，优先考虑能量分离手段(如常规蒸馏)，避免使用分离助剂。不过在关键组分的分离系数或相对挥发度<1.10 时，最好不用常规蒸馏。如果分离助剂能够显著改善关键组分的相对挥发度，则可采用，但加入后应在流程的下一个设备中立即分离出去。

规则 2(M2 法则)：在其他情况相同时，避免在温度或压力过高或过低的极端条件下操作，不过高的极端条件比低的极端条件强些。如果需要使用真空蒸馏，则应研究液液萃取的可能性；如果需要采用冷冻技术(低沸点蒸馏)，则应研究吸收等比蒸馏更便宜的手段。

(2) 设计探试(D 探试)法则——Design heuristics。

规则 3(D1 法则)：在包含多组分产品的情况下，应优先考虑产品流线最少的分离序列，避免分离那些在同一目标产物组中的组分。

(3) 组分探试(S 探试)法则——Species heuristics。

规则 4(S1 法则)：优先除去腐蚀性或危险性组分。

规则 5(S2 法则)：在其他条件相同时，最后进行最困难的分离，特别是当相对挥发度接近 1 时，应当在不含非关键组分的情况下分离。

(4)组成探试(C 探试)法则——Composition heuristics。

规则 6(C1 法则)：如果分离系数或相对挥发度不太低的话，应首先分离含量最多的组分。

规则 7(C2 法则)：如果组分含量相差不太大，而且塔顶、塔底产品对半分离的相对挥发度不太低的话，应优先完成该步分离。

1.2 多组分物系的气液平衡

气液平衡计算是精馏过程传质计算的基础。二元物系气液平衡关系可以用气液平衡相图，如恒压下的温度与平衡气、液相轻组分摩尔分数关系的 $t-x-y$ 图来直观表达。单纯表达气、液相组成对应关系的 $x-y$ 曲线配合表达物料平衡关系的操作线可以进行二元精馏过程的图解计算。在多组分物系中，难以用相图来表达各组分气、液相组成的关系，需要通过复杂的计算获得所需的基础数据。

在精馏过程的气液平衡计算时，首先确定可供选择变量的数目。根据相律，平衡物系的自由度：

$$F=C-\phi+2$$

式中 F——自由度；

C——组分数；

ϕ——相数。

在气液平衡的物系中，如果液相是完全互溶的，那么相数 $\phi=2$。因此自由度 F 与组分数 C 在数值上相等。例如：对于二元物系自由度 F 为 2。任意选定两个变量以后，物系的状态、表达状态的各参数也相应确定。当系统总压和任意组分液相组成确定以后，那么与该液相平衡的气相组成以及系统的温度均被确定。有 C 个组分的物系进行气液平衡计算时，总压 p 确定之后尚需确定物系的 $C-1$ 个变量，如液相各组分的含量，才能确定物系的状态，再通过计算确定其他参数。

1.2.1 多组分物系的气液平衡关系

当气液两相处于平衡状态时，任意组分 i 在气液两相的化学势应当相等，即：

$$\mu_{iL}=\mu_{iV}$$

式中 μ_{iL}——组分 i 在液相中的化学势；

μ_{iV}——组分 i 在气相中的化学势。

如果使用逸度来表示气液相平衡关系，当物系处于平衡状态时，任意组分 i 在气相的逸度与其在液相的逸度相等，即：

$$f_{iV}=f_{iL}$$

式中 f_{iV}——组分 i 在气相中的逸度；

f_{iL}——组分 i 在液相中的逸度。

按照逸度和活度的关系可分别写出：

$$f_{iV}=\gamma_{iV}\cdot f_{iV}^0\cdot y_i=p\varphi_{iV}^0\gamma_{iV}y_i=p\hat{\varphi}_{iV}y_i$$

$$f_{iL}=\gamma_{iL}\cdot f_{iL}^0\cdot x_i=p\varphi_{iL}^0\gamma_{iL}x_i=p\hat{\varphi}_{iL}x_i$$

式中　y_i、x_i——组分 i 在气相和液相中的摩尔分数；

γ_{iV}、γ_{iL}——组分 i 在气相和液相中的活度系数；

f_{iV}^0、f_{iL}^0——在系统的温度和压力下，纯组分 i 呈气态和液态时的逸度；

φ_{iV}^0、φ_{iL}^0——在系统的温度和压力下，纯组分 i 呈气态和液态时的逸度系数；

$\hat{\varphi}_{iV}$、$\hat{\varphi}_{iL}$——在系统的温度和压力下，组分 i 在气相和液相中的逸度系数；

p——体系总压。

显然，当系统处于平衡状态时：

$$\gamma_{iV} \cdot f_{iV}^0 \cdot y_i = \gamma_{iL} \cdot f_{iL}^0 \cdot x_i = p\hat{\varphi}_{iL} x_i \tag{1-1}$$

当应用气液相平衡常数 K 来表达相平衡关系时：

$$K_i = \frac{y_i}{x_i}$$

式中　K_i——组分 i 的相平衡常数。

显然

$$K_i = \frac{\gamma_{iL} \cdot f_{iL}^0}{\gamma_{iV} \cdot f_{iV}^0} = \frac{p\hat{\varphi}_{iL}}{p\hat{\varphi}_{iV}} = \frac{\hat{\varphi}_{iL}}{\hat{\varphi}_{iV}} \tag{1-2}$$

相平衡常数与平衡系统的温度、压力和组成有关。按照气、液相的理想程度，气液相平衡关系可以分成五种情况处理。

(1) 气相是理想气体组成的理想溶液，液相是理想溶液。

当体系压力不高于 0.2MPa，混合物由化学结构相近、相对分子质量差别不大的化合物组成时，气相可以看成理想气体组成的理想溶液：

$$\gamma_{iV} = 1;\ f_{iV}^0 = p$$

液相可以近似看作是理想溶液：

$$\gamma_{iL} = 1$$

这一类系统一般被称为理想体系。

由式(1-2)，相平衡常数可以表示为：

$$K_i = \frac{f_{iL}^0}{p} \tag{1-3}$$

当系统压力较低时，纯组分 i 在系统温度下的液相逸度近似等于其饱和蒸汽压：

$$f_{iL}^0 = p_i^0$$

即：

$$K_i = \frac{p_i^0}{p} \tag{1-4}$$

式中　p_i^0——组分 i 在系统温度下的饱和蒸汽压。

在石油加工过程中，催化重整所得的芳烃混合物主要由苯、甲苯、二甲苯组成，蒸馏分离的操作压力一般低于 0.2MPa，可以由式(1-4)确定各组分的相平

衡常数 K_i，进行精馏过程的气液平衡计算。

(2) 气相为理想气体组成的理想溶液，液相为非理想溶液。

由于在低压下气相接近理想气体组成的理想溶液，即：

$$\gamma_{iV}=1;\ f_{iV}^0=p$$

液相为非理想溶液：

$$\gamma_{iL}\neq 1;\ f_{iL}^0=p_i^0$$

即：

$$p\cdot y_i=\gamma_{iL}\cdot p_i^0\cdot x_i$$

$$K_i=\frac{\gamma_{iL}\cdot p_i^0}{p} \tag{1-5}$$

在石油加工过程中，润滑油溶剂回收过程中所形成的有机溶剂和水的混合物的分离基本上属于此类型，可按式(1-5)进行计算。

(3) 气相是非理想气体组成的理想溶液，液相是理想溶液。

由于气、液相均为理想溶液，即：

$$\gamma_{iV}=\gamma_{iL}=1$$

由此可得气液平衡关系式：

$$f_{iV}^0\cdot y_i=f_{iL}^0\cdot x_i$$

进一步可以确定：

$$K_i=\frac{f_{iL}^0}{f_{iV}^0} \tag{1-6}$$

式(1-6)常用来进行石油裂解气、液化石油气分离过程的气液平衡计算。

(4) 气相是非理想气体组成的非理想溶液，液相是理想溶液。

按上述条件

$$\gamma_{iV}\neq 1;\ \gamma_{iL}=1$$

气液平衡关系式为：

$$\gamma_{iV}\cdot f_{iV}^0\cdot y_i=f_{iL}^0\cdot x_i$$

$$K_i=\frac{f_{iL}^0}{\gamma_{iV}f_{iV}^0} \tag{1-7}$$

(5) 气相是非理想气体组成的非理想溶液，液相是非理想溶液。

此时，

$$\gamma_{iV}\neq 1;\ \gamma_{iL}\neq 1$$

所以其气液平衡关系式为：

$$\gamma_{iV}\cdot f_{iV}^0\cdot y_i=\gamma_{iL}\cdot f_{iL}^0\cdot x_i$$

$$K_i=\frac{\gamma_{iL}f_{iL}^0}{\gamma_{iV}f_{iV}^0} \tag{1-8}$$

将以上五种情况下气液相平衡常数的 K_i 计算式列于表 1-2 中。

表 1-2 各种条件下的气液相平衡常数 K_i

类型	压力	气相		液相		K_i
		条件	f_{iV}	条件	f_{iL}	
1	低压	理想气体混合物	$p \cdot y_i$	理想溶液	$p_i^0 \cdot x_i$	$\frac{p_i^0}{p}$
2	低压	理想气体混合物	$p \cdot y_i$	非理想溶液	$\gamma_{iL} \cdot p_i^0 \cdot x_i$	$\frac{\gamma_{iL} \cdot p_i^0}{p}$
3	中压	真实气体理想溶液	$f_{iV}^0 \cdot y_i$	理想溶液	$f_{iL}^0 \cdot x_i$	$\frac{f_{iL}^0}{f_{iV}^0}$
4	高压	真实气体非理想溶液	$\gamma_{iV} \cdot f_{iV}^0 \cdot y_i$	理想溶液	$f_{iL}^0 \cdot x_i$	$\frac{f_{iL}^0}{\gamma_{iV} f_{iV}^0}$
5	高压	真实气体非理想溶液	$\gamma_{iV} \cdot f_{iV}^0 \cdot y_i$	非理想溶液	$\gamma_{iL} \cdot f_{iL}^0 \cdot x_i$	$\frac{\gamma_{iL} f_{iL}^0}{\gamma_{iV} f_{iV}^0}$

对于低压物系组分 i 的饱和蒸汽压可由安托因(Antoine)方程求得：

$$\ln p_i^0 = A - \frac{B}{T+C}$$

式中 A、B、C——均为常数，可在有关手册中查得。

中、低压下液相活度系数的计算方法很多，如 Van Laar 方程、Margules 方程、Wilson 方程等。中、高压下气相和液相逸度计算的方法有 Chao-Seader 法、Soave 法、SHBWR 法、Lee-Kesler 法等，用于进行轻质烃类气相和液相逸度计算也有较好的效果。这些方法均比较复杂，需用编程计算。

Despriester 以 BWR 方程为基础绘制两张简化算图以求取气液相平衡常数 K_i，如图 1-4 所示，分别应用于不同的温度范围。兰州化学工业公司设计院为了适应石油裂解深冷分离气液平衡计算的需要，通过 BWR 方程计算，编制了低温下(-150~-40℃)甲烷、乙烯、乙烷、丙烯、丙烷的 K_i 值算图。这些图表可供多元精馏简化计算使用。

由于 Despriester 的算图的平均误差在 8%~15%。Hadden 以会聚压来反映物系的组成编制了一系列图表用于计算 K_i 值，使平均误差下降到 6.8%。兰州化学工业公司设计院在此基础上提出了 K′atm 法，平均误差对烷烃和烯烃为 4.6%。但是用这些方法计算 K_i 时，求取每一个组分的 K_i 值都要花费较多的时间，因此未得到广泛应用。

另外，用于化工过程设计计算的流程模拟软件，如 Aspen、Pro-Ⅱ等，除包含各种化工单元过程的计算模型外，还有各种热力学性质的计算模型。气液平衡常见的各种计算方法集成在软件中供设计人员选择使用。

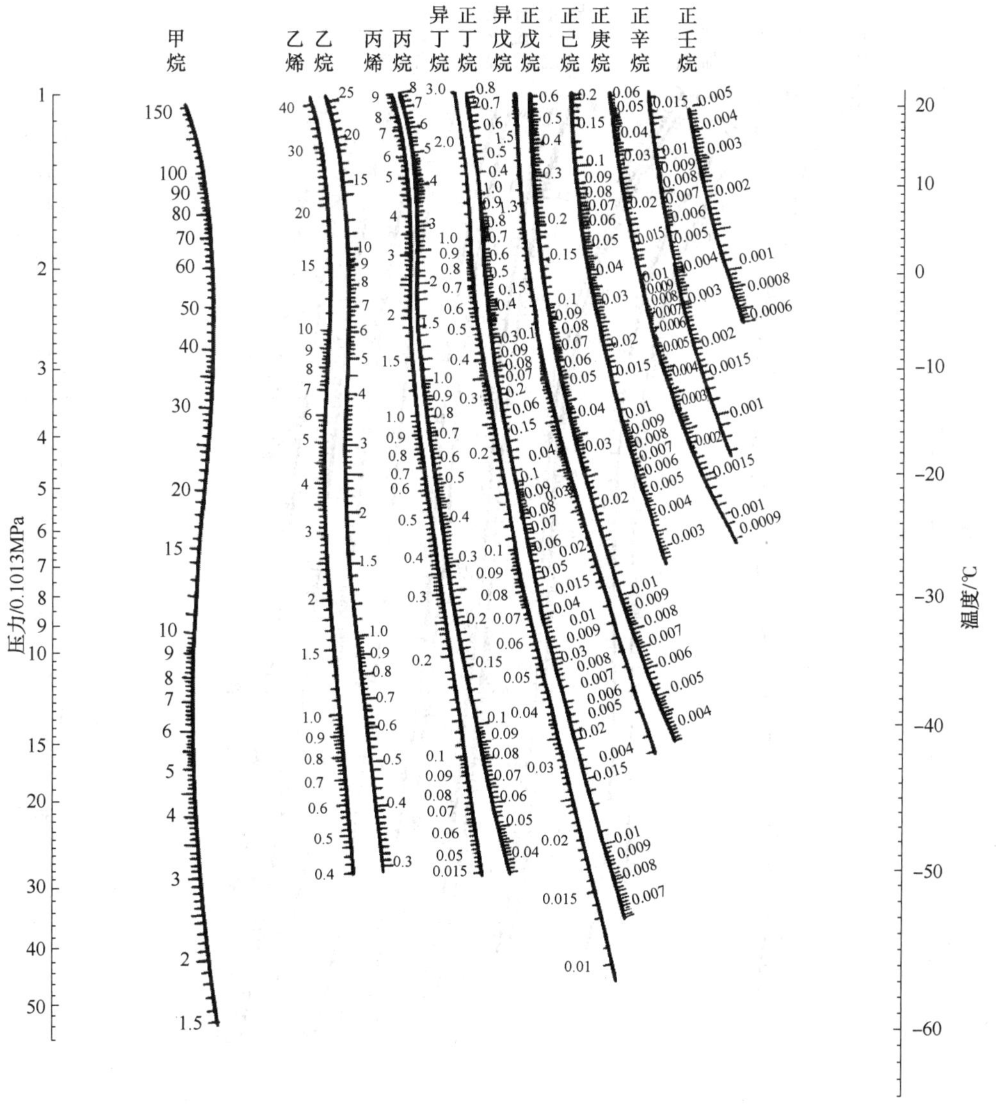

(a)烃类相平衡常数算图(−70~20℃)

相平衡常数 $K=\dfrac{y}{x}$

图 1-4　烃类相平衡常数算图

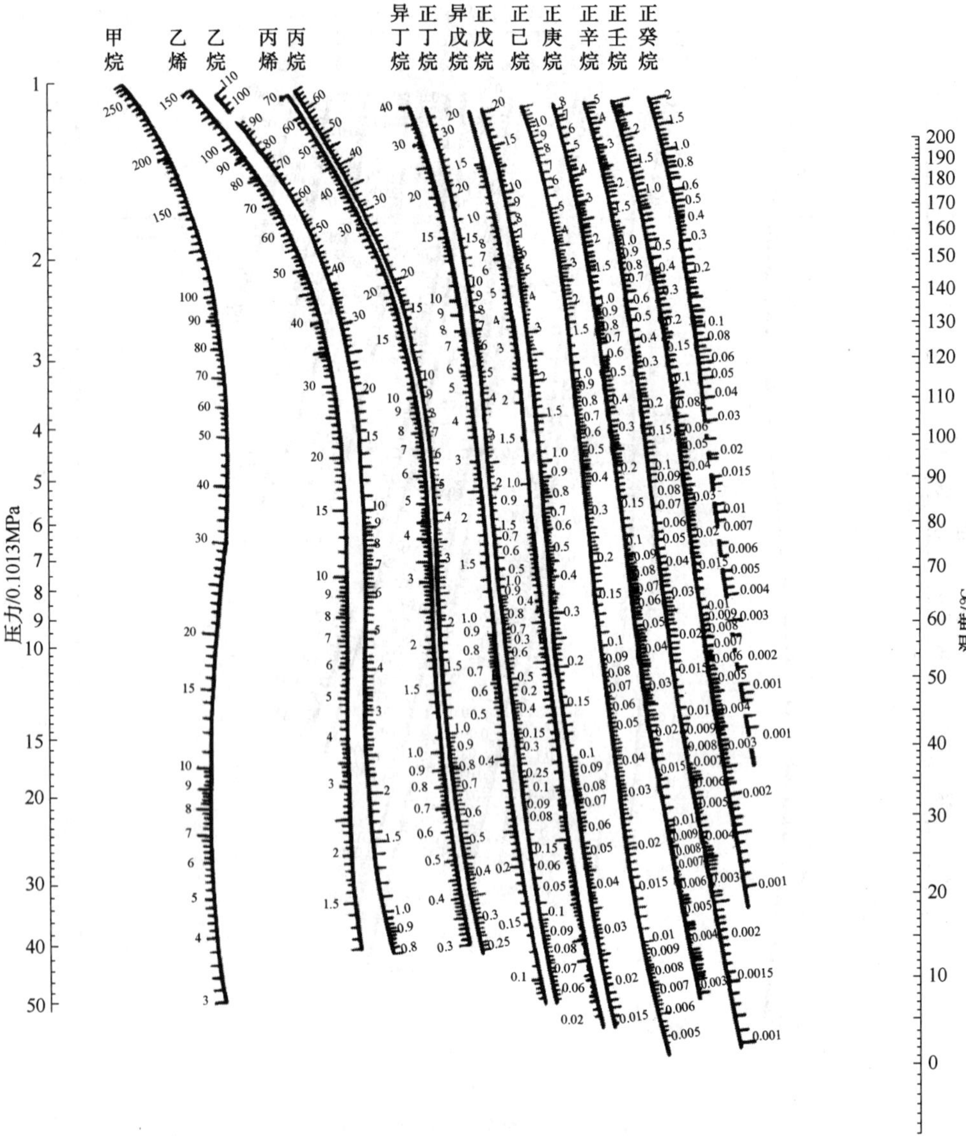

(b)烃类相平衡常数算图(0~200℃)

相平衡常数 $K=\frac{y}{x}$

图 1-4　烃类相平衡常数算图(续)

精馏过程一般是在接近恒定压力的条件下进行的，对于轻质烃类混合物的分离操作压力较高，在0.6~3.5MPa。尽管塔板阻力降导致塔顶塔底压力不同，但压力变化范围较小。为了使用方便，常将物系在某恒压条件下计算或查图得到不同温度下的K_i值，通过数据回归得到如下关联式：

$$K_i = a_{0i}+a_{1i}t+a_{2i}t^2+a_{3i}t^3 \tag{1-9}$$

式中　a_{0i}、a_{1i}、a_{2i}、a_{3i}——分别是K_i关联式的系数，对于给定物系中的不同组分有不同的数值。

采用关联式可以根据组分的温度t计算出该组分的相平衡常数K_i，方便计算确定物系的平衡气液相组成，特别适合计算机编程计算。

1.2.2　泡点方程及其应用

泡点温度是在恒压下加热液体混合物，当液体混合物开始汽化出现第一个气泡时的温度。

泡点压力是在恒温下逐步降低系统的压力，当液体混合物开始汽化出现第一个气泡时的压力。

当精馏塔的操作压力一定时，如果塔顶产品全部冷凝成为液相，塔顶冷凝器温度是塔顶产品的泡点温度，塔釜再沸器温度是塔底产品的泡点温度。在一些石油产品精馏塔设计时，由于装置内冷却介质已经选定，塔顶液体的冷却温度相应也被确定。该冷却温度即为塔顶产品的泡点温度，那么塔顶的操作压力就是由塔顶产品的组成和泡点温度确定的泡点压力。在多元精馏塔设计时，确定精馏塔的操作压力、塔顶温度和塔底温度都离不开泡点压力和泡点温度的计算。

泡点方程表达了液相组成与系统温度、压力的关系，如式(1-10)所示：

$$\sum_{i=1}^{c} y_i = \sum_{i=1}^{c} K_i x_i = 1 \tag{1-10}$$

式中　c——系统中组分的数目；

x_i——组分i在液相的摩尔分数；

y_i——组分i在气相的摩尔分数；

K_i——组分i在系统温度、压力条件下的气液相平衡常数。

可以应用式(1-10)由已知的液相组成和系统压力p求系统的温度(泡点温度)。在计算过程中需用试差方法进行，首先假设系统温度t，再从$K-p-t$图上查得各组分的K_i值，然后代入式(1-10)中判断各组分K_ix_i之和是否等于1，误差绝对值小于预定值(比如0.01)，则认为所设温度正确，否则应当重新假设系统温度t，再查K_i进行计算(图1-5)。

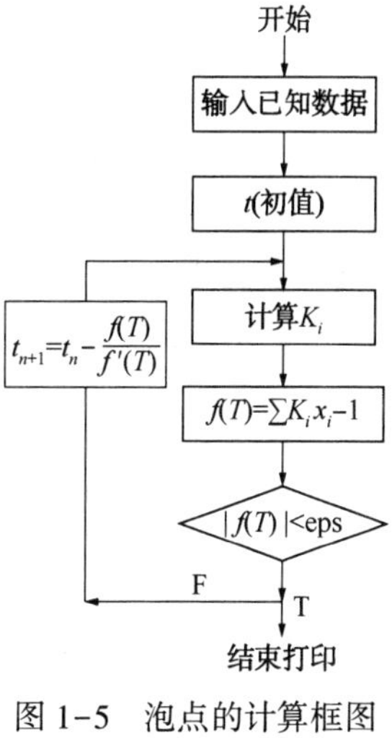

图1-5　泡点的计算框图

为了减少试差次数，缩短计算时间，第一次假设温度 t 的数值应使液相中有部分较轻组分的 K_i 值大于 1，同时有部分较重组分的 K_i 值小于 1。在第一次计算后往往难以做到 $\sum K_i x_i$ 与 1 的误差绝对值小于 0.01。当 $\sum K_i x_i>1$ 时，说明原假设的 t 值偏高，相应各组分的 K_i 值也偏高，应调低 K_i，即调低温度 t 值重新计算。如果以 j 代表第一次试差计算中气相摩尔分数 y 最大的组分，N 代表试差的次数，下一次计算时 j 组分的 K 值可由式(1-11)算得：

$$K_{j,(N+1)}=\frac{K_{j,N}}{\left(\sum_{i=1}^{c} K_i x_i\right)_N} \tag{1-11}$$

然后由 p、$K_{j,(N+1)}$ 在 $K-p-t$ 图上求得 $t_{(N+1)}$ 以及相应各组分的 $K_{i,(N+1)}$ 值。如此循环，通常经过 2~3 次试差计算便可得到正确结果。

同样也可以利用式(1-10)，已知系统温度 t 和液相组成 x_i 去求系统压力 p。计算时可先假设压力 p，利用 p、t 求得各组分的 K_i 值，再代入式(1-10)中判断是否符合要求。

对于低压理想溶液物系，泡点方程可以式(1-12)表示：

$$p=\sum_{i=1}^{c} p_i^0 x_i \tag{1-12}$$

对于低压非理想溶液物系，泡点方程可用式(1-13)表示：

$$p=\sum_{i=1}^{c} \gamma_i p_i^0 x_i \tag{1-13}$$

用以上两式求泡点压力 p 时不必试差，但求泡点温度 t 时则需要试差。

【例 1-1】 某脱乙烷塔操作压力为 2.6MPa，塔底产品组成如下表所示，求塔底温度。

组分 i	$C_2^=$	C_2^0	$C_3^=$	C_3^0	iC_4^0	C_5^0
x_{Wi}	0.002	0.002	0.680	0.033	0.196	0.087

【解】 初设 $t_W=83℃$，由图 1-4 查得各组分 K_i 值，计算得 $\sum K_i x_i=1.0954>1$，表明初设温度偏高，按表中计算结果可知气相含量最高的是 $C_3^=$，由式(1-11)求得：

$$K_{C_{3,2}^=}=\frac{K_{C_{3,1}^=}}{\sum_{i=1}^{c} K_i x_i}=\frac{1.32}{1.0954}=1.205$$

由 $K-p-t$ 图按 $p=2.6MPa$、$K_{C_{3,2}^=}=1.205$ 查得 $t=76℃$，再求得各组分 K_i 值，计算结果列表如下：

组分 i		$C_2^=$	C_2^0	$C_3^=$	C_3^0	iC_4^0	C_3^0	Σ
x_{Wi}		0.002	0.002	0.680	0.033	0.196	0.087	1.0000
83℃	K_i	3.9	2.8	1.32	1.21	0.64	0.22	—
	$K_i x_{Wi}$	0.0078	0.0056	0.8976	0.0399	0.1254	0.0191	1.0954
76℃	K_i	3.7	2.6	1.206	1.1	0.575	0.185	—
	$K_i x_{Wi}$	0.0074	0.0052	0.8201	0.0363	0.1127	0.0161	0.9978

在所设76℃条件下，计算得到$\sum K_i x_{Wi}$为0.9978，归一误差绝对值小于0.01，故塔底温度应为76℃。

1.2.3 露点方程及其应用

露点温度是在恒压下冷却气体混合物，当气体混合物开始冷凝出现第一个液滴时的温度。露点压力是在恒温条件下压缩气体混合物，当气体混合物开始冷凝出现第一个液滴时的压力。

精馏塔在操作压力一定的条件下，塔顶馏出物经过部分冷凝器冷凝后得到一部分液体全部作为回流返塔，另一部分气相则作为塔顶产品引出。此时回流罐的温度则是塔顶产品在操作压力下的露点温度，塔顶温度是塔顶馏出物(回流液和塔顶产品混合物)的露点温度。在一些石油产品精馏塔设计时，由于装置内冷却介质已经选定，经过塔顶冷凝器冷却后的回流和产品的温度相应也被确定，如果塔顶产品在回流罐以气相出料，那么回流罐的操作压力也就是塔顶产品在回流罐温度下的露点压力。由此可见露点温度或露点压力的确定，对于多组分精馏塔的设计非常重要。

露点方程表达了处于相平衡状态下的气相混合物的组成与系统温度、压力的关系，如式(1-14)所示：

$$\sum_{i=1}^{c} x_i = \sum_{i=1}^{c} \frac{y_i}{K_i} = 1 \tag{1-14}$$

可以应用式(1-14)由已知的气相组成y_i和系统压力p来求系统温度(露点温度)。在计算时需要采用试差的方法，首先假设系统温度t，再由K-p-t图查得各组分的K_i值，然后代入式(1-14)，看是否满足：

$$\left| 1 - \sum_{i=1}^{c} \frac{y_i}{K_i} \right| \leqslant 0.01$$

如符合上式条件，则所设温度t正确，否则应当重新假设温度t，并查出各组分的K_i，再进行计算，直至误差小于0.01。

在应用露点方程式(1-14)进行试差计算时，第一次假设的温度t同样应注意使气相中有部分较轻组分的K值大于1，同时有部分较重组分的K值小于1。第一次计算后往往难以做到$\sum y_i/K_i$与1的误差绝对值小于0.01。当$\sum y_i/K_i>1$时，

说明原假设的 t 值偏低，各组分的 K_i 值也偏小，应调高 K_i 值，即调高 t 值重新计算。如果以 j 代表第一次试差计算中 x 值最大的组分，N 代表试差的次数，下一次计算时 j 组分的 K 值可以由式(1-15)算得。

$$K_{j,(N+1)} = K_{j,N}\left(\sum_{i=1}^{c} \frac{y_i}{K_i}\right)_N \tag{1-15}$$

然后由 p、$K_{j,(N+1)}$ 在 $K-p-t$ 图上求得 $t_{(N+1)}$ 以及相应各组分的 $K_{i,(N+1)}$。按照这种方法进行计算，通常经过 2~3 次试差计算便可得到正确的结果。

同样也可以利用式(1-14)，已知系统温度 t 和气相组成 y_i，试差计算求得系统压力 p。

【例 1-2】 某脱乙烷塔操作压力 2.6MPa，塔顶产品经部分冷凝器后气相出料，其组成如下表所示，求部分冷凝器出口温度。

组分 i	C_1	$C_2^=$	C_2^0	$C_3^=$
y_{Di}	0.0039	0.8651	0.1284	0.0026

【解】 初设 $t=-6℃$，由 $K-p-t$ 图查得各组分 K_i 值并计算得到 $\sum_{i=1}^{c}\frac{y_i}{K_i}=0.8632<1$，表明原假设温度偏高，按表中计算结果可知液相中含量最大的是 $C_2^=$，再由式(1-15)求得

$$K_{C_{2,2}^=} = K_{C_{2,1}^=}\left(\sum_{i=1}^{c}\frac{y_i}{K_i}\right)_1 = 1.24\times 0.8632 = 1.07$$

由 $K-p-t$ 图查得 $p=2.6\text{MPa}$，$K_{C_2^=}=1.07$ 时，$t=-13℃$，再求得各组分 K_i 值，计算结果如下表所示：

组分 i		C_1	$C_2^=$	C_2^0	$C_3^=$	Σ
y_{Di}		0.0039	0.8651	0.1284	0.0026	1.0000
-6℃	K_i	4.8	1.24	0.83	0.26	—
	y_{Di}/K_i	0.0008	0.6977	0.1547	0.0100	0.8632
-13℃	K_i	4.7	1.07	0.72	0.21	—
	y_{Di}/K_i	0.0008	0.8085	0.1783	0.0124	1.0000

故部分冷凝器出口温度应为-13℃。

1.2.4 多元物系的相对挥发度及其在相平衡计算中的应用

相对挥发度用来表示被分离物系中不同组分挥发度的差异，相对挥发度大意味着轻重组分比较容易通过蒸馏的方式分离。

按照二元物系相对挥发度的数学表达式：

$$\alpha_{AB}=\frac{y_A/x_A}{y_B/x_B}$$

当多元物系采取某一组分 j 作为对比组分时，任意组分 i 与对比组分 j 的相对挥发度可表示为：

$$\alpha_{ij}=\frac{y_i/x_i}{y_j/x_j}=\frac{K_i}{K_j} \tag{1-16}$$

在逐板计算时可以采用以相对挥发度表示的相平衡方程来进行计算。以相对挥发度表示的泡点方程如式(1-17)所示。

$$y_i=\frac{\alpha_{ij}x_i}{\sum_{k=1}^{c}\alpha_{kj}\,x_k} \tag{1-17}$$

由式(1-17)很容易根据系统温度、压力下各组分的相对挥发度及液相组成求取平衡的气相组成，而不需要试差计算。

以相对挥发度表示的露点方程如式(1-18)所示：

$$x_i=\frac{y_i/\alpha_{ij}}{\sum_{k=1}^{c}y_k/\alpha_{kj}} \tag{1-18}$$

由式(1-18)，已知系统温度、压力下各组分的相对挥发度以及气相组成，不需进行试差计算可以直接求得平衡的液相组成。露点的计算框图见图 1-6。

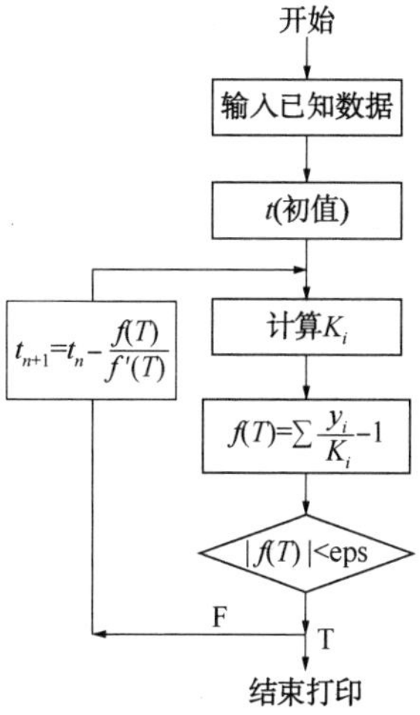

图 1-6　露点的计算框图

由于在系统温度变化范围不大的情况下，相对挥发度变化很小，可以将平均值视为常数。因此式(1-17)和式(1-18)对多元精馏的逐板计算非常有用。

【例 1-3】 某精馏塔底压力 2.6MPa、温度 76℃，液相组成如例 1-1 所示，如取 iC_4^0 为对比组分，各组分的相对挥发度如下表所示，求与塔底液体成平衡状态的气相组成。

组分 i	$C_2^=$	C_2^0	$C_3^=$	C_3^0	iC_4^0	C_5^0
α_{ij}	6.435	4.522	2.097	1.913	1	0.322

【解】 计算方法及结果如下表所示：

组分 i	$C_2^=$	C_2^0	$C_3^=$	C_3^0	iC_4^0	C_5^0	Σ
x_i	0.0020	0.0020	0.6800	0.0330	0.1960	0.0870	1.0000
α_{ij}	6.435	4.522	2.097	1.913	1	0.322	—
$\alpha_{ij}x_i$	0.01287	0.00904	1.42596	0.06313	0.19600	0.02801	1.73501
$y_i=\frac{\alpha_{ij}x_i}{\sum\alpha_{ij}x_i}$	0.00742	0.00521	0.82187	0.03639	0.11297	0.01614	1.00000

与例 1-1 计算结果基本一致。

【例 1-4】 某精馏塔顶产品气相出料，组成如例 1-2 所示，在-13℃和 2.6MPa 下以 $C_2^=$ 为对比组分，各组分的相对挥发度如下表所示，当塔顶产品是气相出料时，求与其相平衡的回流液组成。

组分 i	C_1	$C_2^=$	C_2^0	$C_3^=$
α_{ij}	4.3925	1.0000	0.6729	0.1963

【解】 计算方法及结果如下表所示：

组分 i	C_1	$C_2^=$	C_2^0	$C_3^=$	Σ
y_i	0.0039	0.8651	0.1284	0.0026	1.0000
α_{ij}	4.3925	1.0000	0.6729	0.1963	—
y_i/α_{ij}	0.00089	0.86510	0.19082	0.01325	1.07006
$x_i=\dfrac{y_i/\alpha_{ij}}{\Sigma y_i/\alpha_{ij}}$	0.00083	0.80846	0.17833	0.01238	1.00000

与例 1-2 结果基本一致。如改为-6℃、2.6MPa 计算如下：

组分 i	C_1	$C_2^=$	C_2^0	$C_3^=$	Σ
α_{ij}	3.8710	1.0000	0.6694	0.2096	—
y_i	0.0039	0.8651	0.1284	0.0026	1.0000
y_i/α_{ij}	0.0010	0.86510	0.19181	0.0124	1.07031
$x_i=\dfrac{y_i/\alpha_{ij}}{\Sigma y_i/\alpha_{ij}}$	0.00093	0.80827	0.17921	0.01159	1.00000

以上两个计算示例尽管温度变化较大，但计算得到的平衡液相组成很接近。

1.2.5 平衡汽化与平衡冷凝方程

在一定压力下，一个多组分液体混合物被加热到一定温度并达到气液平衡状态的过程称为平衡汽化。在工程设计中，一般近似地把进料液体经过预热器加热汽化的过程，以及塔底产物经过热虹吸式再沸器加热汽化的过程均看作平衡汽化过程。

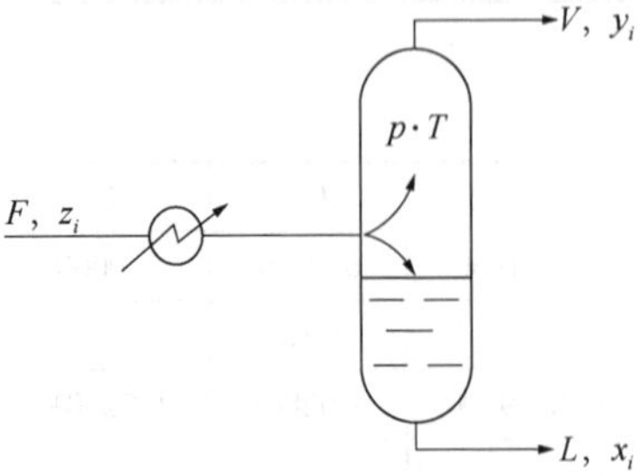

图 1-7 平衡汽化或平衡冷凝

在一定压力下，一个多组分气体混合物被冷却到一定温度并达到气液平衡状态的过程称为平衡冷凝。在工程设计中，一般近似地把塔顶产品在部分冷凝器中冷凝的过程视为平衡冷凝过程(图 1-7)。

在平衡汽化或平衡冷凝过程中，所形成的气相量 V(kmol/h)与进料量 F(kmol/h)之比称为汽化分率 e。

$$e=\frac{V}{F} \tag{1-19}$$

如以 L 代表液相量(kmol/h)，显然：

$$F=V+L$$

对于多元混合物中的任意组分 i，物料衡算方程为：

$$Fz_i=Vy_i+Lx_i$$

两边同除以 F，并以 $e=\frac{V}{F}$代入式中可得：

$$z_i=ey_i+(1-e)x_i \tag{1-20}$$

当引入相平衡关系式 $y_i=K_ix_i$消去 y_i后整理可得：

$$x_i=\frac{z_i}{1+(K_i-1)e} \tag{1-21}$$

如果在式(1-20)中消去 x_i可得：

$$y_i=\frac{K_iz_i}{1+(K_i-1)e} \tag{1-22}$$

由于$\sum x_i=1$，$\sum y_i=1$，故：

$$\sum_{i=1}^{c} x_i=\sum_{i=1}^{c}\frac{z_i}{1+(K_i-1)e}=1 \tag{1-23}$$

$$\sum_{i=1}^{c} y_i=\sum_{i=1}^{c}\frac{K_iz_i}{1+(K_i-1)e}=1 \tag{1-24}$$

式(1-23)和式(1-24)均为平衡汽化方程，可用于平衡汽化过程的计算，也可用于平衡冷凝过程的计算。计算要采用试差的方法使各组分浓度之和与1的误差绝对值小于0.01。

如果物系中含有很重的不易挥发组分，并且其相平衡常数 K_i 值不够准确，建议采用式(1-23)计算。如果物系中含有惰性气体，或有的组分在液相中溶解度很小，在 K_i 值很大而且不够准确的情况下建议采用式(1-24)计算。另一相的组成则由式(1-23)或式(1-24)的计算结果配合相平衡方程 $y_i=K_ix_i$求得。

【例1-5】 某脱乙烷塔操作压力为2.6MPa，进料温度为0℃，组成如下表所示，求进料的汽化分率及气、液相组成。

求解方法见图1-8，结果如下表所示：

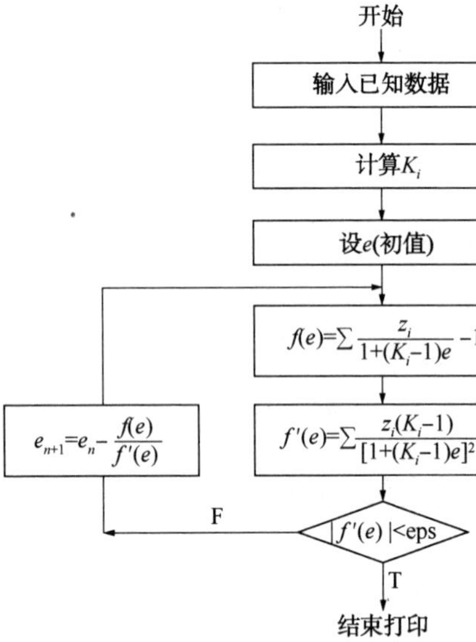

图 1-8　平衡汽化过程的计算框图

组分 i	C_1	$C_2^=$	C_2^0	$C_3^=$	C_3^0	iC_4^0	C_5^0	Σ
z_i	0.003	0.670	0.100	0.180	0.008	0.033	0.006	1.000
K_i	5.1	1.35	0.92	0.295	0.255	0.105	0.022	—
$e=0.4$ $1+0.4(K_i-1)$	2.64	1.14	0.968	0.718	0.702	0.642	0.609	—
$x_i=\frac{z_i}{1+0.4(K_i-1)}$	0.0011	0.5877	0.1033	0.2507	0.0114	0.0514	0.0099	1.0155
$e=0.20$ $1+0.20(K_i-1)$	1.82	1.07	0.984	0.859	0.851	0.821	0.804	—
$x_i=\frac{z_i}{1+0.20(K_i-1)}$	0.0016	0.6262	0.1016	0.2095	0.0094	0.0402	0.0075	0.9960
归一化 x_i	0.0016	0.6302	0.1006	0.2106	0.0094	0.0404	0.0072	1.0000
$y_i=K_ix_i$	0.0082	0.8508	0.0926	0.0621	0.0024	0.0042	0.0002	1.0205
归一化 y_i	0.0081	0.8338	0.0898	0.0616	0.0023	0.0042	0.0002	1.0000

汽化分率为 0.20，归一化后的 x_i 和 y_i 即为平衡液相和气相的组成。

1.3　绝热闪蒸过程及其计算

在多组分精馏过程中，很多分离流程的操作压力自前向后依次递减。塔釜液原来在较高压力下处于泡点状态，当经过调节阀或减压阀压力降低后必然要汽化吸收热量，在不与外界交换热量的情况下，主要依靠流体自身温度降低的显热变化来提供所需的汽化热，也就是说在汽化的同时产生温度降低的效应，这样的过程称为绝热闪蒸过程。考虑到从热量衡算的概念出发，分离前物料所具有的焓等于分离后气体和液体两股物料的焓之和，所以又称为等焓节流过程。

在绝热闪蒸过程中闪蒸前的温度 t_1、压力 p_1、进料量 F 和组成 z_i 均为已知，节流以后的压力 p_2 也已选定，主要是通过计算确定绝热闪蒸以后的温度 t_2、汽化分率 e 和平衡的气、液相组成 y_{Fi} 和 x_{Fi}(图 1-9)。

对于绝热闪蒸过程，热量衡算式可以由节流前后焓不变的原则导出：

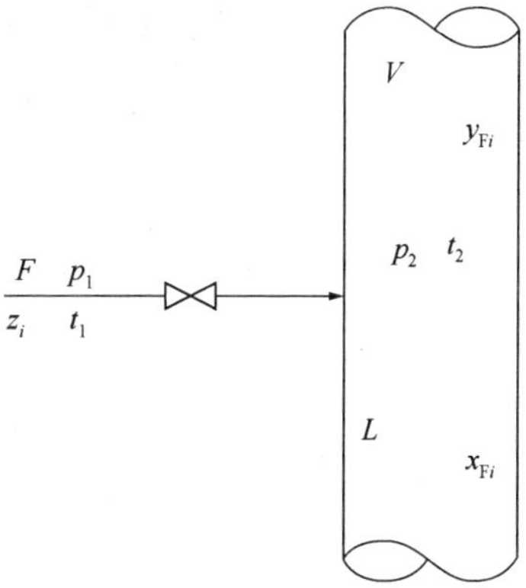

图 1-9　绝热闪蒸过程

$$Fh_F = Vh^V + Lh^L$$

将 $e=\dfrac{V}{F}$ 代入上式移项整理后可得：

$$e=\frac{h_F-h^L}{h^V-h^L} \tag{1-25}$$

$$h_F = \sum_{i=1}^{c} M_i h'_{Fi} \cdot z_i$$

$$h^V = \sum_{i=1}^{c} M_i h_i'^V y_{Fi}$$

$$h^L = \sum_{i=1}^{c} M_i h_i'^L x_{Fi}$$

式中　h_F、h^V、h^L——节流前、节流后气相、节流后液相的焓，kJ/kmol；

M_i——任意组分 i 的相对分子质量；

h'_{Fi}——节流前温度 t_1 条件下纯组分 i 气相的焓，kJ/kg；

$h_i'^V$——节流后压力 p_2、温度 t_2 条件下纯组分 i 气相的焓，kJ/kg；

$h_i'^L$——节流后温度 t_2 条件下纯组分 i 液相的焓，kJ/kg。

绝热闪蒸过程的计算应采用试差计算的方法进行，首先采用泡点方程式(1-10)和露点方程式(1-14)求得进料组成 z_i 在 p_2 压力条件下的泡点 $t_{2(L)}$ 和露点 $t_{2(V)}$ 温度。

在泡点温度和露点温度之间假设温度 $t_{2(1)}$，利用平衡汽化方程式(1-23)或式(1-24)求取汽化分率 e_1 以及相应的平衡气、液相组成 y_{Fi}、x_{Fi}。

根据温度 $t_{2(1)}$ 和对应的平衡气、液相组成 y_{Fi}、x_{Fi} 求得平衡气、液相的焓 h^V、h^L，再加上节流前的焓 h_F 按式(1-25)求得 e'_1。

比较按相平衡关系式求得的 e_1 和按热量平衡关系式求得的 e'_1 是否相等，如不

相等重新假设 $t_{2(2)}$，求得 e_2、e'_2；假设 $t_{2(3)}$ 求得 e_3、e'_3……直到出现假设 $t_{2(n)}$ 下的 $e_n=e'_n$ 为止。从而求得正确的 e 值以及相应的 t_2、y_{Fi}、x_{Fi} 值。

考虑到每一次试差计算都要耗费很多的时间，当试差 2~3 次仍未获得正确的结果时，可以用图解的方法求解。绝热闪蒸过程的图解法如图 1-10 所示。

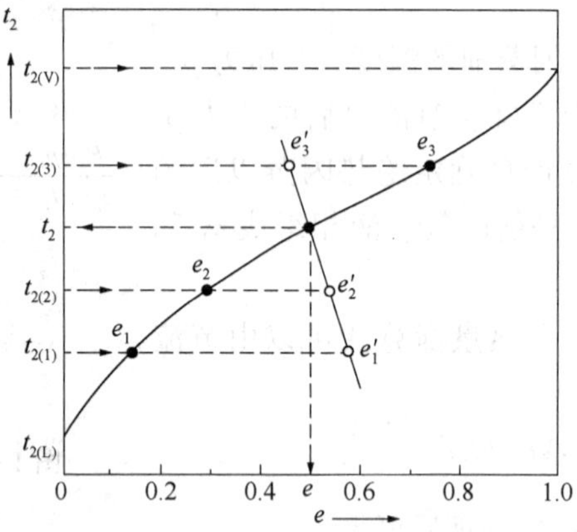

图 1-10　绝热闪蒸过程的图解法

【例 1-6】　某脱乙烷塔釜液的组成和塔底温度如例 1-1 所示，经节流后进入脱丙烷塔，脱丙烷塔操作压力为 0. 917MPa，试求进料的汽化分率，气、液相组成和进料温度。

【解】　由进料组成在 0. 917MPa 压力下求得其泡点温度 $t_{2(L)}=16℃$ 和露点温度 $t_{2(V)}=41℃$。

设进料温度 $t_2=22℃$　$e=0.47$。

各组分 K_i 值列表计算如下：

组分 i	$C_2^=$	C_2^0	$C_3^=$	C_3^0	iC_4^0	C_5^0	Σ
z_i	0. 002	0. 002	0. 680	0. 033	0. 196	0. 087	1. 000
K_i	6. 2	4. 0	1. 42	1. 25	0. 5	0. 11	—
$x_{Fi}=\dfrac{z_i}{1+(K_i-1)e}$	0. 00058	0. 00083	0. 56790	0. 02953	0. 25621	0. 14956	1. 00461
归一化 x_{Fi}	0. 00058	0. 00083	0. 56529	0. 02940	0. 25503	0. 14887	1. 00000
$y_{Fi}=K_ix_{Fi}$	0. 00360	0. 00332	0. 80271	0. 03675	0. 12752	0. 01638	0. 99028
归一化 y_{Fi}	0. 00364	0. 00335	0. 81059	0. 03711	0. 12877	0. 01654	1. 00000

由以上计算可知在所设 $t_2=22℃$ 时，汽化分率 $e=0.47$ 正确，并求得进料平衡的气、液相组成 y_{Fi} 和 x_{Fi}。

再由热量平衡求汽化分率 e'：

求节流前 $t=76℃$ 液相焓 h_F（焓值的基准以 0℃纯组分 i 的液体焓为零）：

组分 i	$C_2^=$	C_2^0	$C_3^=$	C_3^0	iC_4^0	C_5^0	Σ
z_i	0.002	0.002	0.680	0.033	0.196	0.087	1.000
M_i	28	30	42	44	58	72	—
h'_{Fi}/(kJ/kg)	184.22	282.60	221.89	226.08	196.78	184.22	—
$M_i z_i h'_{Fi}$	10.32	16.96	6337.18	328.27	2237.00	1153.95	10083.68

所以
$$h_F=\sum_{i=1}^{c} M_i z_i h'_{Fi}=10083.68(\text{kJ/kmol})$$

按 $t_2=22℃$、$p=0.917\text{MPa}$ 以及求得的 y_{Fi}、x_{Fi}来计算气、液相焓值 h^V、h^L。

气相焓 h^V计算如下：

组分 i	$C_2^=$	C_2^0	$C_3^=$	C_3^0	iC_4^0	C_5^0	Σ
M_i	28	30	42	44	58	72	—
y_{Fi}	0.00364	0.00335	0.81059	0.03711	0.12877	0.01654	1.00000
$h_i'^V$/(kJ/kg)	332.38	410.30	410.30	418.67	380.99	427.04	—
$M_i y_{Fi} h_i'^V$	33.88	41.24	13968.57	683.62	2845.48	508.55	18081.34

所以
$$h^V=18081.34(\text{kJ/kmol})$$

液相焓 h^L计算如下：

组分 i	$C_2^=$	C_2^0	$C_3^=$	C_3^0	iC_4^0	C_5^0	Σ
M_i	28	30	42	44	58	72	—
x_{Fi}	0.00058	0.00083	0.56529	0.02940	0.25503	0.14887	1.00000
$h_i'^L$/(kJ/kg)	108.85	83.73	58.61	62.80	58.61	50.24	—
$M_i x_{Fi} h_i'^L$	1.77	2.08	1391.53	81.24	866.94	538.50	2882.06

所以
$$h^L=2882.06(\text{kJ/kmol})$$

由热量平衡方程式(1-25)求 e'

$$e'=\frac{h_F-h^L}{h^V-h^L}=\frac{10083.68-2882.06}{18081.34-2882.06}=0.4758$$

与相平衡方程求得的 $e=0.47$ 基本相符。

故进料温度为 22℃、汽化分率为 0.47，气、液相组成 y_{Fi}、x_{Fi} 可采用相平衡计算的结果。

绝热闪蒸的计算框图如图 1-11 所示。

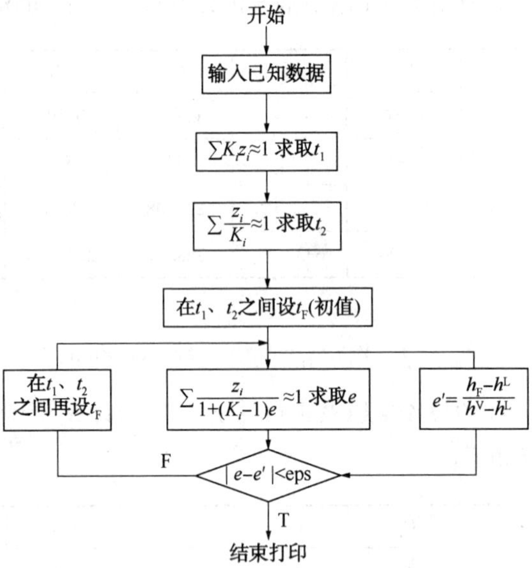

图 1-11　绝热闪蒸的计算框图

1.4　塔顶、塔底产品的数量和组成

在二元物系精馏过程的设计中，当确定分离要求以后，塔顶、塔底产品的数量通过简单的物料衡算式即可确定。在多组分物系精馏过程设计时，由于组分数目较多，在塔顶、塔底的分布情况与各组分的相对挥发度、精馏塔的理论塔板数、操作回流比等多种因素有关，因而很难用一个简单的方程式表达，准确的计算结果需要依靠计算机编程计算，本节主要介绍一些近似计算方法。在初步设计进行方案比较以及为编程计算提供初值时，这些方法简便易行。

1.4.1　关键组分的概念

在多组分物系精馏过程中，由于各组分相对挥发度不同，在塔顶和塔底产品中的含量也不同。在拟定分离要求时，应该指定对分离过程起关键作用的组分在塔顶和塔底产品中的含量，这种组分称为关键组分。在多元精馏过程中根据分离要求应该有两个关键组分。

轻关键组分是指在塔底产品中浓度应严格加以控制的组分。进料中的该组分以及比该组分更轻的组分绝大部分应在塔顶馏出物中采出。

重关键组分是指在塔顶馏出物中浓度应严格加以控制的组分。进料中的该组分以及比该组分更重的组分绝大部分应在塔底产品中采出。

多元精馏过程的分离要求一般可以用轻关键组分在塔底的浓度和重关键组分在

塔顶的浓度来表示，也可以用轻重关键组分的回收率来表示。轻关键组分的回收率是指塔顶产品中轻关键组分的数量与进料中的轻关键组分的数量之比，重关键组分的回收率是指塔底产品中重关键组分数量与进料中重关键组分的数量之比。即：

$$\varphi_{\mathrm{l}}=\frac{d_{\mathrm{l}}}{f_{\mathrm{l}}}\times100\%$$

$$d_{\mathrm{l}}=D\cdot x_{\mathrm{Dl}}$$

$$f_{\mathrm{l}}=F\cdot z_{\mathrm{l}}$$

$$\varphi_{\mathrm{h}}=\frac{w_{\mathrm{h}}}{f_{\mathrm{h}}}\times100\%$$

$$w_{\mathrm{h}}=W\cdot x_{\mathrm{Wh}}$$

$$f_{\mathrm{h}}=F\cdot z_{\mathrm{h}}$$

式中　下标 l、h——代表轻、重关键组分；

φ_{l}、φ_{h}——轻、重关键组分的回收率；

F、D、W——进料、塔顶产品和塔底产品的流量，kmol/h；

f_{l}、d_{l}——轻关键组分在进料和塔顶产品中的流量，kmol/h；

f_{h}、w_{h}——重关键组分在进料和塔底产品中的流量，kmol/h；

z_{l}、x_{Dl}——轻关键组分在进料和塔顶产品中的摩尔分数；

z_{h}、x_{Wh}——重关键组分在进料和塔底产品中的摩尔分数。

由于相对挥发度的差异，比轻关键组分更轻的组分在塔顶的馏出分率高于轻关键组分在塔顶的回收率，比重关键组分更重的组分在塔底的排出分率高于重关键组分在塔底的回收率。因此，选择轻、重关键组分并确定其回收率，也就确定了多元物系精馏过程的分离要求，并直接影响到精馏塔的理论塔板数和操作回流比。合理地选择轻、重关键组分对精馏过程的计算十分重要。轻、重关键组分的选择一般依据以下原则进行：

对于进料的多元混合物，当分离要求是将挥发度相邻的组分分割为两个产品时，分割点两侧较轻的组分宜选作轻关键组分，较重的组分宜选作重关键组分。例如裂解深冷分离流程的脱甲烷塔进料混合物中有氢气、甲烷、乙烯、乙烷等组分，分离要求是使氢气、甲烷从塔顶蒸出，乙烯、乙烷以及更重的组分从塔釜液中排出。分割点在甲烷和乙烯之间，应选择甲烷作为轻关键组分，乙烯作为重关键组分。

原料多元混合物中有某几个组分是目的产品，并且设计任务书中对这些产品的回收率已作了明确规定时，最好以这些组分作为关键组分。例如裂解气分离装置主要是为了生产乙烯和丙烯作为化工原料，脱乙烷塔进料混合物中主要的组分有乙烯、乙烷、丙烯、丙烷以及更重的组分，脱乙烷塔的分离任务主要是把乙烯、乙烷两个组分和其他组分分开。为保证乙烯、丙烯达到规定的回收率，可分别定为轻关键组分和重关键组分。

紧靠分割点同一侧的两个组分之间如果相对挥发度差别不大，而进料混合物中贴近分割点的组分含量远小于另一组分的含量，在这种情况下可选择含量大的组分作为关键组分。例如某裂解气分离装置的脱丙烷塔进料中丙烯含量比丙烷高20倍以上，按脱丙烷塔的分离要求应在丙烷和 C_4馏分之间进行分割，而丙烯与丙烷在操作条件下以异丁烷为对比组分的相对挥发度分别为2.67和2.28，差别不大，在塔底产品中丙烯含量也要比丙烷高十多倍。在这种情况下选取丙烯作为轻关键组分比较合理。

1.4.2 塔顶和塔底的产品数量和组成

对多元精馏塔进行全塔总物料衡算：

$$F=D+W \tag{1-26}$$

对多元混合物中任意组分 i 的物料衡算式：

$$f_i=d_i+w_i \tag{1-27}$$

或

$$Fz_i=Dx_{Di}+Wx_{Wi} \tag{1-28}$$

其中

$$D=\sum_{i=1}^{c} d_i \qquad W=\sum_{i=1}^{c} w_i$$

$$x_{Di}=\frac{d_i}{D} \qquad x_{Wi}=\frac{w_i}{W}$$

利用以上物料衡算式并不能直接确定任意组分在塔顶产品中的量 d_i和在塔底产品中的量 w_i，也不能直接得到塔顶产品和塔底产品量 D 和 W，在计算时可按清晰分割和非清晰切割两种情况进行处理，计算方法也不相同。

（1）清晰分割。轻、重关键组分在进料混合物中按相对挥发度顺序排列是一对相邻的组分，如果比轻关键组分更轻的组分与轻关键组分的相对挥发度相差较大，可以近似认为比轻关键组分更轻的组分全部由塔顶采出，而比重关键组分更重的组分与重关键组分的相对挥发度相差较大，可以近似认为比重关键组分更重的组分全部由塔底排出。这类分离称为清晰分割。

（2）非清晰切割。尽管轻、重关键组分按相对挥发度顺序排列是一对相邻的组分，如果轻关键组分与其相邻更轻组分之间相对挥发度接近，更轻组分有少量进入塔底；或由于重关键组分与其相邻更重组分之间相对挥发度接近，更重组分也有少量进入塔顶；或者在轻、重关键组分之间尚有其他组分时，这些物系的分离均称为非清晰切割。

清晰分割的物料衡算：

在清晰分割的情况下，如果设计任务中规定了轻、重关键组分的回收率，物料衡算比较简便。

$$d_l = \varphi_l \cdot f_l;\ w_l = f_l - d_l$$

$$w_h = \varphi_h \cdot f_h;\ d_h = f_h - w_h$$

$$D = \sum_{i=1}^{l-1} f_i + d_l + d_h \tag{1-29}$$

$$W = w_l + w_h + \sum_{i=h+l}^{c} f_i \tag{1-30}$$

进一步可以求得各组分的组成 x_{Di}、x_{Wi}。

如果设计任务规定的分离要求是指定 x_{Dh} 和 x_{Wl} 值，则需要通过公式计算确定 w_l 和 d_h。重关键组分在塔顶产品中的流量：

$$d_h = Dx_{Dh} = x_{Dh}\left(\sum_{i=1}^{l-1} f_i + d_l + d_h\right) = x_{Dh}\left(\sum_{i=1}^{l} f_i + d_h - w_l\right)$$

$$d_h = \frac{x_{Dh}}{1-x_{Dh}}\left(\sum_{i=1}^{l} f_i - w_l\right) \tag{1-31}$$

轻关键组分在塔底产品中的流量：

$$w_l = x_{Wl}\left(\sum_{i=h}^{c} f_i - d_h + w_l\right)$$

$$w_l = \frac{x_{Wl}}{1-x_{Wl}}\left(\sum_{i=h}^{c} f_i - d_h\right) \tag{1-32}$$

将式(1-31)代入式(1-32)移项整理后可以得到：

$$w_l = \left(\sum_{i=h}^{c} f_i - \frac{x_{Dh}}{1-x_{Dh}} \sum_{i=1}^{l} f_i\right) \Big/ \left(\frac{1-x_{Wl}}{x_{Wl}} - \frac{x_{Dh}}{1-x_{Dh}}\right) \tag{1-33}$$

在计算时可先由式(1-33)求得 w_l，再代入式(1-31)求出 d_h，这样就可以算得 D、W 和 x_{Di}、x_{Wi} 了。

【例 1-7】 某塔进料量为 100kmol/h，进料组成(摩尔分率)为甲烷：0.4；乙烷：0.2；丙烷：0.3；丁烷：0.1，分离要求乙烷在塔顶的回收率为 90%，丙烷在塔底的回收率为 95%，求塔顶、塔底产品的数量和组成。

【解】 按题意选择乙烷为轻关键组分，选择丙烷为重关键组分，则：

$$d_{C_2^0} = 20\times 0.9 = 18(\text{kmol/h})$$

$$w_{C_2^0} = 20-18 = 2(\text{kmol/h})$$

$$w_{C_3^0} = 30\times 0.95 = 28.5(\text{kmol/h})$$

$$d_{C_3^0} = 30-28.5 = 1.5(\text{kmol/h})$$

计算结果列表如下：

组分 i	C_1	C_2^0	C_3^0	C_4^0	Σ
z_i	0.4	0.2	0.3	0.1	1.0
f_i/(kmol/h)	40	20	30	10	100

续表

组分 i	C_1	C_2^0	C_3^0	C_4^0	Σ
d_i/(kmol/h)	40	18	1.5	0	59.5
x_{Di}	0.6723	0.3025	0.0252	0	1.0000
w_i/(kmol/h)	0	2	28.5	10	40.5
x_{Wi}	0	0.0494	0.7037	0.2469	1.0000

【例 1-8】 某塔进料量及组成同例 1-7，分离要求：$x_{WC_2^0}=0.05$，$x_{DC_3^0}=0.025$，求塔顶、塔底产品量及组成。

【解】 按式(1-33)得：

$$w_{C_2^0}=\left[(30+10)-\frac{0.025}{1-0.025}\times(40+20)\right]\bigg/\left(\frac{1-0.05}{0.05}-\frac{0.025}{1-0.025}\right)=2.027(\text{kmol/h})$$

$$d_{C_3^0}=\frac{0.025}{1-0.025}\times(40+20-2.027)=1.486(\text{kmol/h})$$

计算结果列表如下：

组分 i	C_1	C_2^0	C_3^0	C_4^0	Σ
z_i	0.4	0.2	0.3	0.1	1.0
f_i/(kmol/h)	40	20	30	10	100
d_i/(kmol/h)	40	17.973	1.486	0	59.459
x_{Di}	0.6727	0.3023	0.025	0	1.0000
w_i/(kmol/h)	0	2.027	28.514	10	40.541
x_{Wi}	0	0.0500	0.7033	0.2467	1.0000

非清晰切割的物料衡算：

对于非清晰切割的简化计算，应用比较广泛的是亨斯特别克(Hengstebeck)法。基本思想是假设在实际操作条件下各组分在塔顶、塔底的分布与全回流操作情况下的分布基本一致，导出以下计算式：

$$\lg\left(\frac{d}{w}\right)_i=\lg\left(\frac{d}{w}\right)_h+\frac{\lg\alpha_{ih}}{\lg\alpha_{lh}}\left[\lg\left(\frac{d}{w}\right)_l-\lg\left(\frac{d}{w}\right)_h\right] \tag{1-34}$$

式(1-34)既可以直接计算确定任意组分 i 在塔顶和塔底数量的比值，也可以通过图解法计算。式中 α_{ih} 是指任意组分 i 在该塔操作条件下，以重关键组分为对比组分时的平均相对挥发度。即：

$$\alpha_{ih}=\sqrt{\alpha_{ihD}\cdot\alpha_{ihW}} \tag{1-35}$$

式中 α_{ihD}——在塔顶操作温度、压力条件下组分 i 的相对挥发度；

α_{ihW}——在塔底操作温度、压力条件下组分 i 的相对挥发度。

如果能够确定精馏塔的操作条件，不难求得各组分的平均相对挥发度 α_{ih}，再按照分离要求确定轻、重关键组分的塔顶、塔底分配比例$\left(\frac{d}{w}\right)_l$和$\left(\frac{d}{w}\right)_h$以后，即可求得任意组分 i 的塔顶、塔底分配比例$\left(\frac{d}{w}\right)_i$。

从式(1-34)不难看出，$\lg\left(\frac{d}{w}\right)_i$与$\lg\alpha_{ih}$呈正比。在以$\left(\frac{d}{w}\right)_i$为纵坐标、$\alpha_{ih}$为横坐标的双对数坐标纸上，$\left(\frac{d_i}{w_i}, \alpha_{ih}\right)$应在一条直线上，该直线通过$\left(\frac{d_l}{w_l}, \alpha_{lh}\right)$和$\left(\frac{d_h}{w_h}, 1\right)$两点。在图解时只要在坐标纸上将以上两点连成直线，从任意组分 i α_{ih}的横坐标向上引垂线与连线交点的纵坐标值即为所求的$\left(\frac{d}{w}\right)_i$，如图 1-12 所示。图解法虽然简便易行，但由于在一般多组分物系精馏过程中，各组分的平均相对挥发度 α_{ih} 变化范围不是很大，一般为 0.1～10，而$\left(\frac{d}{w}\right)_i$数值的变化范围大得多，要用此法求特别轻或特别重组分的塔顶、塔底数量比值较为困难。如图 1-12 中轻关键组分丙烯的相对挥发度为 2.67，塔顶、塔底数量之比为 857，异丁烷为重关键组分，塔顶、塔底数量之比为 0.005，图解法求得相对挥发度为 2.275 的丙烷塔顶、塔底数量比值为 120。如果要求相对挥发度为 6.76 的乙烷或相对挥发度为 0.24 的戊烷的塔顶、塔底数量比值，用图解法就难以得到。在计算机编程进行精馏过程的精确计算时，轻组分在塔底以及重组分在塔顶即使含量很低，也要提供适当的初值，这种情况下用式(1-34)直接计算求解为宜。

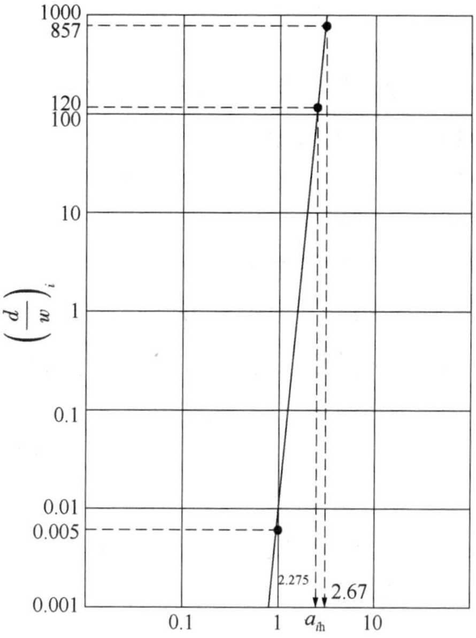

图 1-12　图解法求$\left(\frac{d}{w}\right)_i$示例

当求得各组分塔顶、塔底数量比$\left(\frac{d}{w}\right)_i$以后，可进一步通过计算求得塔顶数量 d_i 和塔底数量 w_i。

由于

$$f_i = d_i + w_i = \left[1 + \left(\frac{d}{w}\right)_i\right] w_i$$

则：

$$w_i=\frac{f_i}{1+\left(\frac{d}{w}\right)_i} \tag{1-36A}$$

用同样方法可以得到：

$$d_i=\frac{f_i\left(\frac{d}{w}\right)_i}{1+\left(\frac{d}{w}\right)_i} \tag{1-36B}$$

为了减小计算过程中产生的误差，对于轻关键组分以及更轻的组分宜采用式(1-36A)先求出塔底数量w_i，然后计算得到d_i，即：

$$d_i=f_i-w_i$$

对于重关键组分以及更重的组分宜采用式(1-36B)先求出塔顶数量d_i，然后计算得到w_i，即：

$$w_i=f_i-d_i$$

要利用以上公式求解各组分在塔顶和塔底分布的数量d_i和w_i，必须先确定轻、重关键组分在塔顶和塔底分布的数量以及塔顶、塔底的温度与压力。而塔顶、塔底的温度和压力又与各组分在塔顶和塔底的组成有关，因此必须采用试差的方法进行计算。

(1) 轻、重关键组分在塔顶、塔底的分布量。

按照多元精馏塔设计任务的规定，分离要求可以采用两种形式来表达：轻、重关键组分的回收率，或者轻关键组分在塔底的浓度及重关键组分在塔顶的浓度。在规定轻、重关键组分回收率的情况下很容易确定轻、重关键组分在塔顶和塔底的分布量。而对于规定轻关键组分在塔底浓度和重关键组分在塔顶浓度的情况，由于物料衡算的开始阶段塔顶、塔底产品量并不明确，因此相对复杂。对于关键组分按挥发度顺序排列相邻的情况，可先按清晰分割的方法确定关键组分在塔底和塔顶的分布量。待求得各组分塔顶和塔底的分布量及组成以后再来检验轻、重关键组分在塔底和塔顶的浓度是否符合设计规定的分离要求。对于轻、重关键组分按相对挥发度顺序排列不相邻的情况，则需要根据具体情况合理地假设塔顶、塔底产品数量再乘以关键组分的浓度限定值以确定其塔顶和塔底分布量。对以上两种情况，为了避免出现计算到最后关键组分浓度超过限定值的可能性，在由轻关键组分塔底浓度求其塔底分布量和由重关键组分塔顶浓度求其塔顶分布量时，用于计算的浓度值可略低于允许的浓度限定值。

(2) 各组分的相对挥发度。

如果不经计算直接估计塔顶和塔底的温度、压力求取各组分的平均相对挥发度，往往带有较大的盲目性，大多数情况下需要反复试差计算才能得到正确的结果。最好利用近似切割以后顶底产品的大致组成来求得相应的温度以及各组分的平均相对挥发度。在利用式(1-34)求得各组分塔顶、塔底分布量、组成和相应的温度以后，可以再次求得各组分的平均相对挥发度，看其是否与原来的数值一致，尤其要着重考察两次所得的轻关键组分相对挥发度是否一致？如不一致，则可以将后一次求得的各组分相对挥发度再代入公式(1-34)中进行计算，直到符合要求为止。

【例 1-9】 某脱丙烷塔进料量 100kmol/h、操作压力 0.7MPa，塔顶产品液相出料，分离要求塔顶异丁烷含量不大于 0.15%、塔底丙烯含量不大于 0.30%。试求该塔顶和塔底产品数量、组成和操作温度。其进料组成如下表所示：

组分 i	$C_2^=$	C_2^0	$C_3^=$	C_3^0	iC_4^0	C_5^0
z_i	0.002	0.002	0.680	0.033	0.196	0.087

【解】 按题意选取丙烯为轻关键组分、异丁烷为重关键组分，即 $x_{WC_3^=} \leqslant 0.30\%$、$x_{DiC_4^0} \leqslant 0.15\%$。

由于脱丙烷塔的任务是把丙烷及更轻的组分与异丁烷、戊烷混合物分开，可先按最理想的切割情况确定各组分塔顶、塔底的数量和组成以及操作温度作为利用式(1-34)计算的依据。

(1) 确定关键组分塔顶、塔底分布量。

按理想切割塔顶量：

$$D' = 100 \times (0.002+0.002+0.680+0.033) = 71.7 (\text{kmol/h})$$

塔底量：

$$W' = 100 \times (0.196+0.087) = 28.3 (\text{kmol/h})$$

为避免计算最后关键组分浓度超过限度值，d_h 和 w_l 采用的计算浓度值略小于规定值，分别为 0.14% 和 0.28%。

因此

$$d'_h = D' \times 0.14\% = 71.7 \times 0.0014 = 0.10038 (\text{kmol/h})$$

$$w_h = 19.6 - 0.10038 = 19.49962 (\text{kmol/h})$$

$$\left(\frac{d}{w}\right)_h = 0.005148$$

$$w_l = W' \times 0.28\% = 28.3 \times 0.0028 = 0.07924 (\text{kmol/h})$$

$$d_l = 68 - 0.07924 = 67.92076 (\text{kmol/h})$$

$$\left(\frac{d}{w}\right)_l = 857.15$$

(2) 估算塔顶、塔底温度及相对挥发度，按理想切割的组成来进行计算。

设塔顶温度为 7℃，列表计算如下：

组分 i	$C_2^=$	C_5^0	$C_3^=$	C_3^0	Σ
d'/(kmol/h)	0.2	0.2	68	3.3	71.7
y'_{Di}	0.00279	0.00279	0.94840	0.04602	1.00000
K_i	4.7	2.9	1.00	0.81	—
y'_{Di}/K_i	0.00059	0.00096	0.94840	0.05681	1.00676

故所设塔顶温度 7℃正确。

设塔底温度为 62℃，列表计算如下：

组分 i	iC_4^0	C_5	Σ
w'_i/(kmol/h)	19.6	8.7	28.3
x'_{Wi}	0.69258	0.30742	1.00000
K_i	1.28	0.38	—
$K_i x'_{Wi}$	0.88650	0.11682	1.00332

故所设塔底温度 62℃正确。

求以重关键组分 iC_4^0为对比组分，各组分的平均相对挥发度，计算列表如下：

组分 i	$C_2^=$	C_2^0	$C_3^=$	C_3^0	iC_4^0	Σ
K_{Di}	4.7	2.9	1.0	0.81	0.33	—
α_{ihD}	14.242	8.788	3.030	2.455	1	—
K_{Wi}	10.1	6.65	3.01	2.7	1.28	—
α_{ihW}	7.891	5.195	2.352	2.109	1	—
$\alpha_{ih}=\sqrt{\alpha_{ihD}\cdot\alpha_{ihW}}$	10.6011	6.757	2.670	2.275	1	—

带入式(1-34)得到：

$$\lg\left(\frac{d}{w}\right)_i=\lg\left(\frac{d}{w}\right)_h+\frac{\lg\alpha_{ih}}{\lg\alpha_{lh}}\left[\lg\left(\frac{d}{w}\right)_l-\lg\left(\frac{d}{w}\right)_h\right]$$

$$=-2.28836+\frac{\lg\alpha_{ih}}{0.42651}(2.93306+2.28836)$$

$$=12.2422\lg\alpha_{ih}-2.28836$$

分别将除关键组分以外的各组分的平均相对挥发度 α_{ih}代入上式求得$\left(\frac{d}{w}\right)_i$，进一步求得$d_i$、$w_i$、$x_{Di}$、$x_{Wi}$列表如下：

组分 i	$C_2^=$	C_2^0	$C_3^=$	C_3^0	iC_4^0	C_5^0	Σ
α_{ih}	10.6011	6.757	2.670	2.275	1.000	0.2418	—
$\left(\frac{d}{w}\right)_i$	1.837×10^{10}	7.407×10^{7}	857.19	120.747	0.005148	1.458×10^{-10}	—

续表

组分 i	$C_2^=$	C_2^0	$C_3^=$	C_3^0	iC_4^0	C_5^0	Σ
f_i	0.2	0.2	68	3.3	19.6	8.7	100
d_i	0.2	0.2	67.92076	3.27291	0.10038	1.268×10^{-9}	71.69405
w_i	1.09×10^{-11}	2.7×10^{-9}	0.07924	0.02709	19.49962	8.7	28.30595
x_{Di}	0.00279	0.00279	0.94737	0.04565	0.00140	1.76×10^{-16}	1.00000
x_{Wi}	3.85×10^{-13}	9.45×10^{-11}	0.00280	0.00095	0.688889	0.30736	1.00000

由上表所列数据可知：

$$x_{Dh}=x_{DiC_4^0}=0.0014(小于0.15\%)$$

$$x_{Wl}=x_{WC_3^=}=0.0028(小于0.30\%)$$

均小于浓度限定值，符合分离要求。

(3) 确定塔顶温度和塔底温度。

设塔顶温度为7℃，列表计算如下：

组分 i	$C_2^=$	C_2^0	$C_3^=$	C_3^0	iC_4^0	Σ
y_{Di}	0.00279	0.00279	0.94737	0.04565	0.00140	1.00000
K_i	4.7	2.9	1.0	0.81	0.33	—
y_{Di}/K_i	0.00059	0.00096	0.94737	0.05636	0.00424	1.00952

所设塔顶温度7℃正确。

设塔底温度 $t_W=62℃$，列表计算如下：

组分 i	$C_3^=$	C_3^0	iC_4^0	C_5^0	Σ
x_{Wi}	0.00280	0.00095	0.68889	0.30736	1.00000
K_i	3.01	2.7	1.28	0.38	—
$K_i x_{Wi}$	0.00843	0.00257	0.88178	0.11680	1.00958

所设塔底温度 $t_W=62℃$ 正确。

(4) 检验各组分相对挥发度与估算是否一致。

由于本题估算出的塔顶、塔底温度与详细计算得到的数值完全相同，相对挥发度完全一致，所以不必校验。

1.5 多元精馏过程的简捷计算法

多元精馏简捷计算法的基本内容包括用芬斯克(Fenske)公式计算最少理论塔板数 N_m，用恩德伍德(Underwood)公式计算最小回流比 R_m，再按实际情况确定回流比 R，用吉利兰(Gilliland)关联图求理论塔板数，用柯克布莱德(Kirkbride)

公式确定进料位置，用奥康奈尔(O′Connell)公式或关联图确定全塔板效率和实际塔板数。

1.5.1 最少理论塔板数的概念及其计算方法

在精馏过程中，确定理论塔板数和操作回流比是设计的主要任务。为达到一定的分离要求，操作回流比越大，所需的理论塔板数越少。在操作回流比达到无穷大即全回流的情况下，完成规定分离要求的理论塔板数称为最少理论塔板数。最少理论塔板数用N_m表示，代表了该分离过程的极限条件。

在全回流条件下，塔顶、塔底的产品量均等于零，此时的物料平衡关系如下：

$$V_n = L_{(n+1)}$$

$$V_n y_{ni} = L_{(n+1)} x_{(n+1)i}$$

即

$$y_{ni} = x_{(n+1)i}$$

式中 n——塔板编号，由下而上递增，n 代表其中任意塔板，n+1 则代表 n 上面的一块塔板。

在多元精馏过程中，对轻、重关键组分在塔顶和塔底产品中的浓度有严格的限定值。因此推导最少理论塔板数的计算式时，可以基于轻、重关键组分浓度比值的变化。以再沸器为第一块塔板，板序由下而上递增，塔顶为第 N 块塔板。按相对挥发度的定义，塔釜的相平衡方程可写为：

$$\left(\frac{y_1}{y_h}\right)_1 = \alpha_{1lh}\left(\frac{x_1}{x_h}\right)_1$$

式中 α_{1lh}——指第 1 块理论塔板条件下轻关键组分 l 对重关键组分 h 的相对挥发度。为简便起见，在以下的推导过程中把 lh 符号省略，只保留塔板编号。

第 2 块理论塔板上的液相浓度按物料平衡方程可得：

$$x_{2l} = y_{1l};\quad x_{2h} = y_{1h}$$

所以

$$\left(\frac{x_1}{x_h}\right)_2 = \alpha_1\left(\frac{x_1}{x_h}\right)_1$$

第 2 块理论塔板的相平衡方程可表示为：

$$\left(\frac{y_1}{y_h}\right)_2 = \alpha_2\left(\frac{x_1}{x_h}\right)_2 = \alpha_2 \cdot \alpha_1\left(\frac{x_1}{x_h}\right)_1$$

再由物料平衡方程可以得到：

$$\left(\frac{x_1}{x_h}\right)_3 = \left(\frac{y_1}{y_h}\right)_2 = \alpha_2 \cdot \alpha_1\left(\frac{x_1}{x_h}\right)_1$$

依此类推，直至塔顶冷凝器(N+1)，可得：

$$\left(\frac{x_1}{x_h}\right)_{N+1}=\alpha_N\cdot\alpha_{N-1}\cdot\cdots\cdot\alpha_1\left(\frac{x_1}{x_h}\right)_1$$

若塔顶为全凝器时，$(N+1)$可用 D 来表示，再将第一块塔板的组成用 W 来表示，可得：

$$\left(\frac{x_1}{x_h}\right)_D=\alpha_N\cdot\alpha_{N-1}\cdot\cdots\cdot\alpha_1\left(\frac{x_1}{x_h}\right)_W$$

设定 $$\alpha=\sqrt[N]{\alpha_N\cdot\alpha_{N-1}\cdot\cdots\cdot\alpha_1}$$

对全凝器可以写出：

$$\left(\frac{x_1}{x_h}\right)_D=\alpha^N\cdot\left(\frac{x_1}{x_h}\right)_W$$

由于在公式的推导过程中，物料平衡方程应用的是全回流条件下的衡算式，此时的塔板 N 应当用最少理论塔板数$\frac{R}{R_m}=1.3$ 表示，引入轻、重关键组分的下标后可得：

$$N_m=\frac{\lg\left[\left(\frac{x_1}{x_h}\right)_D\cdot\left(\frac{x_h}{x_1}\right)_W\right]}{\lg\alpha_{lh}}=\frac{\lg\left[\left(\frac{y_1}{y_h}\right)_D\cdot\left(\frac{x_h}{x_1}\right)_W\right]}{\lg\alpha_{lh}} \tag{1-37}$$

对于采用全凝器的精馏塔，平均相对挥发度可用式(1-38A)计算

$$\alpha_{lh}=\sqrt{\alpha_{lhD}\cdot\alpha_{lhW}} \tag{1-38A}$$

或 $$\alpha_{lh}=\sqrt[3]{\alpha_{lhD}\cdot\alpha_{lhF}\cdot\alpha_{lhW}} \tag{1-38B}$$

下标 D、F、W 分别代表塔顶、进料和塔底的温度。

通过推导得到的式(1-37)即是芬斯克(Fenske)公式，既可以用来求取完成预定分离任务所需的最少理论塔板数，又可以用来对实验室或工业生产装置的精馏塔确定其理论塔板数和板效率。

芬斯克公式不仅可以用于多元物系，也可以用于二元物系。在多元物系中如果任选 j 组分为对比组分，求某一组分 i 与组分 j 在塔顶和塔底组成、平均相对挥发度以及最少理论塔板数之间的数学关系式，与式(1-37)具有完全相同的形式，即对于二元体系：

$$N_m=\frac{\lg\left[\left(\frac{x_i}{x_j}\right)_D\cdot\left(\frac{x_j}{x_i}\right)_W\right]}{\lg\alpha_{ij}} \tag{1-39}$$

对于式(1-39)很容易改写为以下形式：

$$N_m=\frac{\lg\left[\left(\frac{x_{Di}}{x_{Wi}}\right)\Big/\left(\frac{x_{Dj}}{x_{Wj}}\right)\right]}{\lg\alpha_{ij}} \tag{1-40}$$

按照亨斯特别克的假设，在操作回流比情况下各组分塔顶、塔底的浓度比值近似于全回流情况下的浓度值且相等，在操作回流比条件下：

$$\left(\frac{x_i}{x_j}\right)_{\mathrm{D}}=\frac{D\cdot x_{\mathrm{D}i}}{D\cdot x_{\mathrm{D}j}}=\frac{d_i}{d_j}$$

$$\left(\frac{x_j}{x_i}\right)_{\mathrm{W}}=\frac{W\cdot x_{\mathrm{W}j}}{W\cdot x_{\mathrm{W}i}}=\frac{w_j}{w_i}$$

式(1-40)可改写为：

$$N_{\mathrm{m}}=\frac{\lg\left[\frac{\left(\frac{d}{w}\right)_i}{\left(\frac{d}{w}\right)_j}\right]}{\lg\alpha_{ij}}$$

当将重关键组分 h 作为对比组分引入上式，则可以得到：

$$N_{\mathrm{m}}=\frac{\lg\left[\left(\frac{d}{w}\right)_i\Big/\left(\frac{d}{w}\right)_{\mathrm{h}}\right]}{\lg\alpha_{i\mathrm{h}}}=\frac{\lg\left[\left(\frac{d}{w}\right)_{\mathrm{l}}\Big/\left(\frac{d}{w}\right)_{\mathrm{h}}\right]}{\lg\alpha_{\mathrm{lh}}}$$

移项整理后则可以得到式(1-34)：

$$\lg\left(\frac{d}{w}\right)_i=\lg\left(\frac{d}{w}\right)_{\mathrm{h}}+\frac{\lg\alpha_{i\mathrm{h}}}{\lg\alpha_{\mathrm{lh}}}\left[\lg\left(\frac{d}{w}\right)_{\mathrm{l}}-\lg\left(\frac{d}{w}\right)_{\mathrm{h}}\right]$$

当采用较大回流比操作时，式(1-34)计算的结果比较符合实际，而当操作回流比接近最小回流比时，用此算式求各组分塔顶、塔底分布比例会产生较大的误差。在设计中一般取操作回流比为最小回流比的 1.2~2 倍，尽管有一定误差，但由于该方法能够计算非清晰切割的情况，因此被广泛用于设计计算中。

【例 1-10】 按照例 1-9 的给定条件及计算结果，求该脱丙烷塔的最少理论塔板数。

【解】 已知

$$x_{\mathrm{Dl}}=x_{\mathrm{DC}_3^=}=0.94737$$

$$x_{\mathrm{Wl}}=x_{\mathrm{WC}_3^=}=0.00280$$

$$x_{\mathrm{Dh}}=x_{\mathrm{D}i\mathrm{C}_4^0}=0.00140$$

$$x_{\mathrm{Wh}}=x_{\mathrm{W}i\mathrm{C}_4^0}=0.68889$$

求塔顶、塔底温度条件下的相对挥发度，压力 0.7MPa。

项目 / 温度	K_i		α_{lh}
	$C_3^=$(l)	iC_4^0(h)	
$t_{\mathrm{D}}=7$℃	1.00	0.33	3.03
$t_{\mathrm{W}}=62$℃	3.01	1.28	2.35

平均相对挥发度：

$$\alpha_{lh}=\sqrt{\alpha_{lhD}\cdot\alpha_{lhW}}=\sqrt{3.03\times2.35}=2.668$$

$$N_m=\lg\left[\left(\frac{0.94737}{0.00140}\right)\times\left(\frac{0.68889}{0.00280}\right)\right]/\lg2.668=12.25(\text{块})$$

该塔最少理论塔板数为 12. 25 块。

1.5.2 最小回流比

最小回流比是精馏过程达到预定分离要求时的又一极限条件——需要无穷多的理论塔板数。在回流比小于最小回流比的条件下不可能达到预定的分离要求。

实际生产装置不可能在最小回流比条件下操作，确定最小回流比数值是为了在设计中合理地选择操作回流比。最小回流比是精馏过程计算中出现的一种特定情况。在二元精馏图解法中，平衡线、操作线和进料热状态线三线相交于一点时(图 1-13)，在进料位置附近无穷多的塔板上，液相组成同进料的液相组成相等，气相组成同进料平衡的气相组成相等，也就是这些塔板不能发挥分离作用。进料板周围的这个区域一般称为挟点或恒浓区。在多元精馏过程中塔内同样也会出现恒浓区，不同之处在于恒浓区一般有两个，分别出现在离进料板一定距离的上、下两侧。对于存在最轻组分、轻关键组分、重关键组分、最重组分的多元物系，最小回流比条件下各组分沿塔的浓度变化如图 1-14 所示。

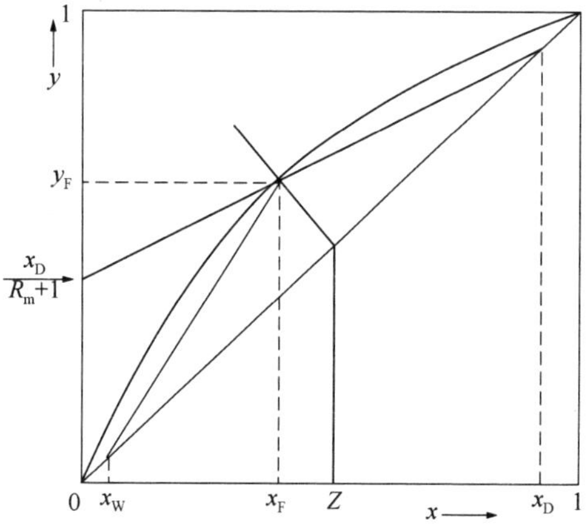

图 1-13　二元精馏的最小回流比

在最小回流比条件下，塔内可划分为 5 个区域：

(1) 精馏区：从塔顶向下最轻组分和轻关键组分浓度逐渐下降，重关键组分浓度逐渐上升。

(2) 上恒浓区：该区主要组分为最轻组分、轻关键组分和重关键组分，各组分浓度均恒定不变。

(3) 进料区：进料区包含进料的全部组分，自进料板向上重关键组分和最重组分的浓度迅速降低，最重组分经过几块塔板以后浓度就下降到接近零。自进料板向下轻关键组分和最轻组分的浓度迅速降低，最轻组分经过几块塔板以后浓度下降到接近零。

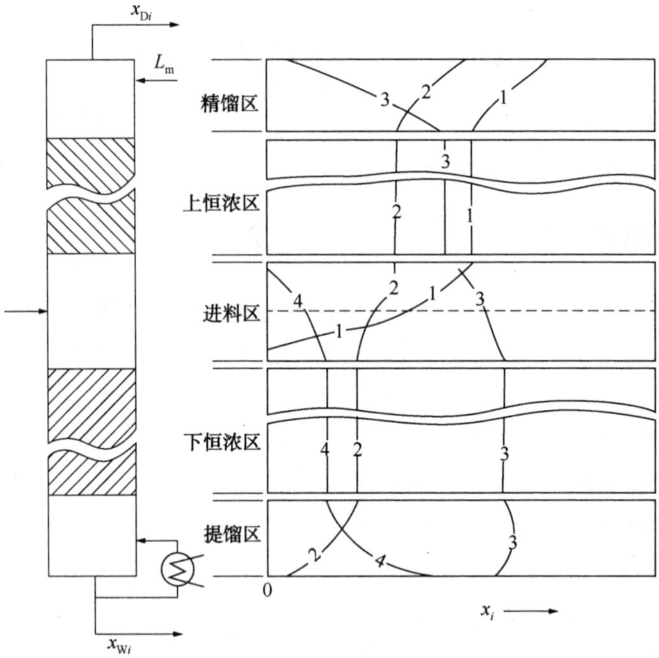

图 1-14　最小回流比条件下各组分沿塔的浓度变化

1—最轻组分；2—轻关键组分；3—重关键组分；4—最重组分

（4）下恒浓区：该区主要组分是最重组分、重关键组分、轻关键组分，各组分浓度均恒定不变。

（5）提馏区：从塔底向上最重组分和重关键组分浓度逐渐降低、轻关键组分浓度不断上升。

在进料混合物中没有比重关键组分更重组分的情况下，塔内只有上恒浓区。在进料混合物中没有比轻关键组分更轻组分的情况下，塔内只有下恒浓区。

求最小回流比 R_m 的计算公式多数是从多元精馏过程中存在上、下两个恒浓区的概念出发推导出来的。目前应用较为普遍的有柯尔本(Colburn)法和恩德伍德(Underwood)法。柯尔本法计算结果误差较小，而且对各组分全塔范围内相对挥发度变化较大的情况也适用。恩德伍德法是在假设塔内符合恒摩尔流和各组分全塔相对挥发度不变的条件下，利用操作线方程和相平衡方程对上、下恒浓区进行联解后得到的算式：

$$\sum_{i=1}^{c}\frac{\alpha_i z_i}{\alpha_i-\theta}=e \tag{1-41A}$$

$$\sum_{i=1}^{c}\frac{\alpha_i x_{Di}}{\alpha_i-\theta}=R_m+1 \tag{1-41B}$$

式中　z_i——组分 i 在进料中的摩尔分数；

e——进料的汽化分率；

x_{Di}——组分 i 在塔顶产品中的摩尔分数；

θ——方程式(1-41A)的一个根；

α_i——组分 i 在操作压力和塔顶、塔底平均温度条件下，以重关键组分或最重组分作为对比组分的相对挥发度；

R_m——最小回流比。

计算时先利用式(1-41A)解出 θ 值，然后代入式(1-41B)算得R_m。方程式(1-41A)的根是多值的，只有 θ 值在轻、重关键组分的相对挥发度数值之间，即 $\alpha_h<\theta<\alpha_l$ 时才是有意义的解。当轻、重关键组分按相对挥发度不相邻，但该塔按分离要求有明确的分割界限，则可取分割界限两侧组分相对挥发度数值之间的 θ 值作为正确的解。

【例 1-11】 按照例 1-9 给定的条件及通过计算得到的塔顶、塔底温度和塔顶产品的组成，试求该脱丙烷塔的最小回流比。

【解】 塔顶、塔底平均温度：

$$t=\frac{1}{2}(t_D+t_W)=\frac{1}{2}(7+62)=34.5(℃)$$

以C_5^0为对比组分求各组分的相对挥发度α_i：

$$p=0.913\text{MPa} \qquad t=34.5℃$$

组分 i	$C_2^=$	C_2^0	$C_3^=$	C_3^0	iC_4^0	C_5^0
K_i	7.2	4.7	1.84	1.62	0.7	0.174
α_i	41.3	27	10.57	9.27	4.02	1

由 $\sum_{i=1}^{c}\frac{\alpha_i z_i}{\alpha_i-\theta}=e$，$e=0.47$，通过试差计算求 θ。

由于脱丙烷塔目前计算中的轻、重关键组分不相邻，脱丙烷塔的主要分离任务是把丙烷及更轻的组分从进料混合物中分离，主要是实现丙烷、异丁烷之间的分割，故计算时应使 $4.02<\theta<9.27$。

现列表计算如下：

组分 i	$C_2^=$	C_2^0	$C_3^=$	C_3^0	iC_4^0	C_5^0	Σ
z_i	0.002	0.002	0.680	0.033	0.196	0.087	1.000
$\frac{\alpha_i z_i}{\alpha_i-\theta}$	$\frac{41.3\times0.002}{41.3-\theta}$	$\frac{27\times0.002}{27-\theta}$	$\frac{10.57\times0.68}{10.57-\theta}$	$\frac{9.27\times0.033}{9.27-\theta}$	$\frac{4.02\times0.196}{4.02-\theta}$	$\frac{1\times0.087}{1-\theta}$	
$\theta=5$	0.0023	0.0025	1.2904	0.0716	−0.804	−0.0218	0.541

续表

组分 i	$C_2^=$	C_2^0	$C_3^=$	C_3^0	iC_4^0	C_5^0	Σ
θ=4.9	0.0023	0.0025	1.265	0.0700	−0.895	−0.0223	0.4225
θ=4.95	0.0023	0.0025	1.278	0.0708	−0.847	−0.022	0.4846
θ=4.94	0.0023	0.0025	1.276	0.0707	−0.856	−0.022	0.4735

$\theta=4.94$，$\sum_{i=1}^{c}\frac{\alpha_i z_i}{\alpha_i-\theta}=0.4735$，与 $e=0.47$ 接近，θ 正确。

各组分塔顶含量如下表所示：

组分 i	$C_2^=$	C_2^0	$C_3^=$	C_3^0	iC_4^0	Σ
x_{Di}	0.00279	0.00279	0.94737	0.04565	0.00140	1.00000

$$
\begin{aligned}
R_m+1 &= \sum_{i=1}^{c}\frac{\alpha_i x_{Di}}{\alpha_i-\theta} \\
&= \frac{0.00279\times41.3}{41.3-4.94}+\frac{0.00279\times27}{27-4.94}+\frac{0.94737\times10.57}{10.57-4.94}+ \\
&\quad \frac{0.04565\times9.27}{9.27-4.94}+\frac{0.00140\times4.02}{4.02-4.94} \\
&= 1.8768
\end{aligned}
$$

所以 $R_m=1.8768-1=0.8768$

该塔最小回流比为 0.8768。

1.5.3 操作回流比及理论塔板数

在多元精馏过程设计计算中，主要任务是确定合理的操作回流比及相应的理论塔板数。操作回流比一般定为最小回流比的 1.2~2.0 倍。即

$$R=(1.2\sim2.0)R_m$$

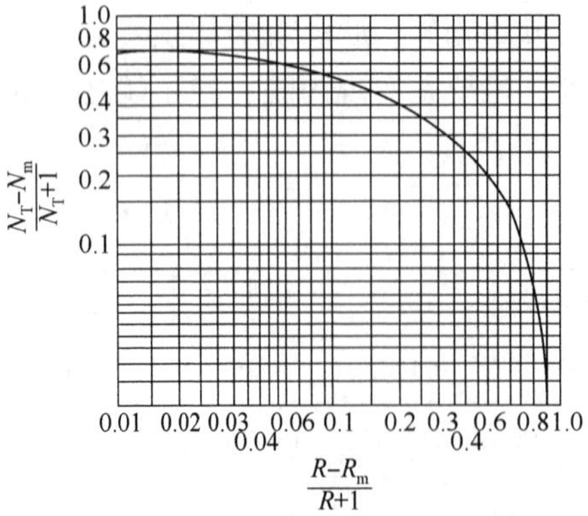

图 1-15　吉利兰经验关联图

当确定了操作回流比以后，可采用吉利兰的经验关联图(图 1-15)确定所需的理论塔板数。吉利兰通过对 8 个不同体系的 50 多个精馏塔进行逐板计算以后，总结出该经验关联图。体系的组分数为 2~11 个，因此对二元精馏和多元精馏都适用。操作压力由真空至 4MPa，轻、重关键组分的相对挥发度为 1.26~4.05，最小回流比为 0.53~7.0，理论塔板数为 2.4~43.1，进料状态的变化也比较宽。对理想

溶液而言，最大误差为7%。对于非正常相对挥发度的物系，吉利兰经验关联图不适用。

为了适应精馏过程的编程计算，很多研究人员对吉利兰的原始数据进行回归，企图用数学关联式来表达吉利兰经验关联图。埃德吉(Eduljee)建议用公式(1-42)进行计算：

$$y=0.75-0.75\,x^{0.5668} \tag{1-42}$$

式中 $y=\dfrac{N_T-N_m}{N_T+1}$ $\quad x=\dfrac{R-R_m}{R+1}$

吉利兰经验关联图及式(1-42)中的理论塔板数N_T和最少理论塔板数N_m均包括部分冷凝器和再沸器在内。

尔波(Erbar)和马道克斯(Maddox)用计算机对多元精馏作了严格的逐板计算，得到了一张经验关联图(图1-16)，此图只能用于泡点进料，但精度高于吉利兰经验关联图，据报道平均误差为4.4%。

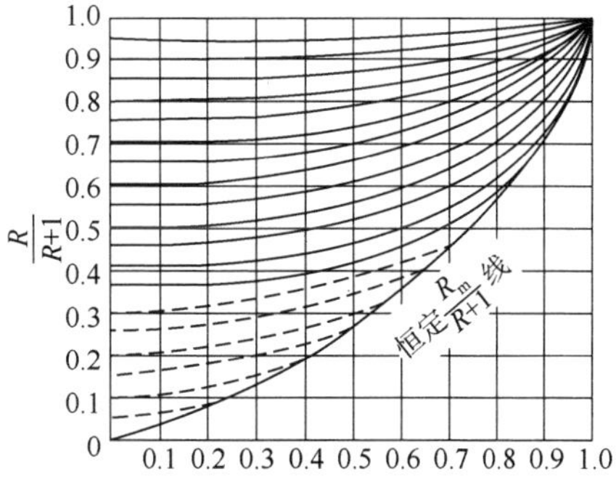

图1-16 尔波与马道克斯经验关联图

在设计中往往是选取不同的回流比，通过关联图求取相应的理论塔板数，然后经过比较求得最佳操作回流比及所需的理论塔板数。

【例1-12】 按照例1-9的进料组成、分离要求和操作条件，求得最少理论塔板数$N_m=12.25$，最小回流比$R_m=0.8768$。试求$R=(1.2\sim2)R_m$范围内，不同回流比所对应的理论塔板数。当$R=1.3R_m$时理论塔板有多少块？

【解】 令 $y=\dfrac{N_T-N_m}{N_T+1}$

则 $N_T=\dfrac{y+N_m}{1-y}$

取不同R值，列表计算如下：

$\dfrac{R}{R_m}$	R	$\dfrac{R-R_m}{R+1}$	$y=\dfrac{N_T-N_m}{N_T+1}$	$N_T=\dfrac{y+N_m}{1-y}$
1.2	1.052	0.085	0.565	29.46
1.3	1.140	0.123	0.521	26.66
1.4	1.228	0.157	0.487	24.83
1.6	1.403	0.219	0.433	22.37
1.8	1.578	0.272	0.391	20.76
2.0	1.754	0.318	0.358	19.64

当$\frac{R}{R_m}=1.3$，$R=1.14$时，$N_T=26.66$(块)，如图1-17所示。

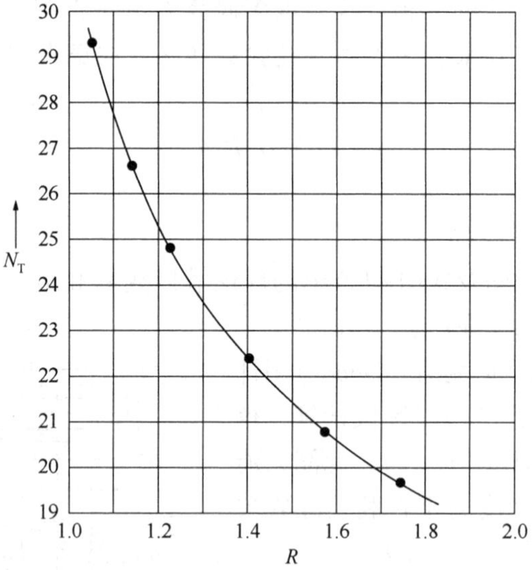

图1-17　不同R对应的N_T值

1.5.4　进料位置与实际塔板数

由前面的方法确定的理论塔板数N_T是包括精馏段和提馏段在内的全塔的理论塔板数，在此基础上合理地确定进料位置对于确保达到预定的分离要求十分重要。根据芬斯克方程的推导过程可知，用此法计算最少理论塔板数既能用于全塔，也能单独用于精馏段或提馏段，从而求得适宜的进料位置。如果在计算中把进料板作为一个单独的部分列出，那么可以得到：

$$N_T=n+m+1 \tag{1-43}$$

式中　n——精馏段的理论塔板数，包括部分冷凝器在内；

m——提馏段的理论塔板数，包括再沸器在内。

在全塔范围内相对挥发度变化不太大的情况下，精馏段和提馏段塔板数的比值可按式(1-44)计算：

$$\frac{n}{m}=\frac{\lg\left[\left(\frac{x_l}{x_h}\right)_D\cdot\left(\frac{x_h}{x_l}\right)_F\right]}{\lg\left[\left(\frac{x_l}{x_h}\right)_F\cdot\left(\frac{x_h}{x_l}\right)_W\right]} \tag{1-44}$$

式中　$\left(\frac{x_l}{x_h}\right)_D$，$\left(\frac{x_h}{x_l}\right)_W$，$\left(\frac{x_h}{x_l}\right)_F$——轻、重关键组分在塔顶、塔底和进料液相中的浓度比。

在全塔相对挥发度变化较大的情况下，可以分别求得精馏段、提馏段的轻、重关键组分平均相对挥发度α_{lhn}、α_{lhm}，然后进一步求取精馏段和提馏段的塔板数比值。

$$\alpha_{lhn}=\sqrt{\alpha_{lhD}\cdot\alpha_{lhF}} \tag{1-45A}$$

$$\alpha_{lhm}=\sqrt{\alpha_{lhF}\cdot\alpha_{lhW}} \tag{1-45B}$$

$$\frac{n}{m}=\frac{\dfrac{\lg\left[\left(\dfrac{x_l}{x_h}\right)_D\cdot\left(\dfrac{x_h}{x_l}\right)_F\right]}{\lg\alpha_{lhn}}}{\dfrac{\lg\left[\left(\dfrac{x_l}{x_h}\right)_F\cdot\left(\dfrac{x_h}{x_l}\right)_W\right]}{\lg\alpha_{lhm}}} \tag{1-46}$$

对于泡点进料的情况，可以采取柯克布莱德提出的经验式确定进料位置。

$$\lg\frac{n}{m}=0.206\lg\left[\frac{W}{D}\left(\frac{x_h}{x_l}\right)_F\cdot\left(\frac{x_W}{x_{Dh}}\right)^2\right] \tag{1-47}$$

在用以上方法求得精馏段、提馏段理论塔板数的比值以后，代入式(1-43)中，则可求得各段的理论塔板数。

前面所讨论的是理论塔板数的计算方法，而设计的最终目的是确定各段的实际塔板数，这就涉及板效率的计算方法。理论塔板的概念是基于认为进入一块塔板的气相和液相在该板上充分接触，离开的气、液相达到平衡。但实际操作中，每块塔板所进行的传质过程不可能都刚好达到这个理想的情况，常用单板效率来作为传质效果的衡量标准。

$$\eta_n=\frac{\text{第 } n \text{ 块塔板的实际提浓效果}}{\text{第 } n \text{ 块塔板的理论提浓效果}}=\frac{y_n-y_{n-1}}{y_n^*-y_{n-1}}$$

影响板效率的因素很多，它与物系的性质如黏度、密度、相对挥发度、表面张力等有关，也与塔板的形式、板面布置、气液相负荷有关，此外还和操作的温度、压力条件有关。要精确地计算各塔板的板效率，并直接运用到设计中还有一定的困难。目前主要是应用一些经验公式和图表确定全塔的总板效率η_T，然后用来确定精馏塔的实际塔板数。目前广泛应用的是奥康奈尔对数十个工业生产的精馏塔进行综合分析后得到的经验公式和关联图。在经过综合分析以后发现精馏塔的总板效率主要和物系的液相黏度μ_L以及相对挥发度α的乘积有关，并得到以下关联式：

$$\eta_T=\frac{N_T}{N_a} \tag{1-48}$$

式中　N_a——实际塔板数。

$$\eta_T = 0.49(\alpha\mu_L)^{-0.245} \tag{1-49}$$

式中　α——轻组分对重组分的相对挥发度，对多组分体系取轻关键组分对重关键组分的相对挥发度，温度取塔顶、塔底平均温度；

μ_L——进料的液相黏度（按塔顶、塔底平均温度计），cP（$1cP = 10^{-3}Pa \cdot s$）。

混合物的液相黏度可按式（1-50）计算：

$$\mu_L = \sum_{i=1}^{c} x_{Fi}\mu_{Li} \tag{1-50}$$

式中　μ_{Li}——纯组分 i 在平均温度下的黏度，cP。

经验式（1-49）是图 1-18 中曲线的数学表达式，使用该图将更为方便。此图原系根据泡帽塔制作的，经验表明一些常用塔板的总板效率在该塔最佳操作负荷下相差不多，此图也常用来估算其他形式塔板精馏塔的效率。为了更清楚地了解实际生产的精馏塔与奥康奈尔关联图的误差情况，在图上标绘了兰州化学工业公司设计院对我国一个石油裂解气分离装置采用浮阀塔板的八个工业精馏塔，编程计算出理论塔板数，除以现场实际塔板数，求得全塔总板效率标绘在图上。与奥康奈尔标绘出该图的各点情况相似，各点的相对误差一般小于 10%。

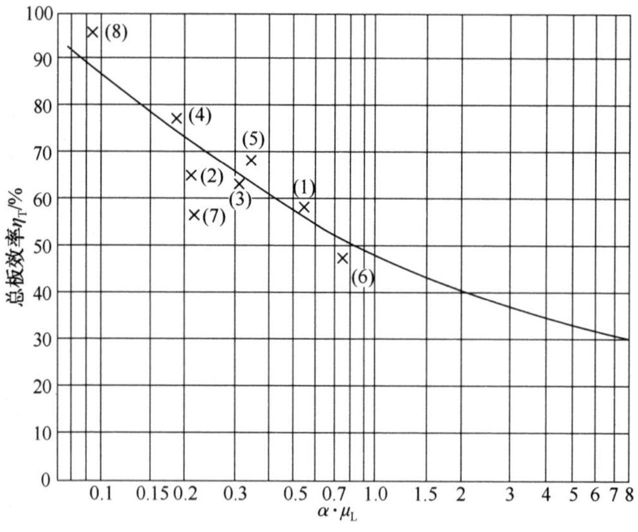

图 1-18　各塔板效率在奥康奈尔曲线上的位置

（1）—第一脱甲烷塔；（2）—第一脱乙烷塔；（3）—第二脱甲烷塔；（4）—乙烯精馏塔；（5）—脱丙烷塔；（6）—脱丁烷塔；（7）—第二脱乙烷塔；（8）—丙烯精馏塔

对于塔板上液流长度 Z 超过 1m 时，从图 1-18 中查得的总板效率应乘以系数 C。C 的数值可由图 1-19 查得，它只适用于 $\alpha \cdot \mu_L$ 在 0.1~1.0 的范围。

可以利用总板效率分别求得精馏段和提馏段的塔板数，从而决定进料板的位置。一般在设计时为了照顾到在实际生产过程中原料组成的变化、进料状态的变化、操作条件变化以及设计本身的误差，一般在计算进料板的上、下方分别设置

2~3 个进料口，便于在生产中根据具体情况进行调节。

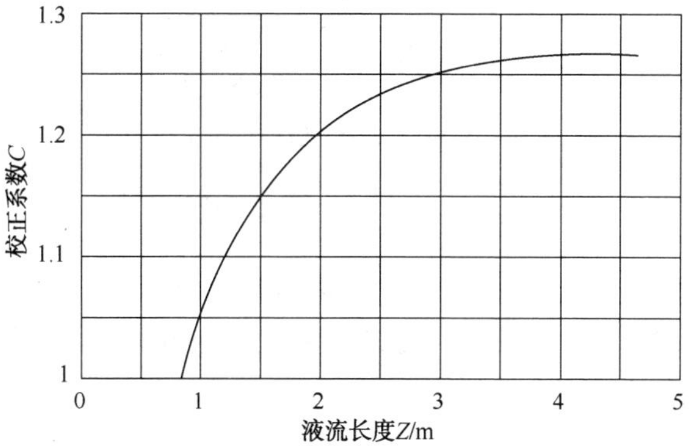

图 1-19　总板效率的校正系数

【例 1-13】 按照例 1-9 提供的条件和计算结果，并通过例 1-12 知道，当 $R=1.14$ 时，$N_T=26.66$，求该塔实际塔板数及进料位置。

【解】 该塔平均操作温度：

$$t_{平}=\frac{1}{2}(t_D+t_W)=\frac{1}{2}(7+62)=34.5℃$$

$$t=34.5℃,\ p=7\text{atm}(1\text{atm}=0.1013\text{MPa})$$

查得：

$$K_{C_3^=}=1.84 \qquad K_{iC_4^0}=0.7$$

$$\alpha=1.84/0.7=2.63$$

由例 1-6 提供的进料液相组成求进料液相黏度μ_L：

组分	$C_2^=$	C_2^0	$C_3^=$	C_3^0	iC_4^0	C_5^0	Σ
x_{Fi}	0.00058	0.00083	0.56529	0.02940	0.25503	0.14887	1.00000
μ_{Li}	0	0	0.08	0.098	0.142	0.21	—
$x_{Fi}\cdot\mu_{Li}$	0	0	0.0452	0.0029	0.0362	0.0313	0.116

注：$1\text{cP}=10^{-3}\text{Pa}\cdot\text{s}$。

$$\alpha\cdot\mu_L=2.63\times0.116=0.305$$

由图 1-18 查得总板效率。$\eta_T=0.66$

扣除再沸器以后计算实际塔板数为：

$$N_a=\frac{N_T-1}{\eta_T}=\frac{26.66-1}{0.66}=38.88\approx39(\text{块})$$

塔顶、塔底组成按例 1-9，由式(1-43)求进料位置：

$$\frac{n}{m}=\frac{\lg\left[\left(\frac{0.94737}{0.0014}\right)\times\left(\frac{0.25621}{0.56529}\right)\right]}{\lg\left[\left(\frac{0.56529}{0.25621}\right)\times\left(\frac{0.68889}{0.0028}\right)\right]}=0.9093$$

$$26.66=m+0.9093m+1$$

$$m=\frac{25.66}{1.9093}=13.44(\text{块})$$

$$n=25.66-13.44=12.22(\text{块})$$

精馏段共 12.22 块理论塔板，提馏段将进料板并入，扣除再沸器后共 13.44 块理论塔板。精馏段实际塔板数：

$$n_{\mathrm{a}}=\frac{n}{\eta_{\mathrm{T}}}=\frac{12.22}{0.66}=18.52\approx 19(\text{块})$$

提馏段实际塔板数：

$$m_{\mathrm{a}}=39-19=20(\text{块})$$

如果用进料平衡液相组成代替式(1-47)的泡点进料组成来进行计算：

$$\lg\frac{n}{m}=0.206\lg\left[\left(\frac{28.3}{71.7}\right)\times\left(\frac{0.25621}{0.56529}\right)\times\left(\frac{0.0028}{0.0014}\right)^{2}\right]=-0.0299$$

$$\frac{n}{m}=0.9335$$

$$m=\frac{25.66}{1.9335}=13.27(\text{块})$$

$$n=25.66-13.27=12.39(\text{块})$$

与式(1-44)计算结果十分接近。

为使该塔操作具有较大的灵活性，可在自下而上计数的第 17、21、25 层开三个进料口。

1.5.5 多元精馏塔的简捷计算法步骤

(1) 确定轻、重关键组分。

(2) 根据亨斯特别克方程计算塔顶、塔底组成，塔顶、塔底的温度。

(a) 由进料组成、进料量按清晰分割求取D'、$W'\rightarrow x'_{\mathrm{D}i}$、$x'_{\mathrm{W}i}\rightarrow t'_{\mathrm{D}}$、$t'_{\mathrm{W}}$

(b) 计算$K_{\mathrm{D}i}$、$K_{\mathrm{W}i}\rightarrow\alpha_{ih\mathrm{D}}$、$\alpha_{ih\mathrm{W}}\rightarrow\alpha_{ih}$

(c) 选d_{h}、$w_{\mathrm{l}}\rightarrow d_{\mathrm{l}}$、$w_{\mathrm{l}}\rightarrow\left(\frac{d}{w}\right)_{\mathrm{l}}$、$\left(\frac{d}{w}\right)_{\mathrm{h}}$

(d) 计算$\left(\frac{d}{w}\right)_{i}\rightarrow d_{i}$、$w_{i}\rightarrow x_{\mathrm{D}i}$、$x_{\mathrm{W}i}$

[检验x_{Dh}、x_{Wl}是否<分离要求，否则从(c)算起]

(e) 计算t_D、t_W

(f) 计算α_{lh}

[检验α_{lh}相对误差是否<5%，否则从(b)算起]

(3) 进料绝热闪蒸计算，确定T_F、e。

(4) 由芬斯克方程计算N_m。

(5) 由恩德伍德方程计算R_{min}。

(6) 由吉利兰图确定N_T。

(7) 由奥康奈尔图确定板效率。

(8) 由柯克布莱德经验公式确定进料位置。

(9) 计算冷凝器和再沸器热负荷。

1.6 恒摩尔流简化假定下的逐板计算法

多元精馏过程的简捷计算法虽然可以确定精馏塔的操作回流比、塔板数和进料位置，但不能提供各板的气、液相组成和各板的温度。而逐板计算法则可以提供各板的计算结果，这对生产控制十分重要。当塔内各组分汽化潜热差别不太大时，可采用恒摩尔流简化假定下的逐板计算法进行设计计算。此法主要是交替应用相平衡方程和物料平衡方程进行计算。按照轻、重关键组分浓度比值变化的情况，确定精馏段和提馏段的理论塔板数和进料位置。

1.6.1 相平衡方程

1. 露点方程

在精馏段进行逐板计算时，通常是利用已知的气相组成通过露点方程计算确定平衡的液相组成。在需要知道各板温度时，可应用式(1-14)通过试差进行计算，即：

$$\sum_{i=1}^{c} x_{ni} = \sum_{i=1}^{c} \frac{y_{ni}}{K_{ni}} \approx 1$$

当只需要知道精馏段塔板数和各板气、液相组成时，可采用以相对挥发度表示的露点方程进行计算，即：

$$x_{ni} = \frac{y_{ni}/\alpha_{nih}}{\sum_{i=1}^{c} y_{ni}/\alpha_{nih}}$$

$$\alpha_{nih} = \sqrt{\alpha_{ihD} \cdot \alpha_{ihF}}$$

式中 α_{nih}——精馏段组分 i 对组分 h 的平均相对挥发度。

α_{ihD}，α_{ihF}——在塔顶温度和进料温度条件下组分 i 对组分 h 的相对挥发度。

2. 泡点方程

在提馏段进行逐板计算时，通常是利用已知的液相组成求平衡的气相组成。在需要知道各板温度时，可应用式(1-10)通过试差进行计算。

$$\sum_{i=1}^{c} y_{mi} = \sum_{i=1}^{c} K_{mi} \cdot x_{mi} \approx 1$$

当只需要知道提馏段塔板数和各板气、液相组成时，可采用以相对挥发度表示的泡点方程进行计算，即：

$$y_{mi} = \frac{\alpha_{mih} \cdot x_{mi}}{\sum_{i=1}^{c} \alpha_{mih} \cdot x_{mi}}$$

$$\alpha_{mih} = \sqrt{\alpha_{ihF} \cdot \alpha_{ihW}}$$

式中 α_{mih}——提馏段组分 i 对组分 h 的平均相对挥发度。

α_{ihF}，α_{ihW}——在进料温度和塔底温度条件下，组分 i 对组分 h 的相对挥发度。

1.6.2 物料衡算方程

物料衡算方程是逐板计算法的基本方程，在恒摩尔流假设的条件下，对精馏段和提馏段分别可以得到以下的物料衡算方程。

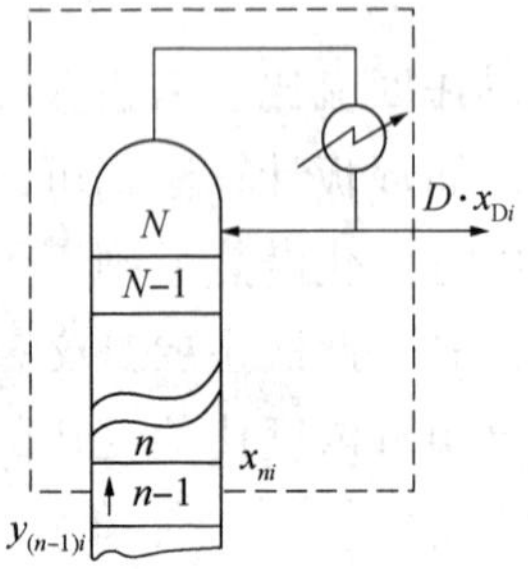

图 1-20 精馏段的物料衡算关系

1. 精馏段的物料衡算方程

对任意一个组分 i 自 $(n-1)$ 板上方向塔顶进行物料衡算(图 1-20)，可以得到以下物料衡算方程：

$$y_{(n-1)i} = \frac{R}{R+1} x_{ni} + \frac{x_{Di}}{R+1} \tag{1-51}$$

对一个有 c 个组分的混合物进行分离时，一般来说用 $(c-1)$ 个物料平衡式就可以由 n 板下降的液体组成来确定 $(n-1)$ 板上升蒸汽的组成。但在计算时为了便于检查，往往同时对 c 个组分分别写出物料衡算方程。求得各组分的气相组成 $y_{(n-1)i}$ 以后，各组分气相浓度之和必须符合 $\sum_{i=1}^{c} y_{(n-1)i} = 1$，否则就表明计算有错误。

2. 提馏段的物料衡算方程

提馏段的物料衡算关系如图 1-21 所示，由图中很容易看出提馏段的液相流量 $\bar{L}_m$ 可由下式求得：

$$\bar{L}_m = RD + F(1-e) \tag{1-52}$$

气相流量 $\bar{V}_m$ 可由下式得到：

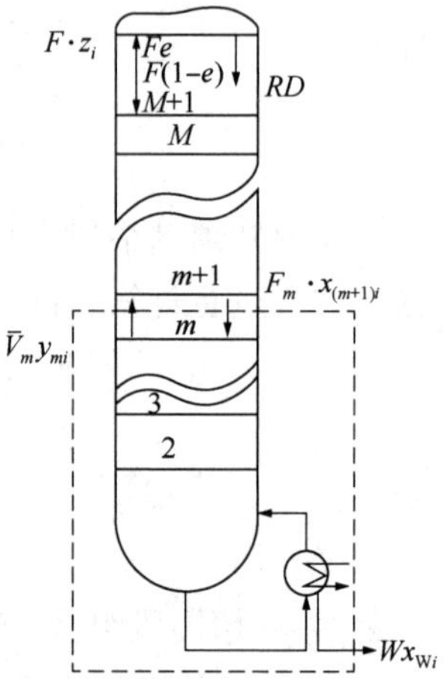

图 1-21 提馏段的物料衡算关系

$$\overline{V}_m = \overline{L}_m - W \tag{1-53}$$

对任意组分自 m 板向下进行物料衡算，很容易得到：

$$x_{(m+1)i} = \frac{\overline{V}_m}{\overline{L}_m} y_{mi} + \frac{W}{\overline{L}_m} x_{Wi} \tag{1-54}$$

同样，在提馏段对 c 个组分也可以分别写出各自的物料衡算方程，由 m 板上升的气相组成求得 $(m+1)$ 板下降的液体组成。

1.6.3 逐板计算的过程

不论是在精馏段还是在提馏段，轻关键组分和重关键组分液相浓度的比值 $\left(\frac{x_l}{x_h}\right)$ 都是自下而上不断地增加。因此进料液相中轻、重关键组分浓度的比值 $\left(\frac{x_l}{x_h}\right)_F$ 就成为判断精馏段和提馏段理论塔板数的依据。逐板计算是在选定回流比以后分别从塔顶和塔底交替使用相平衡方程和物料平衡方程向进料板计算的。

1. 精馏段的计算

精馏段的计算对于塔顶采用全凝器时，是从塔顶开始进行计算；当塔顶采用部分冷凝器时则应从回流罐开始计算。当采用全凝器时 $y_{Ni} = x_{Di}$，计算过程如下：

$$y_{Ni} \xrightarrow{\text{相平衡计算}} x_{Ni} \xrightarrow{\text{式(1-51)}} y_{(N-1)i} \xrightarrow{\text{相平衡计算}} x_{(N-1)i}$$

……

$$x_{(M+2)i} \xrightarrow{\text{式(1-51)}} y_{(M+1)i} \xrightarrow{\text{相平衡计算}} x_{(M+1)i}$$

在整个计算过程中，每算出任意一块塔板的 x_{Ni} 值后，立即算出该板的 $\left(\frac{x_l}{x_h}\right)_n$ 值。显然 $\left(\frac{x_l}{x_h}\right)_n$ 值由上而下逐渐减少。当出现：

$$\left(\frac{x_l}{x_h}\right)_{M+2} \geqslant \left(\frac{x_l}{x_h}\right)_F \geqslant \left(\frac{x_l}{x_h}\right)_{M+1}$$

则 $(M+2)$ 以上各板属于精馏段，从塔顶到 $(M+2)$ 板使用过相平衡计算的次数则是精馏段的理论塔板数。

2. 提馏段的计算

提馏段的计算是从塔底开始。当再沸器可以起到一块理论塔板作用时，可把再沸器视作第一块塔板，则 $x_{Wi} = x_{1i}$。计算过程如下：

$$x_{1i} \xrightarrow{\text{相平衡计算}} y_{1i} \xrightarrow{\text{式(1-54)}} x_{2i} \xrightarrow{\text{相平衡计算}} y_{2i}$$

……

$$x_{Mi} \xrightarrow{\text{相平衡计算}} y_{Mi} \xrightarrow{\text{式(1-54)}} x_{(M+1)i}$$

在整个计算过程中，每算出任意一块塔板的x_{Mi}值后，立即算出该板的$\left(\frac{x_l}{x_h}\right)_m$值。显然$\left(\frac{x_l}{x_h}\right)_m$值由下而上逐板增加。当出现：

$$\left(\frac{x_l}{x_h}\right)_M \leqslant \left(\frac{x_l}{x_h}\right)_F \leqslant \left(\frac{x_l}{x_h}\right)_{M+1}$$

则 M 以下各板均属提馏段，共有 M 块理论塔板，$(M+1)$板则为进料板。

1.7 多元精馏塔的计算机数学模型

多元精馏的简捷计算法虽然可以确定回流比、理论塔板数，但不能够确定各板的气、液相组成。恒分子回流假定下的逐板计算法能够算出各板的气液相组成，但对于各组分汽化潜热差别较大的情况下就会产生较大的误差。随着计算机应用技术的逐步普及，目前已能用计算机来进行多元精馏塔的设计和现场生产情况的校核。在多元精馏过程用计算机进行计算时，使用的方法很多，如流量平衡法(*Lewis-Matheson* 法)、比流量法(*Thiele-Geddes* 法)、矩阵法等。使用计算机进行计算时有下列几个过程：

(1) 建立描述精馏过程的数学模型；

(2) 定出解该数学模型的计算方法；

(3) 将有关数据和计算方法编出计算程序；

(4) 将程序输入计算机，经过计算，输出必要的计算结果。

下面分别介绍比流量法和矩阵法的内容。

1.7.1 比流量法(Thiele-Geddes 法)

比流量法的实质是用比流量值关联各组分的相平衡关系和物料的流量关系得到关联式，然后由塔顶向下或由塔釜向上逐板应用这些关联式进行运算，直到在进料板处相契合为止。引入热量平衡方程计算得到各板上的温度，实际上升蒸气量和下降液体量。可绘制出沿塔高的温度分布和流量分布图。

组分的比流量值，即在精馏段和提馏段中各组分的上升蒸气量 v_i、$\bar{v}_i$及下降液体量l_i、$\bar{l}_i$与塔顶产物量d_i或塔釜产物量w_i之比值。以$\frac{v_i}{d_i}$，$\frac{l_i}{d_i}$和$\frac{\bar{v}_i}{w_i}$及$\frac{\bar{l}_i}{w_i}$表示组分的比流量值。

1. 比流量关联式的导出

板序示意如图 1-22 所示。图中塔釜编号为 1，塔釜上面的理论板编号为 2，3，4，…，$m-1$，m，$m+1$，…进料板编号为 $M+1$，其下面一块理论板编号为 M，上面一块编号为 $M+2$；精馏段的板序按由下至上编号为…，$n-1$，n，$n+1$；塔顶最高一块理论板编号为 N；冷凝(全凝或分凝)器编号为 $N+1$；其他符号与前面相同。

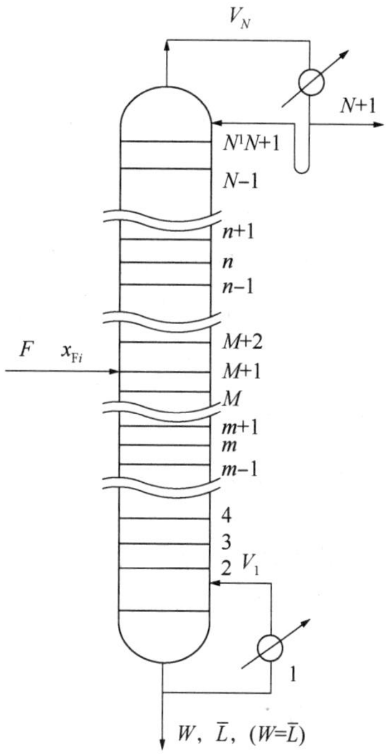

图 1-22　板序示意图

比流量关系式推导如下(表示任意组分 i 的下标，为了简化，在下列各式中暂时省去)。

(1) 精馏段。

根据第 n 板上气液平衡

$$x_n = \frac{y_n}{K_n} \tag{1-55}$$

将式(1-55)两边各乘以L_n和V_n，则

$$V_n L_n x_n = \frac{y_n}{K_n} \cdot V_n L_n$$

移项：

$$L_n x_n = \frac{L_n}{K_n V_n} \cdot y_n V_n$$

令$\dfrac{L_n}{K_n V_n} = A_n$，称吸收因子；

用$l_n = L_n x_n$，$v_n = V_n y_n$表示任意组分液相流量和气相流量，则

$$l_n = A_n v_n \tag{1-56}$$

式(1-56)两边除以塔顶馏出液量 d，则

$$\frac{l_n}{d} = A_n \cdot \frac{v_n}{d} \tag{1-57}$$

式中　$\dfrac{l_n}{d}$，$\dfrac{v_n}{d}$——精馏段中 n 板上比流量值。

式(1-57)即为用比流量值关联的相平衡方程。在 n 板与 $n+1$ 板之间，截面至塔顶作物料衡算得

$$v_n = l_{n+1} + d \tag{1-58}$$

将式(1-58)两边除以 d，得

$$\frac{v_n}{d} = \frac{l_{n+1}}{d} + \frac{d}{d} = \frac{l_{n+1}}{d} + 1 \tag{1-59}$$

将式(1-59)代入式(1-57)中，得

$$\frac{l_n}{d}=A_n\cdot\left(\frac{l_{n+1}}{d}+1\right) \tag{1-60}$$

将式(1-57)代入式(1-59)中，得

$$\frac{v_n}{d}=\frac{v_{n+1}}{d}\cdot A_{n+1}+1 \tag{1-61}$$

式(1-60)和式(1-61)即为用比流量关联的物料衡算方程式。用式(1-59)及式(1-60)和式(1-61)计算精馏段中各组分之比流量值，由塔顶往下逐板计算直到进料板处为止。

若以塔顶为第 N 块板，则冷凝器为 $N+1$ 块板，由塔顶向下从第 N 块板开始计算，分析公式$\frac{l_N}{d}=A_N\cdot\left(\frac{l_{N+1}}{d}+1\right)$，由于$l_{N+1}=l_{N+1}\cdot x_{N+1}$，$d=D\cdot y_{N+1}$，对于塔顶采用全凝器液相采出时，$y_{N+1}=x_{N+1}$，$K_{N+1}=1$

$$\frac{l_{N+1}}{d}=\frac{l_{N+1}\cdot x_{N+1}}{D\cdot y_{N+1}}=R \quad (\text{因 } R=\frac{L_{N+1}}{D})$$

则

$$\frac{l_n}{d}=A_n\cdot(R+1)$$

由于 R 为已知，A_n可以算出，因而可以算出$\frac{l_N}{d}$；对于 $N-1$ 块板

$$\frac{l_{N-1}}{d}=A_{N-1}\cdot\left(\frac{l_n}{d}+1\right)$$

将$\frac{l_N}{d}$代入，即可算出$\frac{l_{N-1}}{d}$。

以此计算直到进料板处为止。由于进料板编号为 $M+1$，故 $M+2$ 为精馏段最下端一块板，所以，算出$\frac{l_{M+2}}{d}$为止。

(2) 提馏段。

根据第 m 板的气液平衡

$$y_m=K_m\cdot x_m \tag{1-62}$$

将式(1-62)两边乘以$\bar{V}_m$及$\bar{L}_m$，得

$$\bar{V}_m\cdot\bar{L}_m\cdot y_m=K_m\cdot x_m\cdot\bar{V}_m\cdot\bar{L}_m$$

$$\bar{V}_m\cdot y_m=\frac{K_m\cdot\bar{V}_m}{\bar{L}_m}\bar{L}_m\cdot x_m$$

令$\frac{K_m \cdot \bar{V}_m}{\bar{L}_m}=S_m$为蒸出因子

且

$$\bar{l}_m=\bar{L}_m \cdot x_m \bar{v}_m=\bar{V}_m \cdot y_m$$

则

$$\bar{v}_m=S_m \cdot \bar{l}_m \tag{1-63}$$

将式(1-63)两边除以塔釜采出液量 w，得

$$\frac{\bar{v}_m}{w}=S_m \cdot \frac{\bar{l}_m}{w} \tag{1-64}$$

在 m 与 $m+1$ 块板之间的截面与塔釜作物料平衡

$$\bar{l}_{m+1}=\bar{v}_m \cdot w \tag{1-65}$$

将式(1-65)两边除以 w，则

$$\frac{\bar{l}_{m+1}}{w}=\frac{\bar{v}_m}{w}+\frac{w}{w}=\frac{\bar{v}_m}{w}+1 \tag{1-66}$$

将式(1-64)代入式(1-66)，则得

$$\frac{\bar{l}_{m+1}}{w}=S_m \cdot \frac{l_m}{w}+1 \tag{1-67}$$

利用式(1-67)可以从塔釜向上逐板进行计算。用 l 表示塔釜，则

$$\frac{\bar{l}_2}{w}=\frac{\bar{l}_1}{w}S_1+1$$

由于塔釜$\bar{l}_1=w$

故

$$\frac{\bar{l}_2}{w}=S_1+1$$

已知S_1，即可算出$\frac{\bar{l}_2}{w}$。

对于釜上第二块板，则

$\frac{\bar{l}_3}{w}=\frac{\bar{l}_2}{w}S_2+1$；已知$S_2$，即可算出$\frac{\bar{l}_3}{w}$；

以此类推，向上计算直到 $M+1$ 板。

$\frac{\bar{l}_{M+1}}{w}=\frac{\bar{l}_M}{w}S_M+1$，算到$\frac{\bar{l}_{M+1}}{w}$看是否符合进料板处情况。

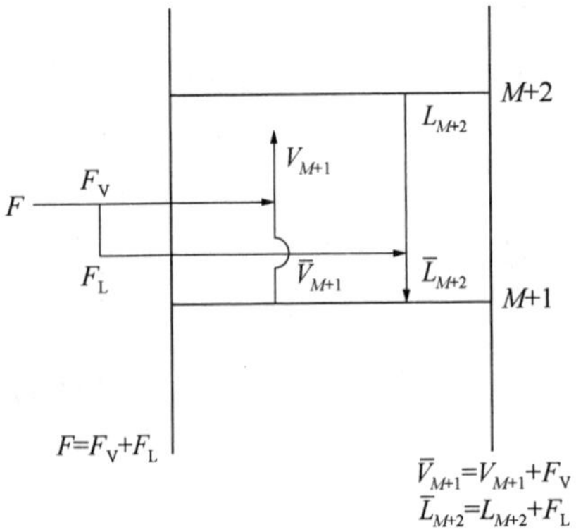

图 1-23　气液进料

2. 计算各组分塔釜量与塔顶量之比$\dfrac{w_i}{d_i}$

在计算各板比流量值$\dfrac{l_n}{d}$及$\dfrac{\bar{l}_m}{w}$的基础上，按不同进料状态分别计算各组分之比$\dfrac{w_i}{d_i}$（为了简化，在下列各式中暂时省去表示任意组分 i 的下标）。以气液混合进料为例，观察进料板（$M+1$）与（$M+2$）间的物料平衡，如图 1-23 所示。

对任意组分 i 可写出物料衡算式

$$f=d+w$$

等式两边除以 d，则得

$$\frac{f}{d}=\frac{w}{d}+1$$

根据

$$\frac{v_{M+1}}{d}=\frac{l_{M+2}}{d}+1$$

$$\frac{\bar{v}_{M+1}+f_V}{d}=\frac{l_{M+2}}{d}+1$$

整理之

$$\frac{\bar{v}_{M+1}}{w}\cdot\frac{w}{d}+\frac{f_V}{f}\cdot\frac{f}{d}=\frac{l_{M+2}}{d}+1$$

代入前式$\dfrac{f}{d}=\dfrac{w}{d}+1$，则得

$$\frac{\bar{v}_{M+1}}{w}\cdot\frac{w}{d}+\frac{f_V}{f}\cdot\left(1+\frac{w}{d}\right)=\frac{l_{M+2}}{d}+1$$

整理之

$$\frac{w}{d}\left(\frac{\bar{v}_{M+1}}{w}+\frac{f_V}{f}\right)+\frac{f_V}{f}=\frac{l_{M+2}}{d}+1$$

$$\frac{w}{d}=\frac{\dfrac{l_{M+2}}{d}+1-\dfrac{f_V}{f}}{\dfrac{\bar{v}_{M+1}}{w}+\dfrac{f_V}{f}}$$

又因

$$1-\frac{f_V}{f}=\frac{f_L}{f},\ \frac{\bar{v}_{M+1}}{w}=\frac{\bar{l}_{M+2}}{w}-1$$

则得

$$\frac{w}{d}=\frac{\dfrac{l_{M+2}}{d}+\dfrac{f_L}{f}}{\dfrac{\bar{l}_{M+2}}{w}-1+\dfrac{f_V}{f}} \tag{1-68}$$

式(1-68)为气液进料时计算$\frac{w}{d}$的公式。

若为饱和液体进料，$e=0$，即$f_L=f$，$f_V=0$，则

$$\frac{w}{d}=\frac{\dfrac{l_{M+2}}{d}+1}{\dfrac{\bar{l}_{M+2}}{w}-1} \tag{1-69}$$

若为饱和气体进料，$e=0$，即$f_L=0$，$f_V=f$，则

$$\frac{w}{d}=\frac{\dfrac{l_{M+2}}{d}}{\dfrac{\bar{l}_{M+2}}{w}} \tag{1-70}$$

式(1-69)及式(1-70)分别为计算不同进料状态时$\frac{w}{d}$的值。

计算$\frac{w}{d}$的目的，是根据物料衡算关系找出 d 及 w；然后将算得的$\sum d_i$及$\sum w_i$视其是否等于所规定之 D 及 W，一般不会一次计算即能完全契合，需循环计算直到契合为止。

根据物料衡算

$$f=d+w$$

$$\frac{f}{d}=1+\frac{w}{d}$$

$$d=\frac{f}{1+\dfrac{w}{d}} \tag{1-71}$$

$$w=\frac{w}{d}\cdot d \tag{1-72}$$

由不同进料状态按式(1-68)、式(1-69)和式(1-70)计算所得$\frac{w}{d}$值，代入式

(1-71)及式(1-72)中找出 d 及 w，检验 $\sum d_i$ 是否等于所规定的 D；$\sum w_i$ 是否等于所规定的 W。若不等，则将所得的 d 及 w 值稍加校正，继续进行计算，直到符合规定值为止。这种契合方法称为直接试差法，速度较慢，工程上采用 θ 法以加速契合过程。

θ 法契合原理是把计算所得尚不十分准确的 $\left(\frac{w}{d}\right)$ 值乘以系数 θ 后，再用式(1-73)及式(1-73)计算，则可得较上次计算为准确的 d 及 w。分别用 d' 及 w' 表示

$$d' = \frac{f}{1+\left(\frac{w}{d}\right)\theta} \tag{1-73}$$

$$w' = \left(\frac{w}{d}\right)\theta \cdot d' \tag{1-74}$$

问题关键是如何找出 θ 值。由于 $\sum d_i$ 应等于 D，故

$$g(\theta) = -D+\sum \frac{f}{1+\left(\frac{w}{d}\right)\theta} = 0 \tag{1-75}$$

式(1-75)应有以下特征：

当 $\theta=0$ 时

$$g(\theta) = -D+F = W$$

当 $\theta=\infty$ 时

$$g(\theta) = -D$$

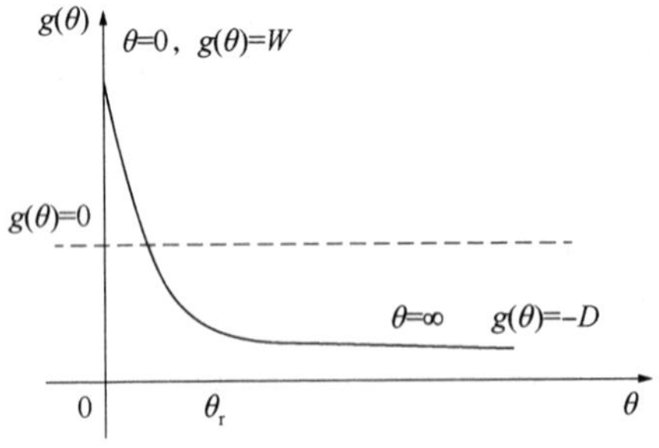

图 1-24　θ 正值根的范围

将式(1-75)绘成曲线，如图 1-24 所示。

由图可知，找出 $g(\theta)=0$ 之根 θ_r，即为所求之值。θ 值应为大于零的正值。当用计算机进行运算时，常用牛顿迭代法求 θ 值进行试差逼近。

当完全契合时，应该 $d_i = d'_i(D=D')$，$\theta=1$。实际上首次循环时，常取 θ 值偏离于 1 进行契合，θ 值视所规定的 $D-D'$，允许误差的大小而渐近于 1。

3. 计算新的温度分布 t_n 及流量分布 L_n 及 V_n(有时称 t、L、V 断面)

找出修正之 d'_i 及 w'_i 后，用式(1-79)求液相组成。

精馏段

$$x_{ni}=\frac{\left(\frac{l_{ni}}{d_i}\right)d'_i}{\sum_{i=1}^{c}\left(\frac{l_{ni}}{d_i}\right)\cdot d'_i} \tag{1-76}$$

提馏段

$$x_{mi}=\frac{\left(\frac{\bar{l}_{mi}}{w_i}\right)w'_i}{\sum_{i=1}^{c}\left(\frac{\bar{l}_{mi}}{w_i}\right)\cdot w'_i} \tag{1-77}$$

（1）计算新的温度断面。

根据式(1-76)及式(1-77)算出板上修正后的液相组成x_{ni}或x_{mi}；需用试差法求出各板上泡点温度t_n及t_m，即为板上新的温度断面（见 1.2.2 节气液平衡中关于泡点的计算，在此从略）。

（2）计算新的流量断面。

最后通过热量衡算计算各板上新流量断面的 L 及 V。

精馏段

$$V_nH_n=L_{n+1}h_{n+1}+D\cdot h_D+q_c \tag{1-78}$$

式中

$$H_n=\sum_{i=1}^{c}y_n\cdot H_{ni}$$

$$h_{n+1}=\sum_{i=1}^{c}x_{(n+1)i}\cdot h_{(n+1)i}$$

q_c——塔顶冷凝器所移出的热量，kJ/h。

$$q_c=V_N(H_N-h_D) \tag{1-79}$$

将$L_{n+1}=V_n-D$ 代入式(1-78)

$$V_n\cdot H_n=V_n\cdot h_{n+1}-D\cdot h_{n+1}+D\cdot h_D+q_c$$

$$V_n(H_n-h_{n+1})=D(h_D-h_{n+1})+q_c$$

$$V_n=\frac{D(h_D-h_{n+1})+q_c}{(H_n-h_{n+1})} \tag{1-80}$$

根据式(1-80)由顶向下计算至进料板，从而求得各板上的新流量断面的 L 及 V。

提馏段

$$\bar{L}_{m+1}\cdot h_{m+1}+q_r=\bar{V}_m\cdot H_m+W\cdot h_W \tag{1-81}$$

将$\bar{L}_{m+1}=\bar{V}_m+W$ 代入式(1-81)

$$\bar{V}_mh_{m+1}+Wh_{m+1}+q_r=\bar{V}_mH_m+Wh_W$$

$$\overline{V}_m(H_m-h_{m+1})=W(h_{m+1}-h_W)+q_r$$

$$\overline{V}_m=\frac{W(h_{m+1}-h_W)+q_r}{(H_m-h_{m+1})} \tag{1-82}$$

式中　q_r——再沸器所需热量，kJ/h。

$$q_r=D\cdot h_D+W\cdot h_W+q_c-F\cdot h_F \tag{1-83}$$

根据式(1-82)，由釜向上逐板计算直到进料板为止，即可算出提馏段各板的$\overline{L}$及$\overline{V}$值。

4. 比流量法计算程序

(1) 原始数据(进料量 F 及组成x_{Fi})，进料状态(进料中气液分量F_V，F_L)，操作条件及工艺分离要求等；

(2) 用简捷法算出 D、W、x_{Di}、x_{Wi}、R、N(除全凝器之外精馏段理论板数)及 $M+1$(M 为提馏段塔板数，包括塔釜，此板即为进料板)；

(3) 由塔顶及塔釜组成x_{Di}、x_{Wi}算出塔顶、塔釜温度，假定沿塔高温度分布为直线关系并作为初值，且假定为恒分子流，算出 L、V、$\overline{L}$、$\overline{V}$作为初值；

(4) 由温度及流量分布初值，求出各板的相平衡常数K_i、吸收因子A_i和蒸出因子S_i；

(5) 用比流量公式(1-61)及式(1-67)计算各段比流量值$\frac{L_{ni}}{d}$，$\frac{\overline{L}_{mi}}{w}$；

(6) 根据不同进料状态，用式(1-68)计算$\frac{w_i}{d_i}$；

(7) 根据式(1-71)及式(1-72)对d_i及w_i进行修正，用 θ 法加速契合过程，直到$\sum d_i=D$，$\sum w_i=W$ 为止；

(8) 用式(1-76)及式(1-77)计算各板上的液相组成x_{ni}及x_{mi}，试差各板温度t_n、t_m；

(9) 用热平衡式(1-80)及式(1-81)计算各板上的流量 L、V、$\overline{L}$、$\overline{V}$；

(10) 根据第一次计算所得各板之温度 t 及流量 L、V、$\overline{L}$、$\overline{V}$，因不能完全吻合，须重新从步骤(4)开始计算，直到计算所得的 D 值($\sum d_i$)与现定 D 值符合为止，或达到某一规定之误差为止。

1.7.2　复杂精馏塔的计算机计算

本节讨论用三对角矩阵法解决多股进料或侧线采出的复杂精馏计算。

矩阵法计算原理是在初步假定的沿塔高温度 t 及气、液流量 V、L 的情况下，将全塔逐板用物料衡算和气液平衡，列出联立方程式组，然后排成矩阵，用矩阵法解出方程组的所有未知数，用相平衡关系求出各板温度，再用热量衡算求得各

板上新流量 L、V，如此循环计算，直到稳定为止。

1.7.2.1 数学模型的建立

图 1-25 所示为一普遍化的复杂精馏塔模型。有 N 块理论板，塔顶有冷凝器，塔釜有再沸器。塔板序是从塔顶至塔釜，冷凝器为第一块板，再沸器为第 N 块板，每一块板均有进料 F_j，气相侧线采出 G_j，液相侧线采出 u_j，热量输入输出 Q_j，气相流量 V_j，液相流量 L_j。

若计算的塔不包括其中的某些项目，则设该参数为零。

在严格的平衡级计算中，必须满足下列方程：

物料衡算方程（简写为 M 方程）；

相平衡方程（简写为 E 方程）；

摩尔分数总和方程（简写为 S 方程）；

热量衡算方程（简写为 H 方程）。

上述四个方程简称为 M、E、S、H 方程组。它是描述精馏过程每一级达到气液平衡时的数学模型。

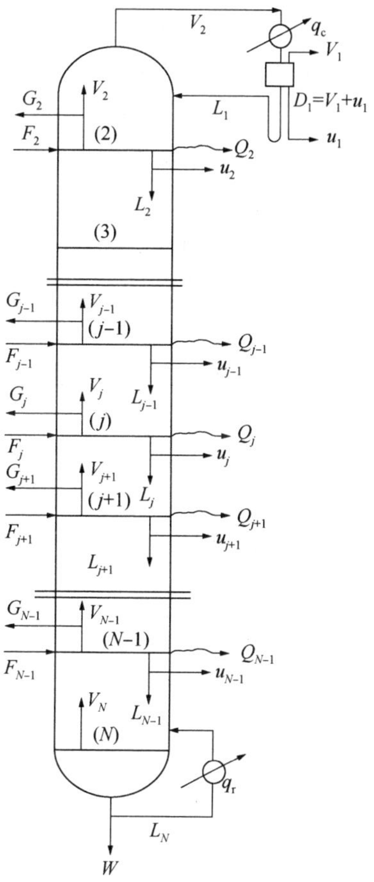

图 1-25 数学模型塔

这些方程的建立需有必要的表达组分性质的基础数据和必须要的操作条件。如系统的组分数目 C（下标 i 为组分的顺序数），总理论板数 N（下标 j 为各板的顺序数），各板进料量 F_j 和进料组成 Z_{ij}，塔顶产品量 D，塔釜产品量 W，各板气相侧线采出量 G_j，各板液相侧线采出量 u_j，输入或输出各板之热量 Q_j，进料焓 H_{Fj}，塔顶的回流比 R。

提供的固定条件是 $K_i=f(t)$，$H_i(h_i)=f'(t)$ 以及塔顶、塔釜的近似温度。

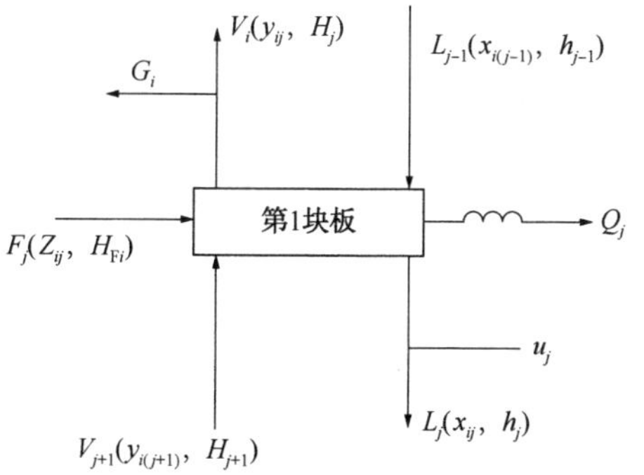

图 1-26 模型塔内第 j 块板物料及热量平衡

欲求的参数是各组分在理论板上液相中的摩尔分数 x_{ij}，蒸气和液体的流量分布 V_j、L_j，温度分布 t_j。

下面分别推导 M、E、S、H 方程组。

（1）物料衡算方程——M 方程，对模型塔第 j 块板作物料衡算，如图 1-26 所示。

总物料衡算

$$L_{j-1}+V_{j+1}+F_j=(V_j+G_j)+(L_j+u_j)$$

对组分 i 作物料衡算

$$L_{j-1}x_{i(j-1)}+V_{j+1}y_{i(j+1)}+F_jZ_{ij}=(V_j+G_j)y_{ij}+(L_j+u_j)x_{ij} \quad (1-84)$$

将式(1-84)移项并表示为变量x_{ij}、V_j、T_j的函数形式。

$$M_{ij}(x_{ij},\ V_j,\ t_j)=L_{j-1}x_{i(j-1)}-(V_j+G_j)y_{ij}-(L_j+u_j)x_{ij}+V_{j+1}y_{i(j+1)}+F_jZ_{ij}=0 \quad (1-85)$$

(2) 气液平衡方程——E 方程，第 j 块板上组分 i 的气液平衡方程为

$$y_{ij}=K_{ij}\cdot x_{ij}$$

式中　K_{ij}——组分 i 在第 j 块板上的相平衡常数，其为温度的函数，$K=f(t)$。写成变量x_{ij}、V_j、t_j的函数形式。

$$E_{ij}(x_{ij},\ V_j,\ t_j)=y_{ij}-K_{ij}\cdot x_{ij}=0 \quad (1-86)$$

(3) 摩尔分数总和方程——S 方程，第 j 块板上，各组分在气相或液相的摩尔分数总和为 1。

$$\sum_{i=1}^{c} y_{ij}=1 \quad \sum_{i=1}^{c} x_{ij}=1$$

或写成变量x_{ij}、V_j、T_j的函数形式。

$$\left.\begin{aligned} S_{ij}(y_{ij},\ V_j,\ t_j) &= \sum_{i=1}^{c} y_{ij} - 1 = 0 \\ \text{或} \quad S_{ij}(x_{ij},\ V_j,\ t_j) &= \sum_{i=1}^{c} x_{ij} - 1 = 0 \end{aligned}\right\} \quad (1-87)$$

(4) 热量衡算方程——H 方程，对第 j 块板作热量衡算。

式中　H——气相的焓；

h——液相的焓。

上式整理为变量x_{ij}、V_j、T_j的函数形式。

$$H_j(x_{ij},\ V_j,\ t_j)=L_{j-1}h_{(j-1)}-(V_j+G_j)H_j-(L_j+u_j)h_j+V_{j+1}H_{j+1}+F_jH_{Fj}-Q_j=0 \quad (1-88)$$

以上是描述多组分复杂精馏过程中每一块板的 M、E、S、H 方程。

下面将这些方程进一步整理。

将 M、E 方程联立求解得一组方程，并用矩阵求解得各板上组成x_{ij}。

用 S 方程求各板上新的温度 t(此温度 t 已非开始假定之温度)。

用 H 方程求各板上新的气液流量 V、L(此所得流量也非假定的流量)。

为了将 M、E 方程联立求解，把 E 方程代入 M 方程中得

$$M_{ij}(x_{ij},\ V_j,\ t_j)=L_{j-1}\cdot x_{i(j-1)}-(V_j+G_j)K_{ij}x_{ij}-(L_j+u_j)x_{ij} +V_{j+1}\cdot K_{i(j+1)}\cdot x_{i(j+1)}+F_jZ_{ij}=0$$

整理得

$$M_{ij}(x_{ij},\ V_j,\ t_j)=L_{j-1}\cdot x_{i(j-1)}-[(V_j+G_j)K_{ij}+(L_j+u_j)]\cdot x_{ij} +V_{j+1}\cdot K_{i(j+1)}\cdot x_{i(j+1)}+F_jZ_{ij}=0 \quad (1-89)$$

进一步把 L 表达为变量 V 的函数，如图 1-27 所示，从冷凝器(第 1 块板)至第 j 块板之间作总物料衡算得

$$V_{j+1}+\sum_{k=2}^{j}F_k=L_j+\sum_{k=2}^{j}u_k+\sum_{k=2}^{j}G_k+D$$

整理得

$$L_j=V_{j+1}+\sum_{k=2}^{j}(F_k-G_k-u_k)-D \quad (2\leqslant j\leqslant N-1) \tag{1-90}$$

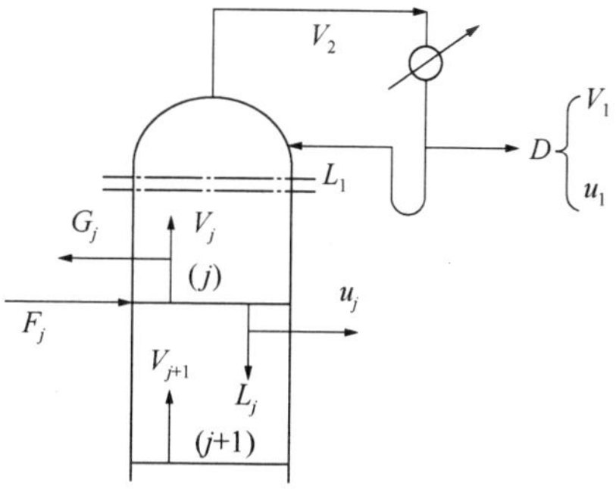

图 1-27　模型塔中第 1 块板至第 j 块板的物料平衡

式中　$D=u_1+V_1$；

下标 k 表示从冷凝器至第 j 板的板序数。

将模型塔中各板之物料衡算及相平衡关系从第 1 块板(冷凝器)开始，可逐板写出x_i，V_j，t_j的关系式。

对于第 1 块板(冷凝器)

$j=1$，则写出

$$V_2=V_1+L_1+u_1$$

对 i 组分

$$V_2\cdot y_{i2}=V_1y_{i1}+L_1x_{i1}+u_1x_{i1}$$

将$y_i=K_ix_i$代入，则

$$V_2\cdot K_{i2}\cdot x_{i2}=(V_1K_{i1}+u_1+L_1)X_{i1}$$

移项　$$-(V_1K_{i1}+u_1+L_1)\cdot x_{i1}+V_2\cdot K_{i2}\cdot x_{i2}=0$$

令　$$-(V_1K_{i1}+u_1+L_1)=B_1$$

$$V_2K_{i2}=C_1$$

$$D_1=0$$

则上式可以写成　$$B_1x_{i1}+C_1x_{i2}=D_1$$

对于第 2 块板　$$j=2$$

则根据 M 方程式通式

$$L_{j-1}\cdot x_{i(j-1)}-(V_j+G_j)K_{ij}\cdot x_{ij}-(L_j+u_j)x_{ij}+V_{j+1}K_{i(j+1)}x_{i(j+1)}=-F_jZ_{ij}$$

可写为　$$L_1\cdot x_{i1}-[(V_2+G_2)K_{i2}\mp(L_2+u_2)]x_{i2}+V_3K_{i3}x_{i3}=-F_2Z_{i2}$$

令　$$A_2=L_1=V_2-D=V_2-(V_1-u_1)$$

$$B_2=-[(V_2+G_2)K_{i2}\mp(L_2+u_2)]$$

$$C_2=V_3K_{i3}$$

$$D_2=-F_2Z_{i2}$$

则　$$A_2\cdot x_{i1}+B_2\cdot x_{i2}+C_3\cdot Z_{i3}=D_2$$

对于第 j 块板

令 $$A_j=L_{j-1}=V_j+\sum_{k=2}^{j-1}(F_k-G_k-u_k)-D \quad (2\leqslant j\leqslant N-1)$$

$$B_j=-[(V_j+G_j)K_{ij}\mp(L_j+u_j)]$$

$$=-[(V_j+G_j)K_{ij}+V_{j+1}+\sum_{k=2}^{j-1}(F_k-G_k-u_k)-D+u_j] \quad (2\leqslant j\leqslant N-1)$$

$$C_j=V_{j+1}K_{i(j+1)} \quad (2\leqslant j\leqslant N-1)$$

$$D_j=-F_jZ_{ij}$$

则上式可写成 $$A_j\cdot x_{i(j-1)}+B_j\cdot x_{ij}+C_j\cdot Z_{i(j+1)}=D_j$$

对于再沸器(第 N 块板) $j=N$

令 $$L_{N-1}\cdot x_{i(N-1)}-(V_NK_{iN}+W)\cdot x_{iN}=0$$

$$A_N=L_{N-1}=V_N+W$$

$$B_N=-(V_N\cdot K_{iN}+W)$$

$$D_N=0$$

则 $$A_Nx_{i(N-1)}+B_Nx_{iN}=D_N$$

因此，对组分 i 由第 1 块至第 N 块板的 M、E 方程可写为

第 1 块 $$B_1x_{i1}+C_1x_{i2}=D_1$$

第 2 块 $$A_2x_{i1}+B_2x_{i2}+C_2x_{i3}=D_2$$

…

第 j 块 $$A_jx_{i(j-1)}+B_jx_{ij}+C_jx_{i(j+1)}=D_j$$

…

第($N-1$)板 $$A_{N-1}x_{i(N-2)}+B_{N-1}x_{i(N-1)}+C_{N-1}x_{iN}=D_{N-1}$$

第 N 板 $$A_Nx_{i(N-1)}+B_Nx_{iN}+C_Nx_{i(N+1)}=D_N$$

将上述方程组写成矩阵：

$$\begin{pmatrix} B_1 & C_1 & & & & \\ A_2 & B_2 & C_2 & & & \\ & \cdots & \cdots & \cdots & & \\ & A_j & B_j & C_j & & \\ & & \cdots & \cdots & \cdots & \\ & & A_{N-1} & B_{N-1} & C_{N-1} & \\ & & & A_N & A_N & \end{pmatrix}\begin{pmatrix} x_{i1} \\ x_{i2} \\ \vdots \\ x_{ij} \\ \vdots \\ x_{i(N-1)} \\ x_{iN} \end{pmatrix}=\begin{pmatrix} D_1 \\ D_2 \\ \vdots \\ D_j \\ \vdots \\ D_{N-1} \\ D_N \end{pmatrix}$$

或简写为

$$[A、B、C]\cdot\{x_{ij}\}=\{D_j\} \quad (1\leqslant i\leqslant M)$$

式中 $[A、B、C]$——三角矩阵；

A、B、C——矩阵的元素；

$\{x_{ij}\}$——未知量的列向量；

$\{D_j\}$——常数项列向量。

对每一组分可列出上述方程，即 N 个平衡板方程组，由于系统中共有 C 个组分，因此，可列 NC 个方程式，有 C 个上述矩阵。

1.7.2.2 计算方法

1. 三对角矩阵中求解$\{x_{ij}\}$的计算方法

先把矩阵中一对角线元素A_j变为 0，另一对角线元素B_j变为 1，然后将C_j与D_j引用两个辅助参量p_j和q_j进行计算。

下面讨论用高斯消去法求解的过程。

将上述矩阵中的第 1 行乘以$\dfrac{i}{B_1}$，并令$p_1=\dfrac{C_1}{B_1}$，$q_1=\dfrac{D_1}{B_1}$，则第 1 行可写为

$$1 \quad p_1 \quad q_1$$

将第 1 行乘以$\left(-\dfrac{A_2}{B_1}\right)$，然后与第二行相加，则消去$A_2$

A_2成为$\left\{\left[A_2+B_1\left(-\dfrac{A_2}{B_1}\right)\right]\right\}=0$

B_2成为$\left\{\left[B_2+C_2\left(-\dfrac{A_2}{B_1}\right)\right]\right\}=B_2-A_2\dfrac{C_1}{B_1}=B_2-A_2p_1$

C_2成为$[C_2+0]=C_2$

D_2成为$\left\{\left[D_2+D_1\left(-\dfrac{A_2}{B_1}\right)\right]\right\}=D_2-A_2\dfrac{D_1}{B}=D_2-A_2q_1$

则第 2 行成为 $\quad 0 \quad B_2-A_2p_1 \quad C_2 \quad D_2-A_2q_1$

再将上式除以 $\quad B_2-A_2p_1$

则第 2 行成为 $\quad 0 \quad 1 \quad \dfrac{C_2}{B_2-A_2p_1} \quad \dfrac{D_2-A_2q_1}{B_2-A_2p_1}$

逐板依次进行类似处理

对第 j 行可以写成 $\quad 0 \quad 1 \quad \dfrac{C_j}{B_j-A_jp_{j-1}} \quad \dfrac{D_j-A_jq_{j-1}}{B_j-A_jp_{j-1}}$

令

$$p_j=\frac{C_j}{B_j-A_jp_{j-1}} \quad (2\leqslant j\leqslant N-1)$$

$$q_j=\frac{D_j-A_jq_{j-1}}{B_j-A_jp_{j-1}} \quad (2\leqslant j\leqslant N-1)$$

（3）通过以上顺序消去，最后可求出q_N

$$q_N=\frac{D_N-A_N\cdot q_{N-1}}{B_N-A_N\cdot p_{N-1}}$$

因此全部矩阵成为

$$\begin{pmatrix}1 & p_1 & 0 & 0 & 0\\ 0 & 1 & p_2 & 0 & 0\\ 0 & 0 & 1 & p_3 & 0\\ \square & \square & \cdots & \square & \vdots\\ 0 & 0 & 0 & \cdots & 1\end{pmatrix}\begin{pmatrix}x_{i1}\\ x_{i2}\\ \vdots\\ \vdots\\ x_{iN}\end{pmatrix}=\begin{pmatrix}q_1\\ q_2\\ \vdots\\ \vdots\\ q_N\end{pmatrix}$$

从而得到$x_{iN}=q_N$，由此可以求出x_{iN}

（4）找出x_{iN}后，其x_{ij}值可通过x_{iN}值回代，直至计算得到x_{i1}

$$x_{i(N-1)}+p_{N-1}x_{iN}=q_{N-1}$$

$$x_{i(N-1)}=q_{N-1}-p_{N-1}x_{iN}$$

……

$$x_{ij}=q_j-p_jx_{i(j+1)}\quad(1\leqslant j\leqslant N-1)$$

……

$$x_{i1}=q_1-p_1x_{i2}$$

用高斯消去法求解矩阵，对于某一组分 i 可求出它在各平衡板 j 的液相组成x_{ij}，对 C 个组分共有 NC 个x_{ij}值。

2. *S* 方程的计算公式

从上面三对角函数矩阵求解中已得到各平衡板的液相组成x_{ij}，并已知K_{ij}是温度t_j的函数，即

$$K_{ij}=a_{i1}+a_{i2}t_j+a_{i3}t_j^2+a_{i4}t_j^3=\sum_{k=1}^{4}a_{ik}t_j^{k-1}\quad(1\leqslant i\leqslant C)$$

式中　上标 k 代表多项式各项的序数。

将上述关系代入 S 方程中，使得 S 方程变为t_j的函数，即

$$S_j(t_j)=\sum_{i=1}^{c}\left(\sum_{k=1}^{4}a_{ik}\,t_j^{k-1}\right)x_{ij}-1=0\quad(1\leqslant j\leqslant N)$$

上式为高次方程组，要直接求满足该方程的温度分布t_j是较困难的。可以假定初始是线性温度分布，通过迭代法求出满意的温度分布t_j。迭代法可采用弦位法或抛物线法。

3. *H* 方程的计算公式

已求得x_{ij}及t_j后，并已知进料焓H_{iF}及输出热量Q_j，则气相焓H_j可由下面方程求出。

$$H_j=\sum_{i=1}^{c}y_{ij}(b_{i1}+b_{i2}t_j+b_{i3}t_j^2+b_{i4}t_j^3)\quad(1\leqslant j\leqslant N)$$

$$h_j=\sum_{i=1}^{c}x_{ij}(C_{i1}+C_{i2}t_j+C_{i3}t_j^2+C_{i4}t_j^3)\quad(1\leqslant j\leqslant N)$$

计算 H 方程

$$H_j(x_{ij},\ V_j,\ t_j)=L_{j-1}h_{j-1}-(V_j+G_j)H_j-(L_j+u_j)h_j+V_{j+1}H_{j+1}+F_jH_{Fj}-Q_j=0$$

将

$$(L_j+u_j)=L_{j-1}+L_{j+1}+F_j-(V_j+G_j)$$

代入后进一步整理为

$$H_j(x_{ij},\ V_j,\ t_j)=L_{j-1}h_{j-1}+(V_j+G_j)H_j-[L_{j-1}+V_{j+1}+F_j-(V_j+G_j)]h_j$$
$$+V_{j+1}H_{j+1}+F_jH_{Fj}-Q_j=0$$

简化为

$$H_j(x_{ij},\ V_j,\ t_j)=(H_{j+1}-h_j)V_{j+1}-(H_j-h_j)(V_j+G_j)-(h_j-h_{j-1})L_{j-1}$$
$$+(H)_{Fj}-h_j)F_j-Q_j=0\quad(2\leqslant j\leqslant N-1)$$

由假定的初始值$[V_j]$代入上式，可以求得新的V_j值。计算V_j的顺序应从冷凝塔(第 1 块)开始，然后随 j 的递增得到V_N为止。

$$V_j=D-u_1$$
$$V_2=D+L_1\qquad L_1=RD$$

从V_3开始直到V_N。

$$V_{j+1}=\frac{(H_j-h_j)(V_j+G_j)+(h_j-h_{j-1})L_{j-1}-(H_{Fj}-h_j)F_j+Q_j}{H_{j+1}-h_j}\quad(2\leqslant j\leqslant N-1)$$

1.7.2.3 计算机的计算步骤与框图

确定必要条件及已有基础数据后(见前面所述)，按上述步骤用计算机进行多组分复杂精馏的计算(图 1-28)。

(1) 按恒分子流假定一组初始的蒸汽量分布$[V_j]$值和一组线性分布的温度初始值(t_j)。

(2) 由上述温度值按

$$K_{ij}=a_{i1}+a_{i2}t_j+a_{i3}t_j^2+a_{i4}t_j^3$$

计算 K_{ij}值，然后计算矩阵中 A_j，B_j，C_j和 D_j。

(3) 用高斯消去法解矩阵，得x_{ij}值。

(4) 用上述计算得到的x_{ij}、K_{ij}与t_j的函数关联式

$$S_j(t_j)=\sum_{i=1}^{c}\left(\sum_{k=1}^{4}a_{ik}\,t_j^{k-1}\right)\cdot x_{ij}=0$$

用弦位法，通过迭代计算，得出新的温度分布值$[t_j]_k$，此处下标 k 代表迭

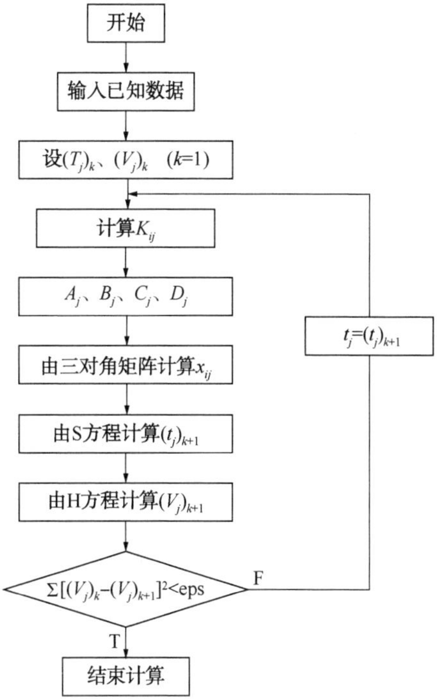

图 1-28　复杂精馏塔的计算框图

代次数。

（5）用计算出的新温度值t_j、x_{jq}以及y_{ij}，得

$$H_j = \sum_{i=1}^{c} y_{ij}(b_{i1} + b_{i2}t_j + b_{i3}t_j^2 + b_{i4}t_j^3)$$

（6）计算新的V_j。

（7）通过最小误差判断，选择重新计算或结束计算。

2 石油蒸馏过程

2.1 石油蒸馏过程及其物性特征

2.1.1 石油蒸馏的进展

自20世纪90年代以来，世界炼油工业加快结构调整的步伐，向着生产装置和炼油厂大型化的方向发展。工艺装置构成更加适应原油重质化和劣质化，深度加工能力明显提高，已先后形成一批世界级炼油化工基地。与此同时，随着全球能源结构的调整，油品需求增速放缓，石化产品需求增加，炼油化工一体化已成为石油化工行业的重要发展战略。全球炼油化工行业已经形成中国环渤海地区、杭州湾地区、惠州大亚湾、美国墨西哥湾沿岸、北部湾、新加坡裕廊岛、沙特朱拜勒和延布石化工业园等一批世界级炼油化工基地。截至2022年我国在华东地区炼油能力达到403.1Mt/a，占我国炼油总能力的41.1%；美国墨西哥湾地区炼油能力达471.6Mt/a，占美国炼油总能力的52.2%；日本85%的炼油能力分布于太平洋沿岸地区，50%的产能都集中在北部湾地区西岸的京滨工业带和北部湾东侧的京叶工业带。表2-1列出了2020年世界前20家炼油公司原油加工能力。

表2-1　2020年世界前20家炼油公司原油加工能力

名次	公　　司	加工能力/(Mt/a)	名次	公　　司	加工能力/(Mt/a)
1	中国石油化工股份有限公司	295.9	11	BP公司	95.3
2	中国石油天然气集团公司	255.6	12	墨西哥国家石油公司	90.5
3	埃克森美孚公司	236.9	13	雪佛龙公司	87.4
4	沙特阿拉伯国家石油公司	175.0	14	鲁克石油公司	84.9
5	壳牌集团	141.6	15	俄罗斯天然气公司	58.3
6	委内瑞拉国家石油公司	122.3	16	印度尼西亚石油公司	51.5
7	伊朗国家石油公司	110.1	17	西班牙雷普索尔公司	50.6
8	巴西国家石油公司	108.8	18	科威特国家石油公司	46.3
9	道达尔石油公司	97.9	19	阿布扎比国家石油公司	46.1
10	俄罗斯石油公司	95.4	20	埃及石油总公司	40.7

与同等规模的炼油企业相比，炼油化工一体化企业的产品附加值可提高25%，节省建设投资10%以上，降低能耗15%左右。在新形势下，炼油化工一体化呈现出一系列新动向和新趋势。

采用先进的节能技术是解决世界能源问题的一个关键。常减压蒸馏是炼油生产主要耗能过程之一，占总能耗40%以上，因此常减压蒸馏装置大型化与节能技术的开发将对世界能源问题的解决起到极大的促进作用。常减压装置大型化是炼油工业发展的必然趋势。炼油工业的经济效益与其规模密切相关，因此炼油厂的大型化得到了世界各国的普遍重视。据测算，在同等规模下单套装置比双套装置投资约少24%，装置能耗减少约19%；相同规模的3套装置投资比单套装置增加约55%，能耗增加约29%。一般认为，大型炼油厂规模以10~20Mt/a为宜。进入21世纪以来，世界各国都在调整炼油工业布局，关闭缺乏竞争力的中小型炼油厂，同时进行改造或扩建，炼油厂平均加工规模明显提高。因此在炼油厂数目明显减少的情况下，原油加工能力反而略有增长。截至2021年，全球炼油厂数量为842个，总计加工能力51.26亿吨，与2000年相比炼油厂平均加工规模扩大12.9%。随着炼油装置结构的不断调整，大型常减压蒸馏装置还将得到进一步发展，因此世界原油加工进入发展大型常减压蒸馏装置的重要时期。

随着炼油厂规模的扩大，单套常减压蒸馏装置的加工规模也日益大型化。20世纪90年代后，世界上出现了一些大型和超大型的炼油装置，规模都在20Mt/a以上，最大的为47Mt/a。在炼油技术发达的国家，单套常减压蒸馏装置的规模一般都在5Mt/a以上，不少装置已达到10Mt/a以上。例如我国盛虹炼化的常减压蒸馏装置加工能力已经达到16Mt/a，为亚洲单系列年处理原油能力最大的装置。印度贾拉加炼油厂常减压蒸馏装置单套加工能力为15Mt/a，美国埃克森美孚公司贝城炼油厂的一套常减压蒸馏装置规模为13Mt/a。世界加工能力超过20Mt/a的炼油厂见表2-2。

表2-2　世界加工能力超过20Mt/a的炼油厂

序号	所属公司	炼油厂地点	加工能力/(Mt/a)
1	帕拉瓜纳炼制中心	委内瑞拉胡迪瓦纳	47.00
2	SK公司	韩国蔚山	42.00
3	浙江石化	中国浙江舟山	40.00
4	LG-加德士公司	韩国丽水	38.00
5	信诚石油公司	印度贾姆纳格尔	33.00
6	埃克森美孚公司	新加坡裕廊岛	30.25
7	信实石油公司	印度贾姆纳格尔	29.00
8	S-Oil公司	韩国	28.25
9	埃克森美孚公司	美国得克萨斯州贝城	28.00

续表

序号	所属公司	炼油厂地点	加工能力/(Mt/a)
10	沙特阿美石油公司	沙特阿拉伯塔努拉角	27.50
11	台塑石化股份有限公司	中国台湾省	27.00
12	中国石化镇海炼化	中国浙江镇海	27.00
13	埃克森美孚公司	美国路易斯安那州巴吞鲁日	25.13
14	Hovensa 股份有限公司	维尔京群岛	25.00
15	美国马拉松石油公司	美国路易斯安那州	24.50
16	科威特国家石油公司	科威特艾哈迈迪港	23.10
17	壳牌东方石油公司	新加坡武公岛	23.10
18	BP 公司	美国得克萨斯州得克萨斯城	22.56
19	中国海油惠州石化	中国广东惠州	22.00
20	雪佛龙石油公司	美国	22.00
21	中国石油大连石化	中国辽宁大连	20.50
22	壳牌荷兰炼制公司	荷兰佩尔尼斯	20.20
23	恒力石化	中国辽宁大连	20.00
24	沙特阿拉伯国家石油公司	沙特阿拉伯比格	20.00
25	沙特美孚石油公司	沙特阿拉伯延布	20.00

中国炼油工业已具备一定的规模和实力。近几年我国在常减压蒸馏装置大型化设计、施工、生产技术管理等方面均取得了重大技术进展。1999 年 10 月在中国石化镇海炼化建成了 8Mt/a 的常减压蒸馏装置，2001 年该装置改造后加工能力达到 10Mt/a，并一次开工成功，成为我国第一套加工能力为 10Mt/a 的常减压蒸馏装置。2022 年盛虹炼化 16Mt/a 的常减压蒸馏装置开工成功，这标志着我国常减压蒸馏装置大型化技术已经趋于成熟。

常减压蒸馏装置大型化技术包括先进的工艺流程、大型加热炉、大型常压塔和减压塔、高速电脱盐等一系列先进技术。实践证明，我国已经掌握了常减压蒸馏装置大型化的工艺与工程技术，并开展了以下几个方面的技术创新。

(1) 负荷转移技术：为了提高单套常减压蒸馏装置加工能力，近年来常减压蒸馏装置负荷转移新技术得到运用，即在“两炉三塔”(常压炉、减压炉、初馏塔、常压塔、减压塔)基础上增设“浅减压系统”的“三炉四塔”新工艺。

常减压蒸馏装置负荷转移新技术的优越性主要表现在：充分发挥初馏塔的作用，在初馏塔拔出更多的组分，减少常压炉和常压塔负荷，从而提高现有装置的处理能力。采用“三炉四塔”工艺时，原“两炉三塔”主设备原则上可以不动，相应的泵及管道也不需大动。扩容的工作量主要集中在浅减压炉和浅减压塔的施工，可以设法在装置空地区域布置。在原装置停工检修前采取一定的安全保护措施，以边生产边施工的办法进行建设。既不影响生产，又允许有几个月甚至更多的时间对新炉、新塔进行施工，不仅可以降低工程投资，而且可以显著缩短停工时间。

镇海炼化采用负荷转移技术成功地将其中一套常减压蒸馏装置处理量由3Mt/a 提高到 6Mt/a。大连西太平洋公司应用负荷转移技术，改闪蒸塔为初馏塔，利用催化油浆加热初底油(提高 15℃)，同时常压炉更换大负荷燃烧器，成功地将处理量由 5Mt/a 提高到 8Mt/a，体现了负荷转移技术应用于常减压蒸馏装置改造的灵活性和先进性。

(2) 二级闪蒸技术：可分为前置闪蒸和后置闪蒸。前置闪蒸就是在现有初馏塔之前再增加一个闪蒸塔，即原油在进初馏塔之前约 180℃进入闪蒸塔，闪蒸塔顶油气进入初馏塔，闪蒸塔底油进一步换热后进入初馏塔。后置闪蒸就是在现有初馏塔之后再增加一个闪蒸塔，即初底油再进一步闪蒸后进入初底油换热系统。二级闪蒸技术比较适合加工国外进口原油装置的改造，前置闪蒸适合现有电脱盐罐设计压力较低、脱盐后原油换热系统压降较大的场合；后置闪蒸适合采用无压缩机回收轻烃流程、减压炉负荷较小而常压炉负荷有富裕的场合。二级闪蒸技术除可以缓解设备矛盾外，还可以降低能耗约 4. 18MJ/t 原油。

(3) 多产柴油技术：主要包括强化常压塔底汽提和减一线生产柴油技术。强化常压塔底汽提主要包括合理选择汽提段的塔盘数、汽提蒸汽量、汽提段结构等参数，使汽提段的效果最佳，常压侧线产品质量提高，柴油收率增加。减一线生产柴油就是在减一线和减二线之间增加一个分馏段，控制减一线柴油 95%点馏出温度，使其满足柴油质量要求。采用多产柴油技术可增加柴油收率 3%左右。目前，国内约 20%的蒸馏装置采用了多产柴油技术。

(4) 减压渣油的切割点温度和总拔出率：对于不同的原油减压拔出率的要求是不同的。对于低硫、低金属、石蜡基原油的燃料型常减压蒸馏装置，由于其减压渣油可以全部进入重油催化裂化装置加工，因此不必追求减压拔出率，甚至可以不需要减压蒸馏。对于生产润滑油的常减压蒸馏装置，应根据对润滑油的黏度要求和丙烷脱沥青装置的情况来决定减压拔出率。对于生产道路沥青的常减压蒸馏装置，减压拔出率应根据沥青的生产要求而定。但是对于硫含量高、金属含量高的原油来说，减压拔出率的要求就完全不同了。硫含量高、金属含量高的减压渣油很难直接用催化裂化装置加工，这种渣油一般只能用溶剂脱沥青或焦化的方法加工。如果进入催化裂化装置，则需进行渣油加氢预处理，而渣油加氢装置的投资和操作费用都很高。在这种情况下，减压拔出率和拔出的馏分质量对全厂的经济效益就会有重大的影响。拔出的蜡油可以作为加氢裂化装置的原料，即使作为催化裂化装置的原料，其加氢预处理的投资和操作费用也要比渣油加氢低得多。国外常减压蒸馏装置的标准设计是将减压渣油的切割点定在 1050℉即 565.6℃。近年来国内外已对减压深拔技术进行了较为深入的研究，加工较轻的原油，如布伦特原油或高硫阿拉伯轻质原油，切割点可以达到 607.2~635℃；加工重质原油或沥青质含量高的原油，切割点可以达到 565.6~593.3℃。

（5）蒸馏工艺的换热和节能：在换热和节能方面，常减压蒸馏装置的换热网络系统是石油化工装置中最复杂的热交换系统之一。它的热物流主要是常压塔和减压塔的各侧线产品及中段循环回流，有时还会有其他装置的热物流(例如，催化裂化装置的油浆等)，一般热物流的数量在 10 个以上；它的冷物流是需要加工的原油、底油和再沸器所需的热源以及预热水和发生蒸汽用水。换热网络的好坏直接影响到装置的能耗水平和换热设备的选用，其意义十分重大。

炼油装置在追求整体经济效益最大化的同时，不需片面追求换热终温的最高化，对于加工含硫原油的常减压蒸馏装置，由于原油含硫量高，温度大于 240℃的换热器将使用价格较高、抗腐蚀性能较好的钢材，过低的“窄点”温差将带来换热器面积的大幅度增加，使换热器的投资大幅度增加。埃克森美孚公司采用的“窄点”温差可使换热器投资回报率达到 20%以上。

2.1.2 石油馏分组成的表示方法

石油及其馏分是由很多组分组成的极其复杂的混合物。石油馏分的蒸馏曲线是在一定条件下通过实验测得的，常用的有：恩氏蒸馏(ASTM)、实沸点蒸馏(TBP)和平衡汽化蒸馏(EFV)。在以计算机为手段对石油进行的各种计算中，常常以 TBP 为基础，石油馏分的相平衡计算通常有两种不同的处理方法：连续函数法和假组分法。

1. 连续函数法

由于石油是由无数个组分组成的连续混合物，这些组分的特征是沸点-产率曲线连续变化，其他物理性质诸如相对分子质量、密度等亦随产率的连续变化而连续变化。根据其性质连续变化的特点，作为连续混合物便可以运用一些数学方法进行处理。但这种方法在石油中的应用尚有许多不足，表现在以往的方法对所要研究的每个物料体系都必须事先将其分布函数与某个数学函数进行关联，这大大限制了方法的通用性。

2. 假组分法

假组分法是把石油或石油馏分按照沸程分为一系列窄馏分，每个窄馏分都可以被视为一个组分，与真实组分相对应，称为“假组分”或者“虚拟组介”。同时以窄馏分的平均沸点、密度、相对分子质量、黏度、苯胺点等表征各假组分的性质，这样石油馏分就可以看成是由一定数量的假组分构成的多元体系混合物，然后按照多元体系的处理方法进行处理计算。这种处理方法被称为“假组分方法”或者“虚拟组分方法”。假组分的处理方法使石油馏分能像实际的多元体系那样进行解析计算，成为现代石油气液平衡和石油精馏解析计算的主要方法。

3. 窄馏分的划分方法

作为假组分的窄馏分，其馏分的宽度和假多元体系所包含的组分数目的多少对过程的计算影响很大。一般而言，馏分馏程切割越窄，越接近纯化合物，计算误差也越小。但假组分的数目增加无疑将会使计算量增加。因此，一般视具体情况而定。通常以 10～20℃ 为一个假组分被认为是比较合适的，一般不要超过 30℃。但也有少数例外，例如在对原油进行切割时重油部分量少，但沸程很宽。在切割馏分时，常常假组分也划分得比较宽，但对计算并无多大的影响。这样，石油假多元体系中假组分数一般为十几到几十个，显然比一般的多元体系的组分数要多，必须借助计算机来处理。

在假组分的切割时通常借助实沸点（True Boiling Point，简称 TBP）曲线，所切割得到的假组分严格来讲，其中平均沸点应该满足：每条等温线上下与 TBP 曲线形成的面积相等。在计算机得到广泛应用之前，由于这样做计算非常烦琐，所以这一点常被忽视。在计算机应用后，这是很容易实现的。J. Miquel 提供了一个很好的方法，具体方法如下：

（1）利用数值积分方法计算整个油品的中平均沸点$T_{ibp}=\frac{1}{100}\int_0^{100}T_{ibp}(V)\,\mathrm{d}V$；

（2）根据假组分数目，计算假组分的中平均沸点$T_{ibp}=\frac{1}{V_i-V_{i-1}}\int_{V_{i-1}}^{V_i}T_{ibp}(V)\,\mathrm{d}V$；

（3）预测各个窄馏分的相对分子质量、密度等；

（4）计算各个窄馏分的摩尔分数；

（5）计算油品的中平均沸点；

（6）判断中平均沸点是否收敛？否转（3），是转（7）；

（7）测窄馏分的其他物理性质，输出结果，结束计算。

2.1.3 石油蒸馏塔

1. 石油蒸馏塔的工艺特征

石油蒸馏塔共有的一些工艺特征可以用原油常减压蒸馏装置常压塔来代表，图 2-1 提供了常压塔系统的典型流程。

从常压塔系统的流程可以看出，常压塔系统实际上是一个相当于图 2-2 的常压蒸馏四塔分离方案的组合流程。它的主蒸馏塔——常压塔实际上是由以下几个部分组成的：

（1）原油进料段（又称汽化段）下方是常底重油的提馏段。

（2）在原油进料段上方相当于图 2-1 四个精馏段重叠布置而成的，每个精馏段相互连通，能够这样连接的原因主要是石油蒸馏产品分离要求不高，一般抽出三到五个侧线的塔，其总板数不超过45块，将这些塔重叠布置，既可节省占地面积，又可以省去不少机泵，可以节约能耗。

(3) 在主塔内除了顶部打入冷回流之外，在塔侧还设置了若干个循环回流。循环回流是从塔侧抽出经换热后再从抽出板上部打入塔内的。

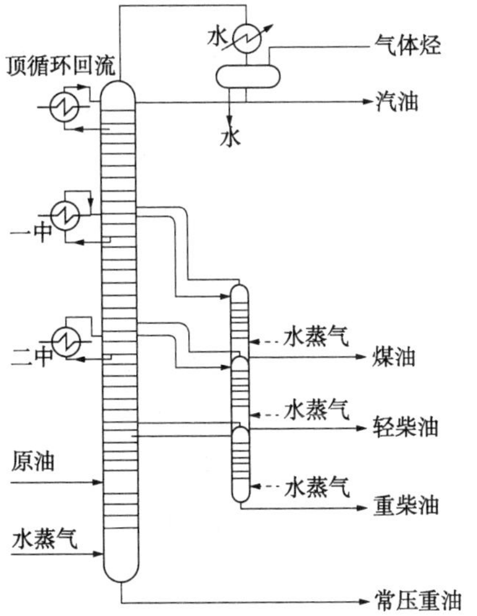

图 2-1　常压塔系统

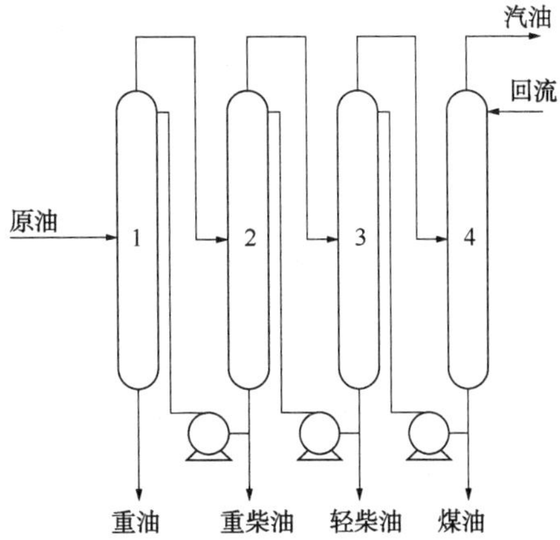

图 2-2　常压蒸馏四塔分离方案

它的侧面的汽提塔相当于图2-2中2、3、4三个精馏塔的提馏段重叠布置而成，三个提馏段是互相隔绝的。值得注意的是，在石油蒸馏塔的提馏段常常采用水蒸气汽提，水蒸气通往塔内降低了汽提塔内的油气分压，使侧线中的轻质油品得以挥发出来，从而保证了抽出侧线油品的闪点及其他质量指标，石油蒸馏塔侧线产品的提馏之所以用水蒸气汽提，而不是像常规精馏塔那样采用再沸器，主要是石油蒸馏侧线抽出温度比较高，热源难以解决，而采用水蒸气在炼油厂简单易行。但是由于水的汽化潜热高，是一般油品汽化潜热的十倍以上，故而在生产汽提蒸汽以及在塔顶将其冷凝时都要大量耗能，并且水的相对分子质量低，采用水蒸气提馏将会使塔内气相负荷显著增加。有些产品例如航空煤油，当少量水分混入油品中时，会使其冰点显著上升，灯用煤油混入水分以后也会影响其浊点，因此对这些油品最好采用重沸方式进行提馏。目前绝大多数炼油厂的航空煤油侧线已采用了重沸提馏，少数炼油厂对生产灯用煤油的侧线也采用了重沸提馏的方式，其热源主要来自下部的高温侧线油品。国外也有个别炼油厂采用将常压炉少量出口热油返回初馏塔底作为提馏介质的工艺方案。

2. 减压蒸馏塔的分类和工艺特征

减压蒸馏塔就其生产用途来划分，可分为燃料型减压塔和润滑油型减压塔两类。

燃料型减压塔主要是为催化裂化或加氢裂化装置提供原料，一般只有 2~3 个侧线，除在下部侧线控制残炭含量之外，在馏分切割上没有十分严格的要求。实际上在塔内没有严格意义的精馏段，每个抽出侧线抽出以后本部分油品返回该段顶部进行循环回流取热。可以将其视为气液直接接触的冷凝器，侧线也不设汽提塔。

润滑油型减压塔主要任务就是将沸点在 350~520℃的石油馏分切割成为轻重不同的 4~5 个产品，以适应生产不同黏度要求的基础润滑油。而且要求润滑油的每个馏分的沸点范围不得过宽，因此分割要求相对比较严格，每个精馏段都设置了 4~6 块精馏塔板，如果需要用循环回流取热时，还需要再增设塔板。为了改善分割效果，每个侧线都设有汽提塔，采用水蒸气进行汽提。故而润滑油型减压塔绝大部分是湿式减压蒸馏，而燃料型减压塔目前多数是干式减压蒸馏。

燃料型减压蒸馏和润滑油型减压蒸馏的流程分别如图 2-3 和图 2-4 所示。要实现减压蒸馏必然不能离开抽真空设备，干式减压蒸馏采用三级抽真空的工艺流程，湿式减压蒸馏由于真空度要求不高，一般都采用二级抽真空工艺流程。为了在真空的条件下能顺利排除真空系统冷凝器中产生的冷凝水，在工程设计时一般将冷凝器放在比较高的位置，下面连接高度在 9m 以上的排水管，排水管的下端插在水面下方，以免空气漏入设备内。减压蒸馏塔抽真空系统的流程如图 2-5 所示。

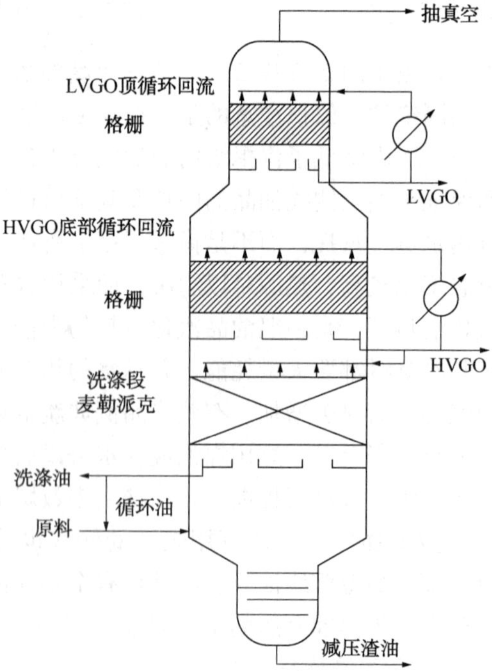

图 2-3　燃料型减压蒸馏的流程

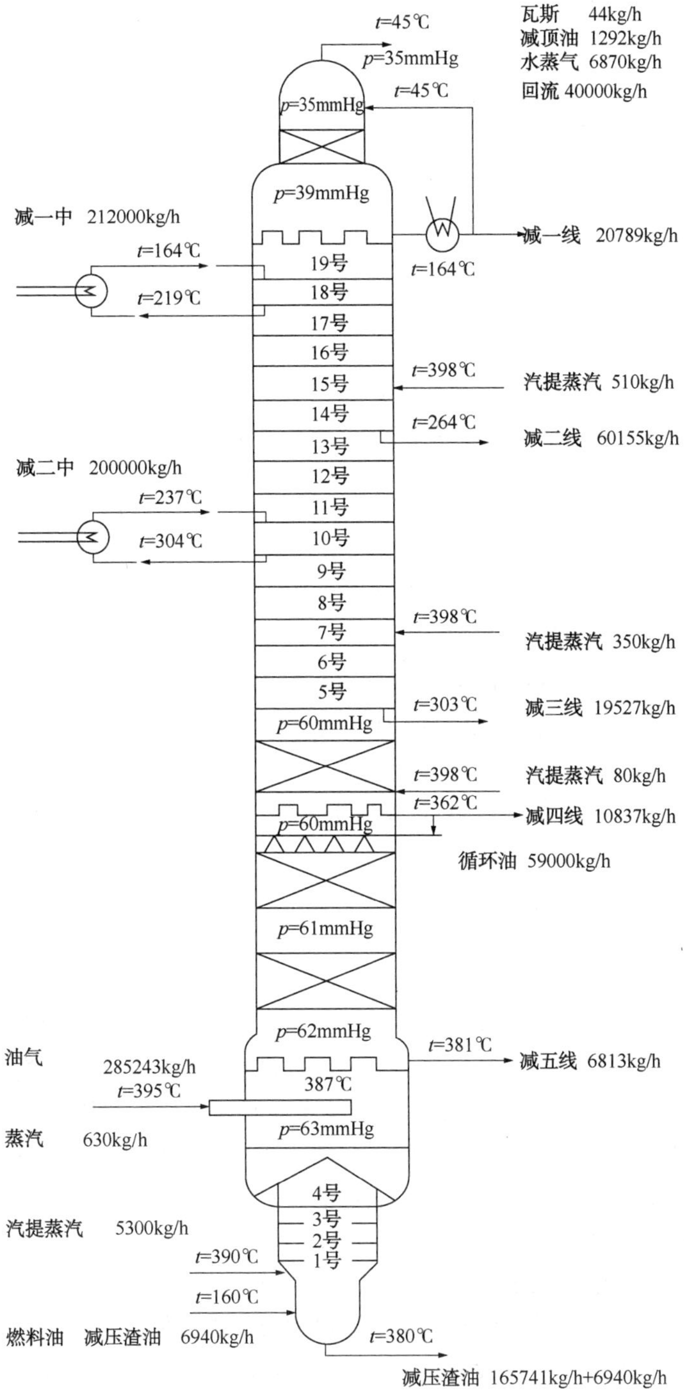

图 2-4 润滑油型减压蒸馏的流程

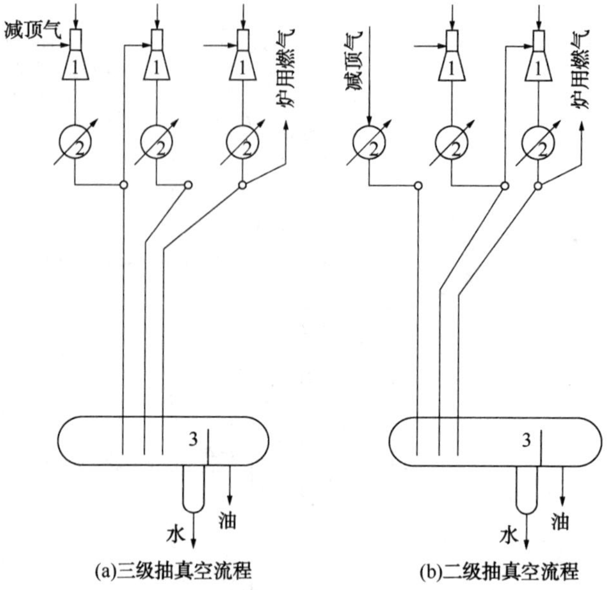

图 2-5　减压蒸馏塔抽真空系统的流程

3. 催化裂化分馏塔

馏程范围在 350~530℃的混合馏分油经催化裂化反应之后生成以下产物：

（1）催化裂化干气：主要包括 H_2、N_2、CO、CO_2、H_2S、C_2烃以及少量的 C_3、C_4烃。

（2）液化气：主要是 C_3、C_4的烷烃和烯烃，并含有少量 C_5以上的烃类。

（3）汽油。

（4）柴油。

（5）回炼油。

（6）催化油浆。

催化裂化分馏塔的流程如图 2-6 所示，温度高达 460~500℃的催化裂化产物是含有大量催化剂粉末的过热油气，在塔底部进料。在进料段的上方称为脱过热段，脱过热段设置有“人”字挡板，利用塔底油浆提供塔底循环回流。过热的油气与脱过热段上方注入的经过冷却的催化油浆相接触，使油气由过热状态变成饱和状态，以便进入精馏段进行分离，通过油浆对油气的洗涤作用，使油气中的催化剂粉末转移到油浆中，从而保护上方的精馏塔板不被催化剂粉末污染和堵塞。

由于高温过热油气入塔，大部分产品是在较低的温度以液相抽出，因而在催化裂化分馏塔内有大量过剩的热量需要通过回流取出。催化裂化分馏塔除过热段采用塔底循环回流之外，还设有 1~2 个中段循环回流和顶循环回流，所提供的热量除预热催化裂化原料油之外还用以产生蒸汽。有些装置还与常减压蒸馏装置联合，为常减压蒸馏装置提供热源，与初馏塔底油或闪蒸塔底油进行换热，使原油换热后的温度可以提高到300~315℃再进入常压加热炉，从而使常减压蒸馏装置的加工能耗显著降低。催化裂化装置顶部的回流取热一般只用顶循环回流而不使用冷回流，其原因在于催化裂化分馏塔顶馏出物中含有大量的裂化气，在大量不凝气体存在的情况下，塔顶冷凝器的传热系数较低，采用塔顶循环回流取热可以降低塔顶冷凝器的热负荷。由于取消了冷回流塔，塔顶馏出物数量减少，在塔顶管线和冷凝器中的油气密度降低，流速减少，从而使其阻力降明显减少，有助于提高富气压缩机的入口压力，从而有利于吸收工序的稳定操作。从催化裂化分馏塔结构来看也有其特点，由图2-6中很容易看出催化裂化主分馏塔是一个只有精馏段而没有提馏段的不完全精馏塔。其原因在于抽出的催化裂化油浆量很少，而且抽出温度很高的油浆即使有轻馏分其绝对数量也是很少的，不进行汽提也不会对催化裂化装置的轻油收率产生明显的影响。从简化催化裂化蒸馏塔的结构、节约投资和操作费用的角度来看，没有必要设置油浆的提馏段。

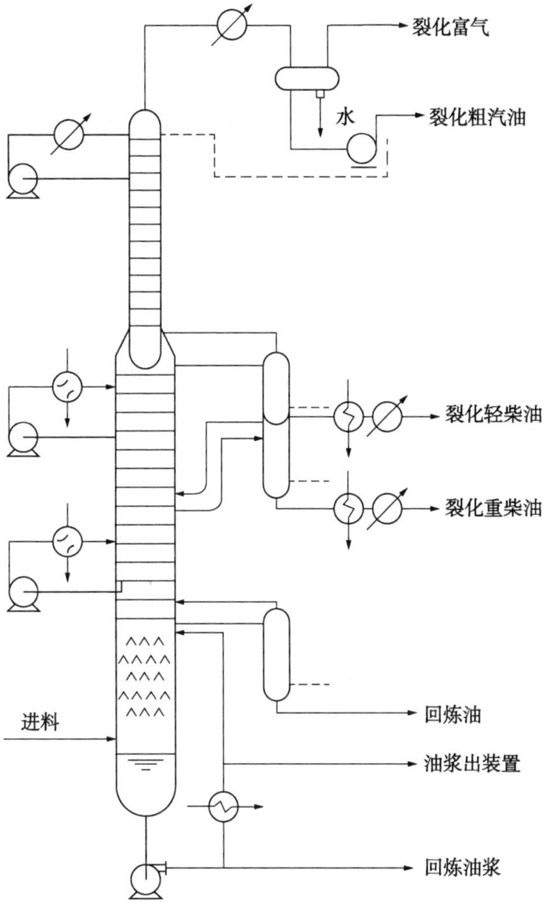

图2-6　催化裂化分馏塔的流程

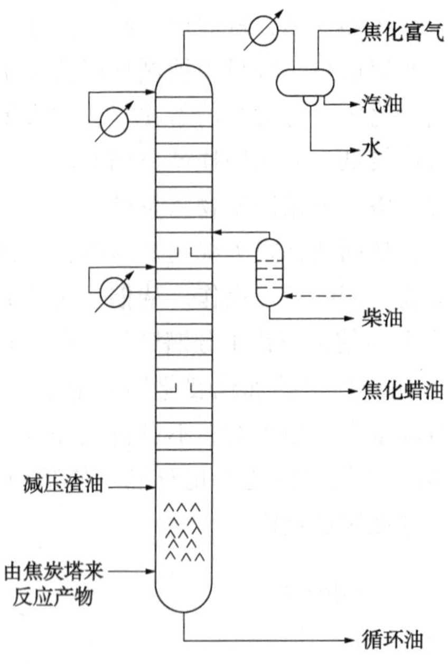

图 2-7　焦化分馏塔的流程

4. 焦化分馏塔

焦化是以常减压蒸馏装置中的减压渣油为原料，在加热到 500℃ 甚至更高温度的条件下减压渣油同时发生热分解和缩合反应，得到焦化气体、汽油、柴油以及大量的焦化蜡油，同时得到石油焦。焦化产物自焦炭塔进入焦化分馏塔进行分离，其流程如图 2-7 所示。焦化分馏塔的进料情况与催化裂化分馏塔有些类似，油气也是处于高温过热状态，同时也带有一定数量的焦粉。焦化分馏塔是通过焦化反应产物与焦化原料油（减压渣油）换热来解决入塔油气过热的状态，同时也为预热减压渣油提供了热量。焦化分馏塔的下部也装有“人”字挡板，提供气相与减压渣油换热的气液接触传热的条件，由于该段具备预焦化原料油的功能，因此把该段命名为预热段。焦化塔顶同样也采用顶循环回流取热，一般不用冷回流。由于焦化柴油性能不好，需要经过加氢精制等二次加工过程，在焦化分馏塔中焦化柴油采用侧线产品全抽出的塔内件。焦化柴油抽出侧线的下部塔板设有内回流，下方的中段循环回流取走了全部的内回流热。

2.2　石油蒸馏塔的计算

常规精馏塔的回流全部由塔顶供给，回流热是用塔顶冷凝器取出，石油蒸馏过程中在一个重叠组合的塔内同时馏出几种油品，因此石油蒸馏塔的回流方式与常规精馏塔有显著的不同。

2.2.1　石油蒸馏塔中段循环回流取热方式及取热量

1. 石油蒸馏塔的热量衡算

热量衡算是石油蒸馏塔工艺计算的重要的方法之一，石油蒸馏塔的操作条件及气液相流量的确定一般都离不开热量衡算。石油蒸馏塔的热量衡算通常是取一个封闭体系，根据进出体系热量应当相等的原理，利用已知原料油、产品带入和带出的热量已知，体系中对外输出热量一定，从而通过计算确定塔的回流热和内回流量。

一个典型石油蒸馏塔如图 2-8 所示，在图上标明了各物料的流量、温度和热焓，利用该图就可以选取封闭体系对一些需要考察的截面进行热量衡算。

图中：G_F，G_W，G_D，G_1，G_2，G_3，G_4为进料、塔底、塔顶及各侧线量，kg/h；

S_W，S_1，S_2，S_3，S_4为塔底及相应各侧线汽提蒸汽量，kg/h；

t_F，t_W，t_D，t_1，t_2，t_3，t_4为相应部位的温度，℃；

h_F为进料气液混合物的平均焓，kJ/kg；

h_1~h_4为对应侧线抽出温度条件下产品的液相焓，kJ/kg；

H_D，H_{DS}为塔顶产品、汽提蒸汽在塔顶温度条件下相应的气相焓，kJ/kg；

H_S为汽提水蒸气在其入塔温度条件下的焓，kJ/kg；

$Q_{顶循}$，$Q_{一中}$，$Q_{二中}$为相应循环回流的取热量，MJ/h。

对石油蒸馏塔进行热量衡算时，一般习惯自塔底向上取到需要进行考察的某一特定截面(如图中 N-N 截面或 M-M 截面)，形成一个封闭体系，对其进行热量衡算时可以写出式(2-1)：

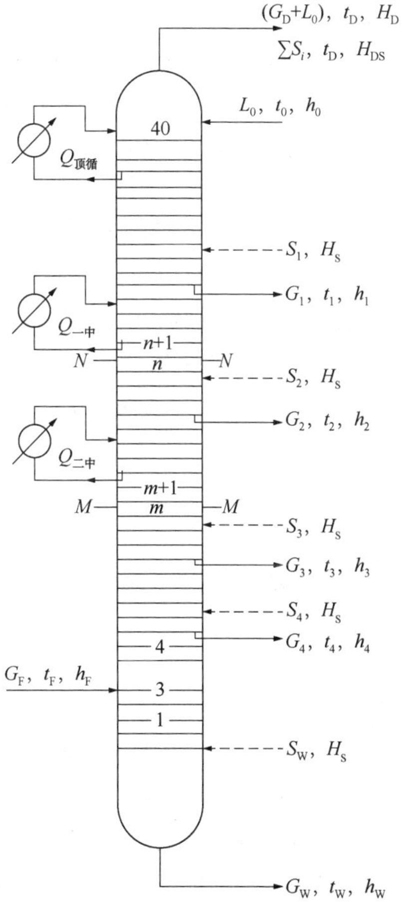

图 2-8　石油蒸馏塔的热量、物料平衡关系

$$G_F h_F + l_{n+1} h_{n+1} + H_S \sum S_i = \sum G_i h_i + \sum G_j H_{nj} + V_n H_n + H_{nS} \sum S_i + \sum Q_i \tag{2-1}$$

式(2-1)中，i 表示在指定截面下方抽出的各侧线产品和塔底产品，以及通入塔内的汽提蒸汽；Q_i代表在指定截面下方中段循环回流取热；在热焓下标加注 n 或 n+1，则代表相应塔板的温度并以该产品物性(密度、特性因数等)求得的气相(H)或液相(h)焓值；而 j 则代表以气相离开该截面上升(或在该截面上方馏出)的各种油品。如果将进料 h_F仔细地转化成每一种产品再进行物料衡算，就会发现离开该截面上升的回流蒸汽量 V_n不仅在数量上完全和上一块塔板溢流下来的内回流量 l_{n+1}完全相等，而且在组成上它们也应该完全相同。

如果进行全塔热量衡算就会得出：

$$G_F h_F + l_0 h_0 + H_S \sum S_i = \sum G_i h_i + (G_D + L_D) H_D + H_{DS} \sum S_i + \sum Q_i \tag{2-2}$$

式(2-2)主要用来求取塔顶冷回流热和冷回流量。

2. 塔内气液相负荷

从式(2-2)出发研究沿塔气液相负荷的变化，很容易看出以下特点：

(1) 塔内的液相负荷(除了循环回流塔板之外)主要是指塔的内回流量，塔的内回流量可以由式(2-2)求取。需要求取某一截面的内回流量时，事先可以根据相邻两侧线的抽出温度用线性内插的办法确定由该截面上升的气相温度 t_n 以及由截面上面的塔板下降的内回流温度 t_{n+1}，在此还需要确定内回流量 V_n 或 l_{n+1} 的物性，在人工计算时也可以根据相邻两侧线抽出油品的相对分子质量、密度等分别由内插法求出内回流相应物性的数值。由此很容易通过查焓图或者用计算的方法求取内回流的焓值 H_n 和 h_{n+1}，V_n 可以用 l_{n+1} 来代替以减少未知数。内回流热：

$$\Delta Q=(G_F h_F+H_S\sum S_i)-(\sum G_i h_i+\sum G_i H_{nj}+H_{nS}\sum S_i+\sum Q_j)$$
$$=V_n H_n-l_{n+1}h_{n+1}=l_{n+1}(H_n-h_{n+1})$$

$$l_{n+1}=\frac{\Delta Q}{H_n-h_{n+1}} \tag{2-3}$$

操作条件下内回流的体积流量 V_1(m³/h)是分馏塔设计的重要参数，体积流量：

$$V_1=l_{n+1}/\rho_1 \tag{2-4}$$

式中　ρ_1——在 t_{n+1} 温度条件下内回流的密度(kg/m³)，可以根据内回流在20℃时的密度通过查石油化工算图求取。

(2) 在同一精馏段内回流量变化的情况，由式(2-3)出发可以很容易地作出判断。因为塔内下部温度高、上部温度低，相应的焓值 H_{nj}、H_{nS} 也是在同一精馏段内下部高、上部低。内回流热 ΔQ 可以理解为所有的原料及产品在封闭体系内带入和带出热量之差，当研究处于精馏段某一截面的内回流量变化特点时，不难看出由于进料带入热量不变，带出热量的物料当中下部侧线产品数量及温度已定，所带走热量也不会变化。唯一发生变化的是由该截面上升的各种油气带走的热量。当研究截面处于精馏段下方，温度高，焓值 H_{nj}、H_{nS} 高，上升油气带走热量多，内回流热 ΔQ 也就相对较少。在同一精馏段内 H_n-h_{n+1} 一般变化不大，也就是说在精馏段下方内回流量相对较少。反之在精馏段上部温度较低，内回流量相对较多，换句话来讲应该是在同一精馏段内由下而上内回流量不断增加。

抽出侧线上、下方内回流量变化的特点：如果在抽出侧线上、下方分别进行热量衡算进行比较，很容易看出在侧线下方时该侧线产品是处于气相产物中，在侧线上方时该侧线产品已处于液相抽出状态。该产物先后带出的热量应该分别是 $G_j H_n$ 和 $G_i h_{n+1}$，在此 $G_j=G_i$ 为同一侧线产品。当把仅仅只差一块塔板的其他油气带出热量变化忽略不计，侧线上方的内回流热增加量应当等于 $G_j(H_n-h_{n+1})$，对比式(2-3)就可以直接得出侧线上方截面的内回流量比侧线下方的内回流量多，增加的数量正好等于该侧线产品抽出量。

(3) 如果塔内设有循环回流，其取热量为 Q_C，在循环回流下方进行热量衡算时，带出热量中没有 Q_C，而在循环回流上方作热量衡算时带出热量中多了 Q_C 这一项。如果忽略循环回流上、下方油气带出显热的变化，循环回流上方回流热相应也减少 Q_C 这么多的热量，相应内回流减少量应为：

$$\Delta L=\frac{Q_C}{H_n-h_{n+1}} \tag{2-5}$$

在此，h_{n+1} 可以取循环回流液体抽出温度，H_n 则取下面一块塔板的温度。

(4) 塔顶采用冷回流时，冷回流热应当与顶板下面的内回流热基本相等，即：

$$Q_{顶循}=L_0(H_D-h_0)=L_D(H_{D-1}-h_D)$$

$$L_D=L_0\frac{H_D-h_0}{H_{D-1}-h_D}$$

式中 H_D，H_{D-1}——塔顶产品在顶板上方和下方的气相焓，kJ/kg；

h_0，h_D——冷回流和顶板下降热回流的液相焓，kJ/kg；

L_0，L_D——冷回流和顶板下降的热回流量，kg/h。

(5) 塔内任意截面的气相流量主要由三个部分组成：

(a) 该截面下方入塔的全部汽提蒸汽；

(b) 通过该截面上升的上部全部产品油气；

(c) 该截面上升的内回流蒸汽。

气相的总摩尔流量可由式(2-6)求出：

$$N=\frac{\sum S_i}{18}+\sum\frac{G_j}{M_j}+\frac{l_{n+1}}{M_L} \tag{2-6}$$

式中 N——油气总摩尔流量，kmol/h；

M_L——内回流的相对分子质量；

M_j——油品相对分子质量。

常压塔操作压力一般不高于 0.3MPa，完全可以用理想气体状态方程求气相的体积流量。

$$y=8.3143N\frac{T}{p} \tag{2-7}$$

式中 y——体积流量，m^3/h；

p——操作压力，kPa；

T——系统温度，K。

气相的密度(kg/m^3)可由式(2-8)确定；

$$\rho_V=(\sum S_i+\sum G_j+l_{n+1})/V \tag{2-8}$$

由式(2-6)可以看出，在同一精馏段内由下而上内回流量连续上升，由于其他物料量没有变化，相应的气相体积流量也随之上升。在抽出侧线上、下方相比较，侧线上方内回流量比下方多，其数量等于侧线产品量。而上升油气中由于侧线产品已在侧线作为液相抽出，油气产品量少了一部分该侧线产品量，从而使侧线上、下方气相流量没有明显变化。循环回流上下方、塔顶板上下方随着回流量的变化，气相流量也发生相应的变化。

根据以上分析的结果，可以把蒸馏塔内气液相负荷变化的情况标绘在图 2-9 中，由此可以看出液相负荷变化的情况和规律。显而易见，在石油蒸馏塔增设了中段循环回流之后，塔内负荷相对比较均匀，可以加大已有分馏塔的处理能力。在设计新塔时运用中段循环回流，在规定处理量的前提下，可以减小塔径，节约基建投资。

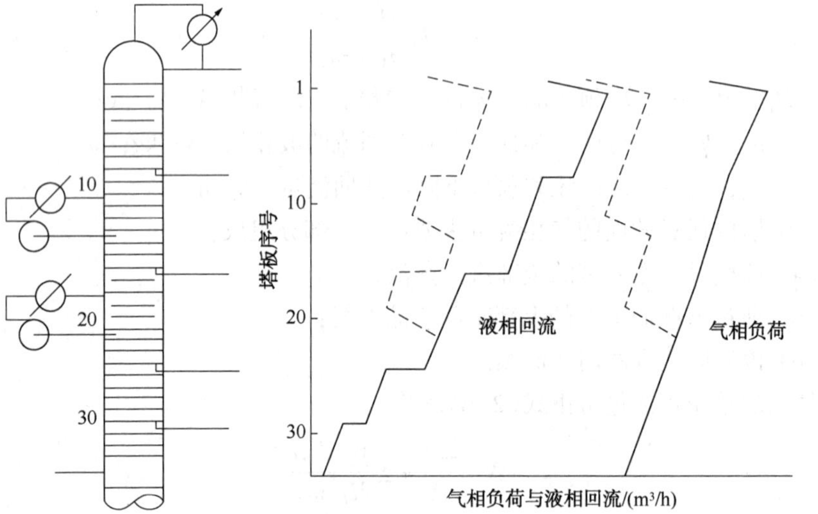

图 2-9　常压蒸馏塔气液相负荷分布图

——无中段循环回流；----有中段循环回流(不包括循环量在内)

3. 中段循环回流取热方式和取热量

采用中段循环回流除了可以使塔的负荷均匀、增加塔的处理能力外，最重要的目的在于采用中段循环回流之后可以更多地回收高温位的能量，从而达到降低装置能耗的目的。对一个石油蒸馏塔设置多少个中段循环回流，中段循环回流出入塔合理位置的选择对于塔的设计与生产操作都是十分重要的。一般来说，对带三个到四个侧线的石油常压蒸馏塔，推荐用两个中段循环回流；对带一个或两个侧线的减压塔，推荐用一个中段循环回流。根据国内炼油厂常减压装置的操作经验和文献介绍，对石油常压分馏塔，用两个中段循环回流比较合理，而采用三个中段循环回流的价值不大。

中段循环回流出入塔的位置有许多方式，对塔的操作影响很大(图 2-10)，应从整个塔的负荷和板效率及热回收率来考虑。

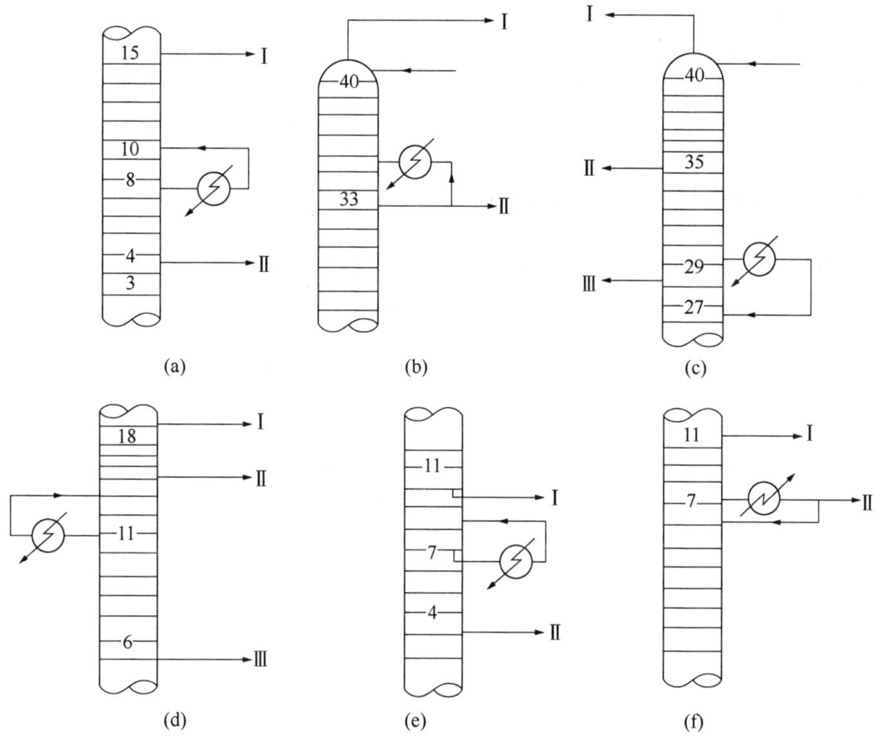

图 2-10　中段循环回流出入塔的位置

Ⅰ、Ⅱ、Ⅲ—塔顶或侧线抽出线

(1) 方式(a)取热使 11~15 层塔板上内回流量减少，使这几层塔板难以充分发挥作用，从而影响分馏效果。

(2) 方式(b)除内回流取热导致整个精馏段内回流量减少影响分馏效果外，过冷的循环回流如果换热不够充分导致抽出温度太低，侧线中轻馏分多，闪点低对产品质量影响很大。

(3) 方式(c)跨越抽出侧线向下打入中段循环回流，中段循环回流量受内回流量限制取热量不能太大。大量内回流抽出之后，抽出线附近内回流量相对变化很大，侧线产品质量难以稳定控制。

(4) 方式(d)在第 14 层抽出侧线，循环回流打入第 13 层塔板，从理论上来讲对塔内分馏效果影响是最小的，但在结构设计上难度很大。此种情况回流应当进到入口堰附近，离抽出口很近，很容易使过冷的循环回流混到抽出口中造成侧线产品温度降低，影响汽提效果。

(5) 方式(e)是炼油厂最常见的循环回流取热方案，仅仅只有第 10 块塔板回流量少一些，对分离效果影响不大。这种循环回流取热方式可以根据需要在较大范围内进行调节取热量，操作灵活性大。

(6) 方式(f)对少量利用循环回流热、侧线产品不需要汽提的情况下是合理的。它对塔板分离效果不产生影响。如果侧线产品需要汽提，应有专门的抽出及换热设备。

由此可见，选用不同中段循环回流的形式对塔的分离效果以及取热的数量影响是很大的。

2.2.2　塔顶回流方式及取热

石油蒸馏塔顶回流方式有四种，如图2-11所示。

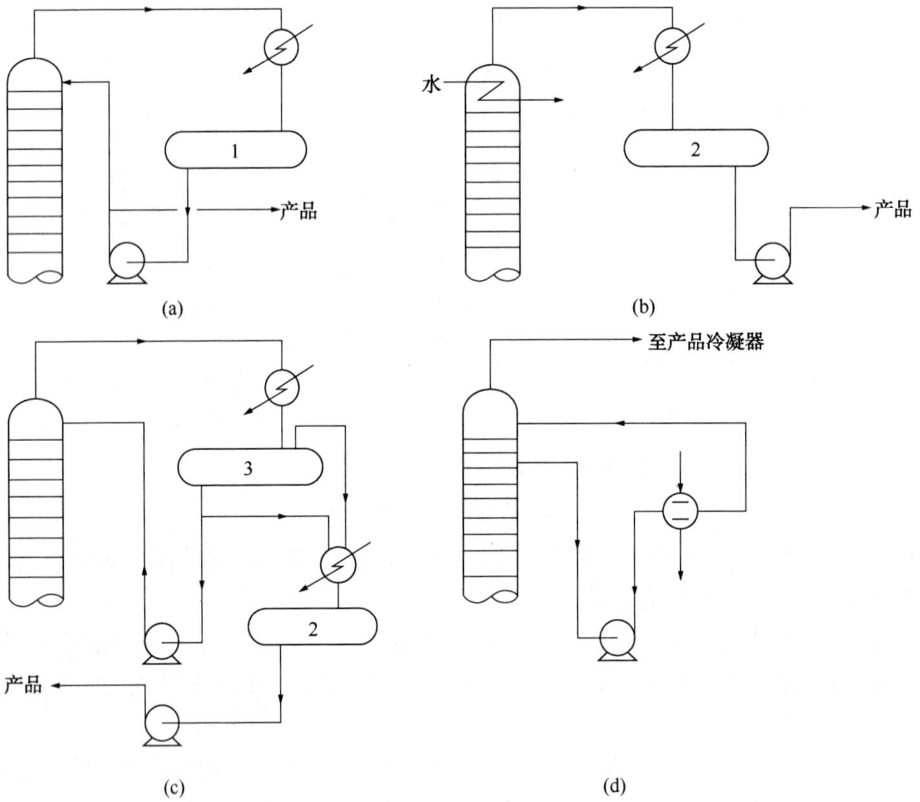

图2-11　塔顶回流方式

1—回流产品罐；2—产品罐；3—回流罐

(1) 方式(a)一般称为冷回流，是炼油厂和化工厂最常见的回流方式，它具有设备少、流程简单、操作容易等优点，但是此方案多数情况产品及回流的冷凝热全被冷却剂带走，耗能高。炼油厂有些蒸馏装置在冷却器前加设了换热器，但由于塔顶换热器易腐蚀，一旦泄漏将严重影响塔顶产品质量。

(2) 方式(b)在塔顶内部装有冷凝器，回流被冷凝成泡点状态返回塔内，一般称为热回流方案。此种回流方式仅仅适合腐蚀性不强的小型蒸馏塔。

(3) 方式(c)一般称为二级冷凝冷却回流。塔顶馏出物进入冷凝器后，将回流蒸汽全部冷凝，产品蒸汽到二级冷凝器中冷却至较低的温度进入产品罐。在第一级冷凝器后由于要求塔顶产品呈露点状态，故而冷凝后温度较高，传热温差大，而且纯冷凝过程传热系数很大，在保障所需要回流量及取出相应回流热的条件下，所需传热面积减少很多。这种方案特别适合生产规模大而且回流比高的石油蒸馏塔应用。

(4) 方式(d)是目前较常应用的顶循环回流方案，对塔顶馏出物气体数量比较多的蒸馏塔如催化裂化分馏塔、焦化分馏塔多使用顶循环回流取热方案。回流不经过塔顶管线和冷凝器可以使其阻力降减小，并能显著地减少冷凝冷却面积及节约投资。同时由于采用顶循环回流时，回流抽出温度要比塔顶温度高 20~30℃，可以通过换热回收热量，在经济上显示出其优越性。减压塔顶为了保持塔内较高真空度，减小塔顶冷凝器的阻力降是十分重要的。因此减压塔顶的回流目前几乎全部采用顶循环回流的方式。

2.2.3 主要操作温度及循环回流取热量的确定

1. 操作温度

塔内各处的操作压力一旦确定，就可以求各点的温度条件。从理论上说，在稳定操作的情况下，可以将塔内离开任意一块塔板和汽化段的气、液两相都看成处于相平衡状态。因此气相温度是该处油气分压下的露点温度，而液相温度则是其泡点温度。要计算油气分压必须知道该部位的回流量。因此，石油蒸馏塔温度条件的求定方法，无非是综合运用热平衡和相平衡两个工具，用试差计算的办法：先假设某处温度 t，作热平衡以求得回流量和油气分压，再利用相平衡关系——平衡汽化曲线，求得相应的温度(泡点、露点或一定汽化量在一定油气分压下的平衡闪蒸温度)。

(1) 进料温度：根据塔顶压力、塔板数及选择每块塔板的压力降，很容易确定进料段(汽化段)的压力 p_F，油品在进料段的汽化量除考虑塔顶和侧线产品应全部汽化之外，还应该增加一些汽化的数量以保证最下侧线产品的质量，增加汽化这部分油品的数量通常称为过汽化量，可参照表 2-3 选取。

表 2-3 石油蒸馏塔的过汽化度(占进料的质量%)

蒸馏塔	南京炼油厂	上海炼油厂		胜利炼油厂		大庆炼油厂		推荐值
初馏塔	5.3	2	5	—	—	—	—	2~5
常压塔	2.5	2.14	2	2	2	2.85	3	2~4
减压塔	1.2	—	—	2	2.95	—	—	3~6

利用平衡汽化坐标纸进行平衡闪蒸计算时所采用的汽化率为体积汽化分率 e，进料段的 e_F 由式(2-9)确定：

$$e_F = \frac{\sum G_i}{\sum G_F} \times \frac{d_F^{20}}{d_i^{20}} \tag{2-9}$$

式中　G_i——各馏出油及过汽化油的流量，kg/h；

G_F——原料油流量，kg/h；

d_i^{20}——馏出油 i 在 20℃的密度，g/cm³；

d_F^{20}——原料油在 20℃的密度，g/cm³。

进料段的油气分压 p_0 则可由式(2-10)求取：

$$p_0 = p_F \frac{\sum \frac{G_i}{M_i}}{\sum \frac{G_i}{M_i} + \frac{S_W}{18}} \tag{2-10}$$

式中　M_i——馏出油及过汽化油 i 的相对分子质量；

S_W——塔底汽提水蒸气量，kg/h。

由 p_0 及 e_F 在进料段的 p-t-e 图上很容易求得对应的进料段温度 t_F，具体示例如图 2-12 所示。

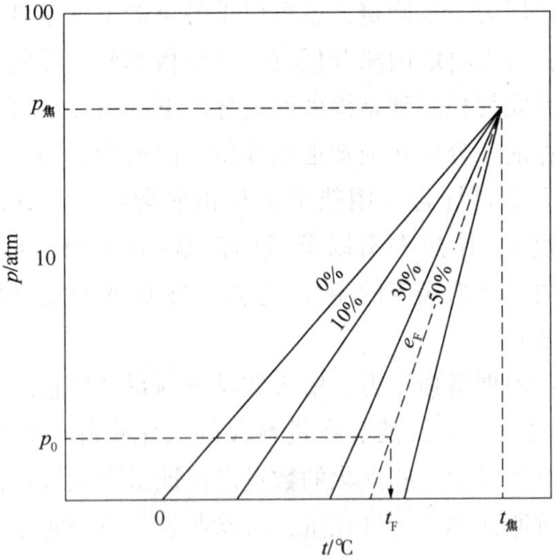

图 2-12　利用 p-t-e 图求进料段温度

1atm = 101.325kPa

以上求取的进料段温度 t_F 应有与其相对应的炉出口温度，如果忽略炉出口到塔入口的转油线的散热损失，可以将炉出口至进料段内的降压汽化过程视为绝热闪蒸过程，也就是原料油在汽化段气液相的平均焓与炉出口油料的平均焓相等。进料段原料油的平均焓计算如下：

$$h_F = \frac{\sum G_i H_{Fi} + (G_W - G_{\Delta E}) h_{FW}}{G_F} \tag{2-11}$$

式中　H_{Fi}——进料油中包括过汽化油在内各油品在进料温度条件下的气相焓，kJ/kg；

h_{FW}——塔底重油在进料温度条件下的液相焓，kJ/kg；

G_W——塔底重油流量，kg/h；

$G_{\Delta E}$——过汽化油流量，kg/h。

通常转油线的压力降对于常压炉约为0.035MPa，减压炉约为13.3～26.7kPa。如果炉管内未注入水蒸气，炉出口的压力应等于进料段压力加转油线阻力降，此时炉出口油气分压就是炉出口压力。根据汽化段温度 t_F，另外再提高10～15℃作为两个假设的温度值，在炉出口压力条件下分别求得其汽化分率以及对应的混合焓值 h_1 和 h_2，再用图解的方法即可求得相应的炉出口温度 $t_{出}$，以图2-13为例说明求取 $t_{出}$ 的方法。

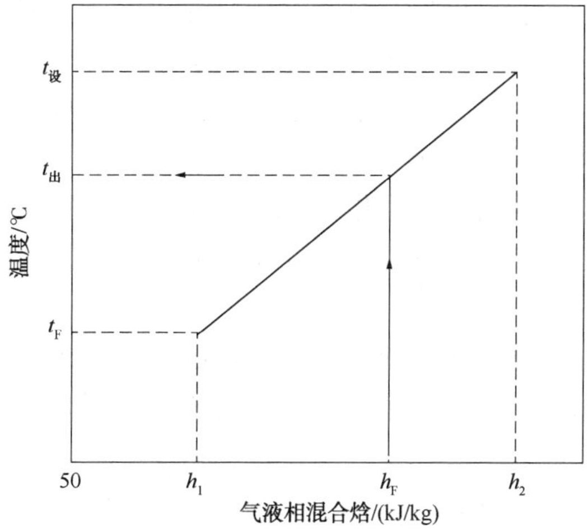

图2-13　图解法求炉出口温度

当求得炉出口温度之后应当对照不同的蒸馏过程所适宜的温度范围，如果不在适宜的温度范围之内，应当调节塔底汽提蒸汽量。当计算所得炉出口温度过高，可适当采用加大塔底汽提蒸汽量的办法来进行调节。

不同蒸馏过程加热炉出口适宜温度见表2-4。

表2-4　加热炉出口的适宜温度范围

原料	生产方案	适宜温度范围/℃
原油（常压蒸馏）	航空煤油	360～365
	一般产品	265～370
常底重油（减压蒸馏）	润滑油型	390～400
	燃料型	400～410

（2）塔底温度：进料在汽化段闪蒸形成的液相部分，会同精馏段流下来的液

相回流(相当于过汽化部分)向下流至汽提段。塔底通入过热水蒸气逆流而上与油料接触，不断地将油料中的轻馏分吹提出去。轻馏分汽化需要的热量一部分由过热水蒸气供给，一部分由液相油料本身的潜热提供。加上塔壁的散热损失，故而油料的温度逐板下降，塔底温度比汽化段温度低不少。文献资料中介绍有求定石油精馏塔底温度的计算式，但计算值与实际情况往往颇有出入，所以国内一般均采用经验数据。原油蒸馏装置的初馏塔、常压塔及减压塔，塔底温度一般比汽化段温度低 5～10℃。催化裂化与焦化分馏塔的塔底温度通常在375～380℃。

(3) 侧线温度：严格地说，侧线抽出温度应该是未经汽提的侧线产品在该处的油气分压下的泡点温度，它比汽提后产品在同样条件下的泡点温度略低一点。然而往往手头上的是经汽提后的侧线产品的平衡汽化数据。按理应把它的平衡汽化曲线向前面延长，也包括被汽提掉的轻组分在内，延长后的平衡汽化曲线的0%点(在相应的油气分压下)才是侧线抽出板的温度。考虑到在同样条件下汽提前后侧线产品的泡点温度相差不多，为了简化起见，可以按经汽提的侧线产品在该处油气分压下的泡点温度来计算。

计算方法是假设侧线温度t_m，作适当的隔离体和热平衡求出回流量，算得油气分压，再求得该油气分压下的泡点温度t'_m，试差计算直至t_m与t'_m相符合为止。这里要说明两点：

(a) 计算侧线温度时，最好从最低侧线算起，比较方便。因为进料段和塔底温度可以先行确定，则自下往上作隔离体和热平衡时，每次只有一个侧线温度是未知数。

(b) 为了计算油气分压，须分析一下侧线抽出板上气相的组成情况。它是由下列物料构成的：通过该层塔板上升的塔顶产品和该侧线上方所有侧线产品的蒸汽，还有在该层抽出板上汽化的内回流蒸汽和汽提水蒸气。可以认为内回流的组成与该塔板抽出的侧线产品组成基本相同，因此所谓的侧线产品的油气分压即指该处内回流蒸汽的分压。国外书刊介绍的计算侧线温度方法，都将某侧线产品(如三线)的上一个侧线(如二线)的蒸汽予以忽略，而将更往上的侧线产品(如一线)蒸汽、塔顶产品蒸汽和水蒸气当作降低分压的惰性气来考虑。然后求取内回流蒸汽分压下未经汽提的侧线油品的泡点作为该抽出板温度。这种做法的理由是：该侧线(如三线)抽出板温度接近上一个侧线(如二线)的临界温度，所以认为它对分压没有影响而忽略；而更上面的侧线(如一线)的临界温度低于该侧线(三线)抽出板温度，故一线油品蒸汽对三线油品起着和水蒸气一样的降低分压的作用，可看作不凝气。这种说法未免牵强，尽管算出来的结果可能与实际情况相近，但是当按汽提后的油品来算侧线温度时，忽略上一个侧线的油品蒸汽的做法，会使计算的侧线温度偏高。因此国内的算法是，一方面按汽提后侧线油品(即设计时要求的侧线产品)的平衡汽化数据，另一方面把除回流蒸汽以外的所有油气都看作和水蒸气一样的起着降低分压的作用，计算时一个也不忽略。

(4) 塔顶温度：塔顶温度是塔顶产品在其本身油气分压下的露点温度。塔顶馏出物包括塔顶产品、塔顶回流(通常和塔顶产品一样)的蒸汽，以及不凝气(气态烃)和水蒸气。塔顶回流量须通过假设塔顶温度作全塔热平衡才能求定。算出油气分压后，求出塔顶产品在此油气分压下的露点温度，以校核所假设的塔顶温度。

当塔顶的不凝气量很少(如原油初馏塔、常压塔、减压塔)时，可忽略不计。忽略不凝气以后求得的塔顶温度较实际塔顶温度约高出3%，可将计算所得的塔顶温度乘以系数0.97，作为采用的塔顶温度。

在确定塔顶温度时，应同时校核水蒸气在塔顶是否会冷凝。若水蒸气的分压高于塔顶温度下水的饱和蒸汽压，则水蒸气就要冷凝，此时应考虑减少水蒸气用量或降低塔的压力，重新进行全部计算。一般的原油常压分馏塔，只要汽提蒸汽不是用得很多，则只有当塔顶温度低于90℃时，才会出现水蒸气冷凝的情况。

(5) 侧线汽提塔底温度：当用水蒸气汽提时，汽提塔底温度比侧线抽出温度低8~10℃，有的可低17℃左右。

当侧线用再沸器提馏时，则其温度为该处压力下侧线产品的泡点温度。侧线再沸温度有时可高出抽出板温度10~20℃，提馏出来的气体返回精馏塔的温度可比抽出板温度高出10℃左右。

2. 循环回流取热量

循环回流取热可以获得数量可观的热源用于和原油换热以及产生装置内部所需的水蒸气。适当多取出中段循环回流可以提供更多高温热源，这对生产过程是十分重要的。如果中段循环回流取热过多，其上部内回流量将明显减少。国外有些生产装置的工业试验表明，当中段循环回流取热超过内回流热的75%~80%后，就会显著地降低上段的板效率，影响塔的分离效果，因此中段循环回流取热以不超过内回流热的80%为宜。

塔顶循环回流取热增加，塔顶冷回流量就会减少，油气分压降低，水蒸气分压相应提高。在常压蒸馏装置生产航空煤油时，汽油切割终点温度多在130~140℃，相应条件下塔顶温度较低。为避免顶部塔板、塔顶挥发线的腐蚀现象，在求取塔顶温度之后应检查此时相对应的水蒸气分压以及与该水蒸气分压对应的水的露点温度，塔顶温度比水蒸气对应的露点温度高出5℃以上，方能防止腐蚀现象发生。

2.2.4 塔内气液相负荷的计算

在计算塔内气液相负荷时通常由液相负荷计算开始，实际上在进行各抽出侧线和塔顶温度计算时内回流量已有不少是已知的数值，一般都是从这些已知数值开始，进一步推算出其他需要确定的内回流量。

（1）塔顶冷回流量在计算塔顶温度时已知，顶板的内回流量可用冷回流量推算得到。

（2）抽出侧线上方的内回流量在求取抽出侧线温度时已经知道，抽出侧线下方的内回流量等于抽出侧线上方的内回流量减去该侧线产品量。

（3）对于中段循环回流所占用的塔板上的液相量应当由循环回流量与内回流量两者相加，当循环回流热通过计算确定之后，循环回流量主要取决于循环回流抽出及返塔温度。其计算如下：

$$L_C=\frac{Q_C}{h_{出}-h_{入}} \tag{2-12}$$

式中 L_C——循环回流量，kg/h；

Q_C——循环回流取热，kJ/h；

$h_{出}$——循环回流在抽出温度条件下的液相焓，kJ/kg；

$h_{入}$——循环回流在返塔温度条件下的液相焓，kJ/kg。

通常循环回流返塔温度比抽出温度低40～100℃，具体数值取决于换热流程设计。在进行塔的工艺计算时一般只考虑内回流量，当完成换热流程设计之后由于换热塔板上流量很大，可按实际流量对这几块塔板进行验算，必要时可局部对循环回流的换热塔板在结构上进行适当的调整。

当前设计中，中段循环回流返回塔板与上部抽出侧线一般只间隔一块塔板，这块塔板由于内回流量很小分离效果较差，可以近似认为循环回流塔板上方的内回流量与抽出侧线下方内回流量相等。循环回流抽出板下方的内回流量应等于返回塔板上方的内回流量与因循环回流取热造成内回流冷凝量 ΔL 之和，如式(2-13)所示：

$$\Delta L=\frac{Q_C}{h_n-h_{n+1}} \tag{2-13}$$

（4）进料段上方塔板的内回流量——塔内真实过汽化量，它是计算进料段温度时由加热炉提供热量在塔内条件已形成的过汽化量 $G_{\Delta E}$ 与塔底重油进入汽提段后在塔底汽提水蒸气作用下提馏出来的数量 ΔV 之和，ΔV 可由塔底至进料段上方作封闭体系通过热量衡算的方法来求取。

（5）进料板上的液体流量等于塔底产品量 G_W 与 ΔV 之和，提馏段最下层塔板的液体流量就是塔底产品量。

（6）根据气相流量等于该截面下面汽提水蒸气总量、通过该截面的内回流量以及截面上方全部油量三者之和的原则很容易求得相应截面气相总的摩尔流量和体积流量。

2.2.5 石油蒸馏塔的操作弹性

石油蒸馏塔是一个复合蒸馏塔，塔内气液相负荷变化很大，最大的气相负荷往往出现在最下部的中段循环回流抽出板的下方。如果各中段循环回流均尽可能多地取出回流热，最上部的精馏段的气相负荷则往往是最小的。为使塔内不同截面都处于较适宜的操作区域，通常在一个塔内可以选用几种不同开孔率的塔板。对于每种塔板进行水力学计算，则可以分别得到各自的适宜操作区，如图 2-14 所示。

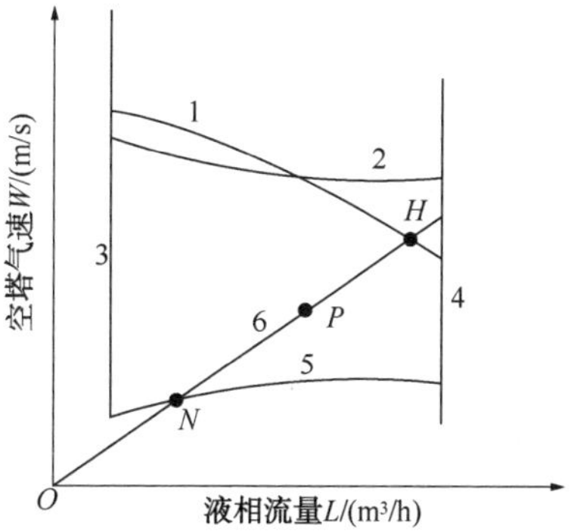

图 2-14 适宜操作区示意图

1—淹塔线；2—雾沫夹带线；3—液相负荷下限线；4—降液管超负荷线；5—泄漏线；6—操作线

其中淹塔线 1 和雾沫夹带线 2 的相对位置可能与图 2-14 中不完全一致，视具体情况而定。以坐标原点 O 与该板设计气、液流量的坐标点 P 所引连线一般称为操作线，该线与泄漏线 5 的交点 N 确定了该截面的操作下限。由 O 经 P 向上绘制操作线时，与 1、2 线中任何一条线首先相交，该交点 H 即确定了塔的操作上限。实际上对每个截面进行运算时都有各自的最高气速 W_H、操作气速 W_P 和下限气速 W_N，直观上难以判断该塔的上、下限处理能力。如果选用各自的设计气速 W_P 为基准，与 W_H、W_N 相比较，以下式表示：

$$\eta_{上}=\frac{W_H}{W_P},\quad \eta_{下}=\frac{W_N}{W_P}$$

并将 $\eta_{上}$ 定义为比上限气速，$\eta_{下}$ 为比下限气速。可以把 $\eta_{上}$ 理解成该截面最大处理能力为设计能力的若干倍，可以把 $\eta_{下}$ 理解成为该截面最小处理能力的比率。全塔的最高处理能力只能由几个不同截面比上限气速最小者限定（$\eta_{上\min}$），相反，全塔的最低处理能力也只能由几个不同截面比下限气速最高者限定（$\eta_{下\max}$），显然由此将得到多侧线石油蒸馏塔的操作弹性 F。

$$F=\frac{\eta_{上\min}}{\eta_{下\max}} \tag{2-14}$$

【例 2-1】 设计一原油常减压蒸馏装置的常压蒸馏塔，根据原油评价资料确定的产品方案和物料平衡情况以及通过计算确定的油品物性如下表所示。

【解】

（1）确定各段塔板数及中段循环回流抽出和返回塔板的位置，见图 2-15。

（2）确定塔顶及各抽出板压力。

（a）塔顶压力 136.8kPa。

（b）各抽出板上方压力，按每层塔板阻力降 0.53kPa 计算，各塔板压力见下表。

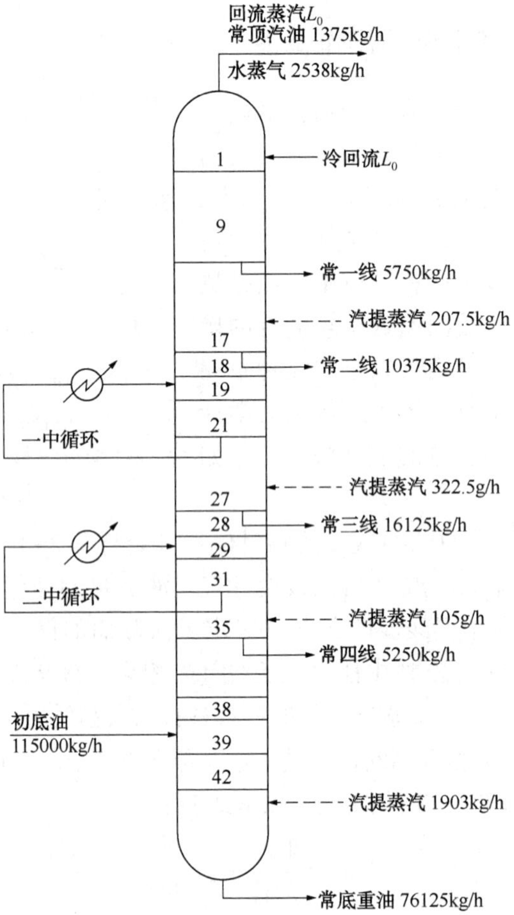

图 2-15　常压蒸馏塔各线抽出位置及物料平衡

(3) 冷回流温度设为 40℃，汽提蒸汽压力为 0.31MPa，温度为 400℃。

(4) 确定进料段温度。

取过汽化量占进料量 2%(质量分数)，其密度、相对分子质量近似取常四线之值，则过汽化量为：

$$\Delta E=115000\times0.02=2300(\text{kg/h})$$

初底油及各线产品主要性质汇总表

项　目	密度(20℃)/(g/cm³)	相对分子质量 M	特性因数 K	常压平衡汽化温度/℃							焦点参数	
				0	10%	30%	50%	70%	90%	100%	温度/℃	压力/MPa
初底油	0.8930	—	11.75	222	280	335	401	441	—	—	601	5.37
常顶汽油	0.7411	97	12.0	81	83	88	94	101	104	106	321	5.67
常一线	0.8018	143	11.8	174.5	176.5	182	188.5	194.5	199.5	201	404	3.57

续表

项　目	密度(20℃)/(g/cm³)	相对分子质量 M	特性因数 K	常压平衡汽化温度/℃							焦点参数	
				0	10%	30%	50%	70%	90%	100%	温度/℃	压力/MPa
常二线	0.8485	180	11.45	251	254	256	258	260	262	264	458	2.58
常三线	0.8610	238	11.1	312	313	143	318	322	327	328	503.2	2.21
常四线	0.8650	304	11.9	376	381	384	386	387	391	393	534.2	1.55
常底重油	0.9194	—	11.9	—	—	—	—	—	—	—	—	—

按年开工日 330 天计算的进料及各线产品流量表

项　目	收　率		流　量				汽提蒸汽量	
	质量分数	体积分数	10^4t/a	t/d	kg/h	kmol/h	kg/h	kmol/h
初底油	100	100	91.08	2760	115000	—	—	—
常顶汽油	1.196	1.43	1.084	33.0	1375	14.18	—	—
常一线	5	6.50	4.554	138.00	5750	40.21	0	0
常二线	9.022	9.40	8.217	249.00	10375	57.64	207.5	11.53
常三线	14.022	14.40	12.771	387.00	16125	67.75	322.5	17.98
常四线	4.56	4.660	4.158	126.00	5250	17.27	105.0	5.83
常底重油	66.20	63.61	60.291	1827.00	76125	—	1903.0	105.73
总计	100.00	100.00	91.08	2760	115000	—	2538.0	141.07

过汽化油的流率为：

$$N_{过}=2300/304=7.57(\text{kmol/h})$$

过汽化油占进料的体系分率：

$$e_{过}=0.02\times0.8930/0.8650=0.0206$$

进料端初底油体积汽化分率：

$$e_F=0.0144+0.05568+0.09495+0.14543+0.0471+0.0206=0.37816=37.816\%$$

进料段油气分压：

$$p_{油}=p_{39}\times\frac{N_{油}}{N_{油}+N_{水}}$$

$$N_{水}=\frac{1903}{18}=105.72(\text{kmol/h})$$

$$N_{油}=14.18+40.21+57.64+67.75+17.27+7.57=204.62(\text{kmol/h})$$

$$p_{油}=158.1\times\frac{204.62}{204.62+105.72}=104.2(\text{kPa})=1.028(\text{atm})$$

将初底油的数据标绘在平衡汽化坐标纸上，按 $p=104.2\text{kPa}$、$e_F=37.816\%$，求得进料段温度 $t_F=360℃$。

按上述计算过程得到的进料段温度是否合理，还需要通过用等焓节流过程的计算方法求得炉出口温度来进行校验，油品带入进料段的热量列表计算如下：

带入塔内热量计算表

项目	流量/(kg/h)	焓/(kJ/kg)		热量/(MJ/h)
		气相	液相	
常顶汽油	1375	1185	—	1.629
常一线	5750	1151	—	6.618
常二线	10375	1143	—	11.859
常三线	16125	1139	—	18.366
常四线	5250	1135	—	5.959
过汽化油	2300	1135	—	2.611
重油	73825	—	900	66.441
合计	115000	—	—	113.483

进料初底油的平均焓；

$$h_F = \frac{113.483 \times 10^6}{115000} = 986.8(\text{kJ/kg})$$

利用图解法确定常压炉出口温度；

取加热炉出口转油线压力降为 36kPa，炉出口压力为：

$$p_{炉} = 158.1 + 36 = 194.1(\text{kPa}) = 1.91(\text{atm})$$

可分别假设炉出口温度为 360℃、370℃，按 1.91atm 和以上两个温度分别求取初底油炉出口的汽化分率，进一步求得汽化量和炉出口温度下的平均焓 h_0。按 $h_0 = h_F$ 由图 2-16 解得炉出口温度 $t_0 = 365$℃。

所以进料段温度 $t = 360$℃、压力 $p = 158.1$kPa。

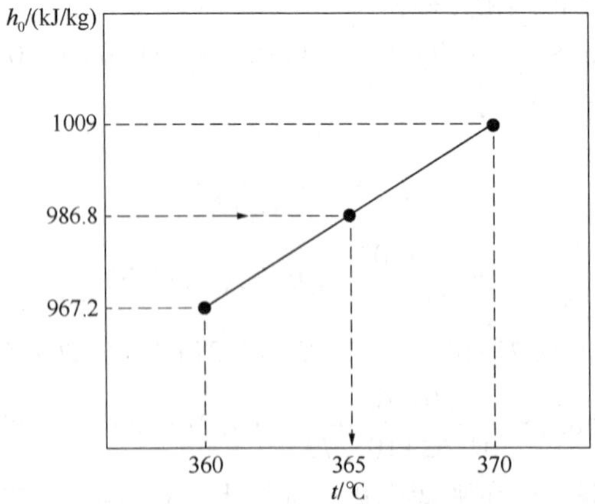

图 2-16　图解求炉出口温度

再由 1. 91atm 和 365℃ 按照初底油的 $p-t-e$ 图求得初底油的汽化分率为 26. 56%(体积分数)。按各馏出油的体积百分收率推算可知常二线以上全部汽化，常三线汽化量为 11147kg/h，未汽化量为 4978kg/h，常四线及重油全部为液相。然后求得炉出口热量列表如下：

项　目	流量/(kg/h)	焓/(kJ/kg)		热量/(MJ/h)
		气相	液相	
汽油	1375	1193	—	1. 641
常一线	5750	1172	—	6. 740
常二线	10375	1160	—	12. 035
常三线	11147	1151	—	12. 830
常四线	4978	—	976	4. 857
过汽化油	5250	—	971	5. 100
重油	76125	—	934	70. 439
合计	115000	—	—	113. 642

$$h_0=\frac{113.642\times10^6}{115000}=988.2(\mathrm{kJ/kg})$$

由于 $h_0 \approx h_f$，所以炉出口温度为 365℃，符合要求。

(5) 确定塔底温度。取塔底温度比进料段温度低 8℃：

$$t_W=360-8=352(℃)$$

(6) 确定常四线抽出温度。

设常四塔(35 层塔板)抽出温度为 320℃，34 层向下流的内回流液体量为 L，自塔底至 35 层板上部进行热量平衡计算确定内回流列表如下：

项　目		流量/(kg/h)	温度/℃	焓/(kJ/kg)		热量/(MJ/h)
				气相	液相	
进料	初底油	115000	360	—	—	113. 483
	汽提蒸汽	1903	400	3275	—	6. 234
	内回流	L	310	—	791	$791L\times10^{-6}$
	合计	$116903+L$	—	—	—	$1197.717+791L\times10^{-6}$
出料	汽油	1375	320	1076	—	1. 478
	常一线	5750	320	1059	—	6. 089
	常二线	10375	320	1047	—	10. 863
	常三线	16125	320	1043	—	16. 818
	常四线	5250	320	—	829	4. 352
	内回流	L	320	1038	—	$1038L\times10^{-6}$
	水蒸气	1903	320	—	—	5. 924
	重油	76125	352	—	90	68. 514
	合计	$116903+L$	—	—	—	$114.036+1038L\times10^{-6}$

内回流热：

$$\Delta Q=(119.717-114.036)\times10^6=5.681\times10^6(\text{kJ/kg})$$

内回流量：

$$L=\frac{5.681\times10^6}{1038-791}=23000(\text{kg/h})$$

$$N_L=\frac{L}{M_L}=\frac{23000}{290}=79.31(\text{kmol/h})$$

内回流量的油气分压：

$$p_L=\frac{79.31\times156.0}{105.73+14.18+40.21+57.64+67.75+79.19}=33.92(\text{kPa})=254(\text{mmHg})$$

已知常压平衡汽化 50%点温度为 386℃，0%点温度为 376℃。50%点与 10%点馏出量的温差为 10℃。查图求得 254mmHg 下平衡汽化 50%点温度为 328℃，按常压、减压各段温度相等的假设，求得泡点温度为 318℃，与所假设的 320℃相近，假设基本正确。

常四线温度为 320℃。

(7) 确定第二中段循环回流取热量。

设常三线温度为 290℃，按常三线和常四线的温度求得板间温差：

$$\Delta t=\frac{320-290}{5}=6(℃)$$

进一步求得第 28 层和第 29 层塔板温度为：

$$t_{28}=290+6=296(℃)$$

$$t_{29}=296+6=302(℃)$$

第 29 层塔板上部压力 $p_{29}=152.8(\text{kPa})$

自塔底至第 29 层板上部作热量平衡求取内回流热，列表计算如下：

项目		流量/(kg/h)	温度/℃	焓/(kJ/kg)		热量/(MJ/h)
				气相	液相	
进料	初底油	115000	360	—	—	113.483
	汽提蒸汽	2008	400	3275	—	6.577
	合计	117008	—	—	—	120.061
出料	汽油	1375	320	1034	—	1.424
	常一线	5750	320	1022	—	5.874
	常二线	10375	320	996	—	10.337
	常三线	16125	320	984	—	15.860
	常四线	5250	320	—	829	4.354
	重油	76125	352	—	900	68.525
	汽提蒸汽	2008	302	3053	—	6.129
	合计	117008	—	—	—	112.503

内回流取热：

$$\Delta Q=Q_{入}-Q_{出}=(120.061-112.503)\times10^6=7.558\times10^6(\text{kJ/h})$$

按中段循环回流取热占内回流热 80%计算：

$$Q_{二中}=\Delta Q\times0.8=7.558\times10^6\times0.8=6.046\times10^6(\text{kJ/h})$$

（8）确定常三线抽出温度。

设常三线抽出温度为 286℃，从塔底至常三线抽出板上部进行热量衡算列表如下：

项　目		流量/(kg/h)	温度/℃	焓/(kJ/kg)		热量/(MJ/h)
				气相	液相	
进料	初底油	115000	360	—	—	113.483
	汽提蒸汽	2008	400	3276	—	6.578
	内回流	L	279	—	708	$708L\times10^{-6}$
	合计	$117008+L$	—	—	—	$120.061+708L\times10^{-6}$
出料	汽油	1375	286	992	—	1.365
	常一线	5750	286	980	—	5.635
	常二线	10375	286	955	—	9.907
	常三线	16125	286	—	729	11.748
	常四线	5250	320	—	829	4.354
	水蒸气	2008	286	3045	—	6.113
	重油	76125	352	—	900	68.525
	二中回流	—	—	—	—	6.046
	内回流	L	286	946	—	$947L\times10^{-6}$
	合计	$117008+L$	—	—	—	$113.693+947\times10^{-6}$

内回流热：

$$\Delta Q=(120.061-113.693)\times10^6=6.368\times10^6(\text{kJ/h})$$

内回流量：

$$L=\frac{6.368\times10^6}{947-708}=26644(\text{kg/h})$$

$$N_L=\frac{L}{M_L}=\frac{26644}{230}=115.84(\text{kmol/h})$$

内回流量的油气分压：

$$p_L=152\times\frac{115.84}{14.18+40.21+57.64+111.56+116.02}=51.84(\text{kPa})=390(\text{mmHg})$$

常三线常压平衡汽化馏出温度 0%为 312℃，50%为 318℃，温差为 6℃。查图可知 390mmHg 压力下 50%馏出温度为 291℃，取温差 6℃可知 0%点为 285℃，与假设的286℃相近，故常三线抽出温度为286℃。

用同样方法求得：

第一中段循环回流取热4.187(MJ/h)；

第二线抽出温度227℃；

常一线抽出温度170℃。

(9) 确定常压塔顶温度。

设常压塔顶温度为102℃，通过全塔热量衡算求解塔顶冷回流量计算列表如下：

项目		流量/(kg/h)	温度/℃	焓/(kJ/kg)		热量/(MJ/h)
				气相	液相	
进料	初底油	115000	360	—	—	113.483
	汽提蒸汽	2538	400	3275	—	8.311
	内回流	L_0	400	—	121	$121L_0\times10^{-6}$
	合计	$117538+L_0$	—	—	—	$121.794+121L_0\times10^{-6}$
出料	汽油	1375	102	586	—	0.806
	常一线	5750	170	—	418.7	2.407
	常二线	10375	227	—	561	5.820
	常三线	16125	286	—	729	11.755
	常四线	5250	320	—	829	4.352
	水蒸气	2538	102	2680	—	6.802
	重油	76125	352	—	978	74.44
	一中循环	—	—	—	—	4.187
	二中循环重	—	—	—	—	—
	回流蒸汽	L_0	102	586	—	$586L_0\times10^{-6}$
	合计	$117538+L_0$	—	—	—	$110.568+586L_0\times10^{-6}$

塔顶取热：

$$\Delta Q=(121.794-110.568)\times10^{-6}=11.226\times10^{-6}(\text{kJ/h})$$

流量：

$$L_0=\frac{11.226\times10^{6}}{586-121}=24142(\text{kg/h})$$

$$N_{\text{L}}=\frac{L_0}{M_{\text{L}}}=\frac{24142}{97}=248.9(\text{kmol/h})$$

油气分压：

$$p_{油}=136.8\times\frac{248.9+14.18}{248.9+14.18+141.01}=89.07(\text{kPa})=668(\text{mmHg})$$

常顶汽油常压平衡汽化馏出 50%为 94℃，100%为 106℃，两点温差为 12℃。按 668mmHg 查得 50%馏出温度为 93℃，100%馏出温度为 93+12=105℃。

由于常顶馏出物中含有惰性气体，塔顶温度：

$$t_D=105\times0.97=102℃$$

与原假设塔顶温度 102℃一致，所以塔顶温度为 102℃。

（10）确定塔内各主要截面气液相负荷。

a. 各主要截面液相负荷：

（a）第一板溢流量：

$$L_1=L_0\frac{H_1-h_0}{H_2-h_1}=24142\times\frac{586-121}{599-260}=33115(\text{kg/h})$$

（b）各抽出侧线下方的液相量近似等于抽出侧线上方的液相量减去侧线抽出量。

（c）循环回流上、下内回流量的变化：

中段循环回流下部内回流量应当比中段循环回流上部内回流量大 ΔL_0。ΔL 值计算如下：

$$\Delta L=\frac{Q_{中}}{\Delta h}$$

式中 $Q_{中}$——中段循环回流取热量，MJ/h；

Δh——中段循环回流抽出板下部塔板的气相焓与抽出板液相焓之差值，kJ/kg。

第一中段循环回流上、下方回流变化的数量：

$$\Delta L_1=\frac{Q_{一中}}{H_{22}-h_{21}}=\frac{4.1868\times10^6}{854-574}=149529(\text{kg/h})$$

第二中段循环回流上、下方内回流变化的数量：

$$\Delta L_2=\frac{Q_{二中}}{H_{32}-h_{31}}=\frac{6.046\times10^6}{983.9-745.2}=25333(\text{kg/h})$$

（d）进料板的液流量和进料板上一层塔板的液流量：

以上流量可以通过物料衡算和热量衡算的方法解决。对于进料段以下油品的物料平衡关系可由图 2-17 表达，很容易得出以下关系式：

$$F_L+L_{上}=W+\Delta V \tag{2-15}$$

$$L_{上}=\Delta E+\Delta V \tag{2-16}$$

式中 ΔE——过汽化量，kg/h；

ΔV——提馏段汽化量，kg/h；

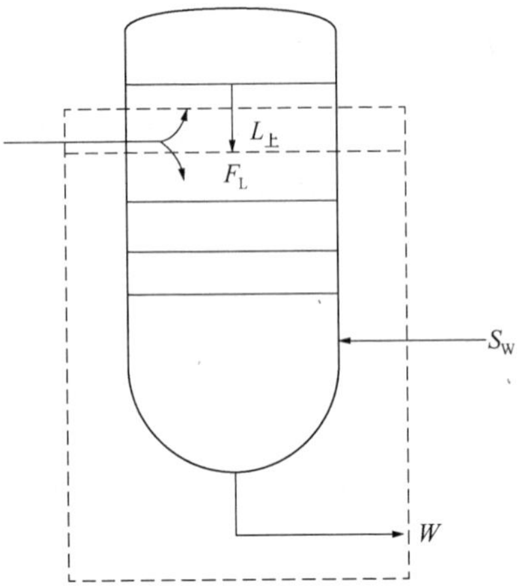

图 2-17　提馏段的物料平衡关系

F_L——进料液相量，kg/h；

W——塔底产品量，kg/h；

$L_上$——进料段上层塔板液流量，kg/h。

原设计中选取的过汽化量 ΔE 是指原油进塔后在进料段水蒸气降低分压后，汽化总量超过塔顶和侧线产品馏出物总和之数量，而 $L_上$ 才是真正的过汽化量。$L_上$ 或 ΔV 可以通过热量平衡求得。按本例题计算如下：

$$\Delta E=2300(\text{kg/h})$$

$$L_上=2300+\Delta V(\text{kg/h})$$

$$F_L=W-\Delta E=76125-2300=73825(\text{kg/h})$$

自塔底至进料段进行热量计算列表如下：

项　目		流量/(kg/h)	温度/℃	焓/(kJ/kg)		热量/(MJ/h)
				气相	液相	
进料	ΔE	2300	347	—	909	2.089
	ΔE	ΔV	347	—	909	$909\Delta V\times10^{-6}$
	F_L	73825	360	—	921	67.994
	汽提蒸汽	1903	400	3275	—	6.234
	合计	$78028+\Delta V$	—	—	—	$76.317+909\Delta V\times10^{-6}$
出料	ΔV	ΔV	360	1130	—	$1130\Delta V\times10^{-6}$
	重油	76125	352	—	900	68.512
	水蒸气	1903	360	3195	—	6.080
	合计	$78028+\Delta V$	—	—	—	$74.592+1130\Delta V\times10^{-6}$

$$\Delta V=\frac{(76.317-74.592)\times10^{6}}{1130-931.5}=8690(\text{kg/h})$$

$$L_上=8690+2300=10990(\text{kg/h})$$

b. 各主要截面的气相负荷

对任意截面而言，通过该截面的气相流量

$$N=\sum N_i+N_L+N_s$$

式中　N_i——产品量，kmol/h；

N_L——内回流量，kmol/h；

N_s——水蒸气量，kmol/h。

由于在计算各侧线温度时，已求得抽出板上方的内回流量，据此主要截面气液相负荷计算结果(气、液相流量均指离开该板的数值)列表如下：

板号 \ 项目	液相内回流			气相			
	流量/(kg/h)	密度(20℃)/(kg/m³)	体积流量/(m^3/h)	流量/(kmol/h)	温度/℃	压力/kPa	体积流量/(m^3/h)
塔顶	24142	720	33.53	—	—	136.8	—
1	33115	630	52.56	404.09	102	136.8	9204
2	—	—	—	470.57	110	137.3	10907
8	30842	630	48.96	—	—	—	—
9	25092	630	39.83	378.68	170	141.9	9826
16	18477	690	26.78	300.06	220	145.4	8453
17	8012	700	11.57	289.07	227	145.9	8230
21	31803	680	46.77	393.68	250	150.0	11408
26	26684	675	39.53	357.53	279	152.0	10629
27	10559	670	15.76	339.61	286	154.0	10453
31	35932	660	54.44	423.93	305	155.5	13219
34	22966	640	35.88	370.53	310	156.0	11540
35	17716	630	28.12	364.68	320	156.0	11515
38	10990	620	16.16	318.44	347	157.6	10411
39	83842	710	118.09	177.25	360	158.1	5898
42	76125	720	105.73	141.01	352	159.6	4588

将以上计算结果在图 2-18 中标绘出来，即得到沿塔气液相负荷分布图。

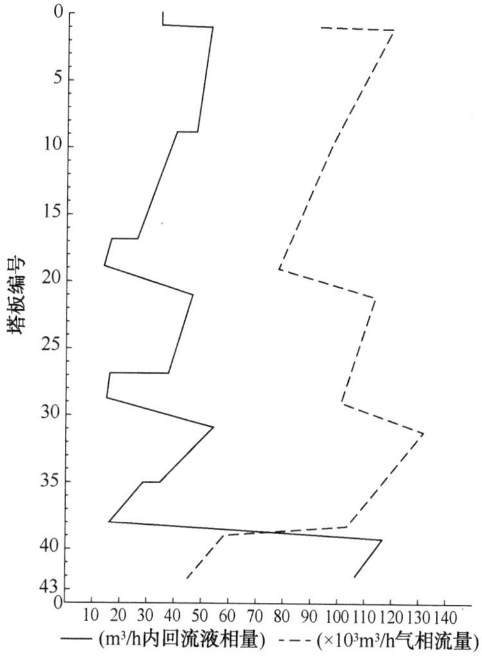

图 2-18　沿塔气液相负荷分布图

2.3 石油蒸馏过程模拟计算

2.3.1 化工流程模拟软件

随着科学技术的进步，现代石油化工生产装置趋向大型化、产品品种精细化，要求整个装置实现最优设计、最优控制和管理，并在安全、可靠、环境污染最小的情况下运行。在能源紧张、竞争日益加剧的情况下，在系统工程、运筹学、化学工程、过程控制及计算机技术等学科的基础上产生和发展起来的一门新兴学科——化工流程模拟。

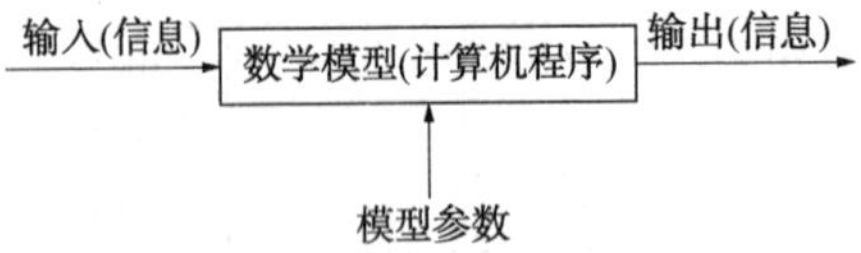

图 2-19　化工流程模拟系统示意图

化工流程模拟(亦称化工系统模拟)就是采用数学方法来描述实际化工过程，并利用某种数学方法对数学模型进行求解，然后根据装置的输入变量和装置的特性，计算出它的输出变量的数值，如图 2-19 所示。

流程模拟技术可分为稳态流程模拟和动态流程模拟两大类。

(1) 化工过程稳态模拟：化工过程稳态模拟又称静态模拟(Steady State Simulation)或离线模拟(Off-line Simulation)。通常所说的化工过程模拟或流程模拟多指稳态模拟。它是根据化工过程的稳态数据，诸如物料的压力、温度、流量、组成和有关的工艺操作条件、工艺规定、产品规格以及一定的设备参数，如蒸馏塔的板数、进料位置等，采用适当的模拟软件，用计算机模拟实际的稳态生产过程，得出详细的物料平衡和热量平衡。其中包括人们最为关心的原材料消耗、公用工程消耗和产品、副产品的产量和质量等重要数据。简言之，化工过程模拟就是在计算机中“再现”实际的生产过程。

由于这一“再现”过程并不涉及实际装置的任何管线、设备以及能源的变动，因而给了化工模拟人员最大的自由度，可以在计算机上进行不同方案和工艺条件的探讨、分析。因而化工过程稳态模拟已成为研究、开发、设计、挖潜增效、节能增效、生产指导以及企业管理等工作必不可少的工具，并且在科研和实际生产中发挥着越来越大的作用。

(2) 化工过程动态模拟：化工过程动态模拟技术的发展分为两个方向。一是建立严格的过程动态数学模型，用于生产过程的严格动态模拟、设计方案及其操作控制性能评价。另一个方向是建立允许精度内的简化的过程动态数学模型，模拟生产过程动态工况的变化趋势，用于操作人员的培训。

由于动态模拟对实时性要求较高，所以多采用联立方程的方法。这种方法目前还不是很成熟，所以现有的动态模拟软件可以求解的问题规模都不大，而且算法的收敛对于初值要求很高。这些都是需要进一步改进的地方。正是由于动态模拟技术不够成熟，目前还不能将其安装在大型生产装置的现场实时运行。

随着计算机硬件的发展，化工过程模拟的化工过程越来越复杂，规模也越来越大，特别是在线模拟优化更是越来越得到工业界和学术界的关注。在线、实时模拟是化工过程模拟进一步发展的方向。

1. 流程模拟的发展与现状

随着计算机的发展，20 世纪 50 年代开始，一些主要的化工设备，如换热器、精馏塔、加热炉、简单反应器等的计算程序就已建立起来，并将这种独立单元操作序贯地结合起来模拟化工过程。其中有代表意义的是 1958 年美国 Kellogg 公司开发出的“适应性流程模拟系统(Fliexible Flowsheet)”，这是早期比较完整的流程模拟系统。人们把这一时期开发的流程模拟程序称为第一代流程模拟系统。在第一代流程模拟系统中，通过对工艺流程描述来实现过程的模拟计算，收敛方法采用直接迭代法。但因其物性数据和单元模块均有限，故只能用于模拟而不能用于设计和优化计算。

1966 年出现了第一个化工应用软件公司——模拟科学公司(Simulation Science Inc.)。20 世纪 60 年代末、70 年代初发展起来的化工流程模拟系统，一般称为第二代化工流程模拟系统。其中具有代表性的是孟山都公司的 Flowtran 和威斯康星大学的 Aides。

进入 20 世纪 70 年代以后，由于世界范围内出现能源危机，化工过程模拟技术与软件日益受到重视，流程模拟的可靠性不断提高，应用范围也不断扩大，代表性的软件有 Aspen 和 Process 等。20 世纪 70 年代末、80 年代初发展起来的化工流程模拟系统，一般被称为第三代化工流程模拟系统。

随着计算机的应用日益广泛，流程模拟技术取得了长足进展，不断有新的思想和新的算法出现。流程模拟软件的用户量不断扩大，软件的版本不断更新。20 世纪 80 年代末、90 年代初发展起来的化工流程模拟系统，称为第四代化工流程模拟系统，以 Aspen Plus 和 Pro-Ⅱ为代表。

当前流程模拟软件的主要特点是：(1)系统采用了开放式结构，用户可以任意选用、组合、补充单元过程模块以模拟所需要的工艺流程。(2)组分数目、物流数目、塔板数目以及循环回路等不受限制。(3)物性数据得到扩充，特别是包含有电解质物性数据和物性常数估算系统(通过输入分子结构和容易测量的性质来推算缺乏的物性数据)，从而能够对石油化工、化肥、化纤等方面诸多装置的流程进行模拟计算。(4)输入/输出更方便，采用了 Windows 技术和图形技术，极大地方便了用户。(5)支持网络环境下应用，支持利用 Internet 对物性数据进行扩充，支持 Client/server 模式。此外，还具有气-液-固三相处理功能和包含有若干简单反应模型。

目前在国内外获得广泛应用的化工流程模拟软件主要有三个，即 Aspen

Plus、Pro-Ⅱ和Hysim。Aspen Plus采用的模拟方法主要为序贯模块法。Pro-Ⅱ主要用于稳态模拟和过程设计，所选用的模拟方法主要为序贯模块法和联立模块法，所使用的优化算法主要为一阶、二阶或二阶加约束算法。Hysim是加拿大Hypro Tech公司推出的化工流程模拟软件，主要用于烃加工过程的模拟，在气体加工、石油炼制、石油化工和化工等领域有着广泛的应用。

目前化工过程模拟软件主要有四个组成部分：模型、算法、物性数据库和用户接口。模型是流程模拟的基础，化工过程的模型是由守恒原理、速率方程、物流联结以及设计和控制要求而导出的所有数学关系式，其中包括各种单元设备的模型。算法是求解由模型产生的数学问题，一般流程模拟中的数学问题主要是代数方程、微分方程和非线性问题。算法中还包括对循环物流进行切断和分割等内容。物性数据库包括热力学数据和基础物性数据或者相应的估算关联式，如$p-V-t$关系和状态方程，焓、熵、自由焓的估算，气液平衡的计算等内容。用户接口是流程模拟系统和用户直接联系的部分，目前软件已逐渐由输入/输出文件过渡至Windows界面方式，用户界面友好与否已成为人们评价软件是否优越的一个不可或缺的条件。

2. 稳态流程模拟系统组成

（1）系统模型：系统模型是描述化工系统性能的数学模型。由一组代数方程或微分方程组成。系统的数学模型是流程模拟的基本依据，要准确地对过程进行描述，重要的是要根据有关的基本定律，对过程进行分析，按照模拟的要求，建立起相应的模型。一个完整的化工系统模型，不仅包括组成该系统的各个单元的模型，而且还包括能对系统结构给予明确表述的部分。因此，此处的单元模型实际是指各种化工单元操作的模型。单元模型是化工系统模型的基础。

（2）物性数据：物性数据包括的范围很广。从大的方面说，可分为热力学性质与传递性质两大类，前者主要有诸如密度、比容、压缩因子、比热容、焓、熵、自由能、生成热、反应热以及进行气液平衡常数计算所需的逸度系数等。后者包括导热系数、扩散系数等。在实际化工流程模拟系统中，所涉及的物料种类和需要用到的物性数据相当多，这就要求系统能为用户提供尽可能多的物料范围和尽可能广的物性数据，因而需要一个容量大的物性数据库，这个库还须具备相应的关联式来推导系统没有提供的物性数据。目前应用比较成熟的数据库有Chess物性数据库、Aspen物性数据库。

（3）解算方法：由于化工系统数学模型形式复杂、方程数目较多，有线性方程、非线性方程、常微分方程、偏微分方程、差分方程。要计算模型的解析解是较难实现的，只有利用计算机这一工具，求解方程的数值解。其中求解的方法也很多，对代数方程而言，有牛顿法、韦格施坦法、布洛伊顿法、割线法、切割法等。对微分方程的数值解法有显式欧拉法、隐式欧拉法、龙格-库塔法等。系统模型、物性数据和解算方法是模拟的三个核心环节，缺一不可，称为“模拟三要素”。这三部分内容是以计算机程序作为模拟系统的组成部分。

3. 稳态模拟的基本方法

化工流程模拟的基本内容实际上是对整个化工系统的模拟进行求解。到目前为止，典型的稳态化工流程模拟方法有以下三种。

（1）序贯模块法（Sequential Modular Approach）：序贯模块法是对每一种单元操作开发一个计算机子程序，这种模块是把出口流股参数视为进口流股和模块参数的函数，已知进口流股的各项参数，就可以计算出口流股的各项参数。在计算时，依次调用各种模块就可以算出每个部位的流股参数，有再循环物流时，将它虚拟断裂，通过迭代计算达到最后的收敛解，如图 2-20 所示，计算的顺序完全模仿真实的工艺装置中物流流动的顺序。

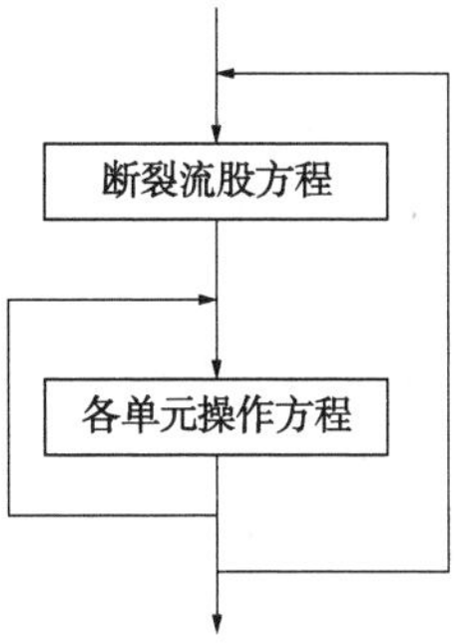

图 2-20　序贯模块法流程示意框图

设计规定可以简单表示为

$$C(\overline{X}, \overline{Y})=0$$

式中　$\overline{X}$——可调的自变量；

$\overline{Y}$——设计规定约束。

因此带有设计规定约束的过程模拟，需要求解的方程组为

$$\begin{cases} H(\overline{X}, \overline{Y})=0 \\ C(\overline{X}, \overline{Y})=0 \\ G(\overline{X}, \overline{Y})=0 \end{cases}$$

式中　H——流程方程组；

C——设计规定约束方程组；

G——代表可调节变量边界条件的不等式方程组。

所谓边界是指装置操作所允许的范围，对于任何一个设计规定的有效解，其对应的可调变量值应在所规定的边界范围之内。通常序贯模块法在求解带设计规定约束的流程模拟问题时，一般引入一个反馈控制回路，即对断裂流股迭代一次，此反馈控制回路都要求解设计规定约束，其计算顺序见图 2-21。

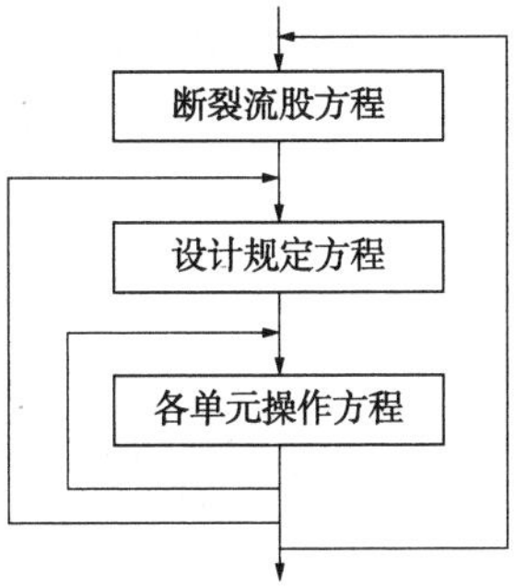

图 2-21　带有设计规定的流程模拟

（2）联立方程法：联立方程法（Equation-oriented Approaches）就是把所有描述流程的方

程(包括设计规定方程)统统收集起来，构成一个庞大的非线性代数方程组，进行一次求解，数学上这个问题可表示为：

$$F(\overline{X},\ \overline{U})=0 \tag{2-18}$$

式中 $\overline{X}$——状态(因变)变量；

$\overline{U}$——状态独立变量。

独立变量 $\overline{X}$ 通常包括所有的模块参数和进料流股变量。状态变量 $\overline{U}$ 应包括所有的中间流股变量、产物流股变量、结果变量及内部变量。这种方法的优点是一旦形成非线性方程组，解算速度快，不必反复迭代；设计规定方程和流程描述方程处于同等地位，所以计算也不麻烦；最优计算时也不必另加收敛迭代圈，自然形成优化形式，但是，这种方法的通用化十分困难，因为要给定较好的初值，否则大型非线性代数方程组不能保证有解；一旦出错就很难找到错误所在；而且以往累积的大量通用单元操作模块难以继承下来。

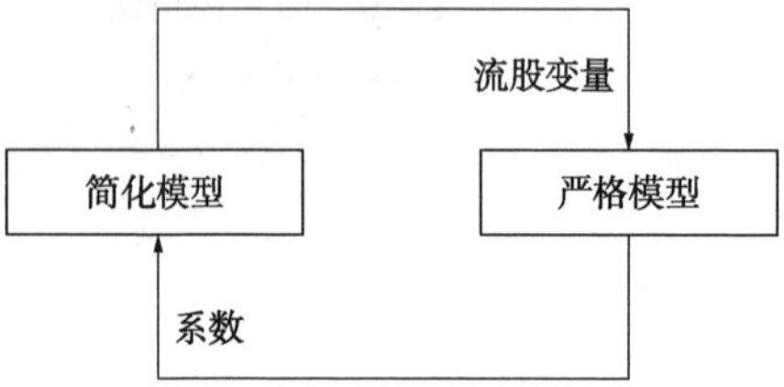

图 2-22 联立模块法示意图

(3) 联立模块法：考虑到联立方程法和序贯模块法各有优缺点，所以人们就试图把上述两种类型的方法的优点结合起来，于是出现了“联立模块法”(Two-tiered Simultaneous Modular Approach)，如图 2-22 所示。这种方法同时使用两类模型：严格模型及简化模型。严格模型就是序贯模块法中所用的单元操作模型。这时被用来得到输入输出结果，以确定简化模型中的系数。而简化模型往往是线性方程组，可以用联立方程法一次求解。这样解得的流股变量再代入严格模型中去计算输入输出结果，重新扰动一下，再修正前一次的系数，直到吻合收敛为止。这种方法在很大程度上避免了联立方程法和序贯模块法的缺点而保留了其优点，比较容易实现通用化，是下一代新模拟系统的主要发展方向。

分析以上的三种流程模拟方法，虽然联立方程法和联立模块法理论上有很高的效率，但目前只有序贯模块法实现了通用化，并开发出工业实用的模拟软件系统，如 Flowtran、Process、Concept、Capes、Aspen Plus 等，并且序贯模块法已得到工业界越来越多的承认，而且实践证明具有较高的可靠性。

4. 石油化工流程模拟技术应用

流程模拟技术在科研和生产中的作用可以概括为以下几个方面。

(1) 在科研开发中的作用：用流程模拟系统进行小试之后中试之前的概念设计，可以全面地研究各种工艺流程方案的可行性及其经济评价，对中间实验装置的设计和操作具有重要指导作用。例如英国 ICI 公司在研究对二甲苯制对苯二甲酸工艺过程时，原先二甲苯在氧化反应器中氧化后，产品蒸汽应接着冷凝下来并发生蒸汽，再用这股蒸汽加热精馏塔，以分离溶剂和水。但用 Flowpack 流程模拟系统进行流程模拟之后，发现反应器气体直接送入精馏塔是完全可行的，可以消去中间冷却器及发生蒸汽的步骤，后来这一发现被中间实验结果证实。

（2）在新设计过程中的应用：美国 ARCO 化学公司用 Aspen Plus 流程模拟系统对一个新设计的日产 2000t 甲醇工厂，在不同的操作条件下作出性能评价。这种模拟包括对不同原料条件、不同催化剂老化条件和不同设备结构条件进行整体性能预测，并找出相应的优化操作方式。

（3）在节能中的应用：能源的涨价迫使设备和操作的效率要不断提高，以减少能量消耗。Linnhoff 证明，用“夹点技术”对一般化工装置能量回收系统进行分析，可以实现节能 20%~30%，而所需要的改造投资可以在半年至一年内收回。

（4）优化装置操作条件：除上述几个方面外，流程模拟在寻找装置“瓶颈”，指导装置开工等方面都能起到重要的作用。如目前非常流行的计算机仿真培训就是流程模拟系统技术应用在生产中的成果之一。近几年来已在美国、日本、德国、西欧等国家和我国许多大型石化企业广泛普及，运用流程模拟技术制作仿真软件来培训操作人员具有许多优点：可以为操作人员提供逼真度很高的直接动手操作机会；可以训练现场不可能进行的事故处理操作；可以在数周内得到几年的操作经验；是一种效率高、节能、无须消耗原料、没有任何风险的先进培训方式。运用这种方法除了进行装置的开车、停车、事故处理训练和上岗前技术资格考核外，经改进还能用于新装置开工方案论证、事故分析、工艺及自控设计方案的可行性分析及操作优化等方面。对工艺复杂、高度自动控制的现代化大型工程，采用仿真培训系统对提高操作人员的素质是非常必要的，特别在装置首次试车时，开车前运用仿真培训系统进行技术培训有更重大的意义。

5. Aspen Plus 流程模拟软件简介

Aspen Plus 是大型通用流程模拟软件系统，起源于美国能源部在 20 世纪 70 年代后期在麻省理工学院 MIT 组织的研究项目，这个项目称为先进过程控制工程系统（Advanced System for Process Engineering），简称 Aspen。项目要求开发新型第三代流程模拟软件，这一大型项目于 1981 年年底完成。这套软件采用严格和最新的计算方法，计算模式为序贯模块法，可以进行单元和全过程的模拟计算，对某些单元操作既可以进行简捷计算也可以进行严格计算。软件可以用于新建、改建装置的设计计算，也可以用于装置的优化操作核算。这套软件系统功能齐全、规模庞大，有庞大的模型库，多达 80 余种的物性计算，系统本身自带 Aspen CD-Aspen Thch 公司开发的物性数据库和美国化工协会物性数据设计院设计的数据库 DIPPR。另外软件系统内部有各种内置模板，使得该软件可用于化工、炼油、石油化工、气体加工处理、空气分离、煤炭、医药、冶金、食品及特种化工等各种工业领域。

Aspen Plus 在其数据库里备有工业上适用的完备的物性系统，很多公司为了使其物性计算方法标准化而使用了 Aspen Plus 的物性系统，并与其自身的工程计算软件相结合。Aspen Plus 的物性系统包括一套完整的基于状态方程和活度系数方法的物性模型，有 5000 多种化合物的物性数据库，此外，它还包括下列各种数据库：电解质水溶液数据库、固体数据库、Henry 常数库、二元交互作用参数库、PURE10 数据库、无机物数据库、燃烧数据库和 DECHEMA 数据库。DECHEMA 数据库收集了世界上最完备的气液平衡模型和气液平衡数据，共计有 250000 多套数据。Aspen Plus 是唯一获准与 DECHEMA 数据库接口的软件。另外，Aspen Plus 中高度灵活的数据回归系统(DRS)，可使用实验数据求取物性参数，回归实际应用中各种类型的数据，计算任何模型参数，包括用户自编的模型，它的性质常数估算系统(PCES)能够通过输入分子结构和易测性质(例如沸点)来估算短缺的物性参数。

Aspen Plus 有一套完整的单元操作模型，有 50 多种严格模型组成的模型库，包括复杂精馏塔的 Multifrac；严格逐板模拟精馏、吸收、萃取精馏等塔的 Radfrac；各种反应器模型，可以模拟各种操作过程，包括由单个精馏塔的模拟计算到烯烃厂流程的模拟。Aspen Plus 系统采用了先进的 Plex 数据结构，对于组分数、进出口物流数、塔的理论塔板数以及反应数目均无限制。另外，用户可以将自身的专用单元操作模型以用户模型(User Model)加入 Aspen Plus 系统之中，从而提供了方便性和灵活性。

Aspen Plus 作用相当于一个中央处理器，一系列的输入条件经过其整理计算后再输出结果。图 2-23 说明了 Aspen Plus 信息的输入和输出情况。

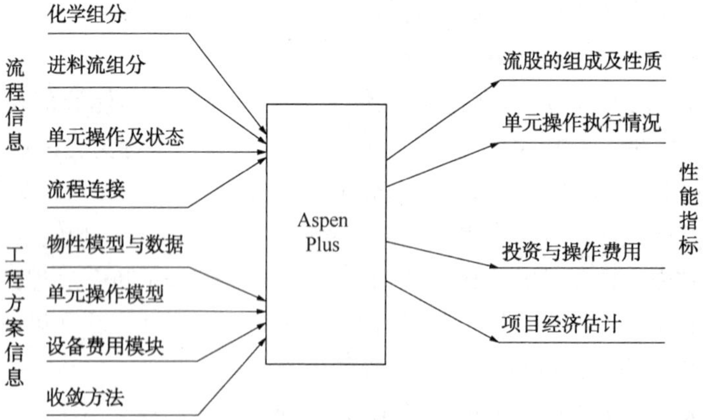

图 2-23　Aspen Plus 信息输入输出图

6. Pro-Ⅱ流程模拟软件简介

Pro-Ⅱ是美国 SimSCi-Esscor 公司开发的化工流程模拟软件，是石油化工业最全面的计算机流程模拟程序，由于实行严格的质量和能量平衡及相平衡，被广泛地应用在油/气加工、炼油、化工、化学、工程和建筑、聚合物、精细化工/制药等行业，主要用来模拟设计新工艺、评估改变的装置配置、改进现有装置、依据环境规则进行评估和证明、消除装置工艺瓶颈、优化和改进装置处理量和提高经济效益等。

该软件的开发思路主要针对炼油化工行业，SIMSCI 的计算模型已成为国际标准，实用性强，优势明显；拥有大量的实用事例，使用更加方便、容易；Pro-Ⅱ标准的 ODBC 通道，轻松实现与换热器计算软件等其他大型计算软件数据交换，另外还可与 Word、Excel、数据库软件相连，计算结果可以多种形式输出。

Pro-Ⅱ拥有完善的物性数据库、强大的热力学物性计算系统，以及 40 多种单元操作模块。它可以用于流程的稳态模拟、物性计算、设备设计、费用估算/经济评价、环保评测以及其他计算。现已可以模拟整个生产厂，从包括管道、阀门到复杂的反应与分离过程在内的几乎所有装置和流程，并在油气加工、炼油、化学、化工、聚合物、精细化工和制药等行业得到了广泛应用。

2.3.2 石油蒸馏负荷转移技术模拟与分析

为了对某炼油厂常减压装置进行扩能改造，原油处理能力由原来 300 万吨/年改造到 600 万吨/年。为节省投资和缩短改造周期，装置改造采用四级蒸馏的新工艺——负荷转移技术。开工后操作未达到最优状态，操作中发现塔盘液层偏厚、塔压偏大，塔的气液相负荷，尤其是常二中换热塔板附近液相负荷超过了实际操作能力；另外发现常顶油干点 193℃，高于工艺控制指标(155~175℃)。由于加工原油品种的变化迫使炼油厂的生产在不同性质原油之间切换，以及不同性质的原油所对应的操作状况不同，从而使操作很难处于一种比较理想的状况下，这就使常减压蒸馏优化稳定操作的研究显得尤为重要。

1. 模拟计算方法

采用 Aspen Plus 软件开发流程模型的步骤为：①明确模拟的过程流程及模拟目的；②选择输入数据和输出报告的计算单位；③规定在流程股中将出现的化学组分；④规定计算物性所用的方法和模型；⑤将过程流程分成单元操作模块，再为每一模块选用合适的模型；⑥确定流程进料流股；⑦规定每一单元模块的性能，以表示过程的设计条件及操作条件；⑧提出设计规定；⑨设置灵敏度分析或工况研究。

1）塔模块的选取

常减压蒸馏装置主要设备是初馏塔、常压塔、一级减压塔、二级减压塔，做好 4 个塔的计算是模拟计算的关键。Aspen Plus 提供了多种类型单元操作模块，其中 PetroFrac 模块是一种用于炼油工业复杂组分气-液分馏的严格模型，适用于预闪蒸塔、常压塔及减压塔等。它能模拟由一个主塔带任何数目的中段回流和侧线汽提塔所组成的结构，主塔可以有任何数目的进料。由于 Aspen Plus 系统采用了先进的 PLEX 数据结构，对于组分数、进出口物流数、塔的理论塔板数以及反应数目均无限制。

（1）PetroFrac 模型塔的联结度：主塔可以由任意多股进料，但是每一级最多只能有三股产品物流（一股气相、一股石油液相和一股水）。汽提塔只有一个进料流股可选，但是必须有一个塔底液相产品出料流股，而且塔底液相物料可以部分地返回主塔。进料加热炉可以有任意多的进料物流，并且从加热炉出来的气相和液相均进入连接加热炉的主塔的进料板上。

（2）进料流股的处理：PetroFrac 提供了以下三种进料方式。

① 塔板之上进料：塔板之上进料方式是进料物料注入相邻的两块塔板，液相流向设定的第 n 块塔板，气相流向上面的第 $n-1$ 块塔板，塔顶（或冷凝器）液相进料则进料板设为 1，塔底（或再沸器）气相进料则进料板设为塔板数+1。

② 塔板进料：进料物流的气相和液相一起注入设定的第 n 块进料板。

③ 加热炉进料：进料物流进入与设定的第 n 块进料板相连的加热炉。本文选择加热炉进料方式。

（3）汽提塔的模拟计算：PetroFrac 的汽提塔汽提方式有两种选择：①蒸汽汽提；②再沸器。蒸汽汽提则必须给定蒸汽量，对再沸器必须给定再沸器热负荷。本文模拟采用蒸汽汽提。

PetroFrac 假设：主塔的液相采出进入汽提塔的顶部；汽提塔的塔顶馏出物返回主塔。因此必须给定从主塔采出和返回主塔的塔板位置。

（4）收敛性：为了使得收敛稳定，PetroFrac 使用了内外法和流率加和法变体，并为石油炼油过程设计了专门的初始化程序。因此 PetroFrac 通常不需要给定初始估计值。

2）物性集的选取

物性集是 Aspen Plus 用于计算热力学性质和传递性质的方法的集合。选取适当的计算方法是流程模拟计算结果准确程度的关键，Aspen Plus 的液相逸度和 K 值模型提供了 BK10、CHAO-SEADER、GRAYSON/GRAYSON2 和 MXBONNEL 四种方法计算石油混合物的性质，BK10 法通常用于真空或者低压状态，CHAO-SEADER 和 GRAYSON 法用于高压状态，GRAYSON 法是在富氢体系中应用范围最广的方法，MXBONNEL 适用乙烯过程等轻烃的混合物体系。通过对四种方法的计算比较，BK10 不仅能得到很好的模拟结果，而且它比更复杂的 CHAO-SEADER，GRAYSON 法计算速度更快，所以本模拟计算采用 BK10 法。

Aspen Plus 热力学模型库中的 BK-10 关联式，就是从真实组分和石油馏分的 K10 图开发而来的，真实组分包括 70 种烃和轻烃气体，它适用于沸程范围 177～427℃的石油馏分。本模拟选用 BK10 方法。

3）计算过程简述

Aspen Plus 计算软件的作用相当于一个中央处理器，一系列的输入条件经过其整理计算后再输出结果。模拟时首先要根据生产实际建立装置的机理模型，图 2-24 为根据实际流程建立的常压塔的机理模型。输入相关的流程方面的信息，如化学组分、进料流组分、单元操作(如压力分布、进料性质等)及状态、产品质量要求以及塔的理论塔板数等方面的信息；工程方案信息需要输入物性模型与数据、单元操作模型、热力学计算方法等方面的信息。最后经过计算后得出物料流股组成及性质、每个塔板的压力、温度及气液相负荷分布、产品质量及各产品抽出温度等信息。在此基础上分析影响操作的关键因素，并进行操作条件的优化。

4）石油蒸馏装置四塔工艺流程

石油蒸馏四塔蒸馏新工艺——负荷转移技术，是在原有的常减压蒸馏流程的基础上，通过新增一级减压炉和一级减压塔，前后分别转移部分常压负荷和减压负荷至一级减压塔，即采用初馏塔—常压炉—常压塔——级减压炉——级减压塔—二级减压炉—二级减压塔的新工艺，从而实现蒸馏装置扩能的目的。新增的加热炉和蒸馏塔分别称为浅减压炉和浅减压塔，该系统称为“浅减压系统”。原减压塔称为“深减压塔”。其原则流程图见图 2-24。

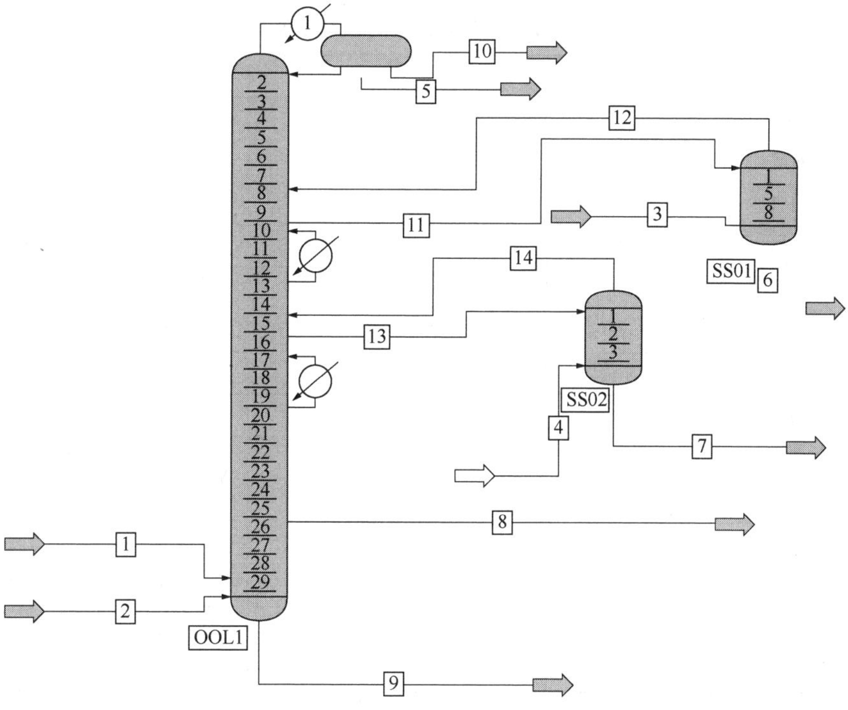

图 2-24　常压塔的机理模型

1—进料；2—汽提蒸汽；3—常一线汽提蒸汽；4—常二线汽提蒸汽；5—常顶石脑油；6—常一线；7—常二线；8—常三线；9—常底油；10—塔顶馏出水；11—常一线汽提塔顶回流入流；12—常一线汽提塔顶回流出流；13—常二线汽提塔顶回流入流；14—常二线汽提塔顶回流出流

2. 负荷转移技术模拟与分析

本模拟所选用的原料与标定、设计的原油是中质低硫石蜡基原油，原油密度为859.0kg/m^3，特性因数 K 为12.20，实沸点(True Boiling Point，TBP)数据如表2-5所示。

表2-5 原油实沸点蒸馏数据

温度/℃	100	130	180	200	230	275	300
收率(质量分数)/%	5.72	9.42	15.97	18.33	22.71	30.56	34.39
温度/℃	330	395	440	480	500	530	—
收率(质量分数)/%	39.98	49.13	57.06	64.43	67.45	72.46	—

1) 模拟计算结果与标定值的比较

(1) 物料平衡的比较：装置总物料衡算见表2-6，从表中可见，模拟计算后的各塔物料抽出的计算值和标定值基本相等，但计算轻油收率45.1%和实际轻油收率45.0%均比设计值46.5%偏低，计算总拔出率74.9%和实际总拔出率75.5%又比设计值72.7%偏高，可见目前操作没有达到设计值，因此需要对四塔的操作条件进行模拟分析，并重新对各塔负荷进行分配。

表2-6 四塔物料衡算的比较

项　　目	单位	设计值	标定值	计算值	偏差/%
原油	t/h	750	720	720	0
初顶石脑油	t/h	52	49	46	6.1
常顶石脑油	t/h	55	58	60	-3.4
常一线	t/h	70	50	50	0
常二线	t/h	32	55	55	0
常三线	t/h	38	10	10	0
一级减一线	t/h	47	23	23	0
一级减二线	t/h	55	78	81	-3.8
一级减三线	t/h	60	86	86	0
二级减一线	t/h	39	44	42	4.5
二级减二线	t/h	84	82	81	1.2
洗涤油	t/h	13	6	5.5	8.3
轻油收率	%	46.5	45.0	45.1	—
总拔出率	%	72.7	75.5	74.9	—

注：偏差=(标定值-计算值)/标定值。

操作条件比较：四塔操作条件比较见表2-7~表2-10，从表中可见，初馏塔、常压塔、一级减压塔和二级减压塔的各塔顶温度和塔顶压力以及各塔侧线温度、中段回流温度的模拟计算的结果与实际标定值基本接近，误差在10%以内。只有常压塔顶温度和常压塔顶压力与实际操作条件差别较大。主要是实际操作中，常压塔顶气很少，压力接近负压，靠初顶气导入来平衡压力，从而造成塔顶压力和温度波动大，但并不影响用此机理模型模拟装置对整个工艺操作条件进行分析。

表 2-7　初馏塔操作条件的比较

项　　目	单位	设计值	标定值	计算值	偏差%
初馏塔顶温度	℃	130	121	131	8.3
初馏塔顶压力	kPa	200.0	210.0	210.0	0
初馏塔底温度	℃	184	194	195	-0.5
初馏塔底压力	kPa	220.0	235.0	235.0	0
初馏塔顶冷却器温度	℃	40	35	35	0
初馏塔顶冷却器压力	kPa	160.0	120.0	120.0	0

注：偏差=(标定值-计算值)/标定值。

表 2-8　常压塔操作条件的比较

项　　目	单位	设计值	标定值	计算值	偏差/%
常压塔顶温度	℃	153	138	155	>10
常压塔顶压力	kPa	200.0	170.0	170.0	0
常压塔底温度	℃	331	324	334	-3.1
常压塔底压力	kPa	230.0	232.0	232.0	0
常压炉出口温度	℃	315	340	340	0
常一线抽出温度	℃	205	194	200	-3.1
常二线抽出温度	℃	249	252	250	0.8
常三线抽出温度	℃	279	308	310	-0.6
常一中抽出温度	℃	228	224	228	-1.8
常一中返塔温度	℃	158	136	136	0
常二中抽出温度	℃	263	274	282	-2.9
常二中返塔温度	℃	188	186	186	0
常一中流量	t/h	135	142	140	1.4
常二中流量	t/h	150	150	150	0
常压塔顶冷却器温度	℃	36	36	36	0
常压塔顶冷却器压力	kPa	160.0	50.0	160.0	>10

注：1. 偏差=(标定值-计算值)/标定值。

2. 常压塔顶冷却器压力接近负压。

表 2-9　一级减压塔操作条件的比较

项　　目	单位	设计值	标定值	计算值	偏差/%
一级减压塔顶温度	℃	65	83	83	0
一级减压塔顶真空度	kPa	88	84.2	85.3	-1.3
一级减压塔底压力	kPa	14.4	21.5	22	-2.3
一级减压塔底温度	℃	343	336	347	-3.3
一级减压塔进料真空度	kPa	86.9	79.7	87.3	-9.5
一级减压炉出口温度	℃	350	342	347	-1.5
一级减一线抽出温度	℃	147	142	154	-8.5
一级减二线抽出温度	℃	233	209	214	-2.4
一级减三线抽出温度	℃	292	282	309	-9.6
一级减顶循环回流温度	℃	55	55	55	0
一级减一中返塔温度	℃	173	150	150	0
一级减二中返塔温度	℃	212	220	220	0
一级减顶循环回流量	t/h	95	135	123	8.9
一级减一中流量	t/h	168	155	145	6.5
一级减二中流量	t/h	189	175	165	5.7

注：偏差=(标定值-计算值)/标定值。

表 2-10　二级减压塔操作条件的比较

项　　目	单位	设计值	标定值	计算值	偏差/%
二级减压塔顶温度	℃	75	71	76	-7.0
二级减压塔顶真空度	kPa	98.0	98.9	98.2	0.7
二级减压塔底压力	kPa	4.4	3.2	3.4	-6.3
二级减压塔底温度	℃	364	375	372	0.8
二级减压塔进料真空度	kPa	96.9	97.6	97.5	0.1
二级减压炉出口温度	℃	380	374	380	-1.6
二级减一线抽出温度	℃	190	242	250	-3.3
二级减二线抽出温度	℃	321	317	324	-2.2
洗涤油抽出温度	℃	370	350	377	-7.7
二级减顶循环回流温度	℃	65	62	62	0
二级减一中返塔温度	℃	229	223	223	0
二级减顶循环回流量	t/h	70	65	65	0
二级减一中流量	t/h	181	83	83	0

注：偏差=(标定值-计算值)/标定值。

（2）产品质量的比较：四塔产品质量比较见表2-11~表2-14，从表中可见，产品质量的计算值与标定值之间存在误差。产品质量的差异是因为在实际加工过程中，整个标定时间紧，操作调整的时间短，操作调整的时间也算在标定时间里，使质量分析数据不能完全准确反映装置的实际操作水平，另外也有分析、采样、计量表有误差等多种原因造成产品质量的差异。虽然有个别馏出点，例如初顶的初馏点与实际标定值差别较大，其他产品质量的馏出点尤其是产品质量的关键控制点计算值基本都与标定值吻合，为后面的优化提供了很好的分析依据。

表2-11　初馏塔产品质量的比较

ASTM D86(Liquid Volume)		HK/℃	10%/℃	50%/℃	90%/℃	95%/℃	KK/℃
初顶	设计值	-10.6	24.1	97.4	142.3	156.8	176.0
	标定值	21.0	52.0	100.0	161.0	—	175.0
	计算值	-35.0	19.0	104.0	145.0	160.0	176.0

表2-12　常压塔产品质量的比较

ASTM D86(Liuquid Volume)			HK/℃	10%/℃	50%/℃	90%/℃	95%/℃	KK/℃
常压塔	常顶	设计值	23.9	95.3	128.5	158.2	168.2	178.2
		标定值	32.0	76.0	112.0	152.0	—	193.0
		计算值	30.0	100.0	134.0	166.1	178.0	190.0
	常一线	设计值	143.0	184.6	221.1	240.7	246.8	259.3
		标定值	142.0	162.0	190.0	235.0	—	278.0
		计算值	140.0	184.0	211.0	234.0	246.0	259.0
	常二线	设计值	176.3	234.3	261.8	285.0	290.1	301.3
		标定值	194.0	222.0	255.0	290.0	300.0	310.0
		计算值	176.0	232.0	258.0	285.0	296.0	306.0
	常三线	设计值	212.3	277.2	315.2	343.5	365.0	398.6
		标定值	170.0	266.0	316.0	339.0	345.0	—
		计算值	165.0	263.0	316.0	333.0	358.0	384.0

表2-13　一级减压塔产品质量的比较

ASTM D86(Liuquid Volume)			HK/℃	10%/℃	50%/℃	90%/℃	95%/℃	KK/℃
一级减压塔	减一线	设计值	210.4	229.9	270.4	314.4	327.4	340.4
		标定值	166.0	202.0	270.0	284.0	298.0	—
		计算值	172.0	219.0	288.0	325.0	343.0	362.0
	减二线	设计值	258.1	301.9	325.4	352.0	368.0	384.0
		标定值	248.0	278.0	306.0	343.0	353.0	—
		计算值	232.0	272.0	317.0	337.0	354.0	372.0
	减三线	设计值	270.8	348.4	425.2	482.1	506.1	553.9
		标定值	—	340.0	389.0	430.0	—	461.0
		计算值	301.0	350.0	412.0	456.0	479.0	502.0

表 2-14　二级减压塔产品质量的比较

ASTM D86(Liuquid Volume)			HK/℃	10%/℃	50%/℃	90%/℃	95%/℃	KK/℃
二级减压塔	减一线	设计值	309.9	372.3	431.9	472.2	485.3	515.1
		标定值	—	361.0	412.0	452.0	—	480.0
		计算值	327.0	373.0	426.0	503.0	528.0	552.0
	减二线	设计值	399.5	435.1	484.5	535.8	553.8	577.6
		标定值	—	427.0	469.0	516.0	—	539.0
		计算值	413.0	434.0	469.0	520.0	543.0	566.0
	减三线	设计值	—	—	—	—	—	—
		标定值	—	—	—	—	—	—
		计算值	444.0	496.0	565.0	696.0	721.0	746.0

从表 2-11～表 2-14 可见，装置初顶汽油的产品质量 ASTM D86 干点馏出温度的计算值 176℃ 比控制指标 155～175℃ 略高，标定值 175℃ 正好是控制指标的上限；常顶汽油的产品质量 ASTM D86 干点馏出温度的计算值 190℃ 和标定值 193℃ 均远远高于控制指标 155～175℃；常二线的产品质量 ASTM D86 50%馏出温度的计算值 258℃ 和标定值 255℃ 均在控制指标 250～260℃ 以内；常三线的产品质量 ASTM D86 95%馏出温度的计算值 358℃ 和标定值 345℃ 均达到控制指标 95%≯375℃，但馏出温度偏低，可见常压塔没有达到应有的拔出率，需要进一步优化提高拔出率；一级减二线 ASTM D86 95%馏出温度的计算值 354℃ 和标定值 353℃ 均低于控制指标 355～365℃，可见常压塔拔出率不够，影响到一级减压塔产品质量，从而影响整个装置的轻油收率。一级减三线馏出的 350℃ 前体积比含量大于 10%，偏高，最好小于 5%，否则轻油收率偏低。

从以上数据分析看出：目前的操作没有达到理想值，常压塔有部分柴油没有拔出，造成一级减压塔负荷偏大，从而影响装置的轻油收率和加工量，因此需要进一步研究负荷转移技术的操作关键技术，从而提高装置轻油收率，降低能耗。

根据以上分析，为提高轻油收率，装置将一级减二线控制指标由(355～365℃)/95%提高到(365～375℃)/95%。

(3) 四塔负荷分配的比较：装置四塔负荷分配的比较见表 2-15，从表中可见，初馏塔拔出率标定值 6.8%和计算值 6.4%均未达到设计值 6.9%，这与初馏塔操作压力和进料温度的调整有关；常压塔拔出率标定值 24.1%和计算值 24.3%均未达到设计值 25.9%，常压炉出口温度标定值和计算值均为 340℃，比设计值高 25℃，常压塔还有优化的潜力；一级减压塔拔出率标定值 26.1%和计算值 26.4%均比设计值 21.6%高，一级减压炉出口温度标定值 343℃ 和计算值 346℃ 均比设计值 350℃ 低；二级减压塔拔出率标定值 18.4%比设计值 18.1%高，但计算值 17.8%比设计值 18.1%低，而且二级减压炉出口温度标定值 374℃ 和计算值

369℃均比设计值380℃低。

通过对装置四塔负荷分配数据的分析认为：目前四塔的负荷分配没有达到最优，尤其是常压塔操作条件没有达到最佳值，影响到后面一级减压塔和二级减压塔的操作，造成轻油拔出率未达到理想值，影响装置的加工量和能耗。优化装置的主要瓶颈在常压塔，常压塔操作弹性不够，同时也发现常压塔与一级减压塔的关联操作在整个操作中也起很重要的作用。

表 2-15　四塔的设计值、标定值和计算值拔出率比较

项　目	初馏塔			常压塔		
	设计值	标定值	计算值	设计值	标定值	计算值
炉出口温度/℃	—	—	—	315	340	340
拔出率/%	6.9	6.8	6.4	25.9	24.1	24.3
项　目	一级减压塔			二级减压塔		
	设计值	标定值	计算值	设计值	标定值	计算值
炉出口温度/℃	350	343	346	380	374	369
拔出率/%	21.6	26.1	26.4	18.1	18.4	17.8

Aspen Plus 所建立的模型是以气液平衡作为计算的理论基础，但是在实际的生产装置中，气液两相的传质并不一定能够达到平衡，而且不同的塔负荷状态下传质的效果各不相同，所以单元过程的数学模型不可能绝对精确；况且流程模拟系统所模拟的毕竟是静态过程，而装置实际生产即使在操作平稳的情况下，也是各种条件小范围波动的动态过程。所以模拟计算结果必然存在一定的偏差。

按实际操作条件对常减压装置进行模拟，通过模拟计算结果与标定结果的比较，误差在10%以内，所以可以用此模型对实际装置的操作条件进行分析，找出负荷转移技术操作的关键因素，并在此基础上对操作条件进行优化，达到降低能耗、提高收率、平稳生产的作用。

从分析可以看出，常压塔以及常压塔与一级减压塔的关联操作在整个负荷转移技术的操作中起着相当重要的作用，因此首先对常压塔的操作条件进行分析，以找出常压塔的最佳操作点，在此基础上，再通过常压塔与一级减压塔的关联操作进一步优化不同加工量和不同原料性质的操作条件，达到降低能耗的目的。

2）石油蒸馏负荷转移技术优化与分析

（1）常压炉出口温度影响分析：常压炉出口温度对产品质量、气液相负荷、塔顶温度和塔顶回流比的影响。

（2）常压塔中段循环回流的影响分析：常一中流量变化的影响；常二中流量变化的影响因素分析。

（3）用 Aspen Plus 软件模拟优化常压塔：优化后常压塔物料衡算、常压塔操作条件、常压塔温度、压力、气液相负荷分布和产品质量。

（4）常压塔及与一级减压塔的关联操作的优化与分析：在改造后的四级蒸馏工艺中，因一级减压塔的设计负荷较大，在负荷转移操作调整时，将常压塔的负荷和二级减压塔的负荷向一级减压塔转移，而负荷转移只能转移较重的柴油和蜡油组分，汽油和轻柴油（小于 230℃前的组分油）不能实现转移，因此常压塔的加工负荷以及与一级减压塔之间的关联操作在加工过程中起着相当重要的作用。

（5）加工负荷的分析。

（6）加热炉出口温度的确定。

综合考虑以上各因素，得出以下结论：

（1）通过灵敏度分析，从处理量与最大液泛因子的关系表以及操作稳定角度考虑，认为此套常减压装置加工原油的最大加工负荷应控制在 720t/h 以下。

（2）通过模拟计算分析，在不影响常压塔拔出率的情况下，当常压塔拔出率控制在 25.9%，常压炉出口温度可以降低到 336℃，而且不会影响产品质量。如果再适当降低常二中的抽出量和常压塔拔出率，炉温可再降低，但需要考虑降低常压塔拔出率后的一级减压塔的冷却负荷。

（3）一级减压塔顶温度随常压塔炉出口温度的增加而减小，常压炉出口温度控制在 336℃时的一级减压塔顶温度为 84℃，如果提高减顶循环、减一中和减二中抽出量情况下，可以进一步降低减压塔顶温度和常压炉出口温度，但会造成一级减二线 95%馏出质量不合格。由此可见，常压塔炉温最低可控制到 336℃。

（4）从负荷转移技术整个操作来看，适当提高常压炉温，使它比设计值 315℃高 21℃，对加工原油的整个工艺的能耗降低和提高拔出率是有利的；经过优化，将常压炉温控制在 336℃，不但不会影响拔出率，反而使四塔的拔出率更为合理，常压塔的拔出率达到 25.9%，高于实际拔出率 22.4%，达到设计值。从而有利于降低减压塔的炉温，对降低能耗是有利的。

2.3.3 石油蒸馏不同原油掺炼的模拟与分析

1. 不同原油掺炼的石油蒸馏过程

原油的合理掺炼不仅可以提高拔出率，还可以减轻对装置的腐蚀，延长开工周期；使常压和减压装置负荷均衡，提高处理量；改善产品质量；降低能耗。因此，原油的最佳掺炼比应考虑以上诸方面，是一个整体的优化。

原油掺炼试验有许多方法可以选择，如气相色谱法模拟蒸馏、实沸点蒸馏和平衡汽化等。实沸点蒸馏与常减压装置情况类似，但需要的时间长；模拟蒸馏时间短、重复性好，但轻油部分与实沸点蒸馏有误差，总拔出率基本相近；平衡汽化用两级平衡闪蒸模拟常压塔和减压塔的进料段，与装置实际也较吻合。几种方法各有利弊，在实际试验中，一般利用模拟蒸馏简便、及时的优点，先进行多个原油品种掺炼的初步筛选试验，再用实沸点蒸馏或平衡汽化的方法选择最佳掺炼比例。随着计算机应用的快速发展，使开发具有实用性、多功能的精馏塔操作模拟系统有了现实的可行性。利用计算机进行模拟，不仅可以在原油加工之前得到模拟结果，而且也可以优化装置操作条件，评价装置操作状况。

最佳掺炼比的概念主要来源于苏联学者休涅夫的“复杂结构单元”理论。传统的观念把石油看成相对分子质量大小不等、化学结构不同的烃类和非烃类化合物，以分子游离形态存在，形成均一溶液。休涅夫认为，由于分子间存在范德瓦尔斯力，石油中的胶质、沥青质和稠环芳烃等分子化合物会相互缔合形成分子集团，即“超分子结构”。由于超分子结构表面的分子有过剩的能量，会形成附加的引力场，使石油中一些相对分子质量较低、芳烃化程度较低的烃类吸附或溶解在超分子结构的周围，形成以超分子结构为核心、以吸附层或溶剂化层为外壳的复杂结构单元。在石油蒸馏过程中，被吸附的这部分烃类难以转入气相，从而使拔出率降低。通过改变外部因素，如与其他原油混合掺炼，加入相对分子质量较低、芳烃含量较高的油品或其他添加剂强化蒸馏，可以改变原来石油的聚集状态，从而调整或控制烃类在石油分散系中的分配，达到提高蒸馏拔出率的目的。

采用 Aspen Plus 软件对某炼油厂常减压蒸馏装置进行模拟，首先根据实际操作值验证所建立机理模型的可靠性，然后对不同掺炼比下的影响因素进行分析。本模拟所选用的原料为大庆原油和俄罗斯原油。大庆原油是低硫石蜡基原油，原油密度为 861.9kg/m^3，特性因数 K 为 12.50，实沸点数据如表 2-16 所示。俄罗斯原油是含硫中间基原油，原油密度为 836.7kg/m^3，实沸点数据如表 2-17 所示。模拟所掺炼的俄罗斯原油比例为 26%，加工量为 352500kg/h，掺炼后原油的实沸点蒸馏曲线见图 2-25。

表 2-16　大庆原油实沸点蒸馏数据

温度/℃	100	150	175	200	250	275	300
收率(质量分数)/%	3.07	6.35	8.49	10.63	16.55	19.90	23.45
温度/℃	350	375	425	450	475	500	—
收率(质量分数)/%	31.48	36.44	40.55	47.14	53.07	53.07	—

表 2-17　俄罗斯原油实沸点蒸馏数据

温度/℃	100	130	180	200	230	275	300
收率(质量分数)/%	12.39	18.49	27.55	30.35	36.21	44.49	48.93
温度/℃	350	370	425	475	500	530	—
收率(质量分数)/%	58.73	62.03	70.69	78.14	82.03	85.37	—

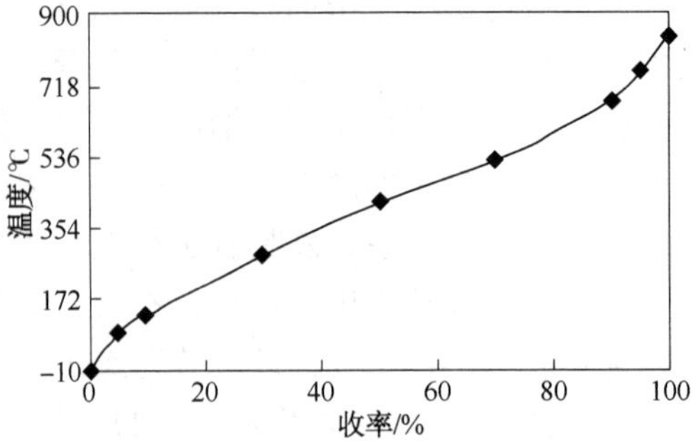

图 2-25　掺炼后原油实沸点蒸馏曲线

2. 模拟计算结果与实际值的比较

1）物料平衡的比较

装置总物料衡算见表 2-18，从表中可见，模拟计算后的各塔物料抽出的计算值和操作值基本相等，常顶比操作值偏高，常一线拔出比操作值偏低，主要与原油中的俄罗斯原油比例变化和掺炼不均有关。轻油收率和总拔出率与实际值均比较接近。

表 2-18　物料衡算的比较

项　　目	单位	操作值	计算值	偏差/%
原油	kg/h	352500	352500	0
初顶石脑油	kg/h	20600	20226	1. 8
常顶石脑油	kg/h	15800	16722	-5. 8
常一线油	kg/h	17600	16500	6. 3
常二线油	kg/h	47000	47000	0
常三线油	kg/h	26000	26000	0
减一线	kg/h	18500	19000	-2. 7
减二线	kg/h	50500	50500	0
减三线	kg/h	44750	44750	0
轻油收率	%	41. 28	41. 26	—
总拔出率	%	68. 30	68. 28	—

注：偏差=(操作值-计算值)/操作值。

2）操作条件比较

三塔的操作值与计算值的操作条件比较见表 2-19～表 2-21，从表中可见，初馏塔除初馏塔顶温度差别较大外，其余均差别很小，常压塔操作条件差别均很小，减压塔的差别主要在减顶循环，减顶循环回流抽出量和抽出温度差别较大。

表 2-19　初馏塔操作条件的比较

项　　目	单位	操作值	计算值	偏差/%
初馏塔顶温度	℃	104.5	116	-11%
初馏塔顶压力	kPa	160	160	0
初馏塔底温度	℃	200.5	200.6	0
初馏塔底压力	kPa	—	175	—
初馏塔顶冷却器温度	℃	45	45	0
初馏塔顶冷却器压力	kPa	—	150	—

注：偏差=(操作值-计算值)/操作值。

表 2-20　常压塔操作条件的比较

项　　目	单位	操作值	计算值	偏差/%
常压塔顶温度	℃	137.5	131.1	4.7
常压塔顶压力	kPa	159	159	0
常压塔底温度	℃	356	357.2	-0.34
常压塔底压力	kPa	—	178	—
常压炉出口温度	℃	365	365	0
常一线抽出温度	℃	176.7	173.6	1.8
常二线抽出温度	℃	245.6	243.8	0.73
常三线抽出温度	℃	325.4	320.0	1.66
常一中抽出温度	℃	202.8	199.8	1.48
常一中返塔温度	℃	100.4	100.4	0
常二中抽出温度	℃	295.7	287.6	2.74
常二中返塔温度	℃	171.4	171.4	0
常一中流量	kg/h	81600	81600	0
常二中流量	kg/h	62900	62900	0
常压塔顶冷却器温度	℃	45	45	0
常压塔顶冷却器压力	kPa	—	150	—

注：偏差=(操作值-计算值)/操作值。

表 2-21　减压塔操作条件的比较

项　　目	单位	操作值	计算值	偏差/%
减压塔顶温度	℃	56	55.8	0.4
减压塔顶真空度	kPa	4.8	4.8	0
减压塔底压力	kPa	—	11	—
减压塔底温度	℃	380	382.4	-0.6
减压炉真空度	kPa	14	14	0

续表

项　目	单位	操作值	计算值	偏差/%
减压炉出口温度	℃	390.3	390.3	0
减一线抽出温度	℃	140.0	125.8	10.1
减二线抽出温度	℃	291.5	291.0	0.17
减三线抽出温度	℃	351.5	358.8	-2.1
减顶循环抽出温度	℃	140.5	125.8	10.0
减顶循环回流温度	℃	55.6	55.6	0
减一中抽出温度	℃	234.5	243.0	-3.6
减一中返塔温度	℃	128.5	128.5	0
减二中抽出温度	℃	351.5	358.8	-2.1
减二中返塔温度	℃	197.6	197.6	0
减压塔顶循环回流量	kg/h	68000	60000	11.8
减一中流量	kg/h	114000	100000	12.3
减二中流量	kg/h	28000	28000	0

注：偏差=(操作值-计算值)/操作值。

3）产品质量的比较

产品质量比较见表2-22～表2-24，从表中可见，产品质量的计算值与操作值之间存在误差。除初顶初馏点和常三线50%以后产品质量误差较大外，其余误差均在控制指标范围内。误差较大是由于软件对于此种原油模拟存在误差造成的，经过对装置实际值与模型计算值的多次分析比较，认为可以用此模型对实际装置进行操作条件分析。

表2-22　初馏塔产品质量的比较

ASTM D86(Liquid Volume)		HK/℃	10%/℃	50%/℃	90%/℃	95%/℃	KK/℃
初顶	操作值	27	55	95	140		164
	计算值	-24	35	92	137	150	163
初侧	操作值	—	—	—	—	—	—
	计算值	82	145	183	208	220	232

表2-23　常压塔产品质量的比较

ASTM D86(Liquid Volume)		HK/℃	10%/℃	50%/℃	90%/℃	95%/℃	KK/℃
常顶	操作值	50	83	114	138	—	169
	计算值	28	84	122	145	153	162
常一线	操作值	142	161	173	188	—	216
	计算值	158	172	185	201	210	218

续表

ASTM D86(Liquid Volume)		HK/℃	10%/℃	50%/℃	90%/℃	95%/℃	KK/℃
常二线	操作值	206	230	254	284	—	306
	计算值	208	230	254	286	297	309
常三线	操作值	290	310	332	355	—	369
	计算值	277	312	332	370	396	423

表 2-24　减压塔产品质量的比较

ASTM D86(Liquid Volume)		HK/℃	10%/℃	50%/℃	90%/℃	95%/℃	KK/℃
减一线	操作值	265	293	328	353	—	368
	计算值	254	300	330	348	359	369
减二线	操作值	346	390	418	449	458	—
	计算值	346	376	418	449	449	480
减三线	操作值	370	454	477	525	—	—
	计算值	372	442	472	524	551	578

3. 不同原油掺炼比影响因素分析

模拟计算在大庆原油中掺炼不同比例的俄罗斯原油对装置负荷的影响，掺炼比为40%的初馏塔、常压塔和减压塔的气液相负荷见图2-26~图2-28，从图可见，三塔的气液相负荷分布均匀，但从图2-27也可以看见，掺炼比在40%时常一中附近的气液相负荷偏大，主要是因为初侧抽出量直接进入常一中返回的塔板所致。而目前常二线由于设备和管线问题不能拔出足够大的抽出量，所以当用较大的掺炼比时装置必须将一部分初侧抽出量改到常二中返回的塔板处。但初侧产品质量干点的馏出温度在230℃左右，所以将初侧抽出量改到常二中返回塔板处会造成塔盘返混，降低塔盘效率，影响常压塔操作。

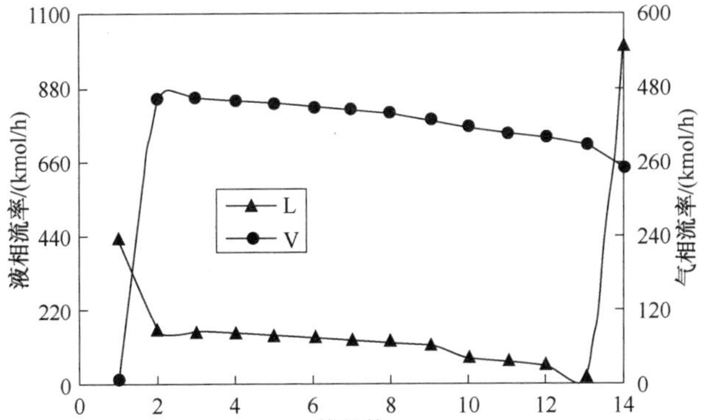

图 2-26　出馏塔的气液相负荷图

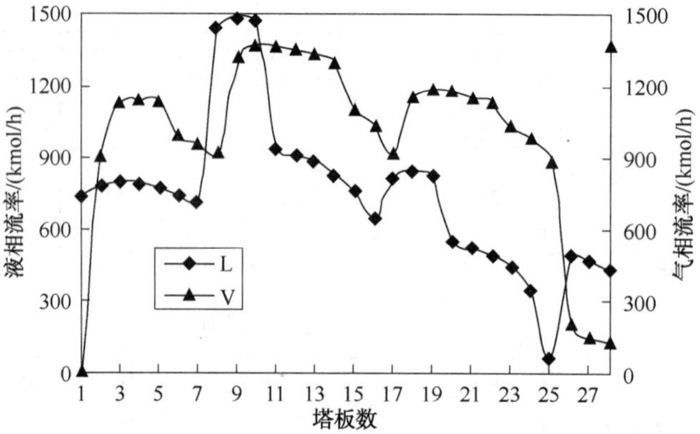

图 2-27 常压塔的气液相负荷分布

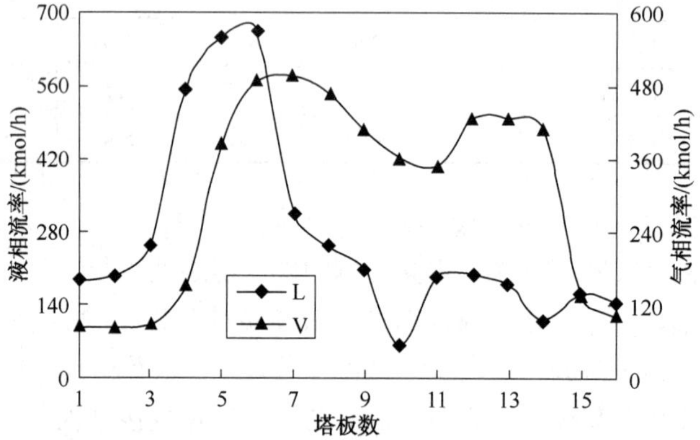

图 2-28 减压塔的气液相负荷分布

3 萃取精馏与恒沸精馏

蒸馏过程是以液体混合物中各组分的挥发度为依据，当组分之间挥发度差异较大时，用普通的蒸馏方法比较容易分离，而且可以获得比较好的分离效果。但是，在石油加工过程中广泛使用着各种溶剂，如苯、糠醛、酚、甲基乙基酮等，在回收溶剂时又经常采用蒸汽汽提的方法，这些溶剂与水都能形成恒沸物从而给分离带来了很大的困难。此外石油加工过程中的一些产品沸点差和相对挥发度的差别很小，也给分离带来了很大困难，例如 C_4混合物中各组分即是如此。

表 3-1　C_4馏分中各个组分的沸点与相对挥发度

项　　目	异丁烷	异丁烯	正丁烯-1	丁二烯	正丁烷	反丁烯-2	顺丁烯-2	C_4炔烃
沸点/℃	-11.7	-6.6	-6.5	-4.5	-0.55	0.86	3.7	>5.0
相对挥发度	1.20	1.08	1.03	1.00	0.86	0.84	0.78	>0.74

从表 3-1 可以看出用常规蒸馏方法要从 C_4馏分中分离出丁二烯及其他烃类是十分困难的。如将含正丁烷和正丁烯浓度各为 50%的混合物分离为各为 95%浓度的产品，采用普通精馏方法进行分离时，最小回流比为 9，最小理论塔板数高达 300 块，显然这在工业生产中是难以实现的。

相对挥发度 $\alpha=1$(恒沸物)和接近 1 给分离过程带来的困难，只有通过改变相对挥发度才能得以解决。通常改变相对挥发度的方法是通过加入第三组分来实现的。

当加入第三组分的沸点比原物系任何组分的沸点都高，在蒸馏过程中和相对挥发度较低的组分一起从塔底排出时，这样的蒸馏过程称为萃取精馏过程，所加入的第三组分称为萃取剂。

当加入的第三组分能与原物系中的一个或几个组分形成具有最低沸点的恒沸物时，第三组分就和相对挥发度较大的组分以恒沸物的形式从塔顶蒸出。这样的蒸馏过程称为恒沸精馏，所加入的第三组分称为夹带剂。

恒沸精馏和萃取精馏的一个共同特点在于它们都是非理想溶液的蒸馏过程，因此首先要着重研究非理想溶液气液平衡的特点及其计算方法。

3.1 非理想溶液活度系数的计算方法

萃取精馏、恒沸精馏的精馏过程的计算和二元、多元精馏过程计算一样，也需应用相平衡和物料平衡这些基本方法来进行计算。萃取精馏及恒沸精馏通常都是在较低的压力(一般低于 101.3kPa)或常压下进行的，它的气相混合物一般可被当作理想溶液来看待，而它的液相组分则构成非理想溶液。因此对于这样的系统的气液平衡的计算，归根到底是活度系数 γ 的求取问题。

对于非理想溶液物系，其液相组分 i 在气相中之分压不符合拉乌尔定律。当引进活度系数 γ 来考虑溶液的非理想性，仍用拉乌尔定律的形式来表达，则可写为

$$p_i = \gamma_i p_i^0 x_i \tag{3-1}$$

气相属于理想气体，则

$$p_i = p y_i \tag{3-2}$$

由于气液平衡常数

$$K = y_i / x_i \tag{3-3}$$

将式(3-1)、式(3-2)代入式(3-3)，整理后可得

$$K_i = \frac{\gamma_i p_i^0}{p} \tag{3-4}$$

如果用相对挥发度来表示，则有

$$\alpha_{ij} = \frac{K_i}{K_j} = \frac{\gamma_i p_i^0}{\gamma_j p_j^0} \tag{3-5}$$

以上各式中x_i、y_i为组分 i 在液相及气相中的摩尔分数。p、p_i^0、p_{ij}分别为系统总压，纯组分 i 在系统温度下的饱和蒸汽压以及组分 i 的蒸汽分压。

γ_i为组分 i 的活度系数。

K_i、K_j、α_{ij}意义同前。

式(3-3)和式(3-4)是非理想溶液系统的计算相平衡常数K_i和相对挥发度a_{ij}的基本公式。如果能将下K_i和a_{ij}求出来，则我们就可以进行精馏过程计算。能否得到正确的K_i或α_{ij}的数据，关键在于活度系数γ_i如何确定。

液相非理想混合物的活度系数不仅与混合物的组分有关，而且与每个组分的组成、系统的温度等均有一定的关系。对于非理想溶液的精馏最好能有实验提供活度系数或气液平衡常数的数据，但是往往在设计计算时很少有事先通过实验提供全面的气液平衡数据的情况，而需要采用一些半经验的图表或近似计算来弥补数据的不足。下面介绍一些半经验的计算方法以供学习参考。

3.1.1 二元系统的活度系数

对于二元系统计算活度系数，通常该系统在一定的温度条件下，用两个系数的端值常数A_{12}和A_{21}来表达的活度系数与浓度的关系。常用的范拉尔方程式见式(3-6)。

$$\lg\gamma_1=\frac{A_{12}}{\left(1+\dfrac{A_{12}x_1}{A_{21}x_2}\right)^2} \quad (3-6A)$$

$$\lg\gamma_2=\frac{A_{21}}{\left(1+\dfrac{A_{21}x_2}{A_{12}x_1}\right)^2} \quad (3-6B)$$

式中　A_{12}和A_{21}——系统的端值常数。

由式(3-6)分别对组分 1 和组分 2 取极限可得

$$\lim_{x_1\to 0}\lg\gamma_1=A_{12} \quad (3-7A)$$

$$\lim_{x_2\to 0}\lg\gamma_2=A_{21} \quad (3-7B)$$

由此可见，端值常数是该组分在溶液中处于无限稀释状况(该组分在溶液中的浓度接近零)时，该组分所具有的活度系数的对数值。

此外有

$$\lim_{x_1\to 0}\gamma_1=1$$

$$\lim_{x_2\to 0}\gamma_2=1$$

利用式(3-8)，当已知任何一个浓度x_1，x_2及其相应的γ_1及γ_2时，可解出二端值常数

$$A_{12}=\lg\gamma_1\left(1+\frac{x_2\lg\gamma_2}{x_1\lg\gamma_1}\right)^2 \quad (3-8A)$$

$$A_{21}=\lg\gamma_2\left(1+\frac{x_1\lg\gamma_1}{x_2\lg\gamma_2}\right)^2 \quad (3-8B)$$

当求出了端值常数以后，便可以利用式(3-6)去计算其他浓度下的活度系数。

怎样通过计算或比较简单的试验确定非理想溶液的端值常数A_{12}和A_{21}？

(1) 对于恒沸物利用恒沸点的恒沸物的组成进行计算。

在恒沸点时，$y_1=x_1$按式(3-3)亦即

$$K_i=y_i/x_i=\frac{\gamma_i p_i^0}{p}=1$$

由此可得

$$\gamma_1=\frac{p}{p_1^0}\text{及}\gamma_2=\frac{p}{p_2^0} \tag{3-9}$$

当已知恒沸组成x_1、x_2，从有关手册中可查得在压力 p，恒沸温度$T_{恒}$下组分 1 和 2 的饱和蒸汽p_1^0和p_2^0后，可由式(3-9)算出它们的活度系数γ_1和γ_2，再代入式(3-8)中，则可以得到A_{12}和A_{21}。

【例 3-1】 已知甲醇与醋酸甲酯在常压下形成醋酸甲酯 0. 65(摩尔分数)的恒沸物，其沸点为 54℃，求该系统的活度系数。

【解】 在 54℃ 醋酸甲酯的饱和蒸汽压 $p_1^0=96.2\text{kPa}$，甲醇的饱和蒸汽压 $p_2^0=66.0\text{kPa}$。

因此

$$\gamma_1=\frac{101.3}{90.2}=1.12$$

$$\gamma_2=\frac{101.3}{66.0}=1.53$$

带入式(3-7A)得：

$$A_{12}=\lg\gamma_1\left(1+\frac{x_2\lg\gamma_2}{x_1\lg\gamma_1}\right)^2=\lg1.12\left(1+\frac{0.35\lg1.53}{0.65\lg1.12}\right)^2=0.447$$

$$A_{21}=\lg r_2\left(1+\frac{x_1\lg\gamma}{x_2\lg\gamma}\right)^2=\lg1.53\left(1+\frac{0.65\lg1.12}{0.35\lg1.53}\right)^2=4.11$$

再由式(3-5)求得该系统的诸 γ 值列表如下：

x_1	x_2	γ_1	γ_2	γ_1/γ_2
0. 0	1. 0	2. 8	1. 0	2. 8
0. 1	0. 9	2. 27	1. 01	2. 25
0. 5	0. 5	1. 27	1. 29	0. 98
0. 6	0. 4	1. 16	1. 43	0. 81
0. 65	0. 35	1. 12	1. 53	0. 73
0. 70	0. 30	108	1. 63	0. 66
0. 90	0. 10	1. 01	2. 18	0. 46
1. 0	0. 0	1. 0	2. 58	0. 39

(2) 利用恒温下的总蒸汽压曲线(p-x 图)进行图解。

系统的总蒸汽压可由下式来表达

$$p=p_1+p_2=p_1^0x_1\gamma_1+pp_2^0x_2\gamma_2$$

因为

$$\lim_{x_1\to0}\gamma_1=1$$

$$\lim_{x_2 \to 0} \gamma_2 = 1$$

故可得

$$\lim_{x_1 \to 0} \gamma_1 = \frac{p - p_2^0 x_2}{p_1^0 x_1} \tag{3-10A}$$

$$\lim_{x_2 \to 0} \gamma_2 = \frac{p - p_1^0 x_1}{p_2^0 x_2} \tag{3-10B}$$

当已知某几个组成(x_1)在一定温度下的蒸汽压数据，则可以作蒸汽压与组成的关系曲线 $p-x$ 图(图 3-1)。

在一定温度下的 p_1^0和 p_2^0一般在手册上可以查得。可以利用式(3-10)求得不同组成 x_1时对应之 γ_1'及 γ_2'[由式(3-10)计算出在某一组成 x_1下之活度系数 γ，γ_2'并非真正的 1、2 组分之活度系数]，分别对 x_1或 x_2^2进行标绘，将 γ_1曲线外延至 $x_1=0$，将 γ_2'曲线外延至 $x_2=0$，则可以得到$\lim\limits_{x_1 \to 0}\gamma_1$和$\lim\limits_{x_2 \to 0}\gamma_2$的数值。可以进一步算出对应的 A_{12}和 A_{21}数值。

求取端值常数的作图法见图 3-2，其中，γ'系由式(3-10)求出的假设的活度系数，γ 是实际的活度系数。

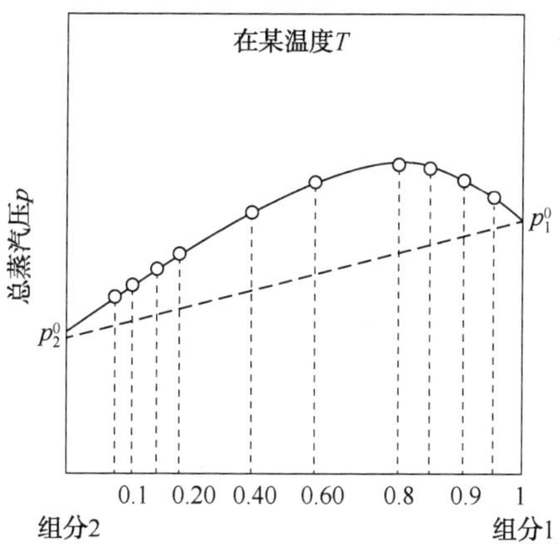

图 3-1　$p-x$ 图

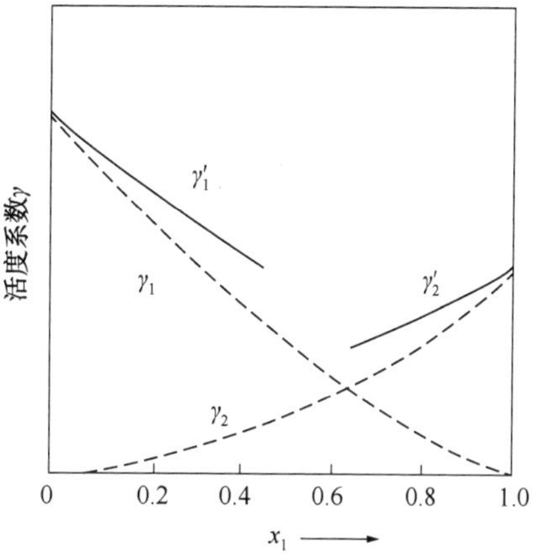

图 3-2　活度系数与端值常数的求取

用这样的方法来求取端值常数比进行气液平衡试验，分别采样分析气液相组成 x，y，显然可使试验大大简化。

(3) 已知数点之x_1，γ_1及γ_2值，求误差最小的端值系数。

通过一已知点(x_1，γ_1，γ_2)可以利用式(3-8)计算出端值常数A_{12}和A_{21}。但是端值常数常会由于该点试验数据的误差而产生一定的误差。如果有几个点的试验数据，如何取得误差最小的端值常数呢？

分析式(3-6)

$$\lg\gamma_1=\frac{A_{12}}{\left(1+\dfrac{A_{12}x_1}{A_{21}x_2}\right)^2}$$

对其等式两端分别开方并取倒数，则有

$$(\lg\gamma_1)^{-0.5}=\frac{\sqrt{A_{12}}}{A_{21}}\left(\frac{x_1}{x_2}\right)+\frac{1}{\sqrt{A_{12}}} \tag{3-11}$$

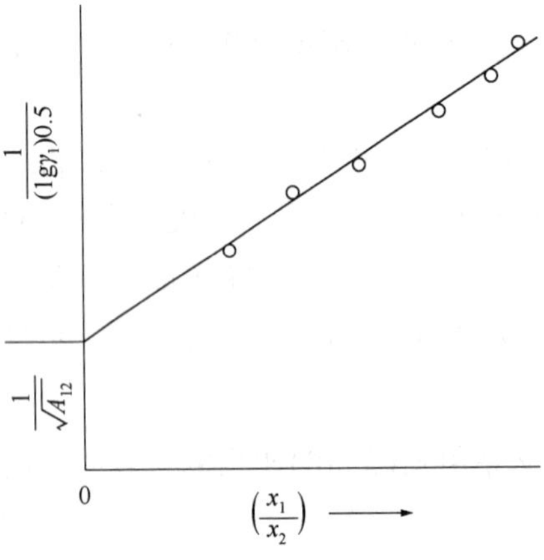

图 3-3　求端值常数的直线

将各点的$(\lg\gamma_1)^{-0.5}$及$\left(\frac{x_1}{x_2}\right)$分别在图上标绘(图 3-3)。

作出相应的直线，则其截距为$\frac{1}{\sqrt{A_{12}}}$，由此可求得端值常数A_{12}。该直线斜率为$\frac{\sqrt{A_{12}}}{\sqrt{A_{21}}}$，当已经求得$A_{12}$后，算得图上直线之斜率，则$A_{21}$即可求得。此时所求得的端值常数$A_{12}$和$A_{21}$即为根据所提供之数据算得误差最小的端值常数。

(4) 活度系数及端值常数与温度的关系。

以上介绍的计算方法以及通过试验数据处理得到的端值常数及活度系数均是在恒温条件下的数据。而在非理想溶液的精馏时，塔顶进料，塔釜以及每块塔板的温度均不相同。要进行精馏的气、液平衡计算则必须知道当温度变化时，活度系数及端值常数随之变化的情况。

从热力学第二定律出发可得出以下关系式：

$$\frac{\mathrm{d}\ln\gamma_i}{\mathrm{d}T}=-\frac{\Delta H_i}{RT^2}$$

$$\mathrm{d}\lg\gamma_i=-\frac{\Delta H_i\mathrm{d}T}{4.57T^2}(\mathrm{kJ/kmol})$$

式中　ΔH_i——组分 i 在溶液中的偏摩尔混合热；

T——温度，K。

如果温度变化的范围不大，ΔH_i可视作常数。将上式进行积分后可得以下近似的关系式：

$$\frac{\lg\gamma_i(T_1)}{\lg\gamma_i(T_2)}=\frac{T_2}{T_1} \tag{3-12}$$

亦即活度系数 γ 的对数值与绝对温度成反比，可以通过某一温度下已知的活度系数求出其他温度下的活度系数。利用新的温度下的 γ_1、γ_2（浓度仍为 x_1、x_2），则可以求出新的温度情况下的端值常数 A_{12} 和 A_{21}，从而求出该系统在新温度条件下的活度系数。

3.1.2 多组分系统的活度系数

在萃取精馏及恒沸精馏过程中，多数情况需要加入第三组分以改变原系统的相对挥发度便于进行分离。因此我们有必要在学习二元系统活度计算的基础上，进一步学习多组分系统活度计算的方法。

三元系统活度系数计算的方法很多，目前工程设计中应用得比较多的是马格勒斯方程，此法是将组分 1、2、3 中各二组分之间分别的端值常数表示三系统中活度系数。

$$\begin{aligned}\lg\gamma_1 = {} & x_2^2[A_{12}+2x_1(A_{21}-A_{12})]+x_3^2[A_{13}+2x(A_{31}-A_{13})] \\ & +x_2x_3[A_{21}+A_{13}-A_{32}+2x_1(A_{31}-A_{13}) \\ & +2xx_3(A_{32}-A_{23})-C(1-2x_1)]\end{aligned} \tag{3-13A}$$

式中，C 为表示三元系统的特性常数，由该系统已知点的平衡数据确定，对一般系统可取 $C=0$。

对 2、3 组分可按以上形式分别写出它们的计算公式：

$$\begin{aligned}\lg\gamma_2 = {} & x_3^2[A_{23}+2x_2(A_{32}-A_{23})]+x_1^2[A_{21}+2xx_2(A_{12}-A_{21})] \\ & +x_3x_1[A_{32}+A_{21}-A_{13}+2x_2(A_{12}-A_{21}) \\ & +2x_3(A_{13}-A_{31})-C(1-2x_2)]\end{aligned} \tag{3-13B}$$

$$\begin{aligned}\lg\gamma_3 = {} & x_1^2[A_{31}+2xx_3(A_{13}-A_{31})] \\ & +x_2^2[A_{32}+2x_3(A_{23}-A_{32})]+x_1xx_2[A_{13}+A_{32}-A_{21} \\ & +2xx_3(A_{23}-A_{32})+2xx_2(A_{21}-A_{12})-C(1-2x_3)]\end{aligned} \tag{3-13C}$$

【例 3-2】 求醋酸甲酯(1)、甲醇(2)、水(3)组成的三元系统中，醋酸甲酯对甲醇的相对挥发度 α_{12}，系统温度 $t=60℃$，纯组分 $p_1^0=113.3\text{kPa}$，$p_2^0=84.0\text{kPa}$，液相组成为 $x_1=0.1$，$x_2=0.1$，$x_3=0.8$，该二元系统端值常数为：

$$A_{12}=0.447,\ A_{21}=0.411,\ A_{32}=0.22,\ A_{31}=0.82,\ A_{13}=1.30$$

【解】 由三元系统的马格勒斯方程

$$\begin{aligned}\lg\gamma_1 = {} & (0.1)^2\times[0.447+2\times0.1\times(0.411-0.447)]+(0.8)^2 \\ & \times[1.30+2\times0.1\times(0.82-1.30)]+0.1\times0.8 \\ & \times[0.411+1.30-0.22+2\times0.1\times(0.82-1.30) \\ & +2\times0.8\times(0.22-0.36)+0.1\times(1-0.2)]=0.892\end{aligned}$$

所以 $\gamma_1=7.8$

同样可解出：$\lg\gamma_2=0.2672$，$\gamma_2=1.85$。

利用式(3-4)可得：

$$\alpha_{12}=\frac{\gamma_1 p_1^0}{\gamma_2 p_2^0}=\frac{7.8\times113.3}{1.85\times84.0}=5.69$$

对于几个组分同溶于某一溶剂中时，当溶剂的浓度较大而且被溶组分之间符合或接近理想溶液(例如烃类混合物)，即$A_{12}=A_{21}=0$的情况下，则诸被溶组分之间的相对挥发度α_{ij}可按各组分单独存在于溶剂时(溶剂的摩尔分率不变)，间接算出的相对挥发度α_{ij}按式(3-14)加以修正。

$$\lg\frac{\alpha_{ij}}{\alpha'_{ij}}=(A_{iS}-A_{jS})(1-x_S)x_S \tag{3-14}$$

式中　S——溶剂，其浓度为x_S；

α_{ij}——i、j组分同存在于溶剂中，溶剂浓度为x时的相对挥发度；

α'_{ij}——分别单独在溶剂中，溶剂的浓度为x_s时二元活度系数推算出的相对挥发度。

即

$$\alpha'_{ij}=\frac{\gamma'_{iS}}{\gamma'_{jS}}\times\frac{p_i^0}{p_j^0} \tag{3-15}$$

式中　γ'_{iS}——i、S的二元系统中($x'_S=x_S$，$x_i=1-x_S$)i的活度系数；

γ'_{jS}——j，S的二元系统中($x'_S=x_S$，$x_j=1-x_S$)j的活度系数。

采取以上方法可以不需要被溶组分之间相互的端值常数，故在烃类及类似混合物的萃取精馏的计算时应用起来颇为方便。

【例3-3】 $n-C_4H_{10}$及$i-C_4H_{10}$混合物在糠醛溶剂存在时，$x_S=0.85$，求在65℃的相对挥发度。已知数据：令组分符号为$n-C_4H_{10}$(1)，$1-C_4H_8$(2)，糠醛(S)，$A_{1S}=0.998$，$A_{S1}=1.108$，$A_{2S}=0.763$，$A_{S2}=0.951$，$p_1^0=731.24$kPa，$p_2^0=863.62$kPa。

【解】 按式(3-6)

$$\lg\gamma'_{1S}=\frac{0.998}{\left(1+\frac{0.15}{0.85}\times\frac{0.998}{1.108}\right)^2}=0.745$$

$$\lg\gamma'_{2S}=\frac{0.763}{\left(1+\frac{0.15}{0.85}\times\frac{0.763}{1.108}\right)^2}=0.585$$

$$\gamma'_{1S}=5.55$$

$$\gamma'_{2S}=3.85$$

$$\alpha'_{12}=\frac{5.55}{3.85}\times\frac{731.24}{863.62}=1.22$$

按式(3-14)

$$\lg\frac{\alpha_{12}}{\alpha'_{12}}=(0.998-0.763)\times(1-0.85)\times0.85=0.0299$$

所以

$$\frac{\alpha_{12}}{\alpha'_{12}}=1.07$$

$$\alpha_{12}=1.07\times1.22=1.31$$

除此以外，还有大量的求取活度系数的方程式，如威尔逊(Wilson)方程、NRTL方程、UNIFAC官能团法等。这些方法在化工热力学课题中已作了较为全面的介绍，这里就不需要重复讲授了。

3.2 恒沸精馏

3.2.1 恒沸蒸馏的工业生产装置

恒沸蒸馏操作中，若和易挥发组分形成恒沸物的第三组分，能与易挥发组分以任何比例混合，则称为均相恒沸精馏。若第三组分不能与易挥发组分完全混合，因而液相会产生分层的现象，则称为非均相恒沸精馏。这两种情况的工艺生产流程是不同的。

1. 非均相恒沸精馏

图3-4是以醋酸丁酯作为夹带剂，分离醋酸和水的某厂生产流程。夹带剂醋酸丁酯易溶于水(在30℃水中的溶解度为0.07g/mL水)，与水形成含水0.722的恒沸物，其恒沸点为90.2℃，故系非均相恒沸物。

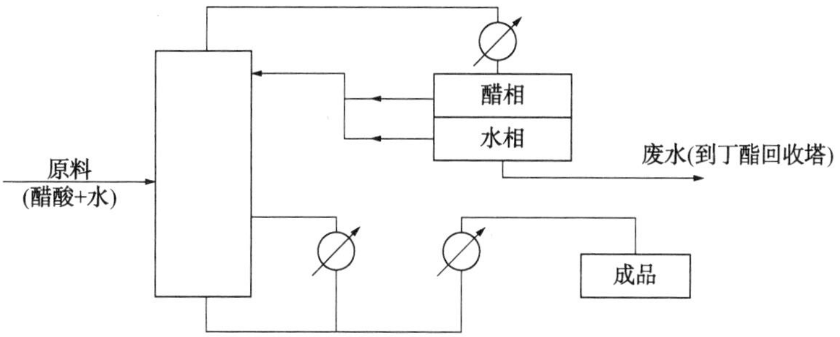

图3-4 稀醋酸提浓流程图

约40%(质量分数)的稀醋酸在塔中部加入，浓醋酸由塔底取出。在塔顶蒸出的是水和醋酸丁酯的恒沸物，经冷却后进入酯水分离器，在分离器中恒沸物分成两相，上层为酯相，下层为水相，酯相全部回流，水相部分回流，其余到回收塔回收丁酯。

在丁酯的循环使用过程中，丁酯总是有损失的，为了补充丁酯的损失，间歇地向酯水分离器中补充一定数量的丁酯。

图 3-5 的乙醇脱水生产无水酒精的装置是用苯(或三氯乙烯)作为夹带剂与被分离物系形成三组分恒沸物。三组分恒沸物的组成是苯(53.9%，摩尔分数)、水(23.3%，摩尔分数)、乙醇(22.8%，摩尔分数)，沸点 64.9℃与乙醇(78.4℃)颇易分开。醇水恒沸物自一塔进料，塔底获得无水酒精，夹带剂苯以回流的形式从塔顶加入。恒沸物自塔顶排出，冷凝液分层，上层苯相作回流用，下层水相进入二塔以三组分恒沸物的形式蒸出水相中所溶解的苯。二塔底的醇水混合物再到三塔中回收乙醇、排出废水。

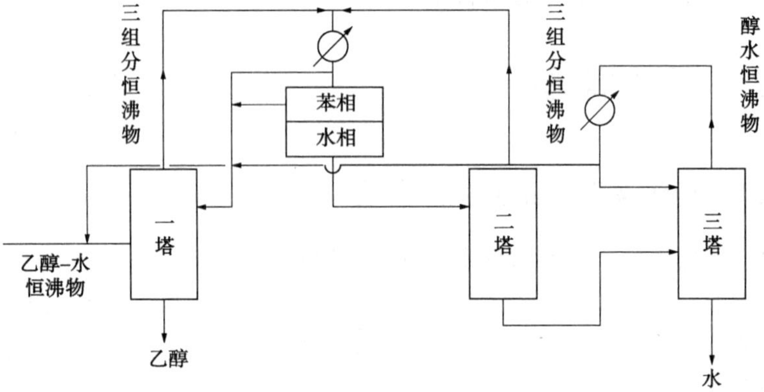

图 3-5　酒精脱水流程简图

2. 均相恒沸精馏

图 3-6 是烷烃-甲苯混合物以甲醇为夹带剂进行分离的流程。在恒沸精馏塔顶的烷烃及甲醇互溶，需以水为溶剂在水洗塔中将烷烃中所含甲醇分离出来。然后再用分离的方法在脱水塔中分离水和甲醇。回收的甲醇作为回流返入恒沸塔。

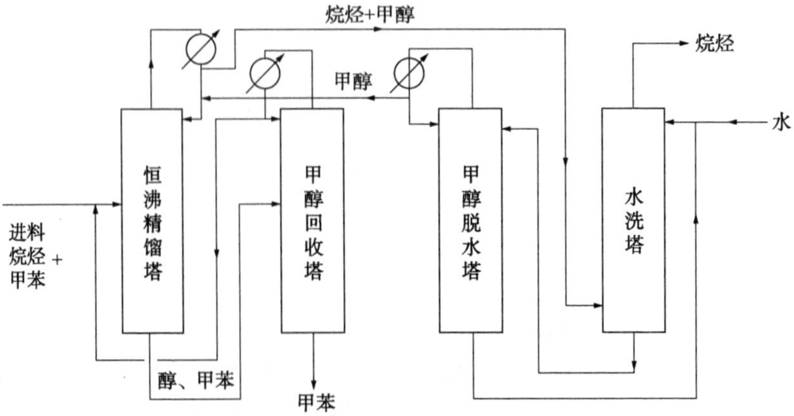

图 3-6　均相恒沸精馏分离流程

为保证恒沸塔底产品烷烃含量很低，甲醇进料是过量的。在甲醇回收塔中，甲醇与苯恒沸物从塔顶蒸出后混入恒沸精馏塔的进料中，甲苯在甲醇回收塔底取出。

从以上两类生产装置比较可见，均相恒沸蒸馏的分离流程比较复杂，而非均相恒沸蒸馏的分离流程要简单得多。

3.2.2 恒沸蒸馏的原理

不形成恒沸物的系统精馏中，所得到的馏分是系统中所有的组分，而且每一馏分认为几乎是纯组分。存在恒沸的系统进行分离时情况比较复杂，精馏的结果取决于物料中各组分的相对含量以及系统的性质。

为了分析恒沸精馏操作的基本原理，先简单介绍表示三组分浓度关系的三角相图(图 3-7)。

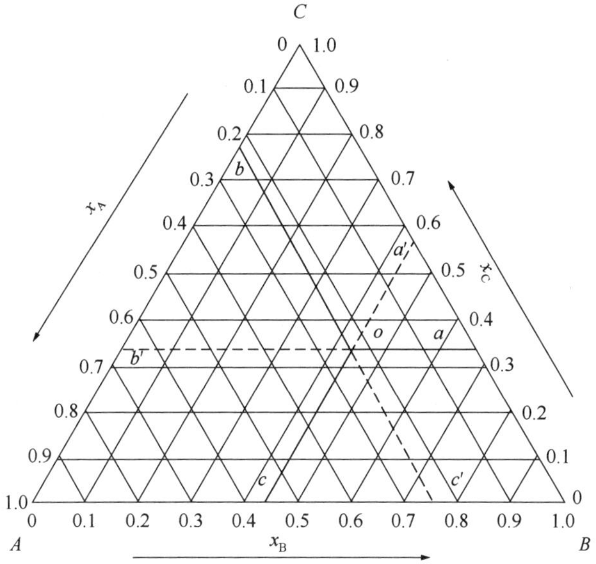

图 3-7　三角相图的坐标

在图 3-7 中三角形的三个顶点分别代表纯组分 *A*、*B*、*C*，三条边则代表 *A*-*B*、*B*-*C*、*C*-*A* 三个二元系统。三角形内部任意一点则反映了三元系统的确定组成，以 *o* 点为例，作平行于三边的平行线 *oa*、*ob*、*oc*，根据几何学的原理 $oa+ob+oc=AB=AC=BC=1.00$，*oa*、*ob*、*oc* 则分别代表 *A*、*B*、*C* 的含量。对于 *o* 点，$oa=0.24$，$ob=0.43$，$oc=0.33$，则含 *A* 24%、*B* 33%、*C* 43%。

三角相图一般用来表示某一温度、压力下三元系统的气液平衡、液液平衡关系，以及物料间的关系。由于在恒沸精馏计算时一般均不采用三角相图来计算，关于三角相图来表示气液平衡和液液平衡的方法在此不作介绍，仅介绍用三角相图来表达三元条件中物料间关系的方法。

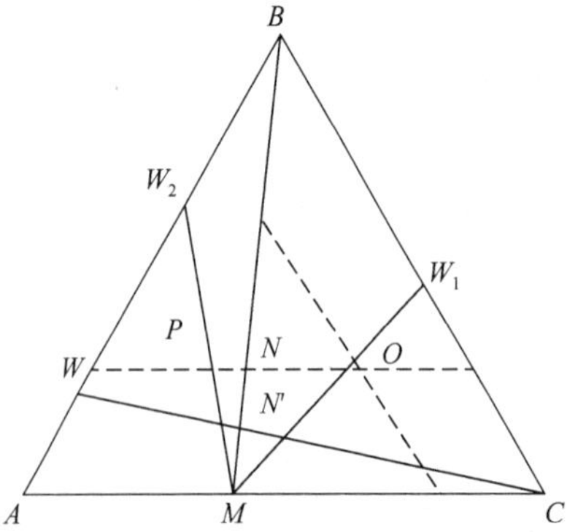

图 3-8　三元系统组分之间的混合和分离

在图 3-8 中可以看出，当以恒定组成的 A、C 两组分的混合物 M 与 B 相混合时、不论 B 组分加入量的多少，混合物中 A、B 两组分的相对含量总是不变的，也就是说所形成的混合物 N 在三角相图中的轨迹必然在 BM 连线上，同样对三组分系统的两个二元混合物相混合时(如图 3-8 中的 M 和 W_1)，它们所形成的新的混合物 O 在三角相图上的轨边必然在 $M-W_1$连线上。

它们之间的数量关系可以由杠杆定律求得。对于形成 N 组成之混合物时 $MN/BN=b/m$，其中 b 为 B 组分加入量，m 为 M 组分加入量。

由同样的道理我们可以知道，如果三元系统混合物组成为 N 时，如不断地分离出 M 混合物，则剩余的混合物组成将沿着 MB 直线向 B 移动，当 M 组分全部分离出，剩余的将全部是 B 组分。而组成为 O 的混合物不断分离出 M 混合物，所剩余的混合物的组成将沿着MW_1变化，M 全部分离出来后，剩余的将全部是 BC 的混合物 W_1。

掌握了三角相图的基本原理以后，分析恒沸精馏的基本原理就比较容易了。首先考察一个有双组分最低恒沸的三组分系统，而且恒沸点比第三组分之沸点要低，例如图 3-8 中组分 A、B、C 中，A、C 形成组成为 M 的恒沸点。根据精馏过程的一般规律，首先蒸出的总是双组分恒沸物 M。如果三组分组成为 O，全部恒沸物 M 蒸出后，剩下的釜液将是 BC 的混合物 W_1。如果三组分组成是 P，而且全部恒沸物蒸出后，剩下釜液将是 AB 的混合物 W_2。仅仅当混合物组成 N 位于 BM 线上时，全部恒沸物 M 蒸出后，所蒸剩后的釜液将是纯 B 组分。因此以 BM 线为两个不同精馏区的分界线。在上述系统中，如果原来 A、B 组分混合组成为 W_1，加入第三组分 C 以形成 AC 之恒沸物 M，用精馏的方法来把 A、B 两组分分开，所需添加组分的数量以及三组分混合物的组成由 BM 和 CW 两条线的交点 N 来定出。

上面所介绍的是一种比较简单的情况，当二元恒沸物数量增多，或者存在三组分恒沸物时情况更复杂些，如果系统中只有双组分恒沸物，则精馏区域的数目比这种恒沸物数量多 1。若存在着三组分恒沸物，则精馏区域的数目为三组分恒沸物和两组分恒沸物的数量之和。因此三组分系统中精馏区域最多为 6 个，这里不可能全面地考察各种类型的具体情况，仅举一例做一些说明。

用恒沸精馏的方法分离丙酮和甲醇，以二氯甲烷作夹带剂。这个系统中有两个双组分恒沸物。丙酮-甲醇(沸点 54.6℃，86.5%丙酮，摩尔分数)。二氯甲烷-甲醇(沸点 39.2℃，6%甲醇，摩尔分数)。二氯甲烷与丙酮不生成恒沸物。

在图 3-9 中可看出，以 Bm_1 和 m_1m_2 两条直线把三角形划分成三个精馏区，由于二氯甲烷与甲醇的恒沸物 m_1 是整个系统沸点最低者，所以蒸馏时必然首先蒸出。随着加入夹带剂后形成的三组分混合物的组成不同，塔釜液的组分及其组成也不相同。如果混合物 O 位于 Bm_1 线上，则当全部共沸物蒸出后，塔釜的组成是纯丙酮。如果混合物的组成位于 Bm_1 线的 C 一侧，则塔釜液组成二氯甲烷和丙酮的混合物。如果混合物组成在 Bm_1 和 m_1m_2 之间时，所生成的是恒沸物 m_2 和丙酮的混合物。如果混合物的组成位于图 3-9 丙酮-甲醇恒沸精馏线 m_1m_2 线的 A 一侧，则釜液为甲醇与恒沸物 m_2 的混合物。

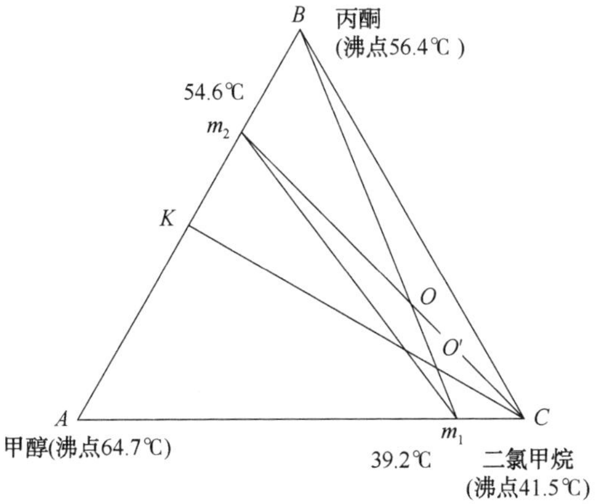

图 3-9 丙酮-甲醇恒沸精馏的精馏线

从图 3-9 还可以看出，随着丙酮-甲醇混合物的浓度的不同，如果需要把它们完全分离，所需要添加的夹带剂的量以及得到产品的组成亦不相同。显然混合物浓度为 m_2 比 K 分离时所需添加的夹带剂较少，而得到的产品丙酮则较多。

由此可见，在恒沸精馏过程中，夹带剂用量是否适当，对分离有很大的影响。

3.2.3 恒沸精馏的计算

1. 二元非均相恒沸精馏的计算

二元非均相恒沸精馏是由两个塔共同来完成预定的分离任务，两塔的塔顶蒸汽接近二元恒沸物的组成，经冷凝分层后，分别从两塔上部以回流的形式加入。原料多数情况也是加到液液分离器中，而从两个塔的塔釜分别得到预定分离要求的两种产品，其物料平衡的关系见图 3-10，其中：F、x_F、x_W、x'_W、y_V、y'_V 应当根据工艺设计的要求确定它们的数值。在进行物料衡算时均为已知数。液液分离器两相中任意组分浓度 x_{I}、x_{II} 应由实验提供数据。

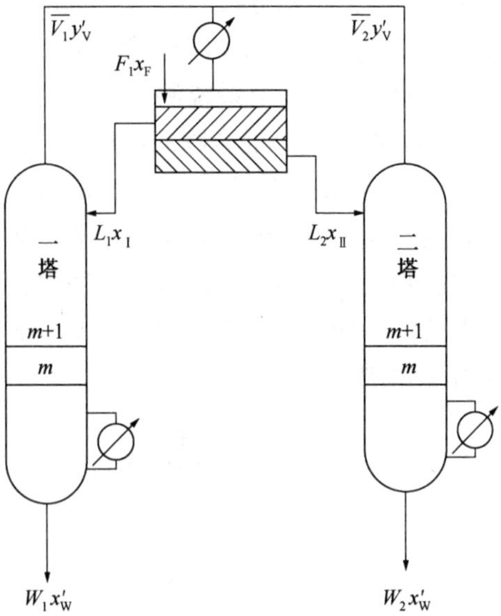

图 3-10　二元精馏外均相恒沸精馏的物料关系

求W_1、W_2、$\overline{V_1}$、$\overline{V_2}$、L_1、L_2的数值。

对于整个系统

$$F=W_1+W_2 \tag{3-16}$$

如所有浓度值均以一塔底产品的基本组分的组成来表示，则有：

$$Fx_F=W_1x_W+W_2x'_W \tag{3-17}$$

联解式(3-16)和式(3-17)可得：

$$W_1=\left(\frac{x_F-x'_W}{x_W-x'_W}\right)F$$

$$W_2=\left(\frac{x_W-x_F}{x_W-x'_W}\right)F$$

对一塔进行物料衡算应有：

$$L_1=\overline{V_1}+W_1 \tag{3-18}$$

$$L_1x_1=\overline{V_1}y_V+W_1x_W \tag{3-19}$$

联解式(3-18)和式(3-19)可得：

$$\overline{V_1}=\left(\frac{x_W-x_1}{x_1-y_V}\right)W_1 \tag{3-20}$$

$$L_1=\left(\frac{x_W-y_V}{x_1-y_V}\right)W_1 \tag{3-21}$$

令

$$R'_1=\frac{L_1}{\overline{V_1}} \tag{3-22}$$

则：$R'_1=\dfrac{x_W-y_V}{x_W-x_1}$

对二塔进行物料衡算参照以上形式则有：

$$\overline{V_2}=\left(\frac{x_{\text{II}}-x'_W}{y'_V-x_{\text{II}}}\right)W_2 \tag{3-23}$$

$$L_2=\left(\frac{y'_V-x'_W}{y'_V-x_{\text{II}}}\right)W_2 \tag{3-24}$$

$$R'_2=\frac{L_2}{\overline{V_2}}=\frac{y'_V-x'_W}{x_{\text{II}}-x'_W} \tag{3-25}$$

当我们对第 m 板与第 $(m+1)$ 板进行物料衡算可得：

$$L\,x_{m+1}=\overline{V}y_m+W\,x_W$$

因 $\dfrac{W}{\overline{V}}=R'-1$

$$y_m=R'x_{m+1}-(R'-1)x_W \tag{3-26}$$

式(3-26)就是塔的操作线方程，此操作线显然通过($y=x_W$，$x=x_W$ 及 $y=y_V$，$x=x_{\text{I}}$ 或 x_{II})两点，其斜率为 R'。因此较易应用二元精馏的图解法进行计算。

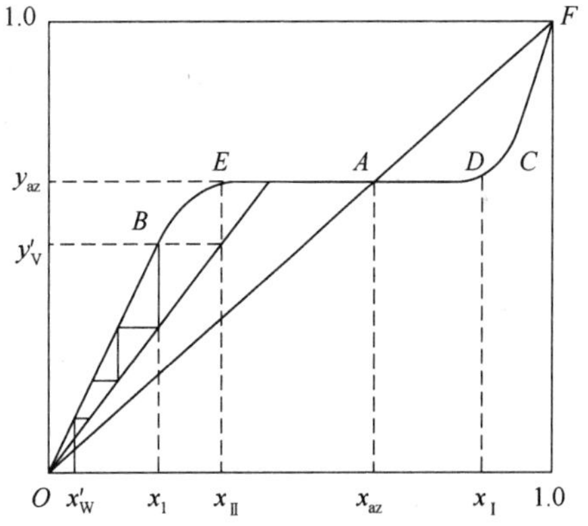

图 3-11　二元非均相共沸精馏图

在图 3-11 中，x_{az}、y_{az} 为恒沸组成，冷凝后分成 D 及 E 两层，相应的液相组成为x_{I} 和x_{II}，$AOBE$ 和 $AFCD$，部分相当于图 3-10 中的塔二和塔一，OBE 与 FCD 分别是塔二和塔一的操作段平衡线，因此可将式(3-26)在此图上的上述两个区域中分别作出其操作线，然后进行图解求得其理论塔板数。在操作时塔顶蒸汽组成 $y'_V<y_{az}$，否则理论塔板数为无穷大。

一般可将相平衡线的主要部分 OB 和 CF 视为直线，因为当平衡线接近直线时可用解析法计算所需理论塔板数。

$$N=\frac{\lg\dfrac{(K-R')x_1+(R'-1)x_W}{(K-R')x_{W+1}+(R'-1)x_W}}{\log\dfrac{K}{R'}} \tag{3-27}$$

式中　K——平衡线斜率，$K=\dfrac{y}{x}$；

x_1——加料板上液体组成，$x_1=\dfrac{y'_V}{K}$；

x_{W+1}——釜上第一块塔板上流下的液体组成。

$$x_{W+1}=\frac{K+R'-1}{R'}x'_W \tag{3-28}$$

【例 3-4】 苯水系统的恒沸精馏，进料量 100kmol/h，进料中含苯 99%(摩尔分数)，含水 1%(摩尔分数)。共沸温度 69.5℃，其恒沸组成：苯 70%(摩尔分数)，水 30%(摩尔分数)。

冷凝分层后　　水层：水 99.9025%(摩尔分数)，

苯 0.0975%(摩尔分数)；

苯层：水 1.03%(摩尔分数)，

苯 98.97%(摩尔分数)。

其操作如图 3-10 所示，塔一底部得到含水(0.0086%)的苯，塔二底部得到含苯(0.00046%)的水。

当塔一顶部蒸汽含水量取 25%，塔二顶部含苯量取为 55%时。试求：

(1) 各塔之气、液相流量 V、L 及塔底产物量 W。

(2) 计算此两个塔所需的理论塔板数。

【解】 (1) 各塔 V、L、W 的计算。

① 计算W_1、W_2。

$$W_1=\left(\frac{x_F-x'_W}{x_W-x'_W}\right)F=\frac{99-0.00046}{99.9914-0.00046}\times 100=99.008(\text{kmol/h})$$

$$W_2=\frac{99.9914-99.000}{99.9914-0.00046}\times 100=0.9915(\text{kmol/h})$$

② 一塔L_1、V_1的计算：

$$L_1=\frac{x_W-y_V}{x_1-y_V}W_1$$

$$=\frac{99.9914-75}{98.97-75}\times 99.0085=103.23(\text{kmol/h})$$

$$V_1=L_1-W_1=103.23-99.008=4.22(\text{kmol/h})$$

③ 二塔L_2、V_2的计算：

$$L_2=\frac{y'_V-x'_W}{y'_V-x'_1}W_2$$

$$=\frac{55-0.00046}{55-0.0975}\times 0.9915=0.99325(\text{kmol/h})$$

$$V_2=L_2-W_2=0.99325-0.9915=0.00175(\text{kmol/h})$$

(2) 计算此两塔所需之理论塔板数。

一塔以水为轻组分计算其所需理论塔板数：

$$K_1=\frac{y_{az}}{x_E}=\frac{30}{1.03}=29.1$$

$$R'_1=\frac{L_1}{V_1}=\frac{103.25}{4.24}=24.4$$

$$x_1=\frac{y_V}{K}=\frac{0.25}{29.1}=0.86\%$$

$$x_{W+1}=\frac{29.1+24.4-1}{24.4}\times 0.0086\%=0.0185\%$$

$$N=\frac{\lg\frac{(29.1-24.4)\times 0.86+(24.2-1)\times 0.0086}{(29.1-24.4)\times 0.0185+(24.4-1)\times 0.0086}}{\lg\frac{29.1}{24.4}}=15.3(\text{层})$$

二塔以苯为轻组分，故：

$$K_2=\frac{y_{a_2}}{x_E}=\frac{70}{0.0975}=718$$

$$R'_2=\frac{L_2}{V_2}=\frac{0.99325}{0.00175}=567$$

$$x'_1=\frac{0.55}{718}=0.0766\%$$

$$x'_{W+1}=\frac{718+567-1}{567}\times 0.00046\%=0.00104\%$$

所以

$$N=\frac{\lg\frac{(718-567)\times 0.0766+(567-1)\times 0.00046}{(718-567)\times 0.00104+(567-1)\times 0.00046}}{\lg\frac{718}{567}}=14.2(\text{层})$$

2. 三元恒沸精馏计算

三元恒沸系统的计算，到目前为止尚无其他简捷的办法，一般都按照多组分系统逐板进行计算。但是由于溶液的非理想性很大，气–液相平衡常数

$$K_i=\gamma_i\frac{p_i^0}{p}$$

在各板上液相组成均不相同，而且温度在塔内也在不断变化，因此在各板上的数值均不相同。如果已知某板之液相组成x_i，在计算K_i时必须知道该板温度，确定任意板的温度可通过试差法进行，先假设该板温度，计算出三元混合物中每个组分的活度系数，然后按

$$\sum_{i=1}^{n} \gamma_i p^0 x_i = \sum_{i=1}^{n} y_i p = p \tag{3-29}$$

进行检验。如果在假设温度下的计算结果符合式(3-29)，说明所设温度正确，可求出该温度下组分 i 的气-液相平衡常数 K_i。由此可见恒沸精馏的气液平衡数据的计算流程要比理想溶液复杂得多。

逐板计算时，可用下列操作线方程：

精馏段对任意块板的组分 i(以下均略去下标 i)

$$V_n = L_{n+1} + d \tag{3-30}$$

式中，V_n、L_{n+1}、d 为组分 i n 板上升蒸汽，$n+1$ 板下降液体及塔顶产品中的流量(kmol/h)。从气-液平衡关系可给出

$$y_n = K_n x_n$$

即

$$\frac{V_n}{\overline{V}_n} = K_n \left(\frac{L_n}{\overline{L}_n} \right) \tag{3-31}$$

式中，$\overline{V}_n$、$\overline{L}_n$ 为自 n 板离开的气液相总量(kmol/h)。

其露点方程式为 $\sum x = \sum y/K = 1$ 或 $\sum \frac{L_n}{\overline{L}_n} = 1$。

因此

$$\sum \frac{V_n}{K_n} = \overline{V}_n \tag{3-32}$$

确定露点温度后，液相流量可由下式求出

$$L_{n+1} = \frac{V_n / K_n}{\overline{V}_n} \cdot \overline{L}_{n+1}$$

液体的泡点方程式为

$$\sum y = \sum kx = 1$$

即

$$\sum \frac{V_n}{\overline{V}_m} = \sum k_m \frac{L_m}{\overline{L}_m} = 1 \tag{3-33}$$

因此

$$\sum k_m L_m = \overline{L}_m \tag{3-34}$$

式中，$\overline{V}_m$、$\overline{L}_m$ 分别为自 m 板离开的气液相总量(kmol/h)。确定泡点温度以后，气相流量

$$V_m = \frac{K_m L_m}{\overline{L}_m} \overline{V}_m \tag{3-35}$$

由此可自塔顶逐板往下计算及自塔釜逐板往上计算，直到两关键组分之比接近为止(即为进料板)。

【例 3-5】 用三氯乙烯为夹带剂，使乙醇水溶液进行脱水精馏。乙醇、水、三氯乙烯分别以组分(1)、(2)、(3)表示。其脱水塔流程见图 3-12，其主要原始数据列表如下：

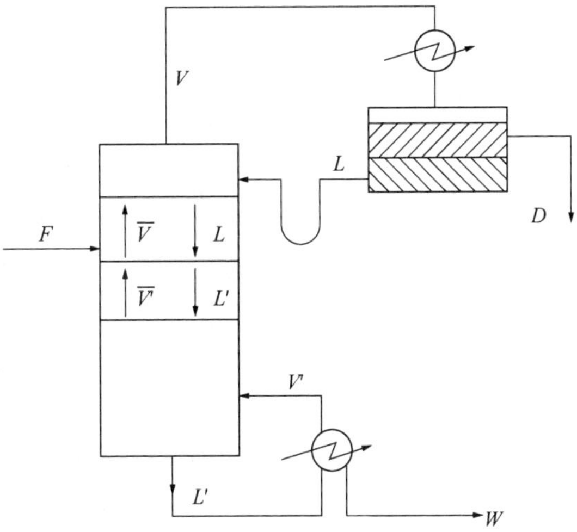

图 3-12　乙醇恒沸精馏脱水

物料流量

参数	流量/(kmol/h)	参数	流量/(kmol/h)
F	0.496	V	1.451
D	0.119	L'	2.01
W	0.377	V'	1.70
L	1.332	—	—

塔顶冷凝分层后物料量及组成

	塔顶蒸汽(V)	水层(D)	回流液(L)
x_1/(摩尔分数)	0.341	0.367	0.339
x_2/(摩尔分数)	0.175	0.572	0.140
x_3/(摩尔分数)	0.484	0.061	0.521
流量/(kmol/h)	1.451	0.119	1.332

各二元恒沸物数据

恒沸物	组成/(摩尔分数)			沸点/℃
	x_1	x_2	x_3	101.3Pa
$C_2H_5OH-H_2O$	0.894	0.106	—	78.15
$C_2H_5OH-C_2HCl_3$	0.525	—	0.475	70.80
$C_2HCl_3-H_2O$	—	0.350	0.650	73.00

以 100kmol/h 的 D 为基准，试用逐板法计算理论塔板数。

【解】 塔的物料平衡结果如下表：

	进料(F)	釜液(W)	顶部产品(D)
x_1/(摩尔分数)	0.802	0.955	0.341
x_2/(摩尔分数)	0.126	—	0.175
x_3/(摩尔分数)	0.072	0.045	0.484
流量/(kmol/h)	0.496	0.377	0.119

根据各二元恒沸物的沸点及组成，可计算出每两个组分之间的端值常数 A_{12}、A_{21}、A_{13}、A_{31}、A_{23}、A_{32}，以及每两个组分之间活度系数及组成关系。对 $C_2H_5OH-H_2O-C_2HCl_3CH$ 系统曾做过详细的研究，测定了各板的液体组成及温度。因此在以上工作的基础上，找出对应于每板上之组成温度的关系，算出三元混合物中各组分的活度系数γ_i及相应的气-液相平衡常数K_i，绘成图 3-13。

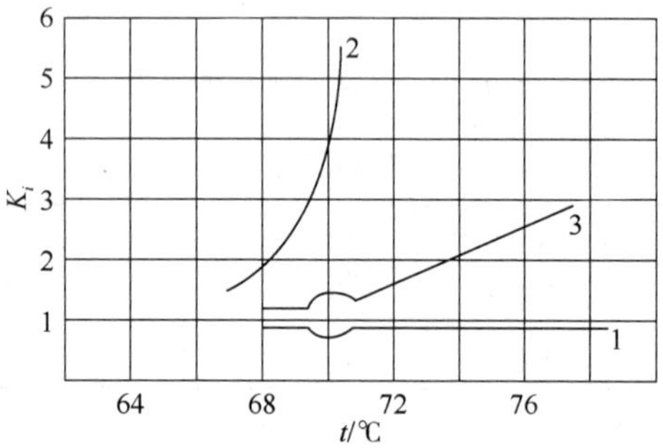

图 3-13　K_i-t 图

1—乙醇；2—水；3—三氯乙烯

逐板计算结果如下：

第一板

组分	V_D	K(67.7℃)	V_D/K	L_1	x_1(摩尔分数)
C_2H_5OH	34.1	0.91	37.5	484.3	37.5
H_2O	17.5	1.55	11.3	146.0	11.3
C_2HCl_3	48.4	0.945	51.2	660.0	51.2
Σ	100.0	—	100.0	1290.3	100.0

第二板

组分	流量	K(68℃)	V_2/K	L_2	x_2(摩尔分数)
C_2H_5OH	518.4	0.930	557.4	518.7	40.2
H_2O	163.5	1.80	90.8	83.9	6.5
C_2HCl_3	708.4	0.955	741.8	687.7	53.3
Σ	1390.3	—	1390.0	1290.3	100.0

第七板

组分	流量	K(70.3℃)	V_7/K	L_7	x_7(摩尔分数)
C_2H_5OH	706.4	0.8	883.0	820.6	63.6
H_2O	24.5	5.20	4.7	3.8	0.3
C_2HCl_3	659.1	1.31	502.6	465.8	36.1
Σ	1390.3	—	1390.3	1290.2	100.0

同样，再由塔釜向上逐板计算。对提馏段进行热平衡得汽化率$V'/W=4.51$（以100kmol/h的W为基准）。

塔釜

组分	L_W	K(77.5℃)	KL_W	V_W	L'_1	x'_1(摩尔分数)
C_2H_5OH	95.5	0.91	87.2	393.4	488.9	88.7
C_2HCl_3	4.5	2.84	12.8	57.6	62.1	11.3
Σ	100.0	—	100.0	451.0	551.0	100.0

塔釜上第一板

组分	L'_1	K(74.5℃)	KL'_1	V'_1	L'_2	x'_2(摩尔分数)
C_2H_5OH	488.9	0.86	420.5	344.2	439.7	79.8
C_2HCl_3	62.1	2.1	130.5	106.3	111.3	20.2
Σ	551.0	—	551.0	450.5	551.0	100.0

第四板

组分	L'_4	K(72℃)	KL'_4	V'_4	L'_5	x'_5(摩尔分数)
C_2H_5OH	369.0	0.84	210.0	254.0	349.5	63.4
C_2HCl_3	182.0	1.32	241.0	197.0	201.5	36.6
Σ	551.0	—	451.0	451.0	551.0	100.0

由此可见提馏段的x'_5成分和精馏段的x_7十分相近，只差水分，因此可设在提馏段第4块塔板中加入0.1(摩尔分数)的水分，重新试算如下：

组分	x'_4(摩尔分数)	L'_4	K(70.5℃)	KL'_4	V'_4	L'_5	x'_5(摩尔分数)
C_2H_5OH	66.9	368.4	0.84	309.5	253.3	350.0	63.5
H_2O	0.1	0.6	5.7	4.9	4	2.8	0.5
C_2HCl_3	33.0	182.0	1.3	236.6	193.7	198.2	36.0
Σ	100.0	551.0	—	551.0	451.0	451.0	100.0

因为 x_7 与 x'_5 基本相同，所以塔釜上第 5 块塔板与塔顶下的第 7 块塔板可以认为是同一层板，即加料板。这样所需的理论塔板数为：

$$N=7+5-1=11(\text{层})$$

3.2.4　夹带剂的选择

恒沸精馏过程一项重要的工作就是选择夹带剂。夹带剂选择得是否适宜，对整个过程的有效性、经济性有密切的关系。夹带剂选择常从以下几方面来考虑：

(1) 夹带剂所形成的恒沸物与被分离的组分的沸点差关系到分离是否容易进行，一般不得小于 10℃。

(2) 被分离组分在恒沸物中的含量要高，这样单位质量的夹带剂可以带出较多的被分离组分，对节约能量、降低设备投资等方面都是有利的。

(3) 容易回收。如在一般的条件下经过冷凝能形成二个平衡的液相时，可以简化回收分离的过程，因此对某一个被分离的系统，若有几种夹带剂可供选择时，优先考虑生成非均相恒沸物的夹带剂。若生成是均相恒沸物时，希望能通过水洗使其分离，或改变恒沸组成中某一组分的量使其能分离为两液相，例如三组分恒沸物醋酸乙酯-水-乙醇在室温下是均相溶液，若加入过量的水时，即分为两液相：一相是水-醋酸乙酯，另一相是醋酸乙酯所饱和的乙醇水相，便于进行分离。

(4) 具有一定的热稳定性，无腐蚀，无毒，而且来源方便，价格低廉。

完全满足上述要求的夹带剂是很少的，在具体选择时，要抓住该过程的主要矛盾，便于对比分析。

下面以稀醋酸提浓为例，说明夹带剂的选择。

醋酸能与水以任何比例互相溶解，醋酸沸点为 118.1℃，在选择醋酸脱水的夹带剂时，希望夹带剂能与水形成非均相共沸物，以简化回收的过程。与水形成的共沸物有：醋酸丁酯、醋酸乙酯、苯等有机化合物，对以上三种化合物的主要性质列入表 3-2，便于进行分析：

表 3-2　夹带剂化合物主要性质

性　质	醋酸丁酯	醋酸乙酯	苯
沸点/℃	126.2	77.1	80.05
相对密度(25℃)	0.876	0.894	0.875
黏度/cP	0.61	0.46	0.62
在水中的溶解度(30℃)，g/(100cm³ 水)	7.0	8.42	0.076
与水的恒沸点/℃	90.2	70.4	69.25
恒沸物含水(摩尔比)	0.722	0.24	0.296

注：$100cP=10^{-1}Pa\cdot s$。

从上表可见：

(1) 以上三种组分与水形成的恒沸物的沸点与醋酸的沸点差别均较大，沸点差大小依次为苯、乙酯、丁酯。从醋酸丁酯来讲，其恒沸物与醋酸的沸点差为27.9℃，在分离醋酸与恒沸物时比较容易进行。

(2) 在夹带剂回收方面，都能形成非均相恒沸物。从它在水中的溶解度以及与水的沸点差来看，苯最易回收，醋酸乙酯次之，醋酸丁酯回收比较困难。

(3) 从毒性来看，苯较毒，丁酯及乙酯微毒，腐蚀性及来源方面三者大体相仿。

(4) 从夹带剂用量来看，苯与乙酯相近，而单位用量的丁酯可带出的水量比前者多1倍以上。

综合以上情况来看，对于30%~40%的稀醋酸提浓时，夹带剂用量是主要矛盾，因此在工业生产中多选用醋酸丁酯作为夹带剂。

3.3 萃取精馏

3.3.1 萃取蒸馏的工艺流程分析

利用萃取精馏分离有机化工产品混合物的工艺流程的介绍，以 C_4 馏分的萃取精馏制取丁二烯的主要工艺流程(图3-14)为例进行分析。

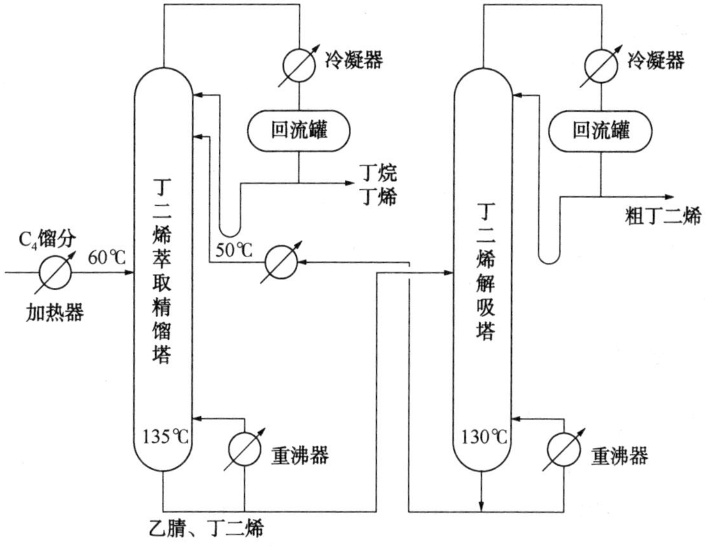

图3-14　萃取精馏分离丁二烯原理流程

C_4 馏分乙腈萃取法生产丁二烯的工艺流程包括以下四个部分：

(1) 原料预处理工序。通过脱 C_2 塔和脱 C_3 塔分别切除原料中所含少量的 C_2

和C_3馏分，保证原料C_4含量在99.3%以上。

(2) 丁二烯萃取精馏和解吸。通过丁二烯萃取精馏塔将原料C_4馏分分割为丁烷、丁烯馏分从塔顶取出，丁二烯与萃取剂从萃取精馏塔底引出送至丁二烯解吸塔。在丁二烯解吸塔顶蒸出粗丁二烯馏分，塔底乙腈经冷却后送往萃取精馏塔循环使用。

(3) 炔烃萃取精馏及解吸。粗丁二烯中含有少量的炔烃亦用乙腈作为萃取剂，采用萃取精馏的方法进行分离。在萃取精馏塔顶出丁二烯，在解吸塔顶出炔烃。

(4) 乙腈回收及再生：

丁二烯萃取精馏塔顶出的丁烷、丁烯及炔烃，萃取精馏塔底的丁二烯中均含有一定数量的乙腈，将其分别通过丁烷丁烯水洗塔以及丁二烯水洗塔用水作吸收剂回收其中的乙腈，并使生产的丁二烯中乙腈含量$<20\times10^{-6}$(质量分数)，以保证聚合的质量。所吸收的水经乙腈回收塔将乙腈蒸发。

了解到用乙腈作为萃取剂用萃取精馏的方法来分离C_4馏分制取丁二烯的工艺流程后，我们可以看出一个完整的萃取精馏过程通常包括两个部分：①萃取精馏塔，用来对混合物进行分离；②解吸塔，将萃取剂与产品分开。

解吸塔从其作用原理上和以前学过的二元或多元精馏塔完全一样。而萃取精馏塔的原理与一般精馏塔有所不同，可将萃取精馏塔分成三段：

(1) 提馏段　在进料板以下部分，主要是从乙腈和烃类的混合物中将丁烷、丁烯提馏出来。

(2) 精馏段　指进料板与萃取剂入塔板之间的区域，主要是利用乙腈作为溶剂改变丁二烯与丁烯、丁烷的相对挥发度，使丁二烯尽量少被丁烯、丁烷带走而与乙腈一起进入塔底。

(3) 溶剂回收段在萃取剂入塔板上部用作乙腈与丁烷、丁烯的分离。

从以上分析看来，萃取精馏塔的作用原理与一般的精馏塔有所不同，因此需要了解萃取精馏塔工艺计算的特点。

3.3.2　萃取精馏塔的工艺计算

1. 萃取精馏塔的物料衡算

对于被分离的二元或多元混合物，它们的物料衡算方法与二元或多元精馏的物料衡算方法基本相同，可先暂不考虑萃取剂对物料平衡的影响，而根据被分离组分的进料量及组成，以及对各组分分离的要求决定塔顶、塔底产品的总量和各组分的组成。如果被分离的混合物是多组分物系，则在物料衡算时应根据分离的要求确定轻、重关键组分，按照多元物料衡算的假定，比轻关键组分更轻的组分不进入塔底，比重关键组分更重的不进入塔顶或用近似的估算法，决定各组分在塔顶和塔底的分配。

$$F=W'+D' \tag{3-36}$$

$$Fz_i=W'\cdot x_{Wi}+D'x_{Di} \tag{3-37}$$

对任意组分则有

$$f_i=d_i+w_i \tag{3-38}$$

$$\sum d_i=D',\ \sum w_i=W' \tag{3-39}$$

$$\frac{d_i}{D'}=x'_{Di},\ \frac{w_i}{W'}=x'_{Wi} \tag{3-40}$$

式中 F、W'、D'——被分离混合物进料、塔底和塔顶产品流量，kmol/h；

f_i、w_i、d_i——组分 i 在进料、塔底和塔顶产品中流量，kmol/h；

z_i、x'_{Wi}、x'_{Di}——组分 i 在不考虑萃取剂加入的情况下在进料、塔底和塔顶产品中的浓度。

在确定了被分离混合物各组分在塔顶和塔釜的分配以后，再考虑加入萃取剂以后的物料衡算。

对萃取剂来讲

$$S=Wx_{WS}+Dx_{DS} \tag{3-41}$$

式中 S——萃取剂流量，kmol/h；

x_{WS}、x_{DS}——萃取剂在塔釜及塔顶中的摩尔分数；

W、D——萃取精馏塔釜液以及塔顶产品的数量，kmol/h。

$$W=W'+Wx_{WS} \tag{3-42}$$

$$D=D'+Dx_{DS} \tag{3-43}$$

上列两式可写成以下形式

$$W=W'/(1-x_{WS}) \tag{3-44}$$

$$D=D'/(1-x_{DS}) \tag{3-45}$$

上列两式可写成以下形式

$$F+S=W+D \tag{3-46}$$

对任意被分离之组分 i 则应有

$$Fz_{iS}+Sz_{iS}=Wx_{W_i}+Dx_{Di} \tag{3-47}$$

式中 z_{iS}——萃取剂中组分 i 的摩尔分数。

当解吸塔解吸很完全，可忽略z_{iS}时

$$Fz_{iS}=Wx_{Wi}+Dx_{Di} \tag{3-48}$$

2. 萃取剂用量的计算

在萃取精馏塔要进行物料衡算时，必须要知道加入萃取剂的用量。而且，萃取剂加入量的多少直接影响到各被分离组分之间的相对挥发度，从而影响了整个萃取精馏塔的工艺设计的合理性。

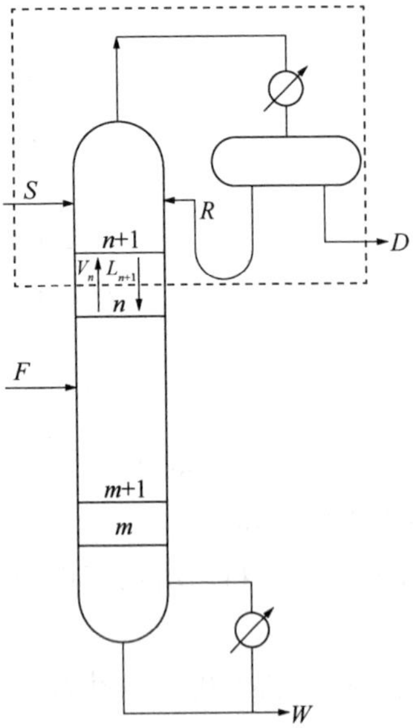

图 3-15　精馏段的物料衡算

在萃取精馏塔中，由于溶剂的挥发度一般均较所处理的物系挥发度为低，而且用量较大，故在塔内很快地就达到一个恒定的浓度值x_s。因此在萃取精馏的研究和设计时，多是以某一恒定的萃取剂的恒定浓度值作为研究和比较的基准。对一些成熟的萃取精馏过程，通过大量的生产实践找到了最合理的萃取剂的恒定浓度值，这往往可以作为我们进行设计计算的出发点。而萃取剂的恒定浓度值与萃取剂的用量紧密相连。它们的关系我们可以从塔内萃取剂的物料衡算式中导出。

精馏段物料衡算时各物料之间关系用图 3-15 来表示，由此可得出

$$V_n+S=L_{n+1}+D \tag{3-49}$$

$$V_n y_{nS}+S=L_{n+1}x_{(n+1)S}+Dx_{DS} \tag{3-50}$$

$$V_n y_{nc}=L_{n+1}x_{(n+1)c}+Dx_{D_c} \tag{3-51}$$

式中　y_{nS}——n 板上升蒸汽中萃取剂的组成(摩尔分率)；

y_{nc}——n 板上升蒸汽中被分离各组分总的含量(摩尔分率)；

$x_{(n+1)S}$——n+1 板下降液体中萃取剂的组成(摩尔分率)；

$x_{(n+1)c}$——n+1 板下降液体中被分离各组分总的含量(摩尔分率)。

由于萃取精馏时，塔内萃取剂浓度为一恒定值，故在精馏段则有：

$$x_{nS}=x_{(n+1)S}=x_S$$

$$x_{nc}=x_{(n+1)c}=x_c$$

基于上述假设，对于气相也可以写出

$$y_{nS}=y_{(n+1)S}=y_S$$

$$y_{nc}=y_{(n+1)c}=y_c$$

在恒摩尔流情况下：

$$L_N=L_n=L_{n+1}=S+RD$$

$$V_N=V_n=V_{n+1}=L_n+D-S$$

式中　V_N、L_N——精馏段的气、液相流量，kmol/h。

如果塔顶产品带走的溶剂很少可忽略，则式(3-50)和式(3-51)可改写为：

$$V_N y_S+S=L_N x_S \tag{3-52}$$

$$V_N y_c=L_N x_c+D \tag{3-53}$$

如用β代表溶剂对非溶剂的相对挥发度，则有

$$\beta=\frac{K_S}{K_c},\ K_S=\frac{y_S}{x_S}$$

则式(3-52)和式(3-53)可分别写为：

$$V_N K_S x_S + S = L_N x_S$$

$$V_N K_c(1-x_S) = L_N(1-x_S) + D$$

自以上两式中解出V_n并使之相等。

$$V_N = \frac{L_N x_S - S}{K_S x_S} = \frac{L_N(1-x_S)+D}{K_c(1-x_S)}$$

所以

$$\begin{aligned} S &= L_N x_S - \frac{K_S x_S[L_N(1-x_S)+D]}{K_c(1-x_S)} \\ &= L_N x_S - \beta x_S L_N - \beta x_S D/(1-x_S) \\ &= x_S\left[L_N(1-\beta) - \frac{\beta D}{1-x_S}\right] \end{aligned}$$

由此可得

$$x_S = \frac{S}{L_N(1-\beta) - \dfrac{\beta D}{1-x_S}} \tag{3-54}$$

用同样方法对提馏段进行推导可得

$$x'_S = \frac{S}{L_m(1-\beta) - \dfrac{\beta W}{1-x'_S}} \tag{3-55}$$

式中　x'_S——提馏段萃取剂的恒定浓度(摩尔分率)；

L_m——提馏段液体流量，kmol/h。

对于全塔溶剂对非溶剂的相对挥发度β则有

$$\beta = \frac{K_S}{K_c} = \frac{K_S}{\sum_{i=1}^{c} y_i / \sum_{i=1}^{c} x_i} = \frac{K_S}{\sum_{i=1}^{c} K_i x_i/(1-x_S)}$$

因为$\alpha_{iS} = \dfrac{K_i}{K_S}$，将上式移项整理后则有

$$\beta = \frac{1-x_S}{\sum_{i=1}^{c} x_i \alpha_{iS}} \tag{3-56}$$

由于β代表全塔溶剂对非溶剂的挥发度，在塔内各处被分出组分的组成均不相同，如果进料作为全塔代表性组成，在扣除溶剂以后计算各组分浓度，则有

$$\beta = \frac{1}{\sum_{i=1}^{c} x'_i \alpha_{iS}} = \frac{1}{\sum_{i=1}^{c} z_i \alpha_{iS}} \tag{3-57}$$

以上各式中使用的$\sum_{i=1}^{c}$定义为在塔内被分离各组分的浓度之和。

如果被分离组分为双组分混合物，式(3-56)可写为以下形式

$$\beta=\frac{x_1+x_2}{x_1\alpha_{1S}+x_2\alpha_{2S}} \tag{3-58}$$

对于精馏段上部 $x_2 \to 0$ 则 $\beta_{上}=\frac{1}{\alpha_{1S}}$

对于提馏段下部 $x_1 \to 0$ 则 $\beta_{下}=\frac{1}{\alpha_{2S}}$

此时全塔溶剂对非溶剂之相对挥发度

$$\beta=\sqrt{\beta_{上}\beta_{下}}=\sqrt{\frac{1}{\alpha_{1S}\cdot\alpha_{2S}}} \tag{3-59}$$

当解决了全塔溶剂对非溶剂的相对挥发度的计算方法以后，再来分析精馏段计算 x_S 的式(3-54)和提馏段计算 x'_S 的式(3-55)，一般情况两式分母中的第二项都很小，在工程设计中常常可以忽略，则以上两式可简化为

$$x_S=\frac{S}{(RD+S)(1-\beta)} \tag{3-60}$$

$$x'_S=\frac{S}{[RD+S+F(1-e)](1-\beta)} \tag{3-61}$$

式中 R 是塔的操作回流比。

对比式(3-60)和式(3-61)两式可知，当进料为饱和蒸汽进料时，亦即 $e=1$，则 $x'_S=x_S$。也就是说在饱和蒸汽进料的情况下，萃取精馏塔的精馏与提馏段均保持接近一致的萃取剂恒定浓度。

3. 萃取精馏塔理论塔板数的计算

在正式着手进行萃取精馏塔理论塔板数计算之前应进行两方面的准备工作。

(1) 确定塔的操作条件。

塔压：如果被分离组分在常温常压下呈液体状态，分离一般在常压下进行。如果分离组分在常温常压下呈气体状态，通常在加压下使其液化便于分离。此时塔压应等于塔顶产品在冷凝温度下(气相出料时的)的露点压力或(液相出料时的)泡点压力。塔顶温度为塔顶馏出物在操作压力的露点温度。塔釜温度为塔釜产物在塔底压力下的泡点温度。如果塔顶的产品各组分所形成的塔液为理想溶液，且在规定分离条件下，塔顶带走的溶剂数量很少时，可将整个塔顶冷凝液视作理想溶液，可按多组分气-液平衡计算泡(露)点压力的方法进行。对于全部冷凝的情况，也可用以下公式计算。

$$p_{顶}=\sum p_i^0 x_{Di} \tag{3-62}$$

在分离所需塔板数较多的情况下，所定的塔釜压力要考虑塔板阻力降。计算塔釜温度时则要考虑各组分的活度系数的影响。可假设塔釜温度，查出各组分的 p_i^0，并计算相应塔釜各组分的活度系数 γ_i，则应有

$$\sum p_i^0 \gamma_i x_{Wi} = p_{釜} \qquad (3-63)$$

如不相等，则应重新假设温度，按以上步骤进行计算，直至误差小于某一规定数值时为止。

(2) 确定在塔操作条件及规定分出要求情况下被分出组分之间的相对挥发度。

对于二元混合物的萃取分离，可先根据有关资料查得或计算出二元系统的端值常数 A，并按系统的平均温度求得该温度条件下的端值常数。由于萃取精馏塔是在某一萃取剂恒定浓度x_s下操作的，因此，可在$(1-x_s)$范围内调整组分 1 和 2 的浓度值x_1和x_2，并计算出其相应的活度系数γ_1和γ_2，按照式(3-5)

$$\alpha_{ij} = \frac{\gamma_i p_i^0}{\gamma_j p_j^0}，在此\alpha_{12} = \frac{\gamma_1 p_1^0}{\gamma_2 p_2^0}$$

计算出相应的相对挥发度α_{12}，为了应用方便可将计算的结果绘成 $\alpha_{12}-x_1/(x_1+x_2)$的曲线(图 3-16)。在采用饱和蒸汽进料时$x_s=x'_s$，只需作一根 $\alpha_{12}-x'$曲线即能满足计算要求。如果进料是饱和液相或气-液混合进料，则应根据精馏段的x_s和提馏段的x'_s分别绘制其 $\alpha_{12}-x'$曲线。

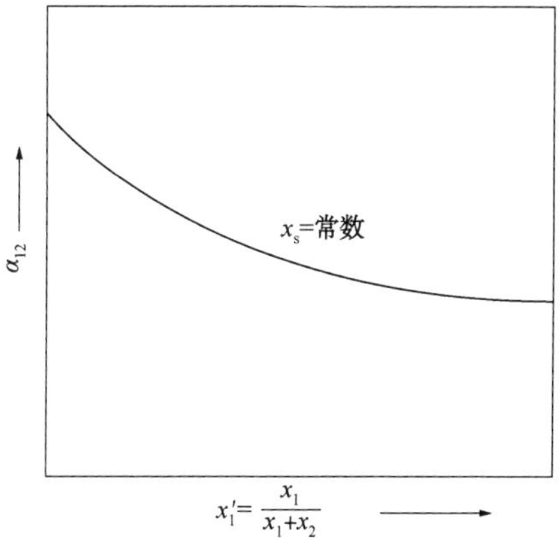

图 3-16　$\alpha_{12}-x'$曲线

在二元混合物萃取精馏利用萃取剂在塔内浓度维持一定的简化假定下，则可以暂不考虑萃取剂的作用，分别将气液相中被分离的二元组分作为分析问题的对象，按二元精馏的方法去进行处理。从相对挥发度的定义出发，$\frac{y_1}{y_2} = \alpha_{12}\frac{x_1}{x_2}$，由已知的 $x'_1(x'_2=1-x'_1)$，则可以求出相应的 y_1 及 y_2。

在二元精馏时仅用轻组分的 x、y 表示其相平衡关系，在此亦可参照二元精馏的方法标绘出其 $x-y$ 曲线来(图 3-17)，亦可根据 $\alpha_{12}-x'$曲线，在该段分离的浓度变化区间内取其平均值。再从平均相对挥发度出发，按下式进行标绘

$$y'_1 = \frac{\alpha_{12} x'_1}{1+(\alpha_{12}-1)x'_1}$$

当标绘出$x'-y'$之相平衡曲线以后，塔板数的计算就可以按二元精馏的方法进行图解。

对于多组分混合采用萃取精馏分离时，如果被分离的多组分混合液可以看作理想溶液的话，则可按式(3-64)和式(3-65)计算被分离各组分的相对挥发度。

$$\lg \frac{\alpha_{ij}}{\alpha'_{ij}} = (A_{iS} - A_{jS})(1 - x_S)(x_S) \tag{3-64}$$

$$\alpha'_{ij} = \frac{\gamma'_{iS}}{\gamma'_{jS}} \times \frac{p_i^0}{p_j^0} \tag{3-65}$$

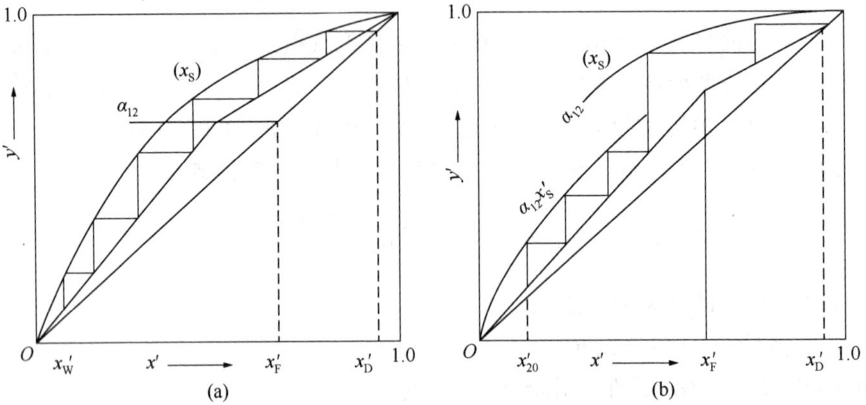

图 3-17 *A* 露点加料的$x'-y'$曲线

从式(3-64)和式(3-65)的分析中可以看出，当分馏塔顶、底温度相差不很大时，取其平均温度计算α_{ij}时，所算得的α_{ij}实际上不受 *i*、*j* 组分间浓度变化的影响，也就是说在塔内各板被分离组分之间的相对挥发度可近似地视为一常数，这样就使分离计算大大地简化了。在这种情况下，实验室也比较容易测定该系统的气-液平衡数据。对于比较成熟的萃取精馏工业装置，通过实验一般提供了某一恒定浓度x_S下，在接近生产操作条件下溶剂对各分离组分的相对挥发度α_{iS}。有时通过换算直接提供α_{ij}的数据。溶剂与被分离组成的相对挥发度α_{iS}以及各被分离组分之间的相对挥发度α_{ij}之间可以通过以下方法进行换算：

$$\alpha_{iS} = \frac{p_i^0 \gamma_i}{p_S^0 \gamma_S}$$

$$\alpha_{jS} = \frac{p_j^0 \gamma_j}{p_S^0 \gamma_S}$$

$$\alpha_{ij} = \frac{p_i^0 \gamma_i}{p_j^0 \gamma_j} = \frac{p_i^0 \gamma_i / (p_S^0 \cdot \gamma_S)}{p_j^0 \gamma_j / (p_S^0 \cdot \gamma_S)}$$

所以

$$\alpha_{ij} = \frac{\alpha_{iS}}{\alpha_{jS}} \tag{3-66}$$

根据以上算得的α_{ij}很容易按照多元精馏的方法进行精馏塔的计算。

(3) 理论塔板数及进料位置的确定。

萃取精馏塔理论塔板数的计算方法中逐板法比较准确，但是需要有足够的相平衡数据，而且计算工作量也较大。在一般工程设计中为了简便，通常采用简化法。也就是利用在萃取精馏塔中，萃取剂维持恒定浓度的前提下，在考虑到溶剂对被分离物系相对挥发度的影响后，将所分离的二元或多元混合物，分别按二元精馏或多元精馏的方法，计算精馏段及提馏段的塔板数。

(a) 最小回流比和操作回流比：

对于二元混合物，可采用相应的计算公式

饱和液体进料

$$R_{min}=\frac{1}{\alpha_{12}-1}\left[\frac{x'_{D_1}}{z_1}-\frac{\alpha_{12}(1-x'_{D_1})}{1-z_1}\right] \tag{3-67}$$

饱和蒸汽进料

$$R_{min}=\frac{1}{\alpha_{12}-1}\left[\frac{\alpha_{12}x'_{D_1}}{z_1}-\frac{1-x'_{D_1}}{1-z_1}\right]-1 \tag{3-68}$$

对于多元混合物可采用恩德伍德法进行计算

$$\sum\frac{\alpha_{ij}x'_{D_i}}{x_{ij}-\theta}=R_1+1 \tag{3-69}$$

$$\sum\frac{\alpha_{ij}z_i}{\alpha_{ij}-\theta}=e \tag{3-70}$$

操作回流 $R=(1.2\sim2)R_m$

在萃取精馏设计时，往往采用较小的 R 值，以节约能量消耗。

当选定了操作回流比以后，三元混合物的萃取精馏如用图解法求理论塔板数，则可按二元精馏所介绍的方法进行计算和图解。

(b) 最少理论塔板数：

按芬斯克方程计算

$$N_m=\frac{\lg\left[\left(\frac{x'_l}{x'_h}\right)_D\cdot\left(\frac{x'_h}{x'_l}\right)_W\right]}{\lg\alpha_{lh}} \tag{3-71}$$

(c) 以吉利兰图求全塔理论塔板数：

以上步骤和计算方法可参看多元精馏相应的内容。

进料位置可按以下公式计算

$$\frac{n}{m}=\frac{\lg\left[\left(\frac{x'_l}{x'_h}\right)_D\cdot\left(\frac{x_h}{x_l}\right)_F\right]}{\lg\left[\left(\frac{x_l}{x_h}\right)_F\cdot\left(\frac{x'_h}{x'_l}\right)_W\right]} \tag{3-72}$$

式中 n——精馏段理论塔板数；

m——提馏段(包括塔釜)理论塔板数。

当进料为饱和液体：

$$x_1=z_1$$

$$x_h=z_h$$

当进料为饱和蒸汽或气液混合时，x_1、x_h取经气-液平衡计算得出的相应的液相组成。

溶剂回收段的任务主要是将离开精馏段蒸汽中溶剂从其浓度 y_S降低到规定的塔顶产品中溶剂浓度x_{D_S}。由于该段主要目的是回收溶剂，溶剂对非溶剂的相对挥发度β一般是很小的，故完成预定的任务所需塔板数一般是较少的，故可以认为离开精馏段顶板的蒸汽中，以被分离的物系为基准时组分 i 的组成y_i与塔顶产品中的组成x_{D_i}近似相等。这样使确定 y_S以及进一步确定回收段的理论塔板数的计算过程简化了。

设塔顶板上的气相与液相组成分别为 y_1，y_2，…，y_l，y_h，…，y_c，y_S以及x_1，x_2，…，x_l，x_h，…，x_c，x_S…，则相平衡方程式

$$x_S=\frac{y_S\ \alpha_{Sh}}{\sum_{i=1}^{S} y_i\ \alpha_{ih}} \tag{3-73}$$

因为 $$\alpha_{Sh}=1/\alpha_{hs}$$

所以

$$y_S=\frac{x_S}{\alpha_{hS}}\sum_{i=1}^{S} y_i\alpha_{ih} \tag{3-74}$$

若气相中被分离各组分之流量为V'(kmol/h)，则

$$y_i=\frac{V'y_i{}'}{V}=\frac{V'x'_{Di}}{V} \tag{3-75}$$

$$y_S=1-\sum_{i=1}^{c} y_i=1-\sum_{i=1}^{c}\frac{V'x'_{Di}}{V}=1-\frac{V'}{V} \tag{3-76}$$

将式(3-75)和式(3-76)代入式(3-74)中，则有

$$1-\frac{V'}{V_S}=\frac{x_S}{\alpha_{hS}}\left[\frac{1-V'V}{\alpha_{Sh}}+\sum_{i=1}^{c}\frac{V'\ x'_{Di}}{V\ \alpha_{ih}}\right]$$

$$=\frac{x_S}{\alpha_{hS}}\left[\left(1-\frac{V'}{V}\right)\alpha_{hS}+\frac{V'}{V}\sum_{i=1}^{c}\frac{x'_{Di}}{\alpha_{ih}}\right]$$

将等式两端同乘以 V，并整理后可得

$$V-V'=x_S\left[(V-V')+\frac{V'}{\alpha_{hS}}\sum_{i=1}^{c}\frac{x'_{Di}}{\alpha_{ih}}\right]$$

$$(1-x_S)(V-V')=\frac{x_S V'}{\alpha_{hS}}\sum_{i=1}^{c}\frac{x'_{Di}}{\alpha_{ih}} \tag{3-77}$$

式中 V'、x_S、α_{hS}、α_{ih} 均为已知，则 V' 可解。再代入式(3-76)中即可求得 y_S。

进入精馏段的回流液中溶剂的组成 x_{hS} 可由溶剂回收段的物料衡算求得

$$V y_S = L x_{hS} + D x_{DS}$$

溶剂回收段之理论塔板数可按式(3-77)计算

$$n = \frac{-\lg\left[\frac{x_{DS}}{\beta}\left(\frac{1}{x_{DS}} - \frac{1-\beta}{1+(R+1)/\beta R}\right)\right]}{\lg\left(\frac{R}{R+1} \cdot \frac{1}{\beta}\right)} + 1 \tag{3-78}$$

溶剂对非溶剂的相对挥发度 β 计算时应取塔顶组成，此时

$$\beta = \frac{1 - x_{DS}}{\sum_{i=1}^{c} x_{Di} \cdot \alpha_{iS}} = \frac{1}{\sum_{i=1}^{c} x'_{Di} \alpha_{iS}}$$

4. 塔内气液相负荷的计算

当塔顶萃取剂浓度很小，可以忽略时，则有溶剂回收段

$$V = (R+1)D$$

$$L = RD$$

精馏段

$$V_n = (R+1)D$$

$$L_n = RD + S$$

提馏段

$$V_m = L_m - W$$

$$L_m = L_n + F(1-e) = RD + S + F(1-e)$$

以上计算式对于塔内温度变化不大的情况，而且萃取剂加料温度与塔内温度比较接近时计算结果是基本正确的。而在萃取剂加料温度低于塔内温度，或者加料温度虽然与塔内温度相近，但是塔内温度较大的情况下，计算结果的误差也就相应地增加(图 3-18)。

产生误差主要是由于萃取剂加入塔内以后，沿塔下流过程中温度是不断升高的，因而会有一定量的蒸汽冷凝以补偿这部分热量，由于萃取剂在塔内液相中的浓度较高，由此而产生的沿塔径向下气液量不断增大的情况，在设计中必须考虑由此而产生的误差。为此在计算时一般采用热量衡算的方法来解决上述原因造成的气液相流量的变化。

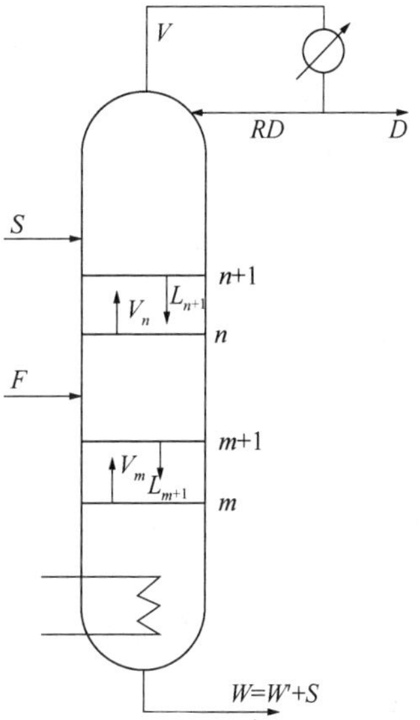

图 3-18　萃取精馏塔的物料平衡

萃取精馏塔全塔热量衡算式

$$FI_F + SI_{SL} + Q_r = DI_D + Q_C + W I_W \tag{3-79}$$

式中　Q_C、Q_r——塔顶冷凝器带出的和再沸器加入的热量，kJ/h；

I_F、I_{SL}、I_D、I_W——进料、萃取液、塔顶产品、塔釜液之热焓，kJ/kmol。

利用式(3-79)算出Q_r以后，当忽略液体混合热时，则提馏段的气相负荷应为

$$V_m = Q_r / \Delta H_V \tag{3-80}$$

式中　ΔH_V——提馏段气相组成的汽化潜热，kJ/kmol。

因为　$L_m = V_m + W$　可算出其液相负荷。

精馏段必要时也可用热量衡算方法来进行气液相流量的校正。溶剂回收段则无须校正。

【例 3-6】　某丁二烯萃取精馏塔进料量为 100kmol/h，进料组成如下：

组分	nC_4^0	$iC_4^=$	$nC_4^=-1$	顺$C_4^=-2$	$C_4^{==}$	$C_4^{\equiv}-1$	Σ
组成z_i/(摩尔分数)	9.4	16.0	17.8	16.4	40.0	0.4	100.0
f_i/(kmol/h)	9.4	16.0	17.8	16.4	40.0	0.4	100.0

进料状态：露点进料，塔顶采用全凝器。

分离要求：

(1) C_4抽提装置产品丁二烯质量标准。

丁二烯含量≥99%，乙腈<20×10^{-6}(质量)，$C_4^{\equiv}$<100×10^{-6}(质量分数)。

(2) 萃取精馏塔顶的丁二烯损失量小于丁二烯进料量的 2%，炔烃解吸塔顶丁二烯损失量占丁二烯萃取精馏塔进料量的 1%，其他部分损失可忽略。

萃取精馏塔以乙腈水溶液为萃取剂，取萃取剂恒定浓度x_s=0.85，萃取剂含水 8%(质量分数)，在操作条件下的气液平衡参考数据如下：

组分	nC_4^0	$iC_4^=$	$nC_4^=-1$	顺 $C_4^=-2$	$C_4^{==}$	$C_4^{\equiv}-1$
α_{is}	31.4	23.6	23.3	19.23	15.0	7.35
$\alpha_i C_4^{==}$	2.09	1.57	1.55	1.28	1.0	0.49

试确定

(1) 塔的各段的塔板数各有多少块?

(2) 萃取剂用量有多少(kg/h)?

(3) 暂定塔顶产品含乙腈 0.2%，含水 0.15%，塔顶与塔底产品的组成如何?

(4) 如塔顶用水冷却，回流液温度为 50℃，全塔压力降 101.3kPa，塔顶、塔底压力为多少? 塔釜及进料温度如何?

(5) 该塔各段气液相负荷各为多少(m^3/h)?

【解】 (1) 萃取精馏塔被分离 C_4馏分的物料衡算:

(a) 确定关键组分,明确分离要求。

从该塔分离特点来看主要是将$C_4^{==}$、$C_4^{=}$与其他 C_4组分分开,既要保证$C_4^{==}$的回收率(≥98%),又要保证经过后续加工得到的$C_4^{==}$浓度≥99%。

根据各组分在操作条件下的气-液平衡数据定:

$C_4^{==}$为重关键组分(h),顺$C_4^{=}$-2 为轻关键组分(l)。

由丁二烯产品质量要求,在保证丁二烯纯度 99%的前提下,除含乙腈<20×10^{-6},$C_4^{\equiv}$<100×10^{-6}(质量分数),其余部分主要是顺$C_4^{=}$-2,其量应为

顺$C_4^{=}-2\leqslant40\times0.97\times[0.01-(100+20)\times10^{-6}]\leqslant0.383$(kmol/h)

取塔釜液中顺$C_4^{=}$=0.35(kmol/h),

塔顶损失丁二烯量≤40×0.02=0.8(kmol/h),

取塔顶产品中$C_4^{==}$=0.7(kmol/h)。

(b) 物料衡算:

组分		nC_4^0	$iC_4^{=}$	$nC_4^{=}-1$	顺 $C_4^{=}-2$	$C_4^{==}$	$C_4^{\equiv}-1$	Σ
进料	z_i/(摩尔分数)	0.094	0.160	0.178	0.164	0.400	0.004	1.000
	f_i/(kmol/h)	9.4	16.0	17.8	16.4	40.0	0.40	100.0
塔顶	d_i/(kmol/h)	9.4	16.0	17.8	16.05	0.70	0	59.95
	x'_{Di}/(摩尔分数)	0.1567	0.2670	0.2968	0.2678	0.0117	0	1.000
塔底	w_i/(kmol/h)	0	0	0	0.35	39.30	0.40	40.05
	x'_{Wi}/(摩尔分数)	0	0	0	0.0087	0.9813	0.0100	1.0000

(2) 理论塔板数的计算。

(a) 确定最小回流比及操作回流比。

$$\sum_{i=1}^{c}\frac{\alpha_{ih}\cdot z_i}{\alpha_{ih}-\theta}=e$$

$$\sum_{i=1}^{c}\frac{\alpha_{ih}\cdot x'_{Di}}{\alpha_{ih}-\theta}=R_m+1$$

塔进料为露点 $e=1$　　$1<\theta<1.28$

组分		nC_4^0	$iC_4^{=}$	$nC_4^{=}-1$	顺 $C_4^{=}-2$	$C_4^{==}$	$C_4^{\equiv}-1$	Σ
$\frac{\alpha_{ih}\cdot z_i}{\alpha_{ih}-\theta}$		$\frac{2.09\times0.094}{2.09-\theta}$	$\frac{1.57\times0.160}{1.57-\theta}$	$\frac{1.55\times0.178}{1.55-\theta}$	$\frac{1.28\times0.164}{1.28-\theta}$	$\frac{1.00\times0.4}{1.00-\theta}$	$\frac{0.49\times0.004}{0.49-\theta}$	$\sum_{i=1}^{c}\frac{\alpha_{ih}\cdot z_i}{\alpha_{ih}-\theta}$
设θ值	1.1	0.198	0.535	0.614	1.165	-4.00	-0.0032	-1.520
	1.15	0.209	0.60	0.69	1.62	-2.67	-0.0030	0.45
	1.16	0.211	0.612	0.708	1.73	-2.50	-0.0029	0.761
	1.17	0.213	0.628	0.727	1.91	-2.35	-0.0029	1.11

取 $\theta=1.17$

$$R_m+1=\frac{2.09\times0.1576}{2.09-1.17}+\frac{1.57\times0.267}{1.57-1.17}+\frac{1.55\times0.2968}{1.55-1.17}+$$

$$\frac{1.28\times0.2678}{1.28-1.17}+\frac{1.0\times0.0117}{1.0-1.17}=5.76$$

$$R_m=4.76$$

取操作回流比 $R=1.26R_m$，则 $R=1.26\times4.76=6.00$，

故操作回流比定为 6.00。

(b) 计算全回流下的最小理论塔板数 N_m。

$$N_m=\frac{\lg\left[\left(\frac{x'_{Dl}}{x'_{Dh}}\right)\left(\frac{x'_{Wh}}{x'_{Wl}}\right)\right]}{\lg\alpha_{lh}}=\frac{\lg\left[\frac{0.2678}{0.0117}\times\frac{0.9813}{0.0087}\right]}{\lg1.28}=32.28$$

(c) 查吉利兰图求 N。

$$\frac{R-R_m}{R+1}=\frac{6.00-4.76}{6.00+1}=0.177$$

查图得
$$\frac{N-N_m}{N+1}=0.435$$

$$N=\frac{0.435+N_m}{1-0.435}=58(\text{块})$$

扣除塔釜后　$N=57$(块)

取全塔效率　$\eta=0.45$

共需塔板　$N_{实}=\frac{N}{\eta}=\frac{57}{0.45}=126$(块)

(d) 决定进料位置。

按进料组成，以塔内采用萃取剂的情况下所提供的气-液平衡数据，计算露点进料的平衡液相组成

$$x'_i=\frac{y'_i/\alpha_{ih}}{\sum_{i=1}^{c}y_i/\alpha_{ih}}$$

组分	nC_4^0	$iC_4^=$	$nC_4^=-1$	顺 $C_4^=-2$	$C_4^{==}$	$C_4^{\equiv}-1$	Σ
y'_i	0.094	0.160	0.178	0.164	0.400	0.004	1.000
α_{ih}	2.09	1.57	1.55	1.28	1.0	0.49	—
y'_i/α_{ih}	0.045	0.102	0.115	0.128	0.400	0.00816	0.798
x'_i	0.0564	0.1278	0.1441	0.1605	0.5020	0.0102	1.0010

$$(x'_l)_F=0.1605 \qquad (x'_h)_F=0.502$$

$$\frac{n}{m}=\frac{\lg\left[\left(\frac{x'_l}{x'_h}\right)_D\times\left(\frac{x'_h}{x'_l}\right)_F\right]}{\lg\left[\left(\frac{x'_l}{x'_h}\right)_F\times\left(\frac{x'_h}{x'_l}\right)_W\right]}=\frac{\lg\left[\left(\frac{0.2678}{0.0117}\right)\times\left(\frac{0.502}{0.1605}\right)\right]}{\lg\left[\left(\frac{0.1605}{0.502}\right)\times\left(\frac{0.9813}{0.0087}\right)\right]}=\frac{\lg71.6}{\lg36.1}=\frac{1.855}{1.557}=1.191$$

此时的 m 包括塔釜，扣除塔釜后的m'为提馏段应有理论塔板数，即：

$$\frac{n}{m'+1}=1.191$$

此外 $\quad m'+n=57$

解得：$1.191(m'+1)+m'=57$

即 $\quad m'=(57-1.191)/2.191=25.4$

$$n=57-25.4=31.6$$

实际板数：$m_{实}=25.40.45=56.4$(块)

$n_{实}=31.60.45=70.2$(块)

取提馏段 56 块塔板，精馏段 70 块塔板。

(e) 溶剂回收段塔板数的计算。

当塔顶溶剂含量x_{DS}，已知x_{DS}(乙腈)= 0.002，x_D(水)= 0.0015

则塔顶产品量

$$D=D/(1-x_{DS})=59.95/[1-(0.002+0.0015)]=60.16(\text{kmol/h})$$

塔顶回流比 $R=6$

$$V=(R+1)D=(6+1)\times60.16=421.12(\text{kmol/h})$$

由式(3-76)可算得V'

因为 $$(1-x_S)(V-V')=\frac{x_S V'}{\alpha_{hS}}\sum_{i=1}^{c}\frac{x'_{Di}}{\alpha_{ih}}$$

所以

$$(1-0.85)(421.12-V')=\frac{0.85V'}{15}\left(\frac{0.1567}{2.09}+\frac{0.2670}{1.57}+\frac{0.2968}{1.55}+\frac{0.2678}{1.28}+\frac{0.0117}{1.0}\right)$$

$$0.15(421.12-V')=0.0567V'\times0.6573$$

$$63.1-0.15V'=0.0373V'$$

得 $$V'=63.1/(0.15+0.0373)=336(\text{kmol/h})$$

$$y_S=1-\frac{V'}{V}=1-\frac{336}{421.12}=0.20$$

$$x_{nS}=\frac{R+1}{R}\times y_S=\frac{7}{6}\times0.20=0.233$$

溶剂回收段溶剂对非溶剂的相对挥发度

$$\beta=\frac{1}{\sum_{i=1}^{c}x'_{Di}\cdot\alpha_{iS}}=1/(0.1567\times31.4+0.2670\times23.6+0.2968\times23.3$$

$$+0.2678\times19.23+0.0117\times15.0)$$

$$=0.0424$$

溶剂回收段之理论塔板数

$$n=\frac{-\lg\left[\frac{x_{DS}}{\beta}\left(\frac{1}{x_{nS}}-\frac{1-\beta}{1+R+1/R\beta}\right)\right]}{\lg\left(\frac{R}{R+1}\cdot\frac{1}{\beta}\right)}+1$$

$$=\frac{-\lg\left[0.0035/0.0424\cdot\left(\frac{1}{0.234}-\frac{1-0.0424}{1+\frac{6+1}{6\times0.0424}}\right)\right]}{\lg\left(\frac{6}{6+1}\cdot\frac{1}{0.0424}\right)}+1$$

$$=\frac{0.455}{1.306}+1=1.348$$

取效率 $\eta=0.40$

$$\eta_{回}=\frac{1.348}{0.40}=3.4\text{ 块}$$

回收段取 4 块塔板。

全塔共计塔板

$$N=56+70+4=130\text{ 块}$$

提馏段 56 块

精馏段 70 块

溶剂回收段 4 块

塔板顺序由下而上计算

原料进料口在第 52、56、60 块塔板。

萃取剂加料口在第 124、126 块塔板。

(3) 萃取剂用量计算

$$x_S=\frac{S}{(RD+S)(1-\beta)}$$

按进料组成计算 β

$$\beta=\frac{1}{\sum_{i=1}^{c}z_i'\alpha_{iS}}=1/(0.04\times31.4+0.60\times23.6$$

$$+0.178\times23.3+0.164\times19.23+0.4\times15+0.004\times7.35)$$

$$=1/(20.02)=0.05$$

$x_S=0.85\qquad R=6\qquad D=60.16(kmol/h)$

$$S=x_S[(RD+S)(1-\beta)]$$
$$=0.85\times[(6\times60.16+S)(1-0.05)]$$
$$=291+0.806S$$
$$S=291/(1-0.806)=1500(kmol/h)$$

溶剂含水 8%(质量分数)

即 16.55%(摩尔分数)

含乙腈 83.45%(摩尔分数)

则乙腈量：0.8345×1500=1252(kmol/h)=51300(kg/h)

水量：0.1655×1500=248(kmol/h)=4470(kg/h)

溶剂量：51300+4470=55770(kg/h)

塔顶乙腈水溶液损失很小，对 S 影响不大，不必校正。

(4) 塔顶产品及塔釜液的组成

塔顶产品量 D=60.16(kmol/h)

$$d_{乙腈}=60.16\times0.002=0.12(kmol/h)$$
$$d_{水}=60.16\times0.0015=0.09(kmol/h)$$

物料衡算列表如下：

组分	nC_4^0	$iC_4^=$	$nC_4^=-1$	顺 $C_4^=-2$	$C_4^{==}$	乙腈	水	Σ
d_i	9.40	16.00	17.80	16.05	0.70	0.12	0.09	60.16
x_{Di}	0.1562	0.2660	0.2957	0.2670	0.0116	0.0020	0.0015	1.0000

塔釜液组分列表计算如下：

组分	顺 $C_4^=-2$	$C_4^{==}$	$C_4^{\equiv}-1$	乙腈	水	Σ
w_i/(kmol/h)	0.35	39.30	0.40	1252	248	1540.05
x_{Wi}	0.000227	0.0255	0.00026	0.8130	0.1620	1.0000

(5) 操作条件

(a) 塔顶冷凝器温度 $t=50°C$

(b) 塔顶压力 $p=\sum p_1^0 x_{Di}\gamma_i$

因溶剂很少，可视$\gamma_i=1.0$，查各组分 50℃之p_i^0，列表计算如下：

组分	nC_4^0	$iC_4^=$	$nC_4^=-1$	顺 $C_4^=-2$	$C_4^{==}$	乙腈	水	Σ
x_{Di}	0.1562	0.2660	0.2957	0.2670	0.0116	0.0020	0.0015	1.000
p_i^0/atm	4.92	6.13	6.12	4.42	5.43	0.34	0.15	—
$p_i^0 x_{Di}$	0.768	1.630	1.805	1.163	0.063	0.001	—	5.43

$$1\text{atm}=101.325\text{kPa}$$

塔顶压力 0.55MPa。

(c) 全塔压力降取约 0.1MPa，塔釜压力为 0.66MPa，要计算塔釜温度，应先计算乙腈及水的活度系数：

由乙腈-水恒沸组成计算范拉尔常数

在 101.3kPa、76℃下恒沸物含水 14.2%(质量分数)

即乙腈含量为

$$x_{乙腈}=\frac{\frac{100-14.2}{41}}{\frac{100-14.2}{40}+\frac{14.1}{18}}=0.726(摩尔分数)$$

水含量 $x_{水}=1-0.726=0.274$

76℃下的蒸汽压 $p_{水}^{0}=41.5\text{kPa}$

$$p_{乙腈}^{0}=86.1\text{kPa}$$

$$\gamma_{乙腈}=p/p_{乙腈}^{0}=1.177$$

$$\gamma_{水}=p/p_{水}^{0}=\frac{101.3}{45.5}=2.44$$

计算端值常数

$$A_{乙腈、水}=\lg 1.177\left(1+\frac{0.274\lg 2.44}{0.726\lg 1.177}\right)^{2}=0.665$$

$$A_{水、乙腈}=\lg 2.44\left(1+\frac{0.276\lg 1.77}{0.274\lg 2.44}\right)^{2}=0.855$$

按操作条件 $x_{水}=0.1655$ $x_{水、乙腈}=0.8345$

$$\lg\gamma_{乙腈}=\frac{0.665}{\left(1+\frac{0.665\times 0.8345}{0.855\times 0.1655}\right)^{2}}=0.0275$$

$$\gamma_{乙腈}=1.064$$

$$\lg\gamma_{水}=\frac{0.855}{\left(1+\frac{0.855\times 0.1655}{0.665\times 0.8345}\right)^{2}}=0.681$$

$$\gamma_{水}=4.8$$

设塔釜温度为 125℃，在此温度下乙腈及水的活度系数 γ 按下式计算：

$$\frac{\lg\gamma(T_1)}{\lg\gamma(T_2)}=\frac{T_2}{T_1}$$

即 $$\lg\gamma(T_2)=\lg\gamma(T_1)\times\frac{T_1}{T_2}$$

所以
$$\lg\gamma_{乙腈}=0.0275\times\frac{76+273}{125+273}=0.0251$$
$$\gamma_{乙腈}=1.06$$
$$\lg\gamma_{水}=0.681\times\frac{76+273}{125+273}=0.591$$
$$\gamma_{水}=3.95$$

查得$\gamma_{C_4^{==}}=2.43$，$\gamma_{顺C_4^=-2}=3.68$，$\gamma_{C_4^=-1}=1.20$。

并查阅 125℃各组分的蒸汽压p_i^0，列表计算如下：

组分	顺 $C_4^=-2$	$C_4^{==}$	$C_4^=-1$	乙腈	水	Σ
x_{W_i}	0.000227	0.0255	0.00026	0.8130	0.1620	1.0000
p_i^0/MPa	2.066	2.482	1.793	0.365	0.240	—
γ_i	3.68	2.43	1.20	1.06	3.95	—
$p_i^0 x_{Wi}\gamma_i$/MPa	0.0017	0.1538	0.0006	0.3145	0.1536	0.6246

计算得塔釜压力 0.6242MPa，比预定 0.66MPa 偏低，重设 $t_{釜}=127$℃，进行计算，列表如下：

组分	顺 $C_4^=-2$	$C_4^{==}$	$C_4^=-1$	乙腈	水	Σ
x_{Wi}	0.000227	0.0255	0.00026	0.8130	0.1620	1.0000
p_i	2.107	2.530	1.823	0.3991	0.2563	—
γ_i	3.68	2.43	1.20	1.06	3.95	—
$p_i^0 x_{Wi}\gamma_i$	0.0018	0.1569	0.0006	0.3440	0.1640	0.6573

与规定塔釜压力 0.66MPa 比较接近，即所设塔釜温度 $t_{釜}=127$℃正确。

(d) 进料温度的确定。

进料可视为理想溶液，则
$$x_i=\frac{p}{p_i^0}y_i$$

进料为露点状态，则$y_i=z_i$。

进料压力
$$p=0.55+\frac{74}{130}\times 0.1013=0.6077(\text{MPa})$$

设进料温度为 54℃，查得各p_i^0列表计算如下：

组分	nC_4^0	$iC_4^=$	$nC_4^=-1$	顺 $C_4^=-2$	$C_4^{==}$	$C_4^=-1$	Σ
z_i	0.094	0.160	0.178	0.164	0.400	0.004	1.000
p_i^0/MPa	0.580	0.679	0.700	0.496	0.614	0.448	—
$x_i=\frac{pz_i}{p_i^0}$	0.0985	0.1435	0.1548	0.2070	0.3960	0.0055	1.0053

所设进料温度54℃正确，参照塔顶和 C_4 进料温度，取乙腈水溶液入塔温度为51℃。

(6) 各段气液相负荷。

(a) 溶剂回收段。

$$L=RD=6\times60.16=361(\text{kmol/h})$$

以 C_4的相对分子质量 $M=56$

$$L_G=361\times56=20216(\text{kg/h})$$

$C_4^=$在50℃之平均密度为570kg/m^3

$$L_V=\frac{20216}{570}=35.5(\text{m}^3/\text{h})$$

L_G、L_V分别代表液相之质量流量和体积流量。

$$V=(R+1)D=(6+1)\times60.16=421.12(\text{kmol/h})$$

近似按理想气体计算，其体积流量V_V为

$$V_V=0.0083143VT/p=0.0083143\times421.12\times(273+50)/0.56$$
$$=2019.5(\text{m}^3/\text{h})=0.561(\text{m}^3/\text{s})$$

蒸汽密度ρ_V的计算如下

$$\rho_V=\frac{421.12\times56}{2019.5}=11.68(\text{kg/m}^3)$$

(b) 精馏段。

气相负荷 $V=421.12(\text{kmol/h})$，$V_V=2019.5(\text{m}^3/\text{h})$

气相组成80%C_4，20%(乙腈+水)(见溶剂回收段塔板计算)近似计算其平均相对分子质量

$$M=\sum M_iy_i=56\times0.8+0.2\times(41\times0.8345+18\times0.155)=52.1$$

$$\rho_V=\frac{421.12\times52.1}{2019.5}=10.86(\text{kg/m}^3)$$

液相负荷 $L+S=361+1500=1861\text{kmol/h}$

萃取剂S中水　4470(kg/h)

乙腈　51300(kg/h)

C_4质量流量 $L(G)=20216(\text{kg/h})$

50℃时　$\rho_水=988(\text{kg/m}^3)$

$\rho_{乙腈}=740(\text{kg/m}^3)$

$\rho_{C_4}=570(\text{kg/m}^3)$

精馏段液相体积流量

$$L_V=\frac{20216}{570}+\frac{4470}{988}+\frac{51300}{740}=109(\text{m}^3/\text{h})$$

液相平均密度

$$\rho_L = \frac{20216+4470+51300}{109} = 697(kg/m^3)$$

(c) 提馏段气液相负荷。

液相负荷：$L = RD = 361(kmol/h)$

液相中 $C_4^{==}$ 流量 $L_{C_4} = 361\times54 = 19500(kg/h)$

取提馏段平均温度 90℃，$p = 0.638MPa$

此温度下各组分密度

$$\rho_{水} = 965(kg/m^3)$$

$$\rho_{乙腈} = 690(kg/m^3)$$

$$\rho_{C_4^{==}} = 510(kg/m^3)$$

$$L_V = \frac{19500}{510} + \frac{4470}{965} + \frac{51300}{690} = 117.4(m^3/h)$$

$$\rho_L = \frac{19500+4470+51300}{117.4} = 641(kg/m^3)$$

气相负荷

平均相对分子质量

$$M = \sum M_i y_i = 54\times0.8+0.2\times(41\times0.8345+18\times0.1655) = 50.6$$

$$V_m = L_m - W = 1861-1540 = 321(kmol/h)$$

$$V_V = 0.0083143\times321\times(273+90)/0.638 = 1519(m^2/h)$$

$$V_G = 321\times50.6 = 16242(kg/h)$$

气相平均密度$\rho_V = \frac{16242}{1519} = 10.7(kg/m^3)$

3.3.3 萃取剂的选择及萃取精馏塔的操作特点

1. 萃取剂的选择

萃取精馏塔之所以能用来分离相对挥发度接近 1.0 的液体混合物，主要的原因是萃取剂的存在使原来混合物的相对挥发度发生了较大的变化。因而萃取剂的选择会直接影响到它的分离效果。

萃取剂的选择要综合考虑它的选择性(对被分离组分相对挥发度的影响的大小)，被分离组分的溶解度的大小、萃取剂本身的热稳定性、溶剂回收的难易。此外还要求萃取剂来源方便、价格低廉、无毒、无腐蚀、低黏度、低蒸发热等。下面就 C_4馏分的分离为例，具体地说明如何考虑选择萃取剂。

(1) 萃取剂的选择性。

在 C_4馏分萃取精馏分离丁二烯的萃取剂常选用有乙腈、二甲基甲酰胺、

N-甲基吡咯烷酮、糠醛等。在表3-3中列举了它们主要的物理性质。在表3-4中列举了在不同萃取剂中各种 C_4 组分对丁二烯的相对挥发度。

表3-3　萃取剂的物理性质(20℃)

指标		乙腈	糠醛	二甲基甲酰胺	N-甲基吡咯烷酮
相对分子质量 M		41.0	96.1	73.1	99.1
沸点/℃	无水	81.6	162	152.7	202.4
	含水5%	78.0	—	130.7	142.1
相对密度		0.788	1.164	0.944	1.030
溶解度/%	正丁烷(质量)	26	16	39	30
	丁二烯(体积)	63.4	—	82	77
黏度/cP		0.38	1.71	0.80	1.02

注：$1cP=10^{-3}Pa\cdot s$。

从表3-4中可以看出在萃取剂加入后，各种萃取剂对各 C_4 组分相对挥发度的影响不同，以丁二烯与顺丁烯-2作基准，在萃取剂恒定浓度 $x_s=0.70$ 时，乙腈、N-甲基吡咯烷酮以及二甲基甲酰胺选择性基本相同而糠醛的选择性较差，以致在萃取精馏塔中无法将顺丁烯-2与丁二烯分开，需要在萃取精馏塔之后另设精密分馏塔来将其分离。

(2) 萃取剂的恒定浓度 x_s 对选择性的影响。

随着萃取剂恒定浓度的下降，它们的相对挥发度也随之下降，也就是说分离的选择性随之也下降了(表3-5)。选择较高的恒定浓度值意味着在塔内循环的萃取剂数量较多，伴随着要求较大的萃取精馏塔和解吸塔，并且能量的消耗也随之而增加。因此萃取精馏塔恒定浓度值 x_s 的选取时要同时考虑到对选择性和设备、操作费用几个方面的影响，来统筹兼顾。

表3-4　含水萃取剂在 $x_S=0.70$ 时 C_4 烃相对挥发度

组分	无萃取剂	乙腈	糠醛	二甲基甲酰胺	N-甲基吡咯烷酮
正丁烷	0.86	2.63	1.93	2.40	2.29
丁烯-1	1.03	1.78	1.63	1.80	1.80
反丁烯-2	0.84	1.49	1.21	1.47	1.42
顺丁烯-2	0.78	1.30	1.07	1.30	1.30
丁二烯	1.00	1.00	1.00	1.00	1.00
丁烯-2	0.74	0.476	0.55	0.475	0.489

表 3-5　50℃ C_4烃在含水 10%的乙腈中的相对挥发度

恒定浓度x_s	正丁烷	异丁烯	丁烯-1	反丁烯-2	顺丁烯-2	丁二烯	丁炔-1
0.70	2.75	1.78	1.78	1.49	1.30	1.00	0.476
0.80	3.11	1.89	1.89	1.57	1.37	1.00	0.462
1.00	3.64	2.09	2.09	1.81	1.51	1.00	0.435

(3) 萃取剂的沸点、对被分离组分的溶解度。

萃取剂的沸点应比被分离的组分沸点高，便于它们之间的分离而且萃取剂沸点高，在萃取精馏过程中溶剂损失小，但是沸点高使提馏段操作温度必然也随着提高。对于易聚合的丁二烯来讲是有害的。例如二甲基甲酰胺作为萃取剂时，由于塔釜温度高，丁二烯和 C_4馏分中的高级炔烃产生聚合而引起塔、再沸器、管路的堵塞致使其长期未能工业化，直到找到合适的阻聚剂加入萃取剂中避免了高温的烃类聚合，此法才被采用。

萃取剂沸点低，在塔釜的温度也相应可以降低，因此可在较高的压力下操作，采用工业水冷却，避免了低压操作时为了把塔顶 C_4馏冷凝下来而必须采用的冷冻措施。

在 C_4馏分萃取精馏过程中为了使萃取剂的沸点降低，普遍采用了在萃取剂中加入少量水的措施，其降低萃取剂沸点的效果十分显著(表 3-6)。

表 3-6　含水溶剂的沸点

萃取剂	乙腈		二甲基甲酰胺		*N*-甲基吡咯烷酮	
	无水	含水 5%	无水	含水 5%	无水	含水 5%
0.5065MPa 含丁二烯 4%的沸点/℃	126	118	172	155	170	150

萃取剂中被分离组分的溶解度也很重要，如果因为萃取剂和被分离组分溶解度不够在塔内产生两个组成不同的液相的情况，液体容易起泡，产生液冷而破坏塔的操作。因此希望萃取剂对被分离组分有较大的溶解度，塔的操作应远离液体互溶的饱和点。当萃取剂对被分离组分溶解度较小时，则应采用较高的恒定浓度值，从而使设备、操作费用均相应增加。C_4分离中所用萃取剂对所分离组分溶解度却比较大，此时溶解度不是考虑问题的主要因素。萃取剂的恒定浓度主要受选择性变化的限制。

(4) 溶剂回收的难易。

萃取剂通常是与塔底产品一同排出，将萃取剂与被分离组分分开，如果用普通精馏就能分开则比较简便，若萃取剂与被分离组分形成恒沸物，则要采取辅助的回收措施，这样使工艺流程复杂化，相应需要的设备和操作费用增加，在 C_4分离过程中，丁烷能与乙腈形成含乙腈 2.3%的共沸物，这样使丁烷-丁烯组分中回收乙腈的效果变差，损耗较多；而 N-甲基吡咯烷酮在分离过程中不形成恒沸物，并且它的沸点较高，因而溶剂损耗较少。

(5) 萃取剂的来源以及其他因素。

乙腈是丙烯腈生产过程中的副产品，目前除了少量用于医药生产外，其主要用途就是作为萃取精馏的溶剂。因此从综合利用方面来讲，采用乙腈作为萃取剂是有利的，由于目前我国有了一定规模的丙烯腈生产装置，采用乙腈作萃取剂是符合国情的。因此近年来我国已建成了乙腈法分离丁二烯的大型生产装置，运转效果良好。

乙腈除了来源容易解决外，它还具有毒性不大(相当于一般芳烃的毒性)，黏度低、萃取精馏塔板效率较其他溶剂高 10%以上。化学稳定性好，容易储藏及再生等优点，使其受到使用单位的好评。

2. 萃取精馏塔操作的特点

萃取精馏塔不同于一般的精馏塔，它的质量控制的方法主要是依靠调节萃取剂的温度和流量，而不是依靠回流比的变化来调节产品质量。

萃取剂流量的调节是为了保持塔内一定的萃取剂恒定浓度 x_S，当 C_4烃进料量和乙腈进料量一定时，增加回流往往使分离的效果变坏，其原因是液相中 C_4烃浓度增加，使萃取剂的恒定浓度值下降，进而使萃取剂的选择性降低，从而使分离效果也随之降低。

萃取剂进料温度变化对分离的影响也是很大的，因为塔内液相组成中绝大部分是萃取剂，当萃取剂温度变化以后塔内的气相流量因其冷凝量的变化而波动很大，从而影响了塔的分离效果。

因此在萃取精馏操作中是将回流比控制一定的数值，而用严格地控制萃取剂流量和温度的方法来保证预定分离要求。

萃取精馏由于塔内萃取剂的循环量很大，操作中容易造成一些组分在塔内大量积累，若不注意将使分离效果受较大的影响，例如乙腈萃取精馏 C_4烃时，丁烯-2 的相对挥发度与丁二烯比较接近。在生产实践中发现在塔顶 C_4馏出物分析中丁二烯连续微量的情况下，如顺丁烯-2 含量接连上升，则常常导致丁二烯由微量骤增到 5%~10%甚至更高，也会发现另一种情况釜液 C_4馏分中的丁二烯浓度突然由 99%降到 90%以下的情况，以上两种现象的产生主要是因为丁二烯和顺丁烯-2 在塔内积累的结果。为了防止塔内积累产品的情况而破坏分离，在操作时要经常进行塔顶产品中顺丁烯-2 的物料衡算。当发现塔顶产品中顺丁烯-2 的浓度连续低于或高于计算值，就要在操作中及时进行相应的调节。

3.4 萃取精馏与恒沸精馏的比较

这两种蒸馏方法都是加入溶剂，改变液体混合物的相对挥发度，从而使分离比较容易实现，这是两者的共同点。但由于加入溶剂的作用不同，两者也有许多不同的特点。在恒沸精馏中，溶剂至少能和一种组分形成恒沸物，具有较低的恒沸点，恒沸物从塔顶蒸出。而在萃取蒸馏中，溶剂的沸点较高，自塔底排出。两者相比，恒沸蒸馏有以下缺点：

（1）附加形成恒沸物这一条件，合适的溶剂较难选择。

（2）必须使用相对挥发度较大的溶剂，进料中与溶剂形成恒沸物的组分数量较多时，消耗热量较多。

（3）从恒沸物中回收溶剂比较困难。

（4）由于受恒沸物组成的限制，实际上不可能调节塔内溶剂的浓度。

与这些情况相反，萃取精馏过程溶剂种类较多，回收较易，溶剂量调节范围较广，有可能选择较好的条件进行分离。因而，分离恒沸物或沸点相近的物系，萃取精馏用得较多，特别当规模较大时更是如此。但这并不是绝对的，在有些情况下采用恒沸精馏则较为有利，例如进料中含量较少的组分能与夹带剂形成非均相共沸物，进料中有热敏物质而希望在较低温度下操作，生产量很小而需要用间歇蒸馏操作等。

4 多组分吸收

4.1 概述

吸收过程是用来分离气体混合物的一种化工单元操作过程。吸收过程的基本原理是利用气体混合物中的各个组分在某一液体吸收剂中的溶解度的不同，使较易溶解的组分和较难溶解的组分分离开。在石油化工工业中吸收过程多是在塔式设备中进行的。根据工艺要求的不同，有的场合使用填料塔，而在另一些场合则采用板式塔。被分离的气体混合物均是从吸收塔的下部进入的。在塔内自下而上的运动过程中与从塔顶喷淋下来的液体吸收剂紧密接触，使气体中易溶解的组分不断地溶解到吸收剂中去，溶解度较低的气体(亦称为惰性气体)不被吸收而从吸收塔顶部排出。吸收剂从塔顶喷入后，在与气体混合物的接触过程中不断吸收易溶解的组分。最后吸收剂与被吸收的易溶组分一起从吸收塔底排出。

根据生产工艺的要求，多数情况下需要把吸收剂与易溶组分分离开，易溶组分单独作为一种气体产品送出，而吸收剂则再送回吸收塔内循环使用。使吸收剂与易溶组分分离的过程称为解吸过程。

在化学工业中，吸收过程应用得相当广泛。在天然气、炼厂气和焦化气体的加工过程中常用吸收的方法除去气体混合物中的 CO_2、H_2S 及有机硫化物。在天然气脱水中常用甘油、乙二醇作为吸收剂除去气体混合物中的水分。在石油裂解气的分离工艺中所采用的中冷油吸收法就是用 C_3组分或 C_3-C_4组分的混合物作为吸收剂吸收裂解气中的乙烯而将甲烷、氢气分出。丙烯氨氧化过程中以水作为吸收剂吸收丙烯腈、乙腈、氢氰酸等有机化合物。而在炼焦煤气的处理过程中常以洗油为吸收剂回收煤气中的苯、甲苯等化工原料。在催化裂化、延迟焦化等炼油生产过程中都采用了吸收的方法来分离气体混合物。此外，吸收的方法也常被视为处理化工厂的废气、避免环境污染的重要手段。

吸收过程的用途是各种各样的，但就其作用原理来讲可按以下三方面进行分类。

(1) 根据吸收剂所吸收组分数目的多少可分为单组分吸收和多组分吸收。

当气体混合物中只有一个组分在吸收剂中有着显著的溶解度，其他组分的溶解度极小可以忽略时，则这类吸收称为单组分吸收。当气体混合物中各组分在吸收剂中的溶解度不同，但有多个组分在吸收剂中有显著的溶解度。这类吸收称为多组分吸收。例如裂解气中冷油吸收的脱甲烷塔，在吸收剂中不仅乙烯、乙烷、丙烯、丙烷有着显著的溶解度，而且甲烷在其中的溶解度也不可忽略。这样的吸收可视为多组分吸收过程。

(2) 就气体溶解于吸收剂的变化可分为物理吸收及化学吸收。

当气体溶于吸收剂后所溶组分与吸收剂不起任何化学反应的称为物理吸收过程。例如，裂解气中冷油吸收工艺过程中的乙烯、乙烷等溶于吸收剂未发生任何化学反应，属于物理吸收过程。在气体溶于吸收剂后与吸收剂发生了化学反应，这样的吸收过程称为化学吸收过程。例如石油裂解气预处理时利用氢氧化钠水溶液作为吸收剂，脱除裂解气中的酸性气体 H_2S 和 CO_2 时将发生以下的化学反应

$$H_2S+2NaOH \longrightarrow Na_2S+2H_2O$$

$$CO_2+2NaOH \longrightarrow Na_2CO_3+H_2O$$

因此这种吸收过程属于化学吸收过程。对于化学吸收过程来讲，不仅要考虑气体溶于吸收剂速度的问题，而且还要考虑化学反应速度的问题。从单元操作来看，化学吸收实际上是反应设备的一种类型。本章主要介绍多组分的物理吸收过程。

(3) 就吸收过程的工艺流程来看，可分三种类型：

(a) 单纯吸收的工艺流程。

当吸收剂与被吸收的组分一起作为产品或者废液送出而且吸收剂使用之后不需要解吸时，则该过程中只有吸收塔而没有解吸塔。例如氯化氢用水吸收成为盐酸，以及石油裂解气用碱液吸收法脱 H_2S 均属于这一类型。单纯吸收的工艺流程可分为单塔一次吸收(图 4-1)，或多塔逆流串联吸收(图 4-2、图 4-3)两种情况。

单塔吸收的工艺流程适用于所溶组分在吸收剂中溶解度大、溶解速度很快或者分离要求不高，根据工艺要求允许在惰性气体中含有少量易溶组分的情况。

当惰性气体中允许含易溶组分极少，或者易溶组分溶解度很低、溶解速度很慢的情况，则往往采用多塔串联的工艺流程。

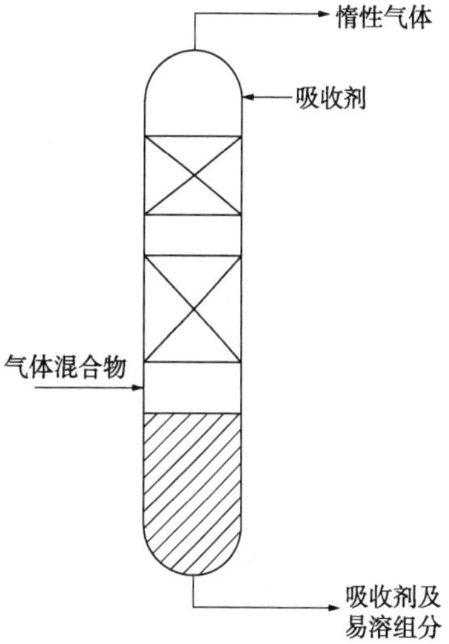

图 4-1　单塔吸收流程

对于混合气体中含有较多易溶组分，吸收剂用量较大的情况下常采用图 4-2 的吸收方法。在这样的情况下，吸收剂从每个吸收塔顶喷入，与混合气体接触过程中易溶组分大量地被吸收剂所溶解。吸收液中被吸收的易溶组分浓度迅速地增

加，在塔底，吸收液中易溶组分的浓度与进料气体平衡浓度接近。一塔进料的混合气体与将要排除的含有较高的易溶组分浓度的吸收液相接触，以保证整个吸收过程取得较好的效果。当混合气体数量较大，而气体易溶组分含量较少的情况下，在塔器工艺设计中为了保证一定的液气比，往往采用较大量的吸收液。在这种情况下为了使吸收剂充分地发挥它的吸收作用，常采用图 4-3 的吸收方法。混合气体仍按一、二、三塔的顺序依次通过，而新吸收剂先进入三塔进行循环吸收。当吸收了一定数量易溶组分后排入二塔，三塔再进新吸收剂。吸收液在二塔循环一定时间，易溶组分达到一定浓度后排入一塔，在一塔循环到一定浓度后吸收液向外排出。正常操作时各塔底吸收液分别打入该塔顶进行循环，塔一吸收液达到规定浓度排出后，塔二吸收液转入塔一，塔三吸收液转入塔二，而塔三则补充进新的吸收剂。

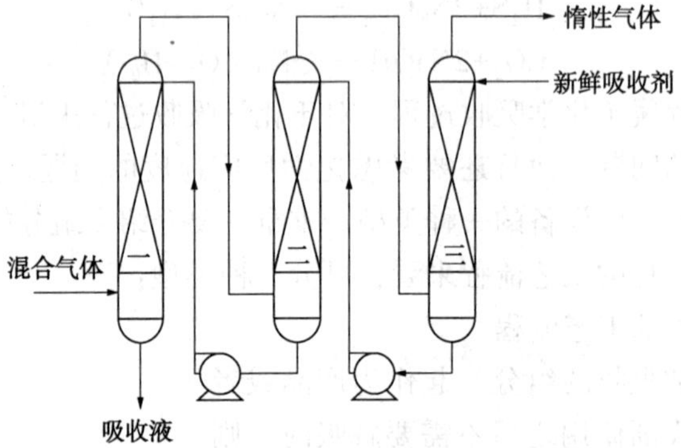

图 4-2　多塔逆流串联吸收流程(一)

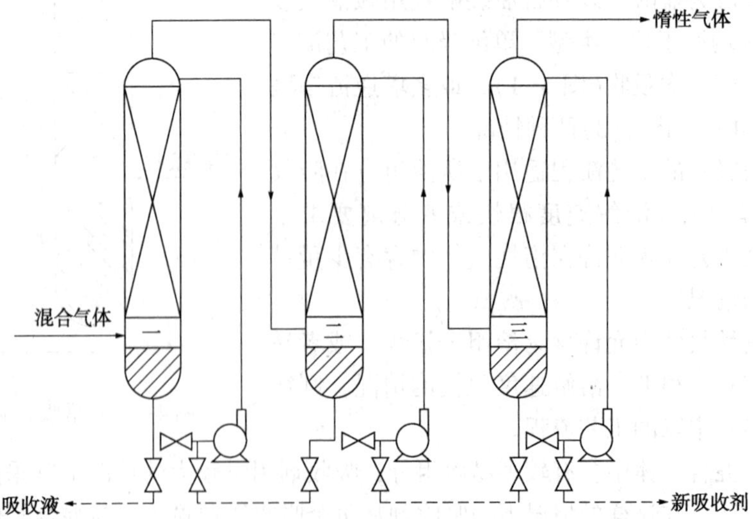

图 4-3　多塔逆流串联吸收流程(二)

(b) 吸收解吸法的工艺流程。

在气体混合物通过吸收方法将其分离为惰性气体和易溶气体两部分的情况下，一般均采用吸收-解吸联合使用的分离方法(图 4-4)。

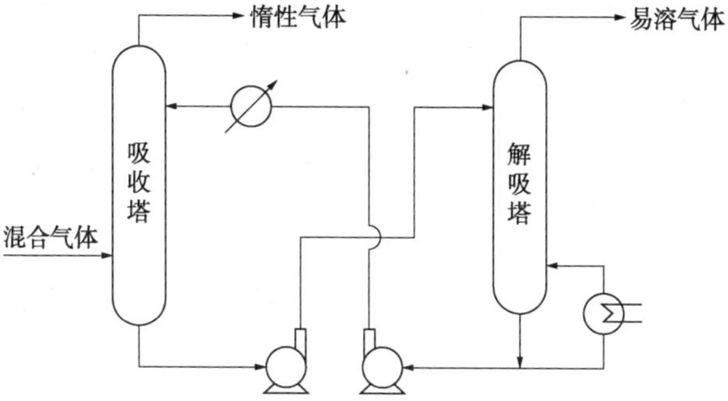

图 4-4　吸收-解吸分离法

在吸收塔内混合气体中的易溶组分被吸收剂吸收，而惰性气体则从吸收塔顶排出，吸收塔底含有易溶组分的吸收液被送往解吸塔。在解吸塔底部设有加热器，通过加热器提供热量使易溶组分蒸出并从解吸塔顶排出，解吸塔底的吸收剂经冷却后再送往吸收塔循环使用。

(c) 采用吸收蒸出塔的吸收过程。

利用吸收解吸法将气体混合物分为易溶气体和惰性气体两部分的方法，只适用于惰性气体在吸收剂中溶解度很小，可忽略不计的情况。当吸收尾气中某些组分在吸收剂中也有一定溶解度，运用一般吸收的方法来进行分离时，这些组分必然也要被吸收剂部分吸收，这样就很难达到预期的分离要求。例如在石油裂解气分离过程中用 C_3馏分作为吸收剂分离裂解气，要求乙烯尽量多地被溶解，甲烷-氢气则最好不要被溶解而进入塔釜，否则将影响最终产品乙烯的质量。在选择吸收塔的操作条件时，为保证乙烯有较高溶解度，必然使甲烷具有一定的溶解度，用一般的吸收法无法将乙烯与甲烷-氢气分离开。因此在工业生产装置中采用吸收蒸出塔，其操作原理见图 4-5。该塔实际上是将吸收塔与精馏塔的提馏段组合在一起，原料气从塔中部进入，进料口上面为吸收段，进料口下部则为提馏段(亦称为蒸出段)。当吸收剂从塔上部送入后，在吸收段不仅吸收了大量的易溶组分，而且也吸收了尾气中部分较易溶于吸收剂的组分。当吸收液进入蒸出段后，与塔釜再沸器蒸发上来温度较高的蒸汽相接触，使尾气中较易溶

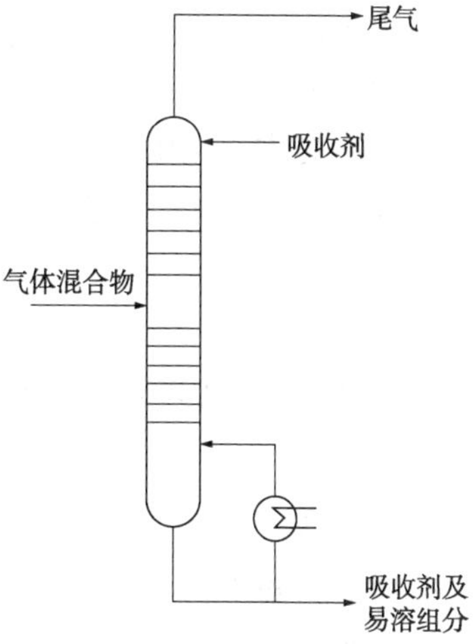

图 4-5　吸收蒸出塔

解的组分从吸收液中蒸出。塔釜的吸收液一部分到再沸器中加热蒸发以提供蒸出段必需的热量，大部分则进入解吸塔内使易溶组分与吸收剂分离开。吸收剂经冷却后再送入吸收塔循环使用。

在吸收过程中，一般来讲塔顶可以不设冷凝器，吸收塔底不设加热器。当吸收剂在吸收操作条件下比较容易挥发时，可以在惰性气体离开吸收塔以后让其进入冷却器使吸收剂冷凝下来再回收使用，这样可以避免吸收剂的损失。当吸收剂吸收了较多易溶组分后吸收液温度上升较大时，为了改善吸收的效果，可在吸收塔内加设若干个中间冷却器。

4.2 吸收的气液相平衡原理——气体在液体中的溶解度

利用吸收的方法来分离气体混合物的基本原理是：应用气体混合物在吸收剂中有着不同的溶解度的特点，从而将易溶组分和难溶组分分离开。

在研究气体溶解于液体中的溶解度时，根据资料来源的不同以及吸收计算方法的不同，常采用不同的液体组成表示方法。除常用的摩尔分数以及质量分数来表示液体组成以外，还用到其他表示组成的方法：摩尔浓度 c(kmol/m^3)，如果被溶组分有 A、B、C…可分别以 c_A、c_B、c_C…来表示各组分浓度，其数值与实验室常用的摩尔浓度(mol/L)相同。质量浓度$\bar{c}$(kg/m^3)，如果被溶组分有 A、B、C…若干个，可分别以$\bar{c}_A$、$\bar{c}_B$、$\bar{c}_C$…来表示，其数值与实验室常用的质量浓度[g/L]相同。

在吸收过程中，可以近似认为仅易溶组分溶解在吸收剂中，惰性气体在吸收剂中不溶解，所以在吸收过程中惰性气体的数量是不变的。同样，在吸收过程中随着易溶组分逐步溶解，液相流量也是在不断变化的。当吸收剂在吸收过程所选择的操作条件下挥发能力很低时，可近似地把吸收剂数量看作不变的。因此在吸收过程中常应用比质量分率及比摩尔分率的概念来进行设计计算。

比摩尔分率 $X(Y)$ 与摩尔分率 $x(y)$ 的关系如下：

$$X=\frac{x}{1-x} \text{或} x=\frac{X}{1+X}$$

比质量分率$\overline{X}$与质量分率$\bar{x}$的关系如下：

$$\overline{X}=\frac{\bar{x}}{1-\bar{x}} \text{或} \bar{x}=\frac{\overline{X}}{1-\overline{X}}$$

吸收过程中，在易溶组分溶解于吸收剂后形成稀溶液的情况下，当 $X<0.03$ 时，可近似以摩尔分数代替比摩尔分数，以质量分数代替比质量分数进行计算，其误差是很小的。

在吸收过程中如果易溶组分溶解于吸收剂后所形成的溶液接近理想溶液，则溶液中易溶组分的组成 x_i 与其蒸汽分压 p_i 的关系符合拉乌尔定律，即

$$p_i = p_i^0 x_i \tag{4-1}$$

式中 p_i^0——吸收操作温度下组分 i 的饱和蒸汽压。

当吸收操作温度低于该组分的临界温度时，则形成溶液符合理想溶液的条件，可以用拉乌尔定律来进行吸收过程的相平衡计算。

当气体溶解于吸收剂后形成的溶液属于非理想溶液或者吸收操作温度超过了易溶组分的临界温度时，拉乌尔定律不适用。通过大量试验结果证实了当溶液中易溶组分含量较低时，在一定的温度条件下溶液中易溶组分的含量与其分压成正比。例如，图 4-6 中标绘了不同温度条件下，CO_2 在水中溶解度与 CO_2 的气体分压的关系。显然在同一温度的条件下，CO_2 在水中的溶解度与 CO_2 气体分压呈直线关系。

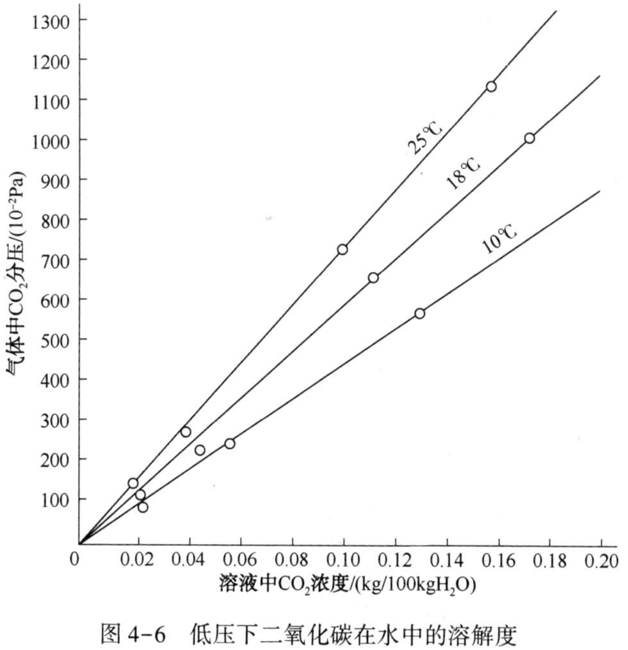

图 4-6 低压下二氧化碳在水中的溶解度

表达稀溶液中易溶组分和气体分压的关系式，称为亨利(Henry)定律，其数学式如下：

$$p_i = E x_i \tag{4-2A}$$

式中 p_i——组分 i 的分压，Pa；

x_i——溶液中组分 i 的摩尔分数；

E——亨利系数，Pa。

亨利系数 E 反映了气体在吸收剂中的溶解能力。相同气体分压下，亨利系数

越大的气体，在溶液中的溶解度则越小。亨利系数随温度升高而升高，溶解度随温度升高而下降。表 4-1 列举了部分气体在不同温度下溶解于水中的亨利系数值。

表 4-1　各种气体溶解于水的亨利系数

气体	E/MPa×10^{-2}							
	0℃	10℃	20℃	30℃	40℃	50℃	60℃	70℃
H_2	58.6	64.4	69.2	73.9	76.1	77.5	77.5	77.1
N_2	53.6	67.7	81.4	93.7	106	115	121	126
空气	47.7	55.6	67.2	78.1	88.1	95.8	102	106
CO	35.6	44.8	54.3	62.8	70.5	77.1	83.3	85.6
O_2	25.7	33.2	40.5	48.1	54.3	59.6	63.7	67.2
CH_4	22.7	30.1	38	45.5	52.7	58.5	63.5	67.5
NO	17.1	22	26.8	31.3	35.7	39.5	42.4	44.3
C_2H_6	12.7	19.2	26.7	34.7	42.9	50.5	57.2	63.2
C_2H_4	5.59	7.78	10.3	12.8	—	—	—	—
N_2O	0.986	1.43	2	2.59	—	—	—	—
CO_2	0.737	1.06	1.44	1.88	2.36	2.87	3.45	—
C_2H_2	0.733	0.973	1.27	1.48	—	—	—	—
Cl_2	0.272	0.396	0.536	0.669	0.8	0.902	0.974	0.993
H_2S	0.271	0.371	0.489	0.617	0.755	0.896	1.04	1.21
Br_2	0.0216	0.0371	0.0601	0.0917	0.135	0.193	0.255	0.325
SO_2	0.0167	0.0245	0.0355	0.0485	0.066	0.0871	0.112	0.139
HCl	0.00247	0.00263	0.00279	0.00293	0.00303	0.00305	0.00299	—
NH_3	0.00208	0.0024	0.00277	0.00321	—	—	—	—

亨利定律主要适用于稀溶液，溶液浓度越低使用该定律的准确度越高。对于难溶气体，它能比较准确地反映其平衡关系。对于溶解度较高的气体，亨利定律仅适用于较低的浓度。在浓度较高时，真实的溶解度要比亨利定律计算的数值低一些。一般来说，亨利定律适用于气体分压低于 0.1MPa 的条件，当压力过高时就会产生明显的误差。表 4-2 中列举了 O_2 的分压对于亨利系数的影响。

亨利定律只适用于气相总压接近常压或不太高的压力情况。例如 CO_2 在水中的溶解度，在 0.4~0.5MPa 的压力范围，大体上都还能服从亨利定律。但是用水吸收 CO_2，多数是在 1.2~2.0MPa 甚至更高的压力下进行的。在高压下吸收 CO_2，水溶液中的组成 $x<0.015$ 时，若以逸度代替分压，用亨利定律计算可以得

到比较正确的结果。在图 4-7 中列举了各种不同温度条件下，水溶液中 CO_2 的组成与气相 CO_2 逸度之间的关系。

表 4-2　不同 O_2 分压下水溶液的亨利系数

氧的分压/MPa	E/MPa×10^{-4}	
	25℃	25.9℃
0.106	—	0.485
0.120	0.464	—
0.243	0.465	0.486
0.400	0.466	0.495
0.534	0.474	0.495
0.667	0.479	0.499
0.800	0.486	0.505
0.934	0.495	0.512
1.087	0.505	—
1.094	—	0.523

其他气体在多数情况下也符合上述规律。在高压下计算它们的溶解度时，最好采用逸度代替分压运用亨利定律来进行相平衡计算。

如果气体分子溶解于溶液中产生了化学变化或电离等情况，亨利定律仅适用于溶解溶液中未起化学变化或电离的那部分气体分子所构成的溶液浓度。例如，NH_3 溶解于水以后产生了以下的变化：

$$NH_3+H_2O \rightleftharpoons NH_4OH$$

$$NH_4OH \rightleftharpoons NH_4^++OH^-$$

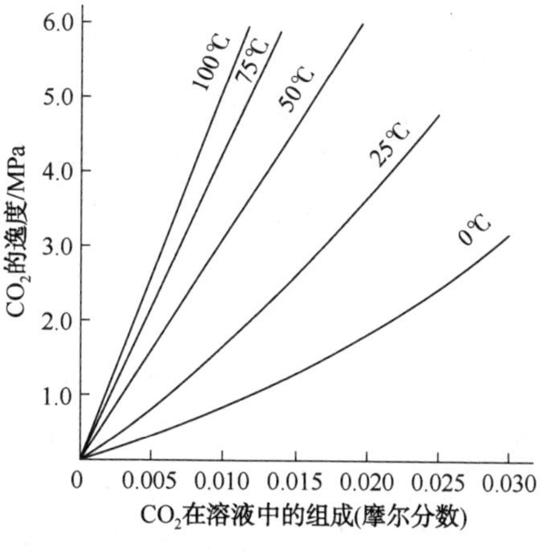

图 4-7　高压下水溶液中 CO_2 的组成与逸度的关系

为了确切得知氨在水溶液中的实际形态，曾有人通过实验求得 25℃时的相平衡常数。

$$K_1=\frac{[NH_4Cl]}{[NH_3][H_2O]}=0.5$$

$$K_2=\frac{[NH_4^+][OH^-]}{[NH_4OH]}=6.5\times10^{-5}$$

也就是说，在氨的水溶液中，主要是以 NH_3 及 NH_4OH 两种分子形态存在于溶液中，电离仅占其中极小的一部分，而亨利定律只适用于溶液中以 NH_3 分子存在的一部分。因此直接用亨利定律计算氨水溶液的平衡蒸汽压产生的误差较大。在实际计算中是应用半经验修正式来进行计算的。

对于强电解质溶液，例如 HCl 气体溶于水中后，在溶液中基本上均是以 H^+、Cl^- 离子形态存在着，亨利定律更不适用，必要时则采用有关的经验数据来进行计算。

亨利定律除可用式(4-2A)表达外，还可采用其液相浓度[kmol/m³]与气相中分压成正比的数学表达式

$$c_i = H p_i \tag{4-2B}$$

式中 c_i——组分 i 的液相浓度，$kmol/m^3$；

p_i——组分 i 的气体分压，Pa；

H——溶解度系数，$\frac{kmol}{m^3 \cdot Pa}$。

H 的物理意义可以理解为被吸收气体分压为 1Pa 时的溶液浓度($kmol/m^3$)。对易溶气体(如 NH_3、HCl)H 数值很大，而对于难溶气体(如 H_2、O_2)H 数值很小。

溶解度系数 H 与亨利系数 E 之间可由式(4-3)进行换算

$$E = \frac{\gamma}{M_0 H} \tag{4-3}$$

式中 M_0——吸收剂的相对分子质量；

γ——溶液的密度，kg/m^3。

应当注意的是亨利系数或溶解度系数是指气体中某一组分在一特定的吸收剂中，在吸收操作温度下具有的反映溶解度大小的系数值。不同的吸收剂对气体组分的溶解度也是不同的。因此查阅资料时必须寻找相应的吸收剂在不同温度下的亨利系数值。

由于亨利定律只适于被吸收组分气相分压不高以及所形成的溶液属于稀溶液的条件，因此，当不符合上述条件而应用亨利定律进行吸收计算时，其误差很大。而相当数量的工业生产装置的吸收操作条件或吸收后形成的溶液的浓度不在亨利定律所适用的范围内，因此需要通过实验提供气液相平衡数据或图表，或查阅有关文献提供的资料数据作为设计计算的依据。

将亨利定律与拉乌尔定律对比可知，当气体溶解于液体形成理想溶液时

$$E_i = p_i^0$$

亨利定律就变成了拉乌尔定律。如果气体温度高于该组分临界温度，客观上不存在该组分的饱和蒸汽压，但是可以 $\lg p$、$\frac{1}{T}$坐标系的蒸汽压线延长的办法求出操作温度下的 E_i 值。

此时的 E_i 值可认为是该组分的虚拟饱和蒸汽压。用这样的办法求出的亨利

系数 E_i 值，在计算时一般是能够得到正确的结果。

如果气体溶解于液体所形成的溶液是非理想溶液时，

$$E_i = \gamma_i p_i^0$$

对于正偏差溶液活度系数 $\gamma_i > 1$，对于负偏差溶液活度系数 $\gamma_i < 1$。γ_i 与溶液中溶质数量有关，当溶液中溶质浓度很低时，γ_i、p_i^0 的乘积在一定温度下可看成常数。随溶质浓度增高正偏差溶液的活度系数 γ_i 的数值逐渐下降，利用稀溶液的 Ei 值来计算浓度较高时的 E_i 就会产生误差。如果能求出准确的 γ_i 时也可以求得相应浓度比较准确的亨利系数 E_i。

在处理高压气液相时，习惯用气液相平衡常数 K 的方法来进行计算。对于多组分吸收过程应用最多的也是以 K 来表达的 $y-x$ 方程。

$$y_i = K_i x_i \tag{4-4}$$

多组分吸收的相平衡方程式(4-4)与多元精馏过程的相平衡方程式完全相同。在低压下相平衡常数 K_i 值与亨利系数 E_i 值的关系根据道尔顿定律及亨利定律很容易推导出来。

由道尔顿定律

$$p_i = p y_i$$

由亨利定律

$$p_i = E_i \cdot x_i$$

所以

$$y_i = \frac{E_i}{p} \cdot x_i$$

显然

$$K_i = \frac{E_i}{p} \tag{4-5}$$

当压力较高时(例如 $p > 0.3$MPa)，式(4-5)便不适用，但是如果形成的溶液是理想溶液(例如轻油或 C_3、C_3-C_4 馏分吸收分离裂解气)，则可以使用烃类的 $K-p-t$ 图进行计算。

如果气体组分与吸收剂在化学结构上有较大的差别，形成的是非理想溶液时，则相平衡常数 K_i 与吸收剂种类有关。$K-p-t$ 图在此不能使用，必须使用专门为该吸收剂测定的相平衡常数数据。例如用丙酮作为吸收剂分离 C_2 馏分中的乙炔就属于这种情况。图 4-8

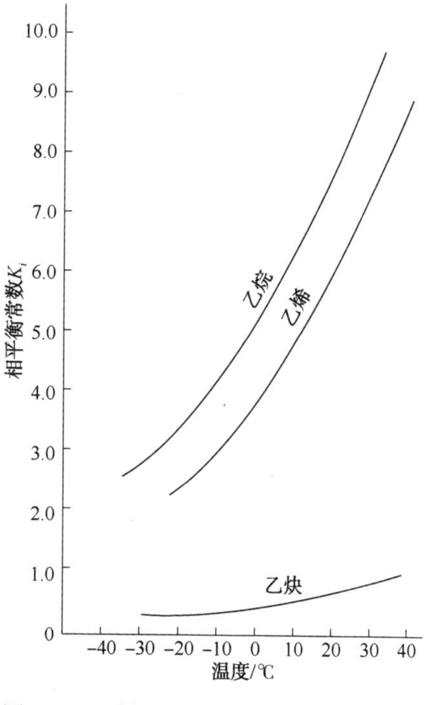

图 4-8　乙烯、乙烷、乙炔在丙酮中的相平衡常数($p = 1.8$MPa)

中表示出乙烯、乙烷、乙炔的混合物在1.8MPa压力条件下溶解于吸收剂丙酮中的相平衡常数 K_i 和温度的关系。

由相平衡常数 K_i 的数值同样可以判断气体组分溶解度的大小。K_i 值越大表明该气体的溶解度越小，K_i 值随温度升高而减小，也就是说随着压力的升高气体的溶解度增大，这与亨利定律所反映的气体在吸收液中溶解度的规律是完全相同的。

从提高气体组分在吸收剂中溶解度的观点出发来考虑问题时，较高的压力及较低的温度对吸收是有利的。

4.3 多组分物系吸收过程的计算

在多组分物系吸收过程的工艺计算中，目前应用较广的是以理想板为基础的吸收因数法。此法使用比较简便，适合人工计算。但在有关公式的推导、计算图表的绘制过程中，为了简化计算的程序引入了若干假设的条件，从而造成了计算结果有一定的误差范围。较准确的方法是采用逐级计算。然而由于吸收过程中沿塔气、液相流量变化很大，采用逐级计算，各板上的气液相流量需要通过试差法求得，因此计算工作量很大，一般情况下如果用人工进行计算是很难完成的，随着计算机的广泛使用，相信逐级计算法会被广泛采用，因为采用此种计算方法可以准确地提供所需的各项工艺数据。在此，仅介绍吸收因数法。

4.3.1 吸收过程工艺计算的基本概念

根据相平衡概念，我们可以判断当气液相接触时，溶质究竟是由气相溶于液相-溶质被吸收，还是溶质由液相转入气相-溶质被解吸。如果分别以 p_i^* 和 y_i^* 表示与液相组成 x_i 平衡时，气相中组分 i 的分压和摩尔分数。当气液相处于平衡状态时必须满足

$$p_i = p_i^* = E_i x_i \tag{4-6}$$

$$y_i = y_i^* = K_i x_i \tag{4-7}$$

式中　p_i、y_i——气相中组分 i 的实际分压和摩尔分数。

当 $p_i > p_i^*$，$y_i > y_i^*$ 时，溶质将由气相转入液相从而被吸收；当 $p_i < p_i^*$，$y_i < y_i^*$ 时，溶质将由液相转入气相被解吸出来。

当我们了解到吸收及解吸作用发生的条件以后，进而可以分析吸收过程进行的限度。

在图4-9中表示吸收塔，进料气体混合物中易溶组分 i 的组成为 y_{Fi}，出塔吸收液中组分 i 含量为 x_{Ni}。

显然$y_{Fi}/K_i \geq x_{Ni}$

同样，从塔顶加入的吸收剂中组分 i 含量为x_{0i}，离开塔顶气相中组分 i 的含量为y_{1i}，显然：

$$y_{1i} \geq K_i x_{0i}$$

这样就为我们进行设计时明确地规定了设计吸收塔的限度。从而避免了在设计时提出一些不合理的、实际上是无法实现的要求。

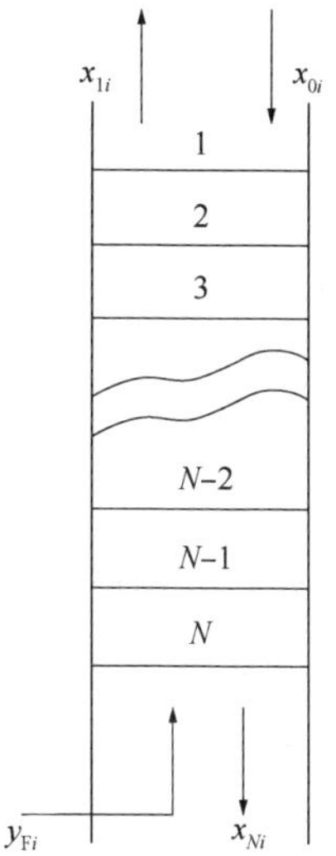

图 4-9　吸收过程进行的限度

吸收结束，气体的组成y_{1i}与吸收剂中组分 i 的含量x_{0i}有密切的关系。而x_{0i}是解吸过程分离后吸收剂中组分 i 的含量。因此在吸收塔设计时不能孤立地只考虑吸收过程，还要将它与解吸过程联系在一起进行考虑。当吸收过程的分离要求很高时，例如以 C_2 馏分生产作为聚合的原料乙烯时，要求乙烯中乙炔的含量低于或等于 1×10^{-6}(质量分数)，如果采用丙酮吸收的方法来脱乙炔，那么，对于解吸后丙酮中乙炔的含量也是要求很苛刻的，否则就无法获得规定质量的乙烯产品。在实际设计时往往是按照规定的分离要求先确定吸收塔气体的组成，根据已经选定的出塔气体组成再参考气液相平衡数据来确定吸收剂在解吸后易溶组分的含量。

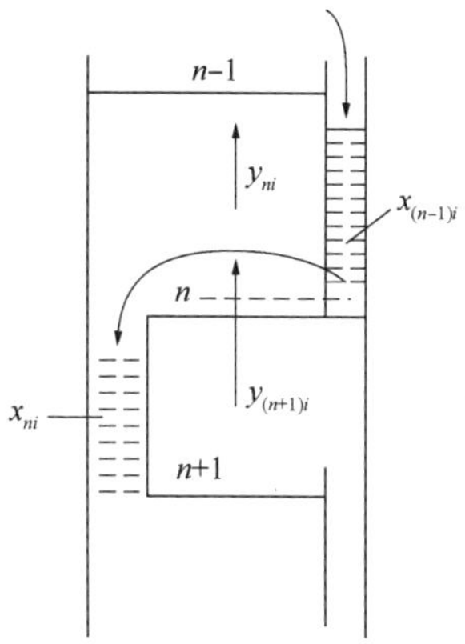

图 4-10　理想板的概念

吸收过程吸收液沿塔逐板下流时，易溶组分的含量不断升高，气体混合物在沿塔上升过程中易溶组分的含量不断降低。在吸收过程中为了计算方便起见，像精馏过程一样，引入了理想板的概念。如图 4-10 中所示，$n-1$ 板下流的含易溶组分较少的吸收液，组分 i 含量为$x_{(n-1)i}$与 $n+1$ 板上升的组分 i 含量较多的组分为$y_{(n+1)i}$的气体在第 n 板上接触。如果离开 n 板的气体混合物与离开 n 板的吸收液达到相互平衡状态(亦即y_{ni}与x_{ni}处于相平衡状态)，这样一块吸收塔板称为一块理想板。与精馏过程一样，吸收塔塔板数的计算也是先求出完成预定分离要求所需的理想板数，然后再由板效率确定实际的吸收塔板数。

4.3.2　用吸收因数法确定吸收塔的理想塔板数

吸收因数法主要是应用物料平衡和相平衡的概念来确定吸收塔的理想塔板数。在吸收塔内任意两层塔板间的物料关系(如图 4-11 所示)可以用以下物料衡算式来表达。在计算时气、液相流量 L、V 的单位是(kmol/h)。

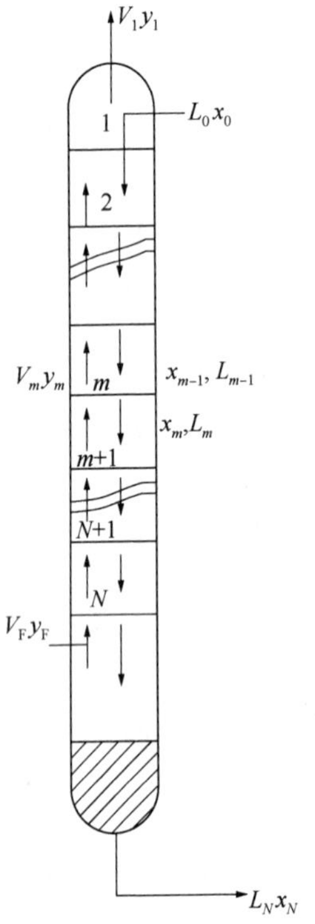

图 4-11　吸收塔内物料关系

在推导过程中为简化起见，均略去下标 i。

$$V_{m+1} \cdot y_{m+1} + L_{m-1} \cdot x_{m-1} = V_m \cdot y_m + L_m \cdot x_m$$

如果假设沿塔气、液相流量 L、V 保持不变，移项整理后可得

$$L(x_m - x_{m-1}) = V(y_{m+1} - y_m)$$

吸收过程相平衡计算采用相平衡方程式

$$y = Kx$$

当吸收过程沿塔温度变化不大时，而且吸收液可视为理想溶液或者吸收液中溶质浓度很低，基本符合亨利定律应用的范围时，在这个条件下可把 K 值视为常数用平均温度下的 K 值或塔顶、塔底 K 值的对数平均值来进行计算。

$$\frac{L}{VK}(y_m - y_{m-1}) = y_{m+1} - y_m$$

令 $A = \frac{L}{VK}$，A 为吸收因数，在前述假设条件下吸收因数 A 值可看为常数。上式则变为

$$A(y_m - y_{m-1}) = y_{m+1} - y_m$$

移项可得

$$y_m = \frac{y_{m+1} + A\, y_{m+1}}{1+A} \tag{4-8}$$

式(4-8)是应用物料衡算和相平衡方程组推导出来的，可以用来逐板推算以下各板的气相组成，用来确定吸收塔的理想塔板数。

计算从吸收塔顶开始，塔顶组成 y_1，以及与入塔吸收剂平衡的气相组成 y_0 均已知，A 值在运算前先需要计算出来，也是已知的。因此在顶板可写出

$$y_1 = \frac{y_2 + A\, y_0}{1+A}$$

$$y = \frac{(A-1)y_2 + A\,(A-1)y_0}{A^2 - 1}$$

对于第二块塔板

$$y_2 = \frac{y_3 + A\, y_1}{1+A}$$

$$= \frac{(1+A)y_3 + A\, y_2 + A^2 y_0}{(1+A)^2}$$

移项整理可得

$$y_2=\frac{(1+A)y_3+A^2y_0}{A^2+A+1}$$

$$=\frac{(A^2-1)y_3+A^2(A-1)y_0}{A^3-1}$$

对于第三层塔板可写出

$$y_3=\frac{y_4+A\,y_2}{1+A}$$

$$=\frac{y_4(1+A+A^2)+A^3y_0}{A^3+A^2+A+1}$$

$$=\frac{(A^3-1)y_4+A^3(A-1)y_0}{A^4-1}$$

这样继续下去直到第 N 层塔板可得

$$y_N=\frac{(A^N-1)y_{N+1}+A^N(A-1)y_0}{A^{N+1}-1}$$

当 N 为最下层塔板时，y_{N+1}应等于y_F，此时

$$y_N=\frac{(A^N-1)y_F+A^N(A-1)y_0}{A^{N+1}-1} \tag{4-9}$$

由全塔物料衡算，可得

$$Vy_F+L\,x_0=Vy_1+L\,x_N$$

移项后，可得

$$V(y_F-y_1)=L(x_N-x_0)$$

以 $x=y/K$ 代入，消去 x 后可得

$$A(y_N-y_0)=y_F-y_1$$

$$y_N=\frac{y_F-y_1+A\,y_0}{A} \tag{4-10}$$

将式(4-9)与式(4-10)联解并加入下标后，可得

$$\frac{y_{Fi}-y_{1i}}{y_{Fi}-y_{0i}}=\frac{A_i^{N+1}-A_i}{A_i^{N+1}-1} \tag{4-11}$$

式(4-11)右方分子分母同乘以 V，分子部分代表组分 i 在吸收塔内被吸收的数量。由于y_{0i}代表与入塔吸收剂平衡时组分 i 的气相组成，则 $V(y_{Fi}-y_{0i})$代表了该吸收塔内组分 i 可能被吸收得最多的数量，两项之比称为吸收分率以α_i来表示，则：

$$\frac{y_{Fi}-y_{1i}}{y_{Fi}-y_{0i}}=\frac{A_i^{N+1}-A_i}{A_i^{N+1}-1}=\alpha_i \tag{4-12}$$

利用式(4-12)根据已知的α_i以及A_i可以算出所需的理想板数 N 来。但为了设计运算方便起见，将式(4-12)标绘成图 4-12，便于直接使用。

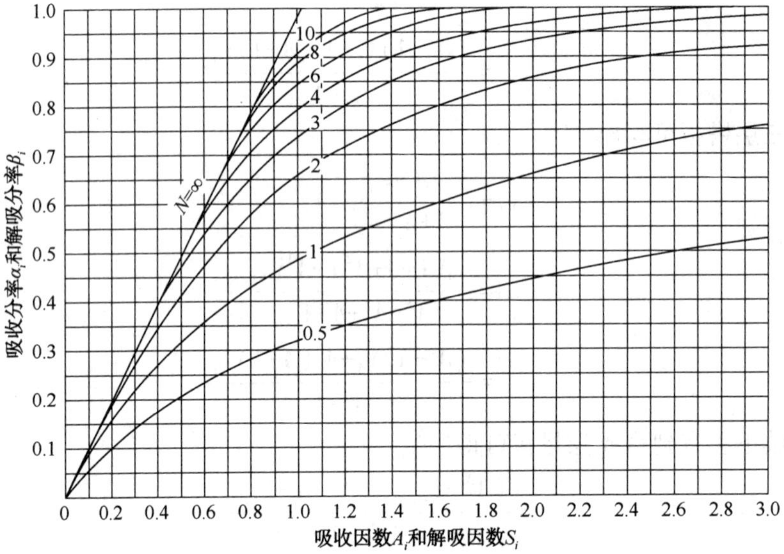

图 4-12　吸收因数及解吸因数图

在应用吸收因数法进行计算时，要注意在推导公式中引进了以下几点假设：

(1) 溶液是理想溶液或接近理想溶液。在这种情况下吸收液中溶质的浓度不受任何限制。如果是非理想溶液，则要求吸收液是稀溶液或接近亨利定律应用的范围。

(2) 全塔温度变化不大，可以近似取一平均的 K_i 值视为常数。

(3) 气相、液相的流量变化不大均可取平均值当作常数。

在与以上三点假设距离太大的情况下，应用吸收因数法进行计算会造成较大的误差。最好用逐板计算的方法进行设计计算。

4.3.3　吸收因数法的应用

吸收因数法不仅可以应用于设计计算，而且可以应用于现有设备的校核计算，还可以用来分析吸收塔的操作。在此着重讨论如何应用吸收因数法来进行设计计算。

在设计一多组分吸收塔时，下列条件通常是已知的或通过比较而选定的：

(1) 入塔气体混合物的流量 V_F(m^3/h)或(kmol/h)。

(2) 入塔气体混合物的组成 y_F(摩尔分数)。

(3) 操作温度和压力。

(4) 吸收剂的种类和组成。

（5）分离要求：只能指定入塔气体混合物中关键组分的分离要求，例如指定其吸收率 $\alpha_{关}$或在尾气中的量。在设计计算中的任务则是要通过计算确定。

（6）完成分离任务所需的理想板数。

（7）加入塔中的吸收剂用量 L_0(kmol/h)。

（8）塔顶尾气的量 v_1和组成 y_1。

（9）塔底吸收液的量 L_N和组成 x_N。

以下我们先对设计计算方法作一简要的叙述，然后再结合裂解气中压油吸收法脱甲烷塔的具体实例来说明吸收因数法的具体应用。

1. 关键组分吸收分率的确定

在多组分精馏塔的设计计算时，根据分离要求要确定轻重关键组分。其他组分在塔顶、塔釜的分配是根据轻重关键组分在塔顶、塔釜的分配以及各组分的相对挥发度而确定的。

在多组分吸收过程中，设计吸收塔时，只能确定一个对分离起关键作用的组分，这个组分就叫关键组分。例如中压油吸收法中脱甲烷塔的主要作用是利用吸收剂尽可能多地吸收裂解气中的乙烯。因此往往就把乙烯选为关键组分。在吸收过程中也只能指定关键组分的分离要求，如吸收分率 $\alpha_{关}$。其他组分的吸收分率也就随之而被确定。例如脱甲烷塔希望尽可能多地回收乙烯，一般要求乙烯的吸收分率达到$\alpha_{C_2}=0.98-0.99$。当关键组分乙烯的吸收分率确定以后，其他各组分的吸收分率也可以通过计算相应地确定下来。再如C_2馏分用丙酮吸收法脱除乙炔时，要求控制塔顶气体中乙炔含量低于或等于 10^{-6}mL/m^3。在该塔设计时则必须选择乙炔为关键组分。

2. 最小液气比$\left(\dfrac{L}{V}\right)_m$和操作液气比$\dfrac{L}{V}$的决定

与精馏计算一样，对于一定分离任务液气比$\dfrac{L}{V}$不能小于某一最小值——最小液气比$\left(\dfrac{L}{V}\right)_m$。在此液气比下操作时，理论上需要无穷多的板数才能达到指定的吸收分率。按照式(4-12)：

$$\alpha_i=\frac{A_i^{N+1}-A_i}{A_i^{N+1}-1}$$

可知，当$A_i<1$ 的情况下，$\alpha_i=A_i$时 $N=\infty$，也就是说在吸收因数图(图 4-12)上，$\alpha_i=A_i$线就是 $N=\infty$线，对应于$\alpha_i=A_i$线的液气比$\dfrac{L}{V}$值就是最小液气比$\left(\dfrac{L}{V}\right)_m$。应用图 4-12，求对应于关键组分的最小液气比十分方便，由纵轴上的 $\alpha_{关}$引水平线与($N=\infty$)线相交，交点的横坐标便代表关键分的最小吸收因数($\alpha_{关}=A_{关m}$)。

实际计算可直接取$A_{关m}=\alpha_{关}$，算出$\left(\frac{L}{V}\right)_m$值。

$$\left(\frac{L}{V}\right)_m=K_{关}A_{关m}$$

实际的操作液气比考虑到操作费用及设备投资各方面的因素，一般取最小液气比的1.2~2.0倍，即

$$\frac{L}{V}=(1.2\sim2.0)\left(\frac{L}{V}\right)_m \tag{4-13}$$

3. 理想塔板数N的确定

在选定操作压力以及操作温度以后，很容易计算出在操作液气比之下关键组分的吸收因素$A_{关}$。

$$A_{关}=\frac{L}{V_{A关}}$$

式中，关键组分的气液相平衡常数$K_{关}$可取塔的操作压力以及全塔平均温度时的数值。

由图4-12横轴上的$A_{关}$向上引垂线与引自纵轴上的$\alpha_{关}$水平线相交，在交点位置便可读出所需要的理想塔板数N的数值。

4. 其他组分吸收率α_i的确定

根据关键组分分离要求确定了该塔的操作液气比和理想板数以后，对于其他组分的吸收因数A_i亦随之被确定

$$A_i=\frac{L}{VK_i}$$

式中，K_i是按相同的操作条件通过查图或计算得到的。在同一吸收塔内，理想塔板数N假设是一致的，很容易确定其他组分的吸收分率α_i。图解时只要在图4-12横轴A_i向上引垂线与N板相交，交点的坐标便是组分i的吸收分率α_i。求出入塔气体各组分的吸收分率后，通过物料衡算就能确定出尾气的量V_1、组分y_1，吸收剂用量L_0，吸收液的数量L_N、组成x_N，具体计算见例4-1。

【例4-1】 某厂裂解气分离车间采用中压油吸收分离工艺，脱甲烷塔进料100kmol/h，进料组成如下：

组分	H_2	CH_4	$C_2^=$	C_2^0	$C_3^=$	C_3^0	C_4
含量(摩尔分数)/%	15.0	30.0	28.0	5.0	19.0	1.0	2.0

该塔操作压力3.6MPa(绝)，吸收剂入塔温度-36℃，原料气入塔温度-10℃，乙烯回收率98%，试确定：

(1) 完成分离要求的操作液气比，取操作液气比为最小液气比的1.5倍。

(2) 该吸收塔所需理想板数。

(3) 各组分的吸收分率及出塔尾气组成。

(4) 以C_3馏分为吸收剂，确定吸收剂加入量(kmol/h)。

【解】 吸收塔平均温度取进气温度和吸收剂温度的平均值

$$t=\frac{1}{2}(-10-36)=-23℃$$

由图1-4查得3.6MPa、-23℃各组分的K_i值：

组分	H_2^*	C_1^0	$C_2^=$	C_2^0	$C_3^=$	C_3^0	C_4^{**}
K_i	*	3.2	0.65	0.47	0.12	0.10	0.048

* H_2视作惰性气体，不考虑它在吸收剂中的溶解量

* * 以异丁烷代表混合C_4

在计算中选择乙烯作为关键组分。

(1) 求操作液气比$\frac{L}{V}$。

最小液气比

$$\left(\frac{L}{V}\right)_{\min}=A_{关m}K_{关}=0.98\times0.65=0.637$$

操作液气比

$$\frac{L}{V}=1.5\left(\frac{L}{V}\right)_{\min}=1.5\times0.637=0.955$$

(2) 理想板数N

关键组分乙烯的吸收因数：

$$A_{C_2}=\frac{L}{VK_{C_2}}0.955/0.65=1.47$$

理想板数N由$A_{C_2^=}=1.47$及$\alpha_{C_2^=}=0.98$在吸收因数图(图4-12)中查得$N=8$。

(3) 各组分的吸收分率尾气量及组成。

(a) 求各组分的吸收分率。

根据各组分的K_i值以及$\frac{L}{V}=0.955$，求得A_i，再由A_i及$N=8$求得各组分的吸收分率α_i。

项目	H_2	C_1^0	$C_2^=$	C_2^0	$C_3^=$	C_3^0	C_4
K_i	—	3.2	0.65	0.47	0.12	0.10	0.048
$A_i=\frac{L}{VK_i}$	—	0.298	1.47	2.03	7.96	9.55	19.9
α_i	—	0.298	0.98	~1.0	~1.0	~1.0	~1.0

(b) 求尾气数量及组成。

由吸收分率计算可知，由于C_2^0、C_3、C_4的$\alpha_i=1.0$，说明这几个组分几乎全部被吸收，不进入塔顶尾气中，尾气主要由H_2、C_1^0、$C_2^=$组成，它们的数量及组成见下表。

组分	进料气中组分 i 的量v_{Fi}/(kmol/h)	组分 i 的吸收分率α_i	组分 i 被吸收的量$v_{Fi}\alpha_i$/(kmol/h)	尾气中组分 i 的量 $v_{1i}=v_{Fi}-v_{Fi}\alpha_i$/(kmol/h)	尾气组成 $y_{1i}=\frac{v_{1i}}{\sum v_{1i}}$
H_2	15.0	~0	~0	15.0	0.4100
C_1	30.0	0.298	8.94	21.06	0.5750
C_2	28.0	0.98	27.44	0.56	0.0150
Σ	73.0	—	36.38	36.62	1，000.0

(4) 吸收剂加入量L_0。

本塔平均液气比

$$\frac{L}{V}=0.955$$

入塔气量

$$V_F=100\text{kmol/h}$$

塔顶尾气量

$$V_1=36.62\text{kmol/h}$$

平均气量

$$V=\frac{1}{2}(V_F+V_1)$$

$$=\frac{1}{2}(100+36.62)$$

$$V=68.31\text{kmol/h}$$

$$L=\frac{1}{2}(L_N+L_0)$$

塔底吸收液量

$$L_N = L_0 + (V_F - V_1)$$

$$= L_0 + (100 - 36.62)$$

$$= L_0 + 63.38 \text{kmol/h}$$

所以

$$\frac{1}{2}(L_0 + 63.38 + L_0) = 65.2$$

$$L_0 + 31.69 = 65.2$$

吸收剂量

$$L_0 = 65.2 - 31.69 = 35.51(\text{kmol/h})$$

塔底吸收液量

$$L_N = 33.51 + 63.38 = 96.89(\text{kmol/h})$$

从例 4-1 的计算过程中可以看到，在多组分气体混合物的吸收过程中，只要合理地选择液气比以及相应的理想塔板数，很容易做到使关键组分达到预定的吸收分率。但是如果该气体混合物中的其他组分不能视作惰性气体，某些组分尽管挥发性很大(例如脱甲烷中的甲烷以及丙酮吸收塔的乙烯、乙烷)，只要它们在溶剂中有显著的溶解度，在关键组分被吸收的同时这些组分也将有相当的数量被吸收剂所吸收。在脱甲烷塔中甲烷有将近 30% 的数量被吸收。在丙酮吸收塔内乙烯、乙炔被吸收的数量分别达到 16.6% 和 12%。用吸收的方法不能把关键组分与比关键组分更易挥发一些的易溶组分分开。这只有通过解吸过程才能实现。

4.3.4 吸收塔的板效率及等板高度

利用吸收因数法很容易求得预定吸收任务所需的理想塔板数。如果采用板式吸收塔，则需要确定吸收塔的板效率才能知所需的实际塔板数。

在吸收塔板设计计算中主要是需要全塔平均总板效率，吸收塔的总板效率与精馏塔的计算方法完全相同

$$\eta_{总} = \frac{N_{理}}{N_{实}} \times 100\% \tag{4-14}$$

但对吸收塔的全塔平均总板效率的实测数据比较少，已有数据大部分是用煤油或柴油馏分吸收轻碳氢化合物的数据。表 4-3 中列举了部分生产和试验数据供参考。

对于 C_3馏分或 $C_3 \sim C_4$混合馏分吸收裂解气，目前还缺乏可靠的总板效率数据。设计时一般取$\eta_{总} = 40\% \sim 50\%$。

表 4-3 吸收塔总板效率的一些实测数据

物系		平均温度/℃	操作压力/MPa	液体黏度/cP	塔径/mm	板料（实际）	总板效率 $\eta_{总}$/%	单板效率 $\eta_{板}$/%
吸收剂	溶质							
相对分子质量135的油	$C_1 \sim C_5$	59	1.8	0.22	1520	16	56	—
相对分子质量161的油	$C_1 \sim C_6$	34	3.3	0.42	—	24	49	—
相对分子质量201的油	$C_1 \sim C_6$	49	1.8	0.48	1220	24	36	—
相对分子质量220的油	$C_1 \sim C_5$	38	0.53	0.81	1830	21	18	—
柴油	丙烯	24~28	0.45	2.8~5.8	50	1	—	11~13
重汽油	丙烯	18~43	0.31~0.45	0.74~11	50	1	—	22~24
重汽油	异丁烷	26	0.45	0.97	50	1	—	36
水	NH_3	1~17	0.10	—	458	1	—	69
水	CO_2	10~12	0.10	—	458	1	—	1.8~2.6
水	CO_2	13~59	0.10	1.2~0.48	125	4	—	1.53~0.5

已有的实验数据表明，吸收塔的总板效率一般要比精馏塔低，主要原因是吸收塔通常操作温度比较低，吸收剂是过冷的液体，因此液体黏度较大使板效率降低。

对于板式吸收塔，当有比较可靠的总板效率的实验数据作参考时，由已知的理想塔板数很容易求得全塔实际塔板数

$$N_{实} = \frac{N_{理}}{\eta_{总}}$$

在没有实验数据作为参考时，奥康奈尔（O'Connell）整理编制的吸收塔总的效率的算图（图 4-13）作为设计计算的依据。图中亨利系数E_i的单位为（MPa · m^3/kmol）。即应用亨利定律时（$p_i = E_i x_i$），p_i的单位是 MPa，x_i的单位是（kmol/m^3）。

对于填料吸收塔，如果用吸收因素法求出理想塔板数，精馏过程一样也可以用等板高度的方法求出填料层的总高度。计算公式的形式与精馏塔的求精料层总高度的公式完全一样。

$$h = N_{理} \times h_e \tag{4-15}$$

式中 h——填料吸收塔填料层总高，m；

h_e——填料吸收塔的等板高度，m。

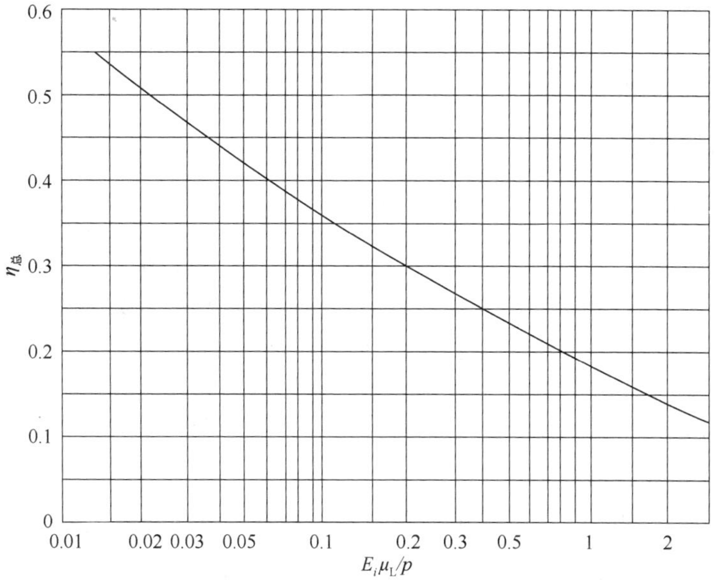

图 4-13 吸收塔的总板效率

填料吸收塔在接近液泛点操作时填料种类为拉西环，等板高度计算公式如下

$$h_e = 48\left(\frac{\omega\rho_v}{\mu_v}\right)^{0.2}\alpha^{-1.2}F_{CB}\left(\frac{V}{L}\right)^{0.405}\left(\frac{\rho_v}{\rho_l}\right)^{0.19}\left(\frac{\mu_v}{\mu_l}\right)\frac{\lg\frac{1}{\lambda}}{1-\lambda} \tag{4-16}$$

式中 下标 v——指气体；

下标 l——指液体。

ω——空塔气速，m/s；

ρ——密度，kg/m^3；

F_{CB}——填料塔内的自由截面积，m^2；

α——填料的比表面积，m^2/m^2；

V——气体流量，kmol/h；

L——液体流量，kmol/h；

$\lambda = \frac{KV}{L}$；

K——相平衡常数。

4.4 吸收塔操作主要因素的分析

在吸收塔的设计及操作时主要考虑操作压力、操作温度以及液气比的影响。

1. 操作压力的影响

提高吸收塔的操作压力 p 将使气相溶质的分压 P_i 增加，由亨利定律可以看出溶质的溶解度也将随之加大，这对于吸收是有利的。从气液相平衡常数 K_i 的角度来分析，随着压力的提高各组分的 K_i 值下降。吸收因素 $A_i=\dfrac{L}{VK_i}$，当液气比一定时，K_i 下降，A_i 值升高。对于现场已有的吸收塔理想板数 N 为一常数，当吸收因素 A_i 值升高则吸收分率 $\alpha_{关}$ 上升；对于设计新的吸收塔，根据分离要求确定吸收分率 $\alpha_{关}$ 的情况下，当吸收因素 A_i 上升会使所需的理想塔板数 N 减少。这些都是提高操作压力对吸收操作有利的方面，但是应该注意的是随着操作压力的提高伴随着进塔原料气压缩机消耗的功率也随之在增大，并且吸收塔的壁厚也相应增加，这些是提高操作压力带来的不利方面。

2. 操作温度的影响

降低吸收塔的操作温度，亨利系数 E_i 将降低，气体溶解度加大，同时 K_i 值也减小，吸收因素 A_i 值增大，显然降低操作温度与提高操作压力具有相同的影响。但是在低于室温条件下操作时就必须采用冷冻操作。一般冷冻操作耗费动力较多，因此在可能条件下一般希望吸收操作在高于室温的条件下进行。有时为了避免采用过高的操作压力，必须在低温下进行吸收操作（例如 C_3 馏分吸收裂解气中的乙烯以及丙酮吸收乙炔等），操作温度越低，消耗于冷冻的动力将越多。

3. 液气比的影响

液气比 $\dfrac{L}{V}$ 是和吸收剂的用量有联系的，设计或生产时一般是保持一定的生产能力 V，液气比增加意味着吸收剂的用量增加。液气比对于吸收操作的影响就如同回流对于精馏操作一样重要。增加液气比 $\dfrac{L}{V}$ 将导致各组分的吸收因素 A_i 增加。因此增大液气比起着和增加操作压力或者降低操作温度相同的影响。但是要注意随着液气比的升高，相应的吸收剂用量也增大导致回收吸收剂的费用随之而增加，因此综合各方面的考虑一般取液气比为最小液气比的 1.2~2.0 倍。

4. 吸收因数 A_i 和塔板数 N 的影响

吸收因素实际上是综合了温度、压力、液气比三个因素的影响，从图 4-12 可以看出吸收因数 A_i、吸收分率 α_i 以及理想塔板数 N 之间的关系具有以下的特点：

（1）吸收因数 A_i 的数值不得小于所规定的吸收分率 α_i，当 $A_i=\alpha_i$ 时需要理论塔板数 N 为无穷多。

（2）随着吸收因数 A_i 数值的增大，各组分的吸收分率 α_i 值将增高。但是从图 4-12 可以看出吸收因数 A_i 超过某一数值（与板数有关）以后，当吸收因数 A_i 继续加大时，对吸收分率 α_i 的提高影响就不明显了，一般来说当吸收因数超过 2.0 以后其影响就显著减弱。

(3) 随着塔板数 N 的增大，各组分的吸收分率 α_i 显然也将增加，但是应当指出塔板数较少时增加一块理想塔板对于提高吸收分率的影响是很明显的，当理想塔板数超过 10 块以后，再增加塔板数时对吸收分率的提高就很有限。当吸收因数在 1.0~1.5 范围内，增加理想塔板数对于提高吸收分率的影响是最为显著的。

4.5 吸收塔的热量衡算

气体分子溶质溶解于吸收剂时一般都会产生放热效应，所放出的热量称为溶解热，其单位为 kJ/kmol。当溶质溶解于吸收剂当中形成理想溶剂时，溶解热便等于该溶质的冷凝潜热，这种情况下溶解热仅与操作温度、操作压力有关，而与溶液的组成无关。

当溶质和吸收剂的化学结构以及相对分子质量相差很大时，由于形成的溶液是非理想溶液，分子间的作用力有很大的差别，导致该溶质的溶解热和冷凝潜热可以相差很大。在表 4-4 中列举了一些组分在丙酮吸收剂中的溶解热和冷凝潜热以作比较。

表 4-4 一些组分在丙酮中的溶解热与冷凝潜热

组分	温度范围/℃	溶解热/(kJ/kmol)	冷凝潜热/(kJ/kmol)
乙烯	-18~38	13942.7	5610.6
乙烷	-18~38	13608	9546.1
乙炔	-18~38	17083	10216.3
甲基乙炔	10~38	22610	—

如果溶质在溶液中存在电离反应，溶解热应当包括溶液中溶质分子的离解热在内。

对于电解质溶液以及不发生电离作用的非理想溶液，溶解热与溶液的浓度有关。例如，将 1mol 氯化氢气体溶解于 10mol 水中溶解热为 69.55kJ，而 1mol 氯化氢溶解于大量水中形成无限稀释的溶液时，溶解热为 75.20kJ。因此，在进行设计计算收集有关溶解热数据时，要注意该溶解热是什么浓度条件下的数据。热力学数据表上列出的溶解热数据一般是 26℃ 和 0.1013MPa 下的溶解热。如果没有注明溶解终了的溶液浓度，即指无限稀释的溶液。如果注明是饱和溶液，此时溶解热即为 1mol 溶质溶解后形成饱和溶液时总的热效应。

由于吸收过程伴随有放热效应，因此在吸收剂加入塔内后自上而下流动的过程中，随着溶质浓度的不断加大，吸收液的温度也不断地升高。吸收液温度的高低与气相中溶质浓度、吸收剂用量以及溶解热的大小等因素有关。例如，在气体中溶质浓度较低，吸收剂用量较大的情况下，溶质被吸收所放出的热量不足以使吸收液的温度有显著的升高，因此对吸收过程不会有明显的不利影响，在这种情况下一般无须另加中间冷却器。当气体混合物中溶质浓度很高，吸收剂用量不大的情况下，溶质被吸收所放出的热量往往会使吸收液的温度上升几十度。随着吸收液温度升高，将使气体的溶解度急剧地降低，这对吸收是不利的。为了保持吸收液对气体具有较高的溶解度，在吸收塔内往往加设若干个中间冷凝器以保持塔内温度大致在预期的范围内。例如，中压油吸收法分离裂解气的脱甲烷塔就属于这种情况。在设计时是否需要设置中间冷却器、设置中间冷却器的数量以及冷却器的热负荷的决定，必须通过进行吸收塔的热量衡算才能确定。

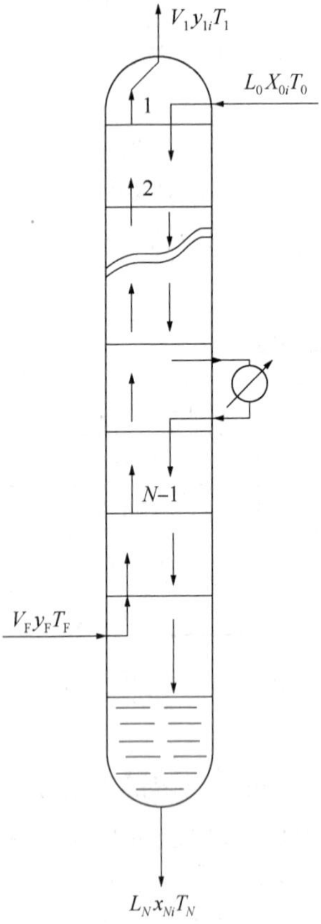

图 4–14　吸收塔的热量平衡关系

吸收塔的热量平衡关系，如图 4–14 所示，可用式(4–17)来表达该塔的热量衡算方程(忽略热损失)

$$\sum V_1 y_{1i} c_{vi}(T_F-T_1)+\sum(V_F y_{Fi}-V_1 y_{1i})Q_{si}=\sum c_{1i}L_0 x_{0i}(T_N-T_0)+Q_{冷} \quad (4\text{–}17)$$

式中　V_F——入塔气体总量，kmol/h；

V_1——塔顶尾气量，kmol/h；

L_0——吸收剂量，kmol/h；

L_N——塔底吸收液量，kmol/h；

y_{Fi}——入塔气中组分 i 含量，摩尔分数；

y_{1i}——尾气中组分 i 含量，摩尔分数；

x_{0i}——吸收剂中组分 i 含量，摩尔分数；

T_F——气体入塔温度，℃；

T_1——尾气出塔温度，℃；

T_0——吸收剂入塔温度，℃；

T_N——吸收液出塔温度，℃；

c_{vi}——吸收塔操作平均温度下组分 i 气体的比热容，kJ/(kmol℃)；

c_{1i}——吸收塔操作平均温度下组分 i 液体的比热容，kJ/(kmol℃)；

Q_{si}——组分 i 的溶解热，kJ/kmol；

$Q_{冷}$——中间冷却器热负荷，kJ/h。

对于烃类理想溶液常用以热焓表示的热平衡方程，式(4–17)可以改写如下

$$V_F H_F - V_1 H_1 = L_N h_N - L_0 h_0 + Q_{冷} \quad (4\text{–}18)$$

对于理想溶液溶解热 Q_{si} 即等于组分 i 的冷凝潜能，在热焓值中已计入此项热

量。在多元物系精馏中已指出理想混合气，液相热焓的求法

$$H=\sum H_i y_i \qquad h=\sum h_i x_i$$

利用算图查得焓值进行计算，务必注意各组分的焓图零点不同，计算时务必使其零点统一。

【例 4-2】 某裂解气吸收塔操作压力 4.0MPa，进料温度-3℃，吸收液入塔温-24℃、塔顶温度-22℃，裂解气进料量为 100kmol/h，吸收物料衡算的结果如下：

项目		原料V_F	尾气V_1	吸收剂L_0	吸收液L_N
数量/(kmol/h)		100	38.2	42.7	104.5
组成(摩尔分数)	H_2	0.132	0.347	0	0
	C_1	0.3718	0.6438	0	0.121
	$C_2^=$	0.302	0.0079	~0	0.286
	C_2^0	0.097	0.0013	~0	0.0922
	$C_3^=$	0.084	—	0.04	0.096
	$C_4^=$	0.0132	—	0.96	0.4048
	Σ	1.0000	1.0000	1.00	1.0000

如果不设中间冷却器，塔底温度将达到多少?

【解】 无中间冷却器时$Q_{冷}=0$

热量平衡方程式(4-18)变为

$$V_F H_F - V_1 H_1 = L_N h_N - L_0 h_0$$

先分别求出气、液相热焓 H_{vF}、H_v、h_{lN}、h_{l0}。

(1) 求入塔气体热焓。

由算图中查出 $T=-3℃$、$p=4.0\text{MPa}$，各组分的热焓，并一律折算为-129℃的饱和液体为焓的零点。氢的热焓由压焓图定出。

组分	相对分子质量	H'_{Fi}/(kJ/kmol)	H_{Fi}/(kJ/kmol)	y_{Fi}(摩尔分数)	$H_{Fi}y_{Fi}$/(kJ/kmol)
H_2	2	1750.2	3500.4	0.132	462.05
C_1	16	682.5	10920	0.3718	4060.15
$C_2^=$	28	598.7	16763.6	0.3020	5062.60
$C_2^=$	30	665.7	19971	0.097	1937.19
$C_3^=$	42	669.9	28135.8	0.084	2363.41
C_4	58	586.2	33999.6	0.0132	448.79
Σ	—	—	—	1.0000	14334.19

入塔气体$H_F = \sum H_{Fi} y_{Fi} = 14334.19$(kJ/kmol)

(2) 求出塔气体热焓H_1($T=-22$℃, $p=4.0$MPa)。

组分	相对分子质量	H'_{1i}/(kJ/kmol)	H_{1i}/(kJ/kmol)	y_{1i}(摩尔分数)	$H_{1i}y_{1i}$/(kJ/kmol)
H_2	2	1427.8	2855.5	0.347	990.86
C_4	16	636.4	10182.4	0.6438	6555.43
$C_2^=$	28	628.05	17585.4	0.0079	139
C_2^0	30	653.17	19595.1	0.0013	25.47
$H_1 = \sum H_{1i} y_{1i} = 7710.76$(kJ/kmol)					

(3) 求入塔吸收液热焓h_0($T=-24$℃液体)。

组分	相对分子质量	h'_{0i}(kJ/kmol)	x_{0i}(摩尔分数)	h_{0i}/(kJ/kmol)	$h_{0i}x_{0i}$/(kJ/kmol)
$C_3^=$	42	230.29	0.04	9672	386.9
C_4	58	217.72	0.96	12627.7	12122.6
$h_0 = \sum h_{0i} x_{0i} = 12509.5$(kJ/kmol)					

假设的塔底吸收液温度 30℃所计算得到的吸收液热焓与热平衡方程求出的热焓 1673028(kJ/h)基本相符，表明所设的吸收液温度正确。

由以上例题计算的结果可以看出，本吸收塔若不装设中间冷却器，在绝热条件下操作，则吸收液的温度将从塔顶的-22℃上升至塔底的 30℃，即温度上升高达 52℃。随着温度的升高，溶质的溶解度显著地减小，从而使原定的吸收任务无法完成，这显然是不允许的。

4.6 解吸的方法及解吸过程的计算

4.6.1 解吸的方法

气体中的溶质和吸收剂形成吸收液后，为了回收被吸收的溶质，同时使吸收剂送回塔顶循环使用，必须将溶质和吸收剂进行分离。此外当气体有好几个溶质组分同时吸收时，还需要把溶解度较大的溶质和溶解度较小的溶质进行分离。例如，用丙酮吸收法脱炔时，需将吸收液中的乙炔和乙烯、乙烷分离开；用中压油吸收法分离开裂解气中的甲烷和氢时，需将吸收液中的甲烷和乙烯分离开。

将溶质从吸收液中分离出来的过程为解吸过程，它显然是与吸收相反的过程。解吸过程得以顺利进行的必要条件是溶液中的溶质组分 i 的平衡蒸汽压 p_i^* 或平衡气相组成 y_i^* 必须大于该溶液相接触的气相中组分 i 的分压p_i或组成y_i，只有满足这种条件溶质才能由液相转入气相——进行解吸过程。

为了使溶液中溶质的平衡蒸汽压 p_i^* 大于气相中组分 i 的分压，通常可以采用以下四种方法来实现：

(1) 将吸收液加热升温以提高溶质的平衡分压 p_i^*，减少溶质的溶解度。

(2) 减压闪蒸，将原来处于较高压力的吸收液进行减压，显然总压 p 降低后，气相中溶质组分 i 的分压 p_i 也必然相应地降低。因此即使吸收液不加热升温，吸收液中的溶质组分 i 的平衡分压 p_i^* 在减压下将高于气相中组分 i 的分压 p_i，使解吸过程得以进行。

(3) 应用惰性气体进行解吸：将吸收液送入解吸塔顶，在解吸塔底部通入惰性气体，由于惰性气体中不含易溶组分，与惰性气体与吸收液接触后由于吸收液中溶质组分 i 的平衡蒸汽压远大于以惰性气体为主的混合气体中组分 i 的分压，使溶质组分 i 得以解吸出来。

(4) 采用精馏的方法(用全塔或仅用提馏段)将溶质和吸收剂进行分离。

具体采用什么方法需要根据吸收液的特点以及整个工艺流程组织的安排而定，在图 4-15 表示的丙酮吸收脱乙炔的工艺流程中的解吸过程采用了上述(1)、(2)和(4)三种方法。

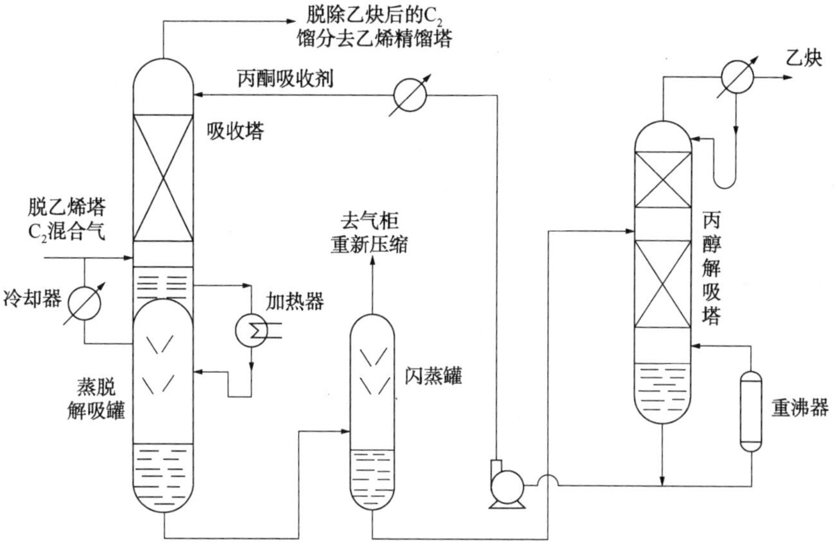

图 4-15　丙酮脱乙炔流程图

自丙酮吸收塔底排出的吸收液中除了含有乙炔以外还含有数量相当大(远远大于乙炔的含量)的乙烯和乙烷。为了回收这部分乙烯和乙烷，先将吸收液加热到 20~30℃，在不降压的情况下使被溶解的乙烯和乙烷初步蒸脱出来。蒸出来的 C_2 馏分可以与脱乙烷塔顶来的气体合并作为丙酮吸收塔的进料气体。

从蒸脱罐出来的丙酮吸收液中仍含有相当多的 $C_2^=$ 和 C_2^0，将此吸收液送入闪蒸罐进行减压闪蒸，压力由2.0MPa降低至0.2~0.3MPa，使大部分的$C_2^=$和C_2^0解吸出来，这部分气体与裂解气混合后经压缩重新送回中压油吸收塔进行分离。

从闪蒸罐底部出来的丙酮吸收液中含有各组分中溶解度最大的乙炔和残存的少量的乙烯和乙烷，将这部分吸收液送入丙酮解吸塔，该塔实际上是一个精馏塔，在丙酮解吸塔中通过精馏使丙酮与乙炔、乙烯、乙烷进行分离。塔顶乙炔气体经回收其中夹带的丙酮后送去进一步加工成为燃料，塔底丙酮经分析乙炔含量少于5×10^{-6}后送回丙酮吸收塔循环使用。塔釜用水蒸气加热产生解吸所需的蒸汽。

北京化工研究院提供的丙酮吸收和解吸系统各设备操作条件列于表4-5。

对于单组分吸收一般是在四种分离方法中选择其中一种进行解吸。

表4-5　丙酮吸收与解吸系统操作条件表

设备名称	压力/atm	温度/℃	控制指示
丙酮吸收塔	20±1	进料-20，塔顶-20	塔顶$C_2^{\equiv}<5\times10^{-6}$
蒸脱塔	20±1	底部温度20~30	
闪蒸罐	2~3	底部温度20~30	
丙酮解吸塔	常压	顶温-10，釜温62±2	塔釜$C_2^{\equiv}<5\times10^{-6}$

4.6.2　解吸过程的计算

对于多组分吸收过程所形成的吸收液解吸过程的计算方法一般采用解吸因数法。解吸因数法的推导过程中的假设条件、计算公式的形式以及使用的方法与吸收因数法非常相似。

参照图4-16可以列出m板的物料衡算式：

$$L'_{m+1}x_{(m+1)i}+V'_{m-1}y_{(m-1)i}=L'_m x_{mi}+V'y_{mi} \tag{4-19}$$

当取全塔平均的气液相流量L'、V'，并略去下标i可写出$L'(x_{m+1}-x_m)=V'(y_m-y_{m-1})$，用全塔平均温度下相平衡常数$K_i$代入，

令
$$S_i=\frac{V'K_i}{L'}$$

S_i称为解吸塔中组分i的解吸因数，则物料衡算式可写为

$$x_{m+1}-x_m=S[x_m-x_{m-1}]$$

移项整理可得式(4-20)

$$x_m=\frac{x_{m+1}+S\,x_{m-1}}{S+1} \tag{4-20}$$

如果取与汽提蒸汽y_i^0平衡之液相组成为x_{0i}，并忽略下标i后，对于第一块塔板可写出

$$x_1=\frac{x_2+S\,x_0}{S+1}$$

$$=\frac{(S-1)x_2+S(S-1)x_0}{S^2-1}$$

对于第二块塔板可写出

$$x_2=\frac{x_3+S\,x_1}{S+1}$$

$$=\frac{(S^2-1)x_3+S^2(S-1)x_0}{S^3-1}$$

对于第三块塔板可写出

$$x_3=\frac{x_4+S\,x_2}{S+1}$$

$$=\frac{(S^3-1)x_4+S^3(S-1)x_0}{S^4-1}$$

以此类推，对于第 M 块塔板可写出式(4-21)

$$x_M=\frac{(S^M-1)x_{M+1}+S^M(S-1)x_0}{S^{M+1}-1} \tag{4-21}$$

解吸塔作全塔物料衡算得：

$$L'x_{M+1}+V'y_0=L'x_1+V'y_M$$

$$L'(x_{M+1}-x_1)=(y_M-y_0)$$

将$S_i=\dfrac{V'K_i}{L'}$代入移项整理后可得：

$$x_M=\frac{x_{M+1}-x_1+S\,x_0}{S} \tag{4-22}$$

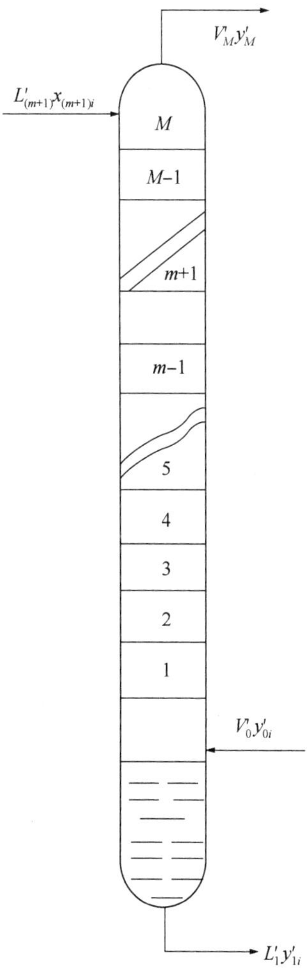

图 4-16　解吸因数法推导

式(4-21)与式(4-22)联解，整理得

$$\frac{x_1^{M+1}-x_1}{x_1^{M+1}-x_0}=\frac{S^{M+1}-S}{S^{M+1}-1}$$

因

$$\beta_i=\frac{x_{(M+1)i}-x_{1i}}{x_{(M+1)i}-x_{0i}}$$

则

$$\beta_i=\frac{S_i^{M+1}-S_i}{S_i^{M+1}-1} \tag{4-23}$$

β_i称为组分 i 在解吸塔的解吸分率。从式(4-23)可以看出，解吸分率 β_i、解

吸因数 S_i 以及解吸塔的理想塔板数 M 具有和吸收塔的吸收分率 α_i、解吸因数 A_i 以及理想塔板数 N 之间完全相同的数学关系式。因此根据吸收因数计算式（4-12）绘制的图 4-12 也完全可以用来确定解吸分率 β_i、解吸因数 S_i 以及理想塔板数 M 之间的相互关系。

同时，应该注意到：解吸因数方程式（4-24）在推导过程中与吸收过程一样有相同的三点假设：

（1）吸收液是理想溶液；

（2）各组分的相平衡常数 K_i 可取平均值，视为常数；

（3）气相和液相的平均分子流量 V' 和 L' 均可取平均数，也就是说 $S_i=\dfrac{V'K_i}{L'}$ 是视为常数的。

对照吸收过程操作条件的分析可以知道，提高解吸因数 S_i 值可以依靠增大气液比 $\dfrac{V'}{L'}$，或者是增大相平衡常数 K_i 值（也就是提高解吸温度或者降低解吸压力）来实现。在一定解吸分率 β_i 的前提下，提高解吸因数 S_i 可以减少解吸塔的理想塔板数 M。相反，在一定理想塔板数 M 的情况下，提高解吸因数 S_i，则可以提高解吸分率 β_i。

在解吸过程中随着气液比的减小，导致解吸因数 S_i 随之降低，完成预定的解吸要求需理想塔板数 M 相应增加。当 $S_i<1$ 时，如果当解吸因数 S_i 降低到 $S_i=\beta_i$ 时，则所需的理想塔板数 M 将无限多。因此，对于解吸过程的关键组分来讲 $S_{关}=\beta_{关}$ 时，对应的气液比则为该解吸过程的最小气液比。最小气液比可由式（4-24）求得

$$\left(\frac{V'}{L'}\right)_m=\frac{S_{关}}{K_{关}}=\frac{\beta_{关}}{K_{关}} \tag{4-24}$$

一般操作气液比为最小气液比的 1.5~2.0 倍，即

$$\frac{V'}{L'}=(1.5\sim2.0)\left(\frac{V'}{L'}\right)_m \tag{4-25}$$

对于解吸因数 S_i 来讲，一般选择 1.5~2.0 比较经济合理。

现在通过例 4-3 来具体地说明解吸因数法的应用。

【例 4-3】 例 4-1 的吸收液量 96.90kmol/h，其组分及各组分量如下表所示：

项目	C_1	$C_2^=$	C_2^0	C_3^0	$C_3^=$	C_4	Σ
$x'_{(M+1)i}$（摩尔分数）	0.0923	0.2830	0.0517	0.0516	0.4905	0.0309	1.0000
$L'_{(M+1)i}$/（kmol/h）	8.94	27.44	5.2	5.0	47.50	3.0	97.08

解吸塔操作压力为 3.6MPa，塔釜温度为 60℃。当要求甲烷解吸分率为 0.99。操作气液比为最小气液比的 1.5 倍时，试求解吸塔所需的理想塔板数，吸收液中各组分的解吸分率以及解吸后液体的组成。

【解】 解吸塔操作平均温度 $t=\frac{1}{2}(60-10)=25℃$，操作压力 3.6MPa。

由算图查得各组分的相平衡常数列表如下：

组分	C_1	$C_2^=$	C_2^0	$C_3^=$	C_3^0	C_4
K_i	4.6	1.5	1.07	0.41	0.35	0.175

解吸塔主要任务是将甲烷与其他组分分离开以保证下一步乙烯生产的需要，因此选择甲烷为关键组分。

所以，$\beta_{C_1}=0.99$ 相应于最小气液比之 $S_{C_1}=0.99$

因为，$K_{C_1}=4.6$

$$\left(\frac{V'}{L'}\right)_m=\frac{S_{C_1}}{K_{C_1}}=0.99/4.6=0.215$$

由于选定操作气液比为最小气液比的 1.5 倍，

所以，操作气液比 $\frac{V'}{L'}=1.5\left(\frac{V'}{L'}\right)_m=1.5\times0.215=0.323$

对应于操作气液比之 C_1 的解吸因数为 $S_{C_1}=K(V'/L')=0.323\times4.6=1.486$

由图 4-12 查得解吸塔之理想塔板数

$$M=9(\text{块})$$

由已知理想塔板数 $M=9$，气液比 $V'/L'=0.323$，

求得其他各组分的解吸分率如下：

组分	K_i	$S_i=(V'/L')K_i$	β_i
C_1	4.6	1.486	0.99
$C_2^=$	1.5	0.485	0.485
C_2^0	1.07	0.346	0.346
$C_3^=$	0.41	0.1324	0.1324
C_3^0	0.35	0.113	0.113
C_4	0.175	0.0565	0.0556

由上面计算可以知道吸收液中的甲烷虽然可以通过解吸的方法基本上脱除干净，但是同时又有一定数量的乙烯、乙烷解吸出来，甚至连更难挥发的 C_3、C_4 组分也有少量被解吸出来，这是由相平衡关系所决定的。虽然如果采用分别操作的吸收塔和解吸塔，不能达到使裂解气中的 C_1-H_2 组分与 $C_2^=$-C_4 组分完全分割开

的目的。

经过解吸后的液体量L_1'及组成x_{1i}可以通过物料衡算来确定，现将计算结果列表如下。

组分	各组分入塔量 $L'_{(M+1)i}$/(kmol/h)	解吸分率	各级分解吸量 $L'_{(M+1)i}\beta_i$/(kmol/h)	塔底各组量 L'_{1i}/(kmol/h)	塔底液体组成 x_{1i}(摩尔分数)
C_1	8.94	0.99	8.85	0.09	0.0014
$C_2^=$	27.44	0.485	13.30	14.14	0.2143
C_2^0	5.02	0.346	1.74	3.28	0.0497
$C_3^=$	47.05	0.1324	6.29	41.21	0.6245
C_3^0	5.0	0.113	0.57	4.43	0.0672
C_4	3.0	0.0556	0.17	2.83	0.0429
Σ	96.90	—	30.92	65.98	1.0000

4.7 吸收蒸出塔

通过吸收过程及解吸过程的计算，我们可以看出当气体组分中有好几个组分都具有相当大的溶解度时，那么仅用吸收继之以解吸并不能将其中两个组分完全分开。例如在裂解气中含有 H_2、C_1、$C_2^=$、C_2^0、$C_3^=$、C_3^0、C_4 等组分，分离的第一步若需将 H_2、C_1 和 $C_2^=$ 及其他更重要的组分分开(即要求塔顶气体中基本不含乙烯、塔釜液中基本不含甲烷)。要完成这样的任务采用分别操作的吸收塔和解吸塔是不能达到要求的，一般应采用吸收蒸出塔。

4.7.1 吸收蒸出塔的操作特点

吸收蒸出塔是吸收塔与精馏段结合起来组成的一个复合塔，有时也称为吸收解吸塔或吸收精馏塔。图 4-17 形象地表示了裂解气中压油吸收法的脱甲烷塔的操作特点。这个脱甲烷塔就是采用了吸收蒸出塔的分离方法。裂解气经冷却至 -15～-10℃进入脱甲烷塔后，气体进入吸收段用 C_3 吸收剂或 C_3～C_4 混合馏分吸收剂进行吸收，将其中绝大多数乙烯回收。塔顶尾气基本是氢气和甲烷。自吸收段流下来的液体中除了含有溶解度较大的 $C_2^=$ 以及更重的组分外，同时也含有相当数量的 C_1。

由吸收段流下的吸收液与进料的液相合并在一起进入提馏段(也称为蒸出段)。提馏段底部设有重沸器，将塔底液体部分汽化作为解吸所需要的气体介质。在提馏段中将吸收液中挥发性最大 H_2、C_1(H_2 在进料的液相中含有很少的数量)全部解吸出来。同时一部分挥发性较小的 $C_2^=$、C_2^0 也会随同解吸出来。$C_2^=$、C_2^0 被

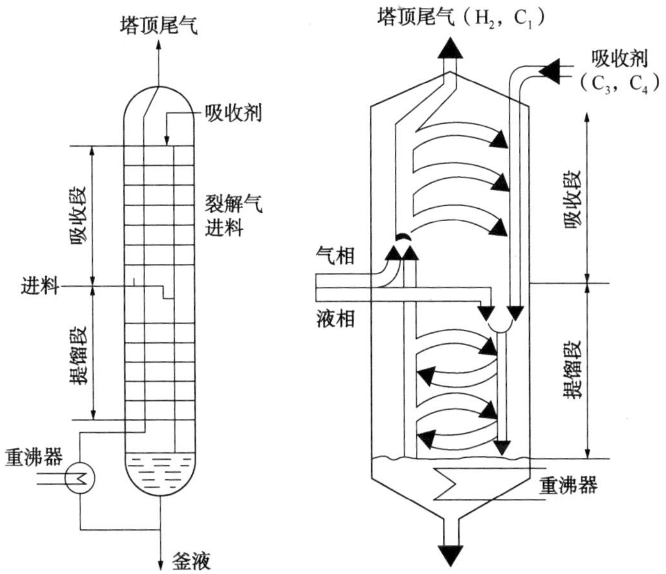

图 4-17　裂解气吸收蒸出塔操作示意图

解吸以后，在吸收段与吸收剂接触过程中又被重新吸收，再随同吸收液返回提馏段，在两段中重复地被吸收和解吸。采用吸收和提馏联合操作的吸收蒸出塔就可以保证不致有过多的乙烯进入塔顶尾气，又能保证不会有过多的甲烷进入塔底釜液，从而达到使 H_2 $-C_1$和$C_2$$-C_4$ 馏分完全分离的目的。

应该指出，在吸收段进行的是单向传质过程——溶解过程，而在提馏段所进行的则是轻重组分进行物质交换的双向传质过程——由汽化和冷凝组成的精馏过程。

吸收蒸出塔不仅应用于石油化工厂的气体分离装置中，而且在炼油装置里也常采用。

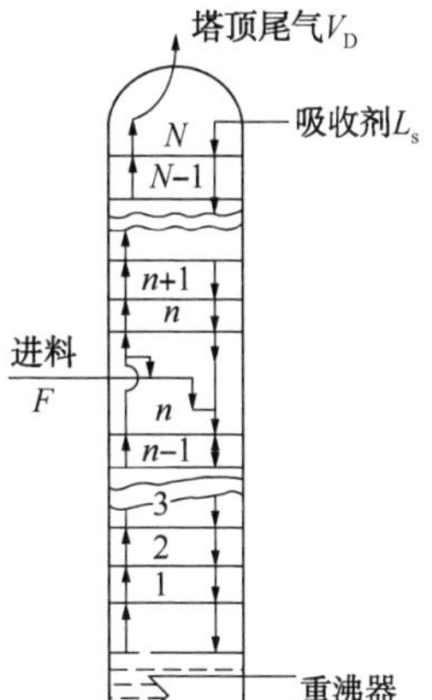

图 4-18　吸收蒸出塔的物料衡算

4.7.2　吸收蒸出塔的物料衡算

前面对吸收蒸出塔的一些操作特点进行了定性的说明，下面将研究吸收蒸出塔的定量计算方法。

吸收蒸出塔计算中所用到的基本原理与方法仍然是相平衡、物料平衡及热量平衡方程。相平衡关系和以前讨论的基本一致，无须重复，但物料平衡关系则要比单一的吸收塔或解吸塔复杂。由图 4-18 可以看出，进入吸收塔的不只是来自进料中的气相，还包括从提馏段上升的气体。进入提馏段的液体不只是来自吸收塔底部的吸收液，还包括进料中的液相。我们采用以下的符号来

表示吸收蒸出塔各物料的数量：

L_s——塔顶加入吸收剂量，kmol/h；

F——进料量，kmol/h；

e——汽化分量；

v——进料中的气相量，kmol/h；

l——进料中的液相量，kmol/h；

V_D——塔顶尾气量，kmol/h；

V_n——进入吸收塔底部气体量，kmol/h；

L_n——离开吸收塔底部的液体量，kmol/h；

V_m——由提馏段顶上升气体量，kmol/h；

L_m——进入提馏段顶部的液体量，kmol/h。

用下标 i 表示某一组分 i 的量。以上各量间的关系可由物料平衡方程导出。下面就来推导这些关系。

离开吸收段底部液体中 i 组分的量l_{ni}显然应等于吸收剂中 i 组分的量l_{si}及吸收段中被吸收 i 组分量ΔV_i之和，即

$$l_{ni}=l_{si}+\Delta V_i \tag{4-26}$$

根据吸收分率α_i之定义

$$\alpha_i=\Delta v_i/v_{ni} \tag{4-27}$$

因此式(4-26)可改写

$$l_{ni}=l_{si}+\alpha_i V_{ni}=l_{si}+\alpha_i(v_i+v_{mi}) \tag{4-28}$$

其次，离开提馏段顶部气相中 i 组分的量V_{mi}应等于提馏段解吸出来的 i 组分的量Δl_i。即

$$v_{mi}=\Delta l_i \tag{4-29}$$

根据解吸分率β_i的定义

$$\beta_i=\Delta l_i/l_{mi} \tag{4-30}$$

因此，可以写出以下关系式

$$v_{mi}=\beta_i l_{mi}=\beta_i(l_i+l_{ni}) \tag{4-31}$$

将式(4-31)代入式(4-28)中，消去V_{mi}后，经整理可得

$$l_{ni}=\frac{\alpha_i(v_i+l_i\beta_i)+l_{si}}{1-\alpha_i\beta_i} \tag{4-32}$$

在求得L_{ni}以后，吸收蒸出塔中其他各物流量便可依次由以下简单的物料衡算关系求出来。

$$l_{mi}=l_i+l_{ni} \qquad L_m=\sum l_{mi} \tag{4-33}$$

$$v_{mi}=\Delta l_i=\beta_i l_{mi} \qquad V_m=\sum v_{mi} \tag{4-34}$$

$$v_{ni}=v_i+v_{mi} \qquad V_n=\sum v_{ni} \tag{4-35}$$

$$v_{di}=v_{ni}-\Delta v_i=v_{ni}-(l_{ni}-l_{si})=v_{ni}+l_{si}-l_{ni}$$

$$V_D=\sum v_{di} \tag{4-36}$$

$$l_{\omega i}=l_{mi}-v_{mi} \qquad L_W=\sum l_{\omega i} \tag{4-37}$$

在吸收蒸出塔设计时，当原料量、原料组成已知，并且确定了进料条件后，可以根据多组分部分汽化或部分冷凝的计算方法确定进料的汽化分率 e 以及各组分的量v_i及l_i。为了由式(4-32)求出各组分的 l_{ni} 值，必须知道各组分的吸收分率α_i和解吸分率β_i值以及在塔顶加入吸收剂的量l_{si}。正如多元精馏和各组分吸收中的情况一样，这些量并不都是独立的，在选定一些量的数值后，其他的量都可以通过试差法求得。

4.7.3 吸收蒸出塔的简化计算法

按式(4-33)进行吸收蒸出塔的计算时，需要假设较多的条件，而且在计算的最终要能满足这些假设条件，这是十分困难的，必定会使试差计算的工作量变得非常庞大而且很难得到完全符合预定分离要求的结果。因此，如何减少试差计算过程中所假设的条件和使试差计算过程加快，就成了解决吸收蒸出塔设计计算方法的关键。

根据吸收蒸出塔分离任务的特点，吸收段的关键组分(h)和蒸出段的关键组分(l)按挥发度大小的顺序排列多数情况下是一对相邻的组分。在相同的操作条件下，蒸出段的关键组分(l)的挥发度比吸收段关键组分(h)的挥发度高。

对于吸收段当关键组分吸收分率$\alpha_h \geqslant 0.9$时，关键组分的吸收因数值$A_h=1.3\sim2.0$。在吸收段操作条件下，由于两个关键组分挥发度差别较大，通常$A_l \geqslant 0.6$，再考虑到吸收段的理论塔板数较多，按图 4-12 可以看出$\alpha_l=A_l$。而对于比关键组分(h)更重的组分(i)可以认为$\alpha_i=1$。

对于蒸出段，当关键组分解吸分率$\beta_l \geqslant 0.9$时，由于$S_l=1.5\sim2.0$，同样可以近似地认为$\beta_h=S_h$，比关键组分(l)更轻的组分(i)的解吸分率$\beta_i=1$。

在了解了以上特点以后，很容易制订出以下的计算程序。这套计算程序既可用于人工计算，也可以用计算机配合计算。

1. 选定的条件

(1) 吸收塔的操作压力和平均温度；

(2) 按规定进料温度，算得各组分进料时呈气相和液相状态的数量v_i、l_i(kmonl/h)

(3) 根据规定的分离要求，初步确定各组分在尾气和在塔釜液中的数量v_{di}、w_i(kmol/h)

(4) 确定吸收剂量L_s(kmol/h)，按吸收段操作条件确定各组分的相平衡常数K_i，并假设A_h值，求得吸收剂用量：

$$L_s = A_h \cdot K_h \cdot V_D$$

$$V_D = \sum v_{di}$$

(5)由吸收剂组成x_{si}(摩尔分数)求得吸收剂中各组分量：

$$L_{si} = L_s \cdot x_{si}$$

2. 试差计算过程

(1) 设A_h，求l_{nl}：

(a) 在$A_h = 1.3 \sim 2.0$范围内设A_h的值；

(b) 求α_1

$$A_i = A_h \cdot K_h / K_1$$

取

$$\alpha_1 = A_1$$

(c) 求l_{nl}

$$v_{nl} = v_{dl} / (1 - \alpha_1)$$

$$l_{nl} = v_{nl} - v_{dl} + l_{sl}$$

(2) 求蒸出段的平均温度T_m：

(a)确定塔釜液组成$x_{\omega i}$，塔釜液中任一组分 i 的流量

$$l_{\omega i} = L_{si} + \omega_i$$

$$L_\omega = \sum l_{\omega i}$$

$$x_{\omega i} = l_{\omega i} / L_\omega$$

(b) 按泡点方程$\sum K_{\omega i} \cdot x_{\omega i} \approx 1$试差计算确定塔釜温度$T_\omega$；

(c) 求蒸出段平均温度$T_m = \frac{1}{2}(T_h + T_\omega)$及各组分在此温度下的相平衡常数$K_i$值；

(3) 设关键组分的解吸因数S_1，求取蒸出段的平均气液比 $V'/L' = S_1/K_1$，及各组分的解吸因数S_i：

$$S_i = K_i (V'/L')$$

(4) 求蒸出段的理论板数 M：

(a) 蒸出段关键组分的气、液相流量

$$l_{ml} = l_{nl} + l_1$$

$$v_{ml} = l_{ml} - l_{\omega l}$$

(b) 求关键组分的解吸分率

$$\beta_1 = v_{ml} / l_{ml}$$

(c) 由S_1、β_i求蒸出段的理论塔板数 M。

(5) 由各组分的解吸因数S_i和蒸出段的理论塔板数 M，求取各组分的解吸分率β_i。

(6)求蒸出段各组分的气、液相流量及气液比：

$$l_{\omega i} = l_{\omega i} / 1 - \beta_i \qquad L_m = \sum l_{mi}$$

$$v_{mi}=l_{mi}-l_{\omega i} \qquad V_m=\sum v_{mi}$$

进一步求得蒸出段的液气比 V_m/L_m。并与第(3)步求得的液气比(V'/L')进行比较，如果有(V_m/L_m)≠(V'/L')，则重复第(3)步~(6)步的计算，直到(V_m/L_m)≈(V'/L')为止

(7) 求吸收段关键组分的吸收分率α_n：

求进入吸收段各组分的流量：

$$v_{ni}=v_i+v_{mi}$$

$$\alpha_n=(v_{nh}-v_{dh})v_{dh}$$

(8) 由第(1)步假设的A_h和α_h求吸收段的理论塔板数 N。

(9) 求各组分的吸收分率α_i

$$A_i=A_h\cdot K_h/K_i$$

由A_i和吸收段理论板数 N 求得α_i。

(10) 尾气中各组分的流量v_{di}和尾气量V_D

$$v_{di}=v_{ni}(1-\alpha_i)$$

$$V_D=\sum v_{di}$$

(11) 求吸收段平均液气比和吸收因数：

$$l_{ni}=v_{ni}-v_{di}+l_{si}$$

$$L_n=\sum l_{ni}$$

平均液气比

$$(L/V)=\frac{1}{2}(L_s/L_D+L_n/V_n)$$

$$A_h=(L/V)/K_h$$

将(11)算的A_h值与(1)假设的A_h值比较看其是否相等，如果两者不等则可以把(11)计算的A_h值作假设的数值，重复(1)~(11)的计算，直到假设与计算的吸收因数值近似相等为止。

【例 4-4】 某一个采用吸出蒸出塔进行分离裂解气的脱甲烷塔，操作压力为 3.5MPa，吸收剂入塔温度为-30℃，离开吸收段的温度为-6℃。原料气冷却到-20℃入塔，原料气的流量、组成以及经气液平衡计算求得各组分的气液相数量见下表：

组分	f_i/(kmol/h)	z_i×100(摩尔分数)	v_i/(kmol/h)	l_i/(kmol/h)
H_2	20.0542	14.2707	20.0542	0
C_1^0	36.0597	25.6603	31.1265	4.9332
$C_2^=$	51.6183	36.7318	29.5183	22.1
C_2^0	14.3507	10.2121	6.9759	7.3748

续表

组分	f_i/(kmol/h)	z_i×100(摩尔分数)	v_i/(kmol/h)	l_i/(kmol/h)
$C_3^=$	17.2867	12.3014	3.4958	13.7909
C_3^0	0.8049	0.5728	0.141	0.6639
C_4	0.3526	0.2509	0.0309	0.3217
Σ	140.5271	100	91.3426	49.1845

吸收剂的组成见下表：

组分	$C_2^=$	C_2^0	$C_3^=$	C_3^0	C_4	Σ
x_{si}×100(摩尔分数)	0.2929	1.5104	91.5281	4.6372	2.0314	100.00

分离要求：塔顶乙烯损失占乙烯总量 2%，塔底甲烷量为塔底乙烯量的 0.4%。吸收剂损失量占塔顶尾气量的 2%，试进行该塔的工艺计算。

(1) 按照分离要求初步确定塔顶、塔底产品量。

$v_{dH_2}=20.0542\text{kmol/h}$

$v_{dC_2^=}=51.6183\times0.02=1.0324\text{kmol/h}$

$w_{C_2}=51.6183-1.0324=50.5859\text{kmol/h}$

$w_{C_1^0}=50.5859\times0.004=0.2024\text{kmol/h}$

$v_{dC_1^0}=36.0597-0.2024=35.8573\text{kmol/h}$

吸收剂损失近似以丙烯计算：

$v_{dC_3}=0.02\times(35.8573+20.0542+1.0324)=1.1389\text{kmol/h}$

$V_D=20.0542+35.8573+1.0324+1.1389=58.0828\text{kmol/h}$

(2) 确定吸收剂用量。

设吸收段关键组分乙烯的吸收因数$A_n=1.9$

假定吸收塔顶的液气比近似等于吸收段平均液气比，即：

$$L_s/V_D=L/V=A_n\cdot K_n$$

所以

$$L_s=V_D\cdot A_n\cdot K_n$$

吸收段平均温度 $t=\frac{1}{2}\times(-30-6)=-18℃$

由 $p=3.5\text{MPa}$，$t=-18℃$，查得各组分K_i值；并计算求得各组分吸收因数A_i值如下：

组分	C_1	$C_2^=$	C_2^0	$C_3^=$	C_3^0	C_4
K_i	3.42	0.75	0.528	0.147	0.124	0.055
$A_i=A_n\cdot K_n/K_i$	0.4167	1.9	2.699	9.694	11.49	26

$$L_s = 58.0828 \times 1.9 \times 0.75 = 82.7680 \text{kmol/h}$$

扣除塔顶损失后，吸收剂离开吸收段时各组分量：

$$L_{si} = L_s \cdot x_{si}$$

组分	$C_2^=$	C_2^0	$C_3^=$	C_3^0	C_4	Σ
L_{si}/(kmol/h)	0.2424	1.2501	75.7560	3.8382	1.6814	82.7681

(3) 确定蒸出段平均温度

(a) 确定蒸出段釜液组成：

$$w_i' = l_{si} + w_i \qquad W' = \sum w_i' \qquad x_w' = w_i'/W'$$

列表计算如下：

组分	w_i/(kmol/h)	L_{si}/(kmol/h)	w_i'/(kmol/h)	$x_w' \times 100$/(摩尔分数)
C_1	0.2024	—	0.2024	0.1217
$C_2^=$	50.5859	0.2424	50.8283	30.5548
C_2^0	14.3507	1.2501	15.6008	9.3782
$C_3^=$	17.2867	75.756	93.0427	55.9314
C_3^0	0.8049	3.8382	4.6431	2.7912
C_4	0.3526	1.6814	2.034	1.2227
Σ	83.5832	82.7681	166.3513	100

(b) 确定塔釜温度：

设 $t_w = 36$℃，计算结果如下：

组分	C_1	$C_2^=$	C_2^0	$C_3^=$	C_3^0	C_4	Σ
K_i	5.18	1.86	1.31	0.52	0.475	0.23	
$K_i x_{wi}'$	0.006304	0.5683	0.1229	0.2908	0.01326	0.0028	1.0043

所设36℃正确。

(c) 蒸出段平均温度

$$t = \frac{1}{2} \times (36 - 6) = 15℃$$

(4) 蒸出段计算

(a) 确定蒸出段甲烷的解吸分率 β_L

取吸收段 $\alpha_1 = A_1 = 0.4167$

$$v_{n1} = v_{d1}/(1 - \alpha_1)$$
$$= 35.8573/(1 - 0.4167) = 61.4732 \text{kmol/h}$$

$$l_{n1}=v_{n1}-v_{d1}+l_{s1}$$

$$=61.4732-35.8573+0=25.6159\text{kmol/h}$$

进入蒸出段的甲烷量：

$$l_{m1}=l_{n1}+l_1$$

$$=25.6159+4.9332=30.5491\text{kmol/h}$$

$$v_{m1}=l_{m1}-\omega_1'$$

$$=30.5491-0.2024=30.3467\text{kmol/h}$$

蒸出段关键组分甲烷的解吸分率：

$$\beta_1=v_{m1}/l_{m1}=30.3467/30.5491=0.9934$$

(b) 确定蒸出段的气液比及理论塔板数：

设蒸出段的关键组分甲烷的解吸因数$S_{C_1}=1.8$，其对应的蒸出段理论搭板数：

$$M=\lg\frac{1.8-0.9934}{1-0.9934}/\lg1.8-1=7.1751$$

蒸出段各组分的K_i和S_i及β_i值列表如下。

组分	C_1	$C_2^=$	C_2^0	$C_3^=$	C_3^0	C_4
K_i(3.5MPa，15℃)	4.4	1.37	0.95	0.33	0.29	0.14
$S_i=K_iS_{C_1}/K_{C_1}$	1.8	0.5605	0.3886	0.1350	0.1186	0.0573
$\beta_i=\frac{S_t^{8.1751}-S_i}{S_t^{8.1751}-1}$	0.9934	0.5566	0.3883	0.1350	0.1186	0.0573

求得蒸出段气液比：

$$V_m/L_m=119.1454/284.3581=0.419$$

与假设$S_{C_1}=1.8$所对应的气液比非常接近。

(5) 吸收段的物料平衡计算

吸收段上部气液比：

$$\frac{L_S}{V_D}=\frac{82.7680}{58.0828}=1.425$$

组分	$v_{ni}=v_i+v_{ni}$	$v_{ni}-v_{di}$	$L_{ni}=v_{ni}-v_{di}+L_{si}$
H_2	20.0542	0	0
C_1	61.4732	25.6159	25.6159
$C_2^=$	93.3218	92.2884	92.5308
C_2^0	16.8791	16.8791	18.1292
$C_3^=$	17.8394	17.8394	92.4578
C_3^0	0.7658	0.7658	4.604
C_4	0.1545	0.1545	1.8359
Σ	210.488	153.5431	235.1736

① 扣除塔顶的溶剂损失量。

吸收段下部气液比：

$$\frac{L_n}{V_n}=\frac{235.1736}{210.488}=1.1173$$

吸收段平均气液比：

$$\frac{L}{V}=\frac{1}{2}\times(1.1173+1.425)=1.27115$$

对应的吸收因数值：

$A_n=1.27115/0.75=1.6949$

与原假设的$A_n=1.9$误差较大，需要重设A_n值进行计算。

第二循环计算，设$A_n=1.6949$，$L/V=1.27115$

$$A_1=1.6949\times 0.75/3.42=0.3717$$

$$\alpha_1=A_1=0.3717$$

$$v_{n1}=35.8573/(1-0.3717)=57.0703\text{kmol/h}$$

$$l_{n1}=57.0703-35.8573=21.2130\text{kmol/h}$$

$$l_{m1}=21.213+4.9332=26.1462\text{kmol/h}$$

$$v_{m1}=26.1462-0.2024=25.9438\text{kmol/h}$$

$$\beta_1=\frac{25.9438}{26.1462}=0.9923$$

假设 $S_1=1.8$ $V'/L'=0.40909$

进一步计算求得 $M=6.915$

$V_m/L_m=0.4095$，与 $V'/L'=0.40909$ 很接近，

$$L_n/V_n=1.1198$$

$$L/V=\frac{1}{2}\times(1.425+1.1198)=1.2724$$

与假设的吸收段液气比 1.2751 很接近，试差计算结束。进一步求得吸收段的关键组分吸收分率$\alpha_n=0.9889$，理论塔板数 $N=6.8687$。

4.8 吸收法在天然气脱水中的应用

天然气工业的发展如同石油工业，涉及勘探、开发、采气、加工处理和管输等环节。天然气的加工和处理是开采出的天然气变成商品燃气的一个重要组成部分，是安全而经济地进入输气管线或用户之前的一个必要的中间环节。而天然气脱水又是天然气净化过程中必不可少的一环。

水是天然气从采出至消费的各个处理或加工步骤中最常见的杂质组分，而

且其含量经常达到饱和。在一定的压力和低于露点温度的条件下，天然气中将会有液相水析出。液相水的出现至少在三个方面对处理装置及输气管线是有害的。

(1) 水的局部积累将限制管线中的天然气的流率，降低输气量，而且水的存在(不论液相还是气相)使输气过程增加了不必要的动力消耗，也给有关处理装置上的机泵和换热设备带来一系列的问题。

(2) 天然气中的水分也是造成设备、仪表和管线腐蚀破坏的主要因素。液相水与 H_2S 和 CO_2 相混合即生成具有腐蚀性的酸，加剧了酸性组分对钢铁的腐蚀，并可能发生硫化氢应力腐蚀(开裂)及二氧化碳腐蚀。

(3) 水的存在也可能造成气温较低时形成水化物冻堵，导致输气中断，给天然气的储运与加工带来很大困难。此外，为保证天然气热值，商品天然气气质标准对供给终端用户的天然气的水露点也有明确的要求。鉴于上述原因，研究天然气中的含水量和采取相应的脱水措施是十分必要的。

4.8.1 天然气脱水方法概述

天然气的脱水方法有多种，按其原理可分为溶剂吸收法、固体吸附法、低温分离法和膜分离法等。在生产实际中可根据对天然气脱水深度的要求选择适当的脱水方法。

溶剂吸收法的基本原理是利用溶剂对天然气、烃类的溶解度低，对水的溶解度高和水蒸气吸收能力强的特点，使天然气中的水蒸气及液态水被溶解和吸收，然后再将含水溶剂与天然气分离，溶剂经再生除水分后，可返回系统中循环使用。用作吸收剂的物质多为相对分子质量高的醇类，如乙二醇、二甘醇和三甘醇。

溶剂吸收法是应用最为普遍的一种天然气脱水方法，目前国内外普遍使用三甘醇(TEG)作为吸收剂。三甘醇脱水适用于较大规模的天然气脱水，主要应用在集气站或脱水净化厂。一般脱除 1kg 水需三甘醇循环量 25~60L，脱水过程中存在三甘醇损失。在以下范围内系统可正常运行：露点降为 22~78℃，气体压力为 0.172~17.2MPa，气体温度为 22~78℃。世界上已有数万套三甘醇脱水装置在运行，在美国已投入使用的甘醇法中，三甘醇占 85%。国内已经投产的装置也多使用三甘醇。

三甘醇脱水的各种工艺流程中，吸收部分大致相同，再生部分有所不同。至今国外设计的一些三甘醇脱水装置仍采用汽提气的方法再生，该法汽提气用量很少，虽有污染，但不影响环保标准。它成本低、操作方便、提浓效果好，所以国内也大多使用此法。

氯化钙水溶液是第一个用于天然气脱水的吸收溶剂，现在已很少采用，但对于交通不便、采气量不大的边远井站或严寒地区，这种方法仍有其方便之处。开始运转时，露点降可达40~44℃，最后露点降可能降低至17℃，此时一般应更换吸附段氯化钙。氯化钙脱水设备简单，便于安装、操作和维修；氯化钙储存较易，可满足气井和气站一般脱水要求；对于低压高流量或高压低流量(不超过6.52×10^4m^3/d)天然气脱水，建成投资和操作费用均较低。

4.8.2 三甘醇吸收天然气脱水方法

1. 三甘醇溶液特性

三甘醇(TEG)学名三乙二醇，分子式为$HO(CH_2)_2O \cdot (CH_2)_2O \cdot (CH_2)_2OH$，是环氧乙烷水合制乙二醇的副产品，也可由环氧乙烷和乙二醇作用而得，其主要物理特性见表4-6。从其分子结构可以看出，三甘醇的亲水性之所以较好是因为含有3个游离的氧原子，能够与水中的氢原子形成氢键。除此之外，三甘醇热稳定性好，其黏度和在液烃中的溶解度较低等因素，也促使它成为最为广泛使用的天然气脱水溶剂。

表4-6 三甘醇常见的物理特性

相对分子质量	蒸汽压(25℃)/Pa	密度(60℃)/(g/cm^3)	理论热分解温度/℃	实际使用再生温度/℃	黏度(20℃)/(mPa·s)
150.2	<1.33	1.092	206.7	176.7~196.1	47.8

2. 三甘醇脱水法简介

甘醇脱水工艺是天然气矿场集输中采用最多的一种天然气脱水方法。甘醇类化合物具有很强的吸水性，其溶液冰点较低，所以广泛应用于天然气脱水装置。其中三甘醇(TEG)是使用最普遍和最经济的脱水溶剂，因为三甘醇具有下列优点：

①投资和操作费用低；②稳定性好，TEG理论分解温度206.7℃；③在高的再沸器温度下再生效率高，TEG浓度可达99.9%；④蒸发损失小；⑤毒性很轻微。

TEG脱水的主要限制是最低露点，低于-31.7℃的露点很难达到，而此露点又未低至使用固体脱水剂的深冷处理的温度。另外，被空气氧化后具腐蚀性。TEG在受污染或被空气氧化后具有腐蚀性。

目前，在三甘醇脱水的各类工艺流程中，再生部分不尽相同。由于再生提浓方法采用的是常压加热法，只能靠加热来提浓三甘醇溶液，受到其热分解温度的影响，一般只能提浓到98.5%，可使露点降达35℃左右。一些三甘醇吸收脱水装置为保证再生后的贫三甘醇的质量分数在99%以上，通常还采用另外三种再生提浓方法：①减压再生法，这种方法与炼油厂的减压蒸馏原理是一样的，即在一定的温度和压力下从三甘醇溶液中蒸馏出更多的水分，从而达到提浓的目的；虽然效果不错，但此法系统较为复杂，操作费用高。②气体汽提法，即向再沸器中通入由燃料气引出的汽提气。用以搅动三甘醇溶液，使滞留在高浓度三甘醇溶液中的水蒸气逸出，同时也降低了水蒸气的分压，使更多的水蒸气从再沸器和精馏柱中脱除，从而将贫三甘醇中的浓度进一步提高；这种方法汽提用量很少，成本低，操作简便，贫三甘醇的质量分数可达 99.5%。③共沸再生法，这是 20 世纪 70 年代由美国杜邦公司提出并发展起来的方法，称为 Drizo 法。所采用的共沸剂应具有不溶于水和三甘醇、与水能形成低沸点共沸物且无毒、蒸发损失小等特点，最常用的是异辛烷。此法能将三甘醇溶液提浓到 99.99%，露点降至 75~85℃，恒沸剂损失量很小，但此法最大的缺点是增加了设备和汽化恒沸物的能耗。根据目前国内外的使用情况看，绝大多数三甘醇脱水装置都采用气体汽提的再生方法。

3. 主要设备介绍

(1) 吸收塔：吸收塔(接触塔)是三甘醇脱水装置最主要的设备，通常由底部的进口气涤器(洗涤器)、中部的吸收段和顶部的捕雾器三部分组成。由于液体流量小，同时又不是塔尺寸计算的一个决定性因素，吸收塔的直径主要由气体流速与空塔速度决定；塔内的塔板数和所占空间则决定了吸收塔的高度。

吸收塔分为板式塔和填料塔两种类型。前者通常采用泡罩(帽)塔板，在确定了进料气所要求的露点降、吸收塔的温度和压力等参数后，可根据贫三甘醇浓度、三甘醇循环量和露点降之间的关系，来选择合适的贫三甘醇浓度和吸收塔塔板数。实践证明，任何泡罩式三甘醇吸收塔至少要有 4 块实际塔板数才能有良好的脱水效果，一般采用 4~12 块。

(2) 闪蒸分离器：三甘醇溶液在吸收塔的操作压力和温度下除了吸收湿天然气中的水蒸气外，还会吸收少量的天然气，尤其是包括芳香烃在内的重烃，而烃类在三甘醇内的溶解量与压力有关，压力越高则溶解量越大。闪蒸分离器的作用就是在低压下分离出富三甘醇中吸收这些烃类气体，以减少三甘醇损失量，防止三甘醇溶液发泡。其顶部分离出的气体一般用作燃料或进入放空系统，闪蒸出来的液态烃进入闭式排放系统进行集中处理。

闪蒸分离器采用立式或卧式均可。当进料气为贫气时，由于气体中所含重烃较少，在闪蒸分离器中通常没有液烃存在，因此可选用两相(气体和三甘醇溶液)分离器。液体在闪蒸分离器中的停留时间为 5~10min；当进料气为富气时，由于气体所含重烃较多，故应选用三相(气体、液烃和三甘醇溶液)分离器，此时为防止重烃使三甘醇溶液乳化和起泡，应使溶液升温至约 65℃，停留时间定为 20min 左右。为保证闪蒸分离后的富三甘醇有足够的压力流过过滤器及贫/富三甘醇换热器等设备，闪蒸分离器的操作压力最好在 0.35~0.52MPa。

(3) 贫/富甘醇换热器：贫/富甘醇换热器用于控制进闪蒸分离器和过滤器的

富三甘醇溶液温度，同时也起着回收贫三甘醇溶液热量、使富三甘醇升温以减轻再沸器热负荷的作用。常用的贫/富甘醇换热器为管壳式。

（4）再生塔：由吸收塔来的富三甘醇经闪蒸后在再生塔精馏柱和再沸器内进行再生(提浓)，富三甘醇的再生过程实质上是三甘醇和水两组分混合物的简单蒸馏过程。富三甘醇中吸收的水由精馏柱顶部排放大气，再生后的贫甘醇由再生塔流出。精馏柱顶部设有冷却盘管，可使部分水蒸气冷凝，成为精馏柱顶的回流，从而使柱顶温度得到控制，并可减少三甘醇损失量。当三甘醇溶液所吸收的重烃中含有芳香烃时，应将放空气引至地面，使其在罐中冷凝，排放的冷凝物应符合苯的排放规定；对于含硫化氢的放空气，可采用灼烧的方法进行处理。

三甘醇脱水装置的再生系统主要由再生塔和再沸器组成，其中再沸器是用来提供热量将富三甘醇加热至一定温度，使富三甘醇中所吸收的水分汽化并从精馏柱顶排放，同时提供回流热负荷及补充散热损失，再生塔的作用是使三甘醇溶液在此得到提浓。

由于三甘醇溶液和水的沸点相差很大，且不生成共沸物，较易分离，再生塔只需 2 块至 3 块理论塔板即可。再沸器通常为卧式容器，采用釜式结构，一般采用火管直接加热、水蒸气或热油间接加热、电加热以及废气加热等 4 种加热形式。

4.8.3 三甘醇吸收天然气脱水模拟计算

1. 三甘醇脱水的工艺流程

常见的三甘醇脱水装置主要分为吸收和再生两部分，分别应用了吸收、分离、气液接触、传质、传热和抽提等原理，露点降通常可以达到 30~60℃，最高可达 85℃。该项目主要流程是：湿天然气首先进入吸收部分的过滤分离器，以除去游离液体和固体杂质，随后进入吸收塔的底部，由下向上与贫三甘醇溶液逆向接触，使气体中的水蒸气被三甘醇溶液所吸收。离开吸收塔顶部的干气流经气体/三甘醇换热器，以冷却由再生部分进入吸收塔的三甘醇贫液，随后进入管道外输。经气体/三甘醇换热器冷却后的贫三甘醇溶液进入吸收塔顶部。在吸收了天然气中的水蒸气后，三甘醇富液从吸收塔底部流出进入再生部分，在贫/富三甘醇换热器(冷)中与再生好的热三甘醇贫液换热至 77℃后进入闪蒸分离器中；在这里分离出被三甘醇溶液吸收的烃类气体经上部出口排空，而由闪蒸分离器底部排出的富三甘醇则依次经过纤维过滤器和活性炭过滤器，以除去其在吸收塔中吸收与携带过来的少量固体、液烃、化学试剂及其他杂质。随后，富三甘醇溶液经贫/富三甘醇换热器(热)预热至 115℃，进入再沸器上部的精馏柱中；在这里，富三甘醇向下流入再沸器，与由再沸器中汽化上升的热三甘醇蒸汽和水蒸气接触，进行传热与传质；再沸器在常压下操作，操作温度为 204℃。再沸器内由富三甘醇中汽化的水蒸气经精馏柱顶部排至大气，再生好的贫三甘醇溶液由此流出后经贫/富三甘醇换热器(冷)冷却至118℃，然后经三甘醇泵加压至6.2MPa后去气体/三甘醇换热器进一步冷却，最后进入吸收塔顶部循环使用。典型的三甘醇脱水装置工艺流程如图4-19所示。

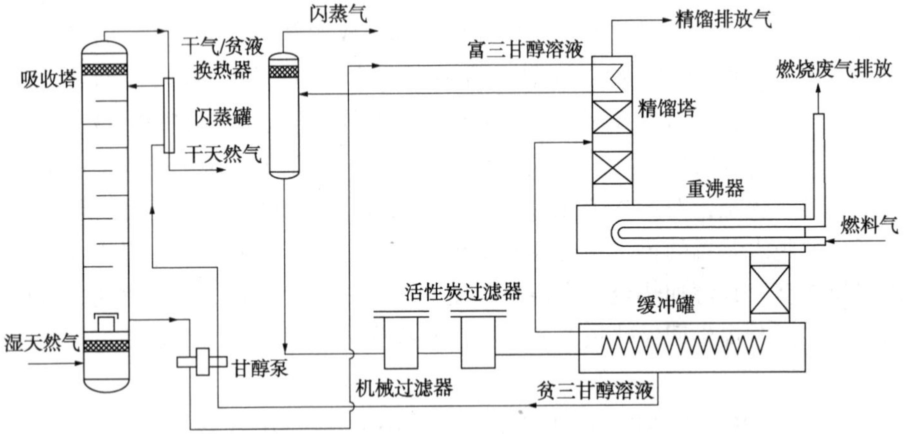

图4-19 三甘醇脱水装置工艺流程示意图

2. 热力学方程运用

目前广泛用于烃类物系的有RK，SRK，PR，BWR，SHBWR及LK方程，SRK是对两参数RK方程的修正，引入第三参数——偏心因子，使预测液体密度、饱和蒸汽压和相平衡常数等的精度显著改善，且计算仍较简单，因而在工程计算中得到广泛采用。下面将对SRK状态方程作具体的介绍。

Soave于1972年从能正确地预测纯组分的饱和蒸汽压出发对RK方程进行了改进，将RK方程中温度有关项 $\alpha/\sqrt{T}$ 用温度和偏心因子的函数 $\alpha(T,\ \omega)$ 代替。标准形式为

$$p=\frac{RT}{V-b}-\frac{a\alpha}{V(V+b)}$$

多项式形式为

$$V^3-\frac{RT}{p}V^2+\frac{1}{p}(a\alpha-bRT-p\,b^2)V-\frac{a\alpha b}{p}=0$$

$$Z^3-Z^2+(A-B-B^2)Z-AB=0$$

式中

$a=0.427\,R^2T_c^2/p_c$

$b=0.08664R\,T_c/p_c$

$\alpha=[1+(0.480+1.574\omega-0.176\,\omega^2)(1-T_r^{0.5})]^2$或

$\alpha=[1+(0.48508+1.5517\omega-0.15613\,\omega^2)(1-T_r^{0.5})]^2$

对多组分混合物：

$$a\alpha=\sum\sum y_i y_j (a\alpha)_{ij}$$

$$b=\sum y_i b_i$$

$$A=\sum\sum y_i y_j A_{ij}$$

$$B=\sum y_i B_i$$

交叉参数：

$$A_{ij}=(1-K_{ij})\sqrt{A_i A_j}$$

$$(a\alpha)_{ij}=(1-K_{ij})\sqrt{(a\alpha)_i (a\alpha)_j}$$

式中 p——压力，Pa；
V——体积，m^3；
T——系统温度，K；
R——理想气体常数；
Z——压缩系数；
ω——偏心因子；
a，b，α——状态方程系数；
K_{ij}——i-j 组分间的交互作用系数；
i——第 i 个组分；
c——临界状态；
r——对比状态。

3. 运用 Aspen Plus 软件模拟计算

本计算采用 Aspen Plus 对某座海上气田处理量为 $220\times10^4 m^3/d$ 的天然气三甘醇脱水装置工艺流程进行模拟优化研究。

模拟天然气脱水部分计算主要采用 Aspen Plus 软件，并组合利用其物性参数包和热力学模型。所涉及 Aspen Plus 中物性计算有 PSRK 方程和 NRTL-RK 方程，PSRK 方程主要应用于整个流程下的物性模拟计算，而 NRTL-RK 方程只是针对再生系统采用的物性模拟计算。三个换热器选用了 HEATX 模块，吸收塔与再生塔选用 RADFRAC 模块，并在吸收塔的 Convergence 属性中定性为 absorber，吸收塔为浮阀塔，塔径为 1.26m，总板效率取 33%，闪蒸罐选用 Flash 模块，TEG 循环泵选用 Pump 模块。

天然气 Aspen Plus 三甘醇脱水模拟工艺流程如图 4-20 所示。

采用 Aspen Plus 软件对天然气三甘醇(TEG)脱水系统建立模型并进行流程模拟，天然气原料气进料组成见表 4-7，天然气吸收塔进料温度为 25℃，操作压力为 9MPa，吸收塔板数为 6 块，在 TEG 贫液循环量为 $2m^3/h$ 和 TEG 贫液浓度为 99.0%(质量分数)的条件下对脱水后吸收塔顶干气组成进行模拟计算，计算结果(表 4-8)与工业装置实际值比较(表 4-9)。

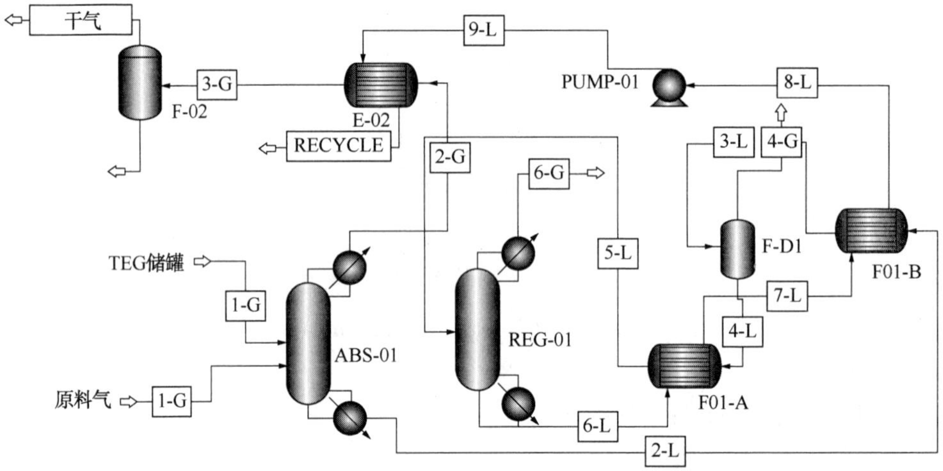

图 4-20 Aspen Plus 三甘醇脱水模拟流程

表 4-7 天然气 TEG 脱水系统进料气组成

原料气	温度/℃			流量/(kmol/h)		密度/(kg/m³)		相对分子质量	
	35			3525.527		87.841		20.671	
进料组成/(kmol/h)	N_2	CO_2	CH_4	C_2H_6	C_3H_8	I&N-C_4H_{10}	I&N-C_5	C_6^+	H_2O
	29.193	142.94	2852.21	262.819	146.908	64.264	16.21	7.747	3.236

表 4-8 天然气脱水后装置实际组成

原料气	温度/℃			流量/(kmol/h)		密度/(kg/m³)		相对分子质量	
	35.9			3517.345		87.33		20.67	
进料组成/(kmol/h)	N_2	CO_2	CH_4	C_2H_6	C_3H_8	I&N-C_4H_{10}	I&N-C_5	C_6^+	H_2O
	25.190	142.780	2852.120	262.480	146.601	64.16	16.108	7.620	0.3058

表 4-9 天然气 TEG 脱水系统模拟计算组成

原料气	温度/℃			流量/(kmol/h)		密度/(kg/m³)		相对分子质量	
	35.83			3516.72		87.25		20.66	
进料组成/(kmol/h)	N_2	CO_2	CH_4	C_2H_6	C_3H_8	I&N-C_4H_{10}	I&N-C_5	C_6^+	H_2O
	25.180	142.68	2851.47	262.55	146.64	64.09	16.13	7.67	0.307

模拟计算结果表明，天然气干气总流率、温度、密度及平均相对分子质量分别为 3516.72kmol/h、35.85℃、87.25kg/m³、20.66，与现场实际误差分别为 0.017%、0.19%、0.092%、0.039%，误差小于 0.04%。天然气脱水后干气组成计算结果与工业现场实际值误差小于 0.39%。因此通过 Aspen Plus 建立的天然气 TEG 脱水系统计算模型是可靠的。

采用 Aspen Plus 建立的天然气 TEG 脱水系统计算模型可以计算与分析：TEG 循环量、TEG 贫液浓度、塔板数、吸收塔操作压力以及原料气进料温度对天然气脱水效果的影响；TEG 循环量、TEG 贫液质量浓度、塔板数、吸收塔操作压力以及原料气进料温度对再生塔再沸器热负荷的影响；可以进行流程模拟优化。

4.9 吸收法在二氧化碳捕集中的应用

随着全球现代工业快速发展，天然气、石油、煤等化石能源消耗量越来越大。全球二氧化碳排放量呈现逐年递增的趋势，根据美国能源部能源信息管理署(ELA)的预测报告，全球 CO_2 总排放量 2030 年将达到或超过 450 亿吨。大量 CO_2 的排放将加剧全球变暖，并可能破坏生态平衡引发各种生态环境问题。2015 年巴黎气候大会达成减排协定，利用国家自主贡献的方式实现全球平均气温上升控制在 2℃以内。我国作为世界上最大的能源消耗和碳排放国家，明确提出了力争 2030 年前实现碳达峰、2060 年前实现碳中和的“双碳”目标。碳捕集、利用与封存技术(CCUS)是目前大幅度减少 CO_2 排放的有效策略之一。碳捕集技术是实现整个 CCUS 项目的关键所在，也是阻碍 CCUS 广泛应用的难题之一。

捕集 CO_2 技术主要包括燃烧前捕集技术、燃烧中富氧燃烧技术及燃烧后捕集技术。燃烧前捕集是在燃烧前除去其中的碳，将其转化为易于捕集的形式。以整体煤气化联合循环电站(IGCC)为例，煤与蒸汽和氧气在高温高压下转化为 CO 和 H_2 的混合气，其中 CO 经两级变换后转化为 CO_2 并被捕获。富氧燃烧技术是利用高浓度氧气代替空气实现充分燃烧，生成 CO_2 浓度高达 80%以上的烟气，可以直接送去存储。燃烧后捕集是利用化学吸收或物理吸收的方法对燃烧后的烟气中的 CO_2 进行分离。三种 CO_2 捕集方法的对比见表 4-10，其中，燃烧后捕集因技术成熟，不需要对已有设备进行大规模改造等优点得到大量的研究。燃烧后捕集根据原理不同可以分为化学吸收法、固体吸附法、低温分离法和膜分离法，其中化学吸收法具有较高的捕集效率(>90%)，且吸收剂可以通过加热等方法重复利用，因此在 CO_2 捕集分离领域已得到广泛的应用。

表 4-10　三种 CO_2 捕集方式的对比

捕集方式	规模/(t/a)	能耗/(GJ/t)	成本/(元/t)
燃烧前捕集	5×10^4 ~ 1×10^5	2.0~2.1	180~230
富氧燃烧捕集	1×10^5	2.3~2.5	220~300
燃烧后捕集	3×10^3 ~ 1×10^6	2.6~2.7	270~400

4.9.1 吸收法捕集二氧化碳概述

吸收法捕集 CO_2 一般是指采用液相吸收剂将 CO_2 吸收到材料的本体相中实

现 CO_2 的富集。捕获的方式可以分为物理吸收与化学吸收两种。

1. 物理吸收法

物理吸收法是以亨利定律为原理，根据静电相互作用或者分子间范德华力的弱相互作用，使 CO_2 溶解在吸收剂中，其溶解度与体系的温度、压力、吸收剂的性质和浓度有关。工业上通常采用加压或降温的方法，实现 CO_2 的溶解吸收过程，采用减压或升温操作的方法，降低 CO_2 溶解度，实现溶剂的再生。

物理吸收法捕集 CO_2 的关键在于选择一种对 CO_2 溶解度高且沸点高、稳定性好、无毒无害的吸收剂。目前常用的吸收剂有水、聚乙二醇二甲醚、碳酸丙烯酯、甲醇和乙醇等。物理吸收法具有吸收气体量大、吸收液可以再生且不需要加热、不腐蚀设备等优点。但是，物理吸收法存在吸收效率较低、不能将 CO_2 彻底分离、操作复杂、对系统温度和压力控制要求高等缺点。常用的物理吸收法有加压水洗法、低温甲醇法和碳酸丙烯酯法等，其中以低温甲醇洗涤工艺应用最为广泛。图 4-21 为物理吸收法捕集 CO_2 的工艺流程。原料气中的 CO_2 在吸收剂表现出较高的溶解度，其余气体溶解度相对小很多，根据这一物理差异在吸收塔中除去 CO_2。再生塔实现溶剂再生。

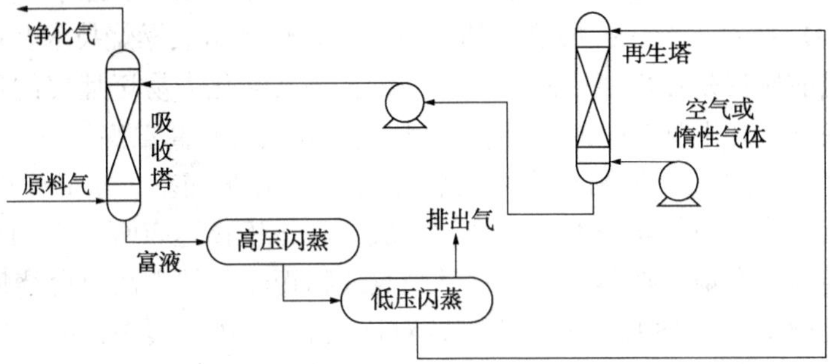

图 4-21 物理吸收法捕集 CO_2 的工艺流程图

2. 化学吸收法

化学吸收法是依赖于吸收剂与 CO_2 的化学反应，以化学键合的方式高效选择性地吸收 CO_2，相比于物理吸收法具有吸收速率快、吸收量大等特点。化学吸收法捕集二氧化碳通常使用具有碱性的化学吸收液与 CO_2 发生化学反应，在吸收的过程中生成不稳定的盐类，再将其送入再生塔中，通过加热使不稳定的盐类物质分解，从而得到较高浓度的二氧化碳，吸收剂再生之后送入吸收塔继续进行吸收。化学吸收剂是化学吸收工艺的核心，常用的吸收剂包括氨水溶液、钙基吸收液、碳酸钾溶液、强碱溶液、有机醇胺溶液等。化学吸收法以醇胺吸收解吸工艺为主流。在工业上，化学吸收法多用于燃烧后的 CO_2 捕集，通常燃烧后烟气中 CO_2 的浓度较低，通过物理吸收的分子间的弱相互作用无法对 CO_2 进行高效吸收，而化学吸收的工艺简单、反应速率快、选择性高，成为目前燃烧后捕集的最佳选择，但是化学吸收解吸能耗高以及再生之后的吸收剂对于 CO_2 的吸收效率下降，导致可以循环利用的次数少也是目前亟待解决的问题。图 4-22 为燃煤烟气采用化学吸收法捕集 CO_2 的工艺流程。该工艺主要由吸收塔和再生塔两部分构成，安装在烟气除尘、脱硫脱硝、预冷之后。烟气与吸收塔中的吸收剂贫液逆向流动发生反应形成吸收剂富液，富液经富液泵抽离吸收塔，在热交换器中发生热交换、进而在解析塔中高温再生形成贫液，贫液再经过冷却降温重新回到吸收塔实现循环。

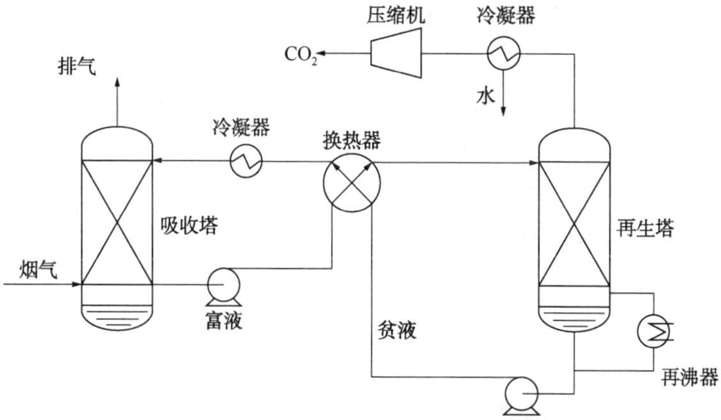

图 4-22　化学吸收法捕集 CO_2 的工艺流程图

4.9.2　捕集 CO_2 的吸收剂

化学吸收法捕集 CO_2 的过程中，需要消耗大量蒸汽的热量用于吸收剂的再生。以传统乙醇胺(MEA)吸收剂为例，用于吸收剂再生的能量消耗占总运行成本的 70%，过高的成本导致化学吸收法难以实现大规模的推广应用，因此研发出新型低能耗吸收剂是当前迫切需要解决的问题。优异的 CO_2 捕集吸收剂需要具有高二氧化碳循环吸收量、低再生能耗、吸收/解吸速率较快、化学稳定挥发性低、较少的降解和腐蚀率等特点。为了得到理想的吸收剂，科研人员不断创新，如今化学吸收剂已发展到第三代。

4.9.2.1　第一代吸收剂

第一代吸收剂为单一组分的吸收剂，主要包括有机胺、氨基酸盐、无机盐和氨水等吸收剂。

1. 有机胺吸收剂

有机胺溶液是目前应用最为广泛的吸收剂。根据分子结构上与 N 原子相连的氢原子个数的不同大致可以分为伯胺(N 原子有 2 个 H 原子)、仲胺(N 原子有 1 个 H 原子)和叔胺(N 原子无 H 原子)三类。根据分子的空间构型不同，醇胺还可被分为链状取代胺和空间位阻胺。不同种类的胺溶液具有不同反应活性。伯胺与仲胺是一类弱碱，与 CO_2 反应生成氨基甲酸酯，无水条件下具体反应过程如下：

$$CO_2+RNH_2 \rightleftharpoons RNH_2^+COO^-$$

$$RNH_2^+COO^-+RNH_2 \rightleftharpoons RNH_3^++RNHCOO^-$$

在有水的条件下，水能够还原部分氨基甲酸酯，使得伯胺(仲胺)的吸收量提高：

$$RNHCOO^-+H_2O \rightleftharpoons HCO_3^-+RNH_2$$

与伯胺和仲胺不同，叔胺溶液能够与 CO_2 发生碱催化反应生成碳酸氢盐：

$$CO_2+R_1R_2R_3N+H_2O \rightleftharpoons R_1R_2R_3NH^++HCO_3^-$$

比较伯胺、仲胺和叔胺的反应可以发现，每摩尔叔胺可以吸收 1mol 的 CO_2，比伯胺和仲胺的吸收量高。乙醇胺(MEA)、二乙醇胺(DEA)以及甲基二乙醇胺(MDEA)分别是最常见的伯胺、仲胺、叔胺。图 4-23 为 MEA 捕集 CO_2 过程机理图。首先 MEA 与 CO_2 生成不稳定的两性离子中间体，然后转化为氨基甲酸盐，同时另一个 MEA 分子上的胺发生质子化，该机理也适用于有机胺吸收体系中伯胺和仲胺与 CO_2 的反应。而叔胺由于 N 原子上没有多余的 H 原子，不易发生质子化，所以与 CO_2 反应时不会形成氨基甲酸盐，而是会促进 CO_2 的水合反应形成碳酸氢根离子。

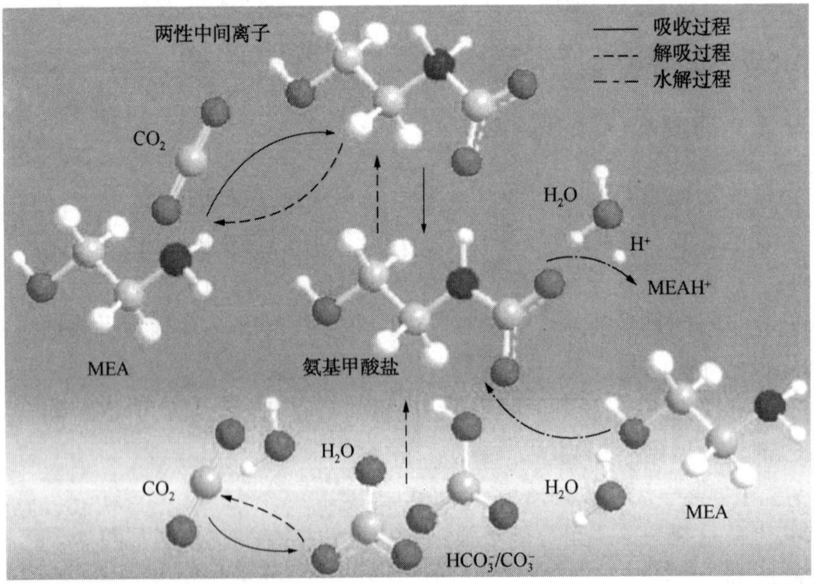

图 4-23　MEA 捕集 CO_2 过程机理图

2. 氨基酸盐吸收剂

氨基酸主要由碱性氨基和酸性羧基搭配一定长度的侧链构成，其化学结构与有机胺相似，分子中同样含有氨基，其吸收 CO_2 反应如下：

$$CO_2+2NH_2RHCOO^- \longrightarrow {}^-OOCNHRHCOO^-+{}^-OOCRNH_3^+$$

与其他烷醇胺吸收剂相比，氨基酸盐类吸收剂对环境更加友好、吸收能力和抗氧化性能力更强。此外由于其特殊的离子结构及高表面张力特性，其挥发性较低。在诸多氨基酸盐种类中，肌氨酸盐、甘氨酸盐、脯氨酸盐的吸收速率较快，但氨基酸盐吸收剂存在热稳定性较差、CO_2 溶解度低等缺点，由于反应过程中生成的吸收产物为氨基甲酸盐，因此氨基酸盐吸收剂在再生过程中需要较多的热量，再生能耗高。

3. 无机盐吸收剂

无机盐吸收剂主要为碳酸钾等碳酸碱式盐，可以吸收 CO_2 生成碳酸氢盐的形式，反应如下：

$$K_2CO_3+CO_2+H_2O = 2KHCO_3$$

碳酸钾溶液捕集 CO_2 具有毒性小、成本低、再生能耗小和抗氧化性好等优势，但该方法存在常温常压下吸收 CO_2 的速率较低的问题。

4. 氨水吸收剂

氨水吸收剂相比于有机胺具有吸收负荷高(可以达到 MEA 的两倍)、再生热量低、降解率低、腐蚀程度低以及可以吸收气体中的含氮含硫化合物等优点。但是制约氨水吸收剂实际应用的主要是其吸收速率低，CO_2 在氨水中的传质速率比在 MEA 中慢 3~5 倍。

4.9.2.2 第二代吸收剂

第二代吸收剂主要为混合胺系列，第一代有机胺吸收剂都存在再生能耗高、对设备腐蚀性大等明显的缺点。为了解决这些问题，第二代吸收剂将两种或两种以上胺类吸收剂混合形成新型吸收剂，可以有效地改善上述问题。例如：一、二级胺的吸收速率快但吸收容量小，三级胺的吸收速率慢但吸收容量大，因此可以通过混合不同类型的单一胺，从而起到优势互补的作用。目前主要有两种方法复配第二代吸收剂：一是以高吸收容量、低再生能耗的三级胺或位阻胺吸收剂为主，添加活化剂[哌嗪(PZ)、MEA 和 DEA 等]提高吸收速率。二是以具有高吸收速率的一、二级胺为主，添加其他胺类降低再生能耗，如在 MEA、PZ 吸收剂中加 MDEA。

当前诸多混合胺吸收剂已被投入工业示范运行，如欧盟 CESAR 项目在丹麦 Esbjerg 燃煤电厂碳捕集装置上进行了混合胺 CESAR-1 和 CESAR-2 的性能测试，其中 CESAR-1 与 MEA 相比可降低再生能耗约 25%；美国 Petra Nova 项目在其捕集装置上运行了日本三菱 MHI 开发的基于空间位阻胺混合的 KS 型吸收剂，国家能源集团锦界公司在其 15 万吨/年 CO_2 捕集 CCUS 示范项目中进行了中国石化南化院 MA 混合胺吸收剂的稳定运行测试。

4.9.2.3 第三代吸收剂

第三代吸收剂主要包括两相吸收剂、均相少水吸收剂和离子液体吸收剂等。

1. 两相吸收剂

两相吸收剂是指两相吸收剂与 CO_2 反应后出现分相现象，大部分 CO_2 聚集在其中一相中，因此仅需将该相送去再生塔解吸即可。由于进入再生塔的溶液体积减小，再生过程中溶液的显热和潜热大幅降低，从而实现低能耗再生。此外，根据相平衡原理，由于 CO_2 富集相中 CO_2 的浓度较高，因此液相中的 CO_2 分压也较大，这也导致了再生塔中 CO_2 气体与水蒸气的压力比增大，因此可以降低吸收剂中水的蒸发潜热。根据吸收后富集二氧化碳相的相态可分为液液两相吸收剂与液固两相吸收剂。液固两相吸收剂与 CO_2 反应后生成富含 CO_2 的固相沉淀，只需将固相解吸，液相送回吸收塔。例如，将常温离子液体 RTILs 与 MEA 和 DEA 复配得到的液固两相吸收剂具有更快的吸收和解吸效率，但液固两相吸收剂分相后固体相的流动性差，实际应用时会造成管道、泵以及换热器的堵塞，限制了其大规模工业应用。液液两相吸收剂与 CO_2 反应后出现分相现象，一般情况下富含 CO_2 的一相在下方，上方溶液可直接送回吸收塔。与固液两相吸收剂相比，富相更便于运出，并且也可大幅降低能耗。研究人员利用盐析效应开发出 MEA+叔丁醇+水的两相吸收剂，试验结果发现富集 CO_2 的液相体积降低了 65%，可大幅降低解吸能耗。两相吸收剂与传统 MEA 溶液的再生能耗对比见表 4-11。可以发现，两相吸收剂的再生能耗远低于传统 MEA 溶液。

表 4-11　两相吸收剂与传统 MEA 溶液对比

吸收剂	体系	相变	再生能耗/(MJ/kg)
MEA 溶液	MEA+H_2O	无相变	4.20
	TETA+DEEA+H_2O	液-液	2.46
两相吸收剂	TETA+*N*,*N*-二甲基环己胺+H_2O	液-液	2.07
	羟乙基乙二胺+DEEA+H_2O	液-液	2.46
	脯氨酸钾+乙醇	液-固	2.3
	AMP+PZ+DME	液-固	1.61

2. 均相少水吸收剂

传统单一胺和混合胺吸收剂的含水量普遍都高于 50%，导致吸收剂在再生过程中的汽化潜热较高，约占整体再生能耗的 40%。为了解决这一问题，研究人员提出用有机溶剂替代水的技术方案。

均相少水吸收剂是指采用气化潜热较小的有机溶剂代替吸收剂中部分水，从而降低再生能耗。均相少水吸收剂由于可直接在当前碳捕集装置中运行，不需要改变工艺设计，因此具有较好的应用前景。均相少水吸收剂采用的有机溶剂主要为醇类、醚类、砜类和 *N*-甲基吡咯烷酮(NMP)。这些有机溶剂本身就是 CO_2 物理吸收剂，采用该类溶剂可以降低能耗的同时也有利于 CO_2 的捕集，但其吸收能力较弱且醇类溶剂会加剧吸收剂的损耗。

3. 离子液体

离子液体是指由阴阳离子构成，在室温或近室温条件下呈熔融状态的化合物，具有蒸气压低、不易挥发、极高的 CO_2 溶解性、与 CO_2 的反应速率相对较快且完全可逆、易于回收利用等优点，成为取代有机胺吸收剂的理想选择。

传统的离子液体捕集 CO_2 依靠物理吸收的方式，但吸收容量太低，无法满足需求。为了使得离子液体具备更高的吸收容量，在合理设计及改性修饰基础的前提下额外官能团的添加是目前最有效的方法。常见的可供选择的官能团包括氨基基团、氨基酸基团、酚基基团、偶氮盐和羟基基团等。例如胺官能化离子液体有机吸收剂[TEPAH]-[2-MI]/(NPA)/(EG)的 CO_2 吸收量高达 1.72mol/mol，远远高于传统的 MEA 水溶液吸收剂吸收 CO_2 的量。虽然功能化离子液体捕集 CO_2 有许多的优势，但其黏度普遍较高，无法满足工业应用需求。为了降低其黏度，可以将离子液体和有机胺复配溶液作为相变吸收剂从而达到降低离子液体的黏度、提高有机胺吸收剂的稳定性目的。

4.9.3 基于 MEA 吸收二氧化碳工艺计算

基于 MEA 的化学吸收法捕集 CO_2 的工艺流程如图 4-24 所示。来自热电厂燃煤锅炉烟气在经预先除杂、除硫、冷却(40℃)处理后，烟气中主要含有 N_2、CO_2、O_2等，其中 CO_2 占比为 10%~15%。烟气由吸收塔下方进入，逆向和吸收液接触，脱除 CO_2 后的惰性气体进入水洗塔洗涤(回收烟气中带有的部分吸收剂)，待达到排放标准后排入大气中。吸收剂与 CO_2 反应后生成氨基甲酸盐或碳酸/碳酸氢盐，吸收产物经贫富液换热器升温后，进入再生塔在蒸汽的加热下再生释放 CO_2，再生完成后的吸收剂贫液可送回吸收塔进行再吸收过程。

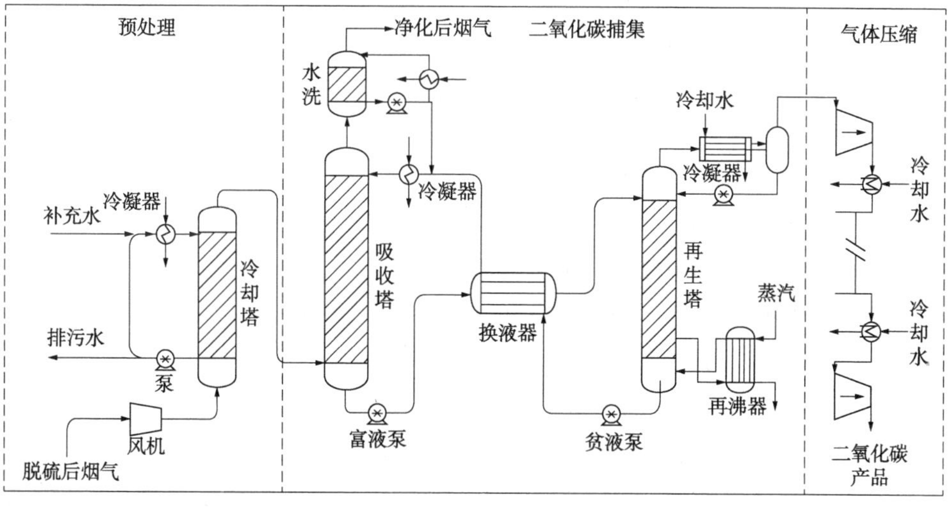

图 4-24 基于 MEA 的化学吸收法捕集 CO_2 的工艺流程图

【例 4-5】 现有来自燃煤锅炉经过处理后的烟气，组成如例 4-5 表 1 所示，160℃下烟气量为 15000m^3/h，吸收液 MEA 浓度为 15%，吸收塔操作温度 40℃，操作压力 1atm，根据 40℃下 CO_2 在 15%重量的 MEA 溶液中的溶解度，并将分压转化为操作压力下的摩尔比 Y，得到数据见例 4-5 表 2。已知 15%MEA 溶液的运动黏度为 0.82cst，密度为 0.996kg/m^3，来自解析塔的 MEA 贫液中含有 0.15molCO_2/mol MEA，求回收率为 90%时，MEA 吸收剂的用量。

例 4-5 表 1 电厂燃煤锅炉烟气组成

成分	N_2	CO_2	O_2	CO	SO_2
含量	84.0%	12.0%	3.6%	0.02%	39mg/m^3

例 4-5 表 2 数据

p/mmHg	1	5	10	30	50	70	100	200
Y	0.00132	0.00662	0.0133	0.0411	0.0704	0.101	0.152	0.357
X	0.383	0.438	0.471	0.518	0.542	0.558	0.576	0.614

【解】

根据例 4-5 表 2 数据绘制得到平衡曲线如下：

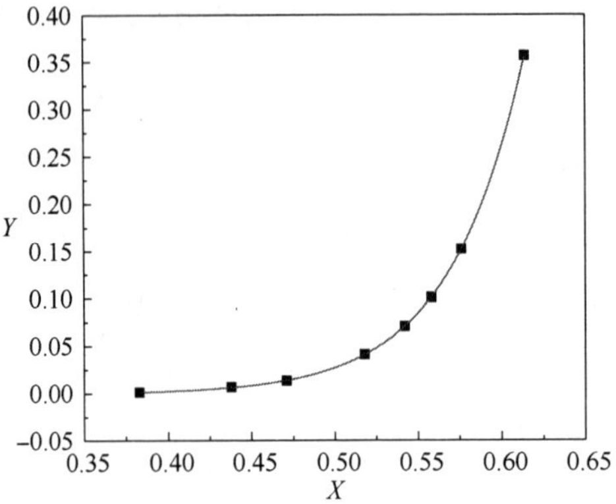

$y_1 = 12.0\%$，CO_2 回收率为 90%，则 $y_2 = y_1(1-\eta) = 12.0\%\times(1-90\%) = 1.20\%$

$Y_1 = y_1/(1-y_1) = 0.12/(1-0.12) = 0.136$

$Y_2 = y_2/(1-y_2) = 0.012/(1-0.012) = 0.0121$

MEA 贫液中含有 0.15molCO_2/molMEA，故 $X_2 = 0.15$

15%MEA 溶液的黏度为：

$$\mu_L = 0.82\times0.996 = 0.82(cP)$$

15%MEA 溶液的质量浓度为：996×15% = 149.4(kg/m^3)

MEA 相对分子质量为 $M = 61.1$，则 15%MEA 溶液的摩尔浓度为：149.4/

61. 1 = 2. 44(mol/L)

烟气入塔时的密度为：

$Y_G = (0.84\times28+44\times0.12+36\times0.036)\times10^{-3}\times273/(40+273)\times1/(22.4\times10^{-3}) = 1.17(kg/m^3)$

烟气摩尔流量为：

$n_G = 15000/(273+160)\times273\times1/(22.4\times10^{-3}) = 4.22\times10^5(mol/h)$

烟气质量流量为：

$G = 4.22\times10^5\times(0.84\times28+44\times0.12+36\times0.036)\times10^{-3} = 1.57\times10^4(kg/h)$

惰性气体流量为：

$G_M = 4.22\times10^5\times(1-0.12) = 3.71\times10^5(mol/h)$

查平衡曲线，$Y_1 = 0.136$ 时，$X_1 = 0.572$

$(G_M/L_M)_{max} = (X_1-X_2)/(Y_1-Y_2) = (0.572-0.15)/(0.136-0.012) = 3.41$

故吸收剂最小用量为：

$L_{M\,min} = 3.71\times10^5/3.41 = 1.1\times10^5(mol/h)$

通常吸收剂用量 $L_M = (1.2-2.0)L_{M\,min}$；

取 1. 8 倍，则 MEA 的用量为：

$L = 1.8\times1.1\times10^5\times61.1\times10^{-3}/15\% = 8.07\times10^4(kg/h)$

5 吸附分离

5.1 概述

吸附分离是利用某些固体能够从流体混合物中选择性的凝聚一定组分在其表面上的能力，使得混合物中的组分彼此分离的单元操作过程。其中固体物质称为吸附剂，被吸附的物质称为吸附质。在吸附过程中，气体或液体中的分子、原子或离子扩散到固体吸附剂表面，与其形成键或微弱的分子间力。吸附是分离和纯化气体与液体混合物的重要单元操作之一，在化工、炼油、轻工、食品及环保等领域得到广泛的应用。

5.1.1 吸附现象

吸附现象的发现及应用已经有悠久的历史，但由于技术水平的限制，很长一段时间，吸附仅仅作为一种辅助手段，用于溶剂的回收及气体的精制。近年来，随着研究的深入，吸附应用得到很大的发展。目前，吸附常用于气体和液体的净化以及液体混合物的分离。

吸附过程属于平衡级分离过程，所有可用于平衡级过程的技术对吸附操作都适用。但是由于固体吸附剂颗粒层一般固定不动，吸附操作过程中常采用半连续法，这是与液液及气液两相接触平衡过程所不同的。

吸附过程是非均相过程，气体或液体为吸附质，与固相吸附剂接触，吸附质中的组分从流体(气体或液体)相被吸附到固体表面。从吸附开始到吸附平衡，系统的自由能降低，同时表示系统混乱程度的熵也是降低的。根据热力学定律，自由能变化 ΔG、焓变 ΔH 及熵变 ΔS 应满足如下关系

$$\Delta G=\Delta H-T\Delta S \tag{5-1}$$

上式中，ΔG、ΔS 均为负值，则 ΔH 也为负值，说明吸附过程是个放热过程，其所放出的热量，就是吸附物在此固体吸附剂表面上的吸附热。

按吸附质和吸附剂表面之间作用力的性质，可将吸附分为物理吸附和化学吸附两类。

物理吸附是指由分子间的引力即范德华力引起的气体或液体分子与固体表面产生的吸附。这一类吸附的特征是吸附质与吸附剂不发生作用，吸附过程进行得极快，参与吸附的各相间的平衡时常瞬间达到。物理吸附主要是基于范德华力、氢键和静电力，相当于流体中组分分子在吸附剂表面上的凝聚，可以是单分子层，也可以是多分子层。物理吸附是一种可逆过程。从分子运动论的观点来看，当气体的压力降低或系统的温度升高时，气体或液体分子的动能增加，分子将不易滞留在固体表面，吸附在固体表面的分子会从固体表面脱离逸出，但不改变原有的性质，此过程称为解吸。工业上利用物理吸附的可逆性，通过改变操作条件，使吸附质解吸，达到吸附剂再生并回收吸附物质或分离的目的。

化学吸附是指在吸附剂表面，吸附质与吸附剂分子间以化学键力结合的吸附过程。这一类吸附的特征是吸附力远大于物理吸附的范德华力，通常为不可逆过程。化学吸附实际上是在固体表面发生了化学反应，其选择性较强，吸附速率较慢，只能形成单分子层吸附，升高温度可以提高吸附速率。化学吸附在催化反应中起重要作用。

物理吸附和化学吸附的特征比较见表 5-1。

表 5-1　物理吸附和化学吸附的比较

吸附性质	物理吸附	化学吸附
作用力	范德华力	化学键力
吸附热	近于液化热(<40kJ/mol)	近于化学反应热(80~400kJ/mol)
选择性	一般没有	有
吸附速率	快，几乎不需要活化能	较慢，需要一定的活化能
吸附层	单分子层或多分子层	单分子层
温度	放热过程，低温有利于吸附	温度升高，吸附速率增加
可逆性	常可完全解吸	不可逆

物理吸附与化学吸附在本质上虽有区别，但有时也难以严格区分。人们发现，同一种物质，可能在低温时，吸附剂上主要发生物理吸附；随着温度升高到一定程度，就开始产生化学变化，转为化学吸附。有时两种吸附会同时发生。如氧气为木炭所吸附的情况。

5.1.2　吸附剂

大多数固体表面具有吸附气体或液体的能力，但只有部分物质具有选择性吸附能力，这些物质称为吸附剂。吸附剂是流体吸附分离过程得以实现的基础，吸附剂的性质对吸附操作极为重要，工业用吸附剂通常应具备下列性质：①对吸附质有高的吸附能力和高选择性；②有大的比表面积和多孔结构，从而增大吸附容量，工业上常用的吸附剂的比表面积为300~1200m^2/g；③有一定的机械强度和足够的耐磨性；④有良好的纹理和化学稳定性、热稳定性，容易再生与回收；⑤制备简单，成本低廉。吸附剂按照其化学结构不同可以分为有机吸附剂和无机吸附剂，常用的有机吸附剂有活性炭、炭化树脂、聚酰胺等；常用的无机吸附剂有硅胶、氧化铝、硅藻土和分子筛等。根据表面的选择性不同，吸附剂可以分为亲水和疏水两类。而根据使用的要求，吸附剂可以制成片状或颗粒状，也常常使用粉状吸附剂。

目前工业上常用的吸附剂有活性炭、硅胶、活性氧化铝和分子筛等。

（1）活性炭。活性炭是最常用的吸附剂，其具有非极性表面，为疏水和亲有机物的吸附剂。具有性能稳定、抗腐蚀、吸附容量大和解吸容易等优点。经过多次循环操作，它仍可保持原有的吸附性能。活性炭常用于溶剂蒸汽的回收、各种气体物料的纯化、各种油品和糖液的脱色和水的净化等。

（2）硅胶。硅胶是另一种常用的吸附剂，它是一种坚硬的由无定形的SiO_2构成的多孔结构的固体颗粒，其分子式为$SiO_2 \cdot H_2O$，是一种亲水性吸附剂。它由硅酸钠溶液用酸处理产生凝胶，经水洗去硫酸钠后，干燥得到的。其吸水量很大，可达到自身重量的50%，吸水后的硅胶可加热至300℃实现再生。硅胶主要用于气体干燥、气体吸收、液体脱水、色层分析和催化剂等。

（3）活性氧化铝。活性氧化铝又称为活性矾土，是氢氧化铝胶体经加热、脱水和活性后制成的一种多孔大比表面积吸附剂。活性氧化铝是一种极性吸附剂，一般用于液体与气体的干燥，例如汽油、煤油、芳烃和氯化碳氢化合物的脱水，空气、甲烷、氯气、氯化氢及二氧化硫等的干燥。

（4）分子筛。分子筛是一类由硅铝四面体形成的三维硅铝酸盐金属结构的晶体。分子筛最显著的特点在于其结构中有许多孔径均匀的孔道与排列整齐的孔穴。孔穴之间有孔道相连。因此，分子筛能使比其孔道直径小的分子通过孔道，吸附到孔穴内部，而比孔径大的物质被排斥在外面。所以分子筛吸附剂具有较高的选择性。由于分子筛的优良的选择吸附性能，使其在吸附分离中得到广泛的应用。分子筛可用于各种气体和液体的干燥，烃类气体或液体的混合物的分离，还可以用于催化反应的催化剂。工业上通常还对分子筛进行改性，进一步提高其选择性。目前，广泛应用的分子筛有3A、4A、5A、13X、10X、Y和丝光沸石等。

（5）其他吸附剂。除了上述常用的四种吸附剂外，还有一些其他的吸附剂，如吸附树脂和活性白土等。吸附树脂是带有矩形网状结构的树脂，如苯乙烯和二乙烯的共聚物、聚苯乙烯和聚丙烯酸酯等。吸附树脂容易再生，主要用于生化产品的回收、纯化及水处理等过程。活性白土是一种天然的黏土，主要成分是铝酸盐。活性白土通常为天然白土经过酸处理、洗涤、干燥、研碎得到的成品。通过酸处理提高了其组成中 SiO_2 和 Al_2O_3 的比例，增强了其吸附能力。活性白土常用于油品脱色及除臭等，近年来在涂料和油漆等行业也得到了应用。

工业吸附剂除了需要考虑吸附剂的吸附性能，吸附的再生方法及再生性能也决定了吸附剂能否工业应用。吸附剂的再生过程为吸附过程的逆过程，通过吸附剂的再生实现吸附质的回收以及吸附剂的重复使用的目的。工业上常用的再生方法主要有以下四种：①变温脱附，在分压恒定的条件下，低温下吸附的吸附质，通过升高温度使得吸附质从吸附剂表面解吸出来，从而循环使用吸附剂。②变压脱附，在恒温条件下，通过减压抽真空使得吸附质解吸出来，达到吸附剂再生的目的。③变浓度脱附，当吸附质为热敏组分时，不宜采用高温脱附，则可以采用溶剂置换的方法实现脱附。采用大量的吸附能力与吸附质相当的脱附剂把吸附质从吸附剂上置换出来，再通过升温除去脱附剂，实现吸附剂的再生。脱附剂应该选择与吸附质沸点相差较大的溶剂，从而便于脱附剂与吸附质的分离。一般选择沸点较高的组分作为脱附剂，保证精馏时脱附剂留在塔底，减少精馏能量消耗。④冲洗脱附，采用惰性气体冲洗吸附剂床层，使得吸附剂再生。通常冲洗脱附与变温或变压脱附相结合使用，在高温或低压下对冲洗脱附均有利。

5.2 吸附平衡与吸附速率

5.2.1 吸附平衡

在一定条件下，当流体与吸附剂接触时，流体中的吸附质将被吸附剂吸收，经过足够长的时间，吸附质在两相中的浓度不再变化，达到了吸附速率与脱附速率相等的动态平衡，称为吸附平衡。吸附平衡关系决定了吸附过程的方向和极限，是设计吸附操作过程的基本依据。吸附平衡关系通常用等温条件下吸附剂中吸附质的含量与流体相中的浓度或分压间的关系表示，称为吸附等温线。

5.2.1.1 单组分气体在固体表面上的吸附

对于单组分气体在固体上的吸附，其吸附等温线是通过实验测得吸附量随恒温下气体的平衡压力 p(或相对压力)的变化所得到的。Brunauer 等人将单组分气体吸附等温线分为五类，如图 5-1 所示。Ⅰ型为朗格缪尔型，通常表示吸附质在吸附剂表面形成单分子层吸附。Ⅱ型为反 S 型，表示完成单分子层吸附后，再形成多分子层吸附。Ⅲ型为反朗格缪尔型，表示吸附质的吸附热与其汽化热大致相等的情况下，吸附气体量不断随组分分压的增加而增加，直至相对饱和值趋于 1 为止。Ⅳ型是Ⅱ型的变形，能形成有限的多层吸附在吸附剂的表面和比吸附质分子直径大很多的毛细孔壁上形成两种表面分子层。只是由于孔径有限，会出现吸附饱和现象。V型与Ⅲ型相对应，也会出现吸附饱和现象，偶然见于分子互相吸引效应很大的情况。较常见的是Ⅰ、Ⅱ、Ⅲ型吸附等温线。

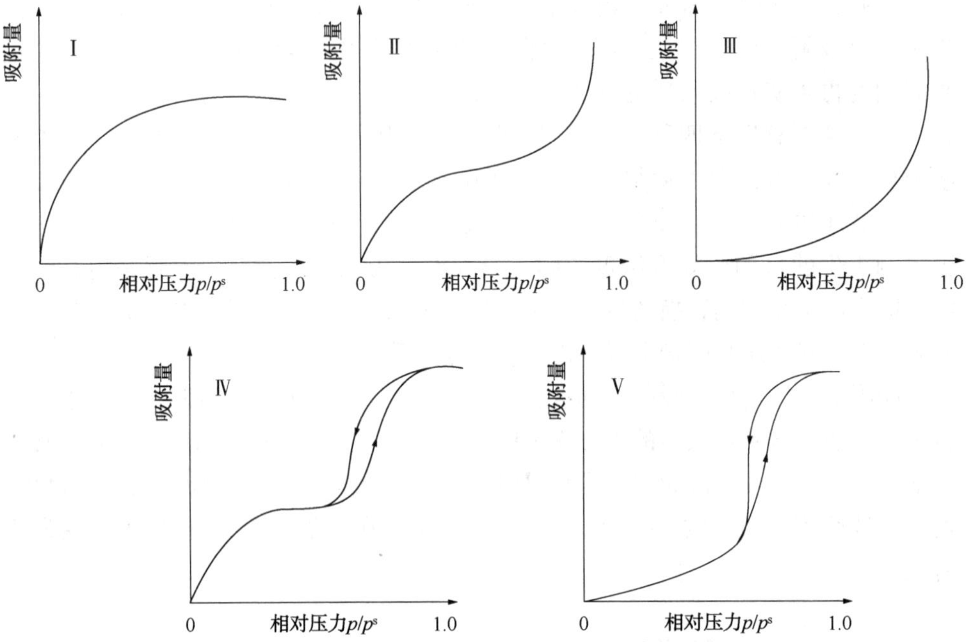

图 5-1　气相吸附的典型吸附等温线

不同类型的吸附等温线反映了不同的吸附机理，前人采用不同的假定和模型来描述平衡现象，提出了多种吸附理论和表达吸附平衡关系的吸附等温式。

1. Langmuir 等温吸附方程

Langmuir 假设固体表面是均匀的，吸附为单分子层吸附且吸附分子间无相互作用力，提出单分子层吸附理论，并基于该理论对气体推导出简单而且被广泛应用的近似表达式

$$q = q_m \frac{Kp}{1+Kp} \tag{5-2}$$

式中　q、q_m——吸附剂的吸附量和单分子层吸附的饱和吸附量；

p——被吸附气体的分压；

K——吸附常数，与温度有关，可通过拟合试验数据得到。

显然 Langmuir 方程仅适用Ⅰ型吸附等温线。

2. Freundlich 等温吸附方程

Freundlich 是最早提出用于描述吸附现象的经验关系式，其表达式为

$$q = K p^{1/n} \tag{5-3}$$

式中　q——吸附质再吸附剂相中的浓度；

p——吸附质在流体相中的分压；

K、n——与温度有关的特征常数，n 值一般大于 1，n 值越大，其吸附等温线偏离线性程度越大，一般 n 的范围在 1~5。

Freundlich 方程虽然能解释不少实验结果，却不能应用于气体在较高或较低压力情况下的吸附，其不但适用于气体的吸附，更适用于液体吸附，特别是低浓度下的吸附。

3. Langmuir-Freundlich 等温吸附方程

为了拓宽经验关系的适用性，将 Freundlich 方程与 Langmuir 方程相结合，得到 Langmuir-Freundlich 等温吸附方程

$$q=q_{s}\frac{Kp^{1/n}}{1+Kp^{1/n}} \tag{5-4}$$

式中 K、n 和 q_{s}——与温度有关的特征常数，该方程是纯经验方程。

4. BET(Brauner-Emmett-Teller)等温吸附方程

Brauner、Emmett、Teller 假设固体表面是均匀的且吸附分子间无相互作用力；可以存在多层吸附，但分子力为范德华力；第一层吸附热为物理吸附热，第二层以上的吸附热为液化热；总的吸附量为多层吸附量之和。根据以上假设，提出了 BET 模型。推导出 BET 吸附等温线方程

$$q=\frac{q_{m}b\dfrac{p}{p^{0}}}{\left(1-\dfrac{p}{p^{0}}\right)\left[1+(b-1)\dfrac{p}{p^{0}}\right]} \tag{5-5}$$

式中 p——平衡压力，kPa；

q——在压力 p 下的吸附量，kg/kg；

b——与吸附热有关的常数；

p^{0}——实验温度下的饱和蒸汽压，kPa；

q_{m}——第一层满覆盖时所吸附的量，kg/kg。

当吸附物质的平衡分压 p 远小于饱和蒸汽压时，$p^{0}\gg p$，式(5-5)可化简为

$$q=\frac{q_{m}b\dfrac{p}{p^{0}}}{1+(b-1)\dfrac{p}{p^{0}}} \tag{5-6}$$

取 $K=b/p^{0}$，则式(5-6)即为 Langmuir 方程，也就是说 Langmuir 方程是 BET 方程的特例。但与 Langmuir 方程相比，BET 方程的适用性更强，它可用于Ⅰ、Ⅱ和Ⅲ型吸附等温线。

5.2.1.2 双组分气体在固体表面上的吸附

与单组分吸附不同，多组分吸附时，任何一个组分从混合物中被吸附的量将影响另一组分的吸附。若吸附分子之间存在相互作用，则过程更加复杂。工业上

一般为双组分或多组分混合气体的吸附分离。

假定吸附质分子之间没有相互作用，则可以采用扩展的 Langmuir 方程

$$q_i = q_{m,i} \frac{K_i p_i}{1+\sum_j K_j p_j} \tag{5-7}$$

式中 $q_{m,i}$、K_i——纯组分吸附时的对应值；

p_i——气相中组分 i 的分压。

总吸附量为各组分吸附量之和。

同理可得多组分 Langmuir-Freundlich 等温吸附方程

$$q_i = q_{s,i} \frac{K_i p_i^{1/n_i}}{1+\sum_j K_j p_j^{1/n_j}} \tag{5-8}$$

式中 $q_{s,i}$——最大吸附量，与单分子层吸附时的 $q_{m,i}$ 不同。

5.2.1.3 溶液在固体上的吸附

液相吸附的机理比气相吸附复杂得多，除了温度、浓度和吸附剂的性能外，溶剂的种类对溶质的吸附也有影响。而且，液固间的相平衡目前还不能从理论上推导，用实验的方法测定也比较困难。通常情况下，溶质的溶解度越小，吸附量越大；温度越高，吸附量越低。

对于稀溶液，在一个小范围内可以用 Freundlich 方程表示液相吸附等温线

$$C^* = K[V(C_0 - C^*)]^n \tag{5-9}$$

式中 V——单位质量吸附剂处理的溶液体积；

C_0——溶液中溶质的初始浓度；

C^*——溶液中溶质的平衡浓度；

K，n——体系的特性常数。

假定溶剂不被吸附，忽略溶液体积的变化，则表观吸附量为 $V(C_0-C^*)$，但该计算仅仅适用于稀溶液，对浓溶液则存在较大的计算误差。

5.2.2 吸附速率

吸附速率指单位时间内被吸附的吸附质的量(kg/s)。吸附速率是吸附过程设计与生产操作的重要参数。通常吸附质在吸附剂上的吸附过程包括外扩散过程(吸附质从流体主体以对流扩散方式传递到吸附剂颗粒外表面)，内扩散过程(吸附质从吸附剂外表面通过微孔道进入吸附剂内表面)和表面吸附过程(吸附剂内表面上的吸附质被吸附剂吸附)，总的吸附速率受三个步骤共同影响。

1. 外扩散传质速率方程

吸附质从流体主体扩散到吸附剂外表面属于典型的流体于固体壁面间的传质过程。传质速率方程可表示为

$$\frac{dq}{d\theta} = k_f a_p (C - C_i) \tag{5-10}$$

式中　q——吸附剂上吸附质的量，kg 吸附质/kg 吸附剂；

θ——时间，s；

$\mathrm{d}q/\mathrm{d}\theta$——吸附速率，kg/(s · kg 吸附剂)；

a_{p}——吸附剂的比表面积，m^2/kg；

C——流体相中吸附质的平均浓度，$\mathrm{kg/m^3}$；

C_i——吸附剂外表面上流体相中吸附质的浓度，$\mathrm{kg/m^3}$；

k_{f}——外扩散过程的传质系数，m/s。

k_{f}与流体物性、颗粒集合特性、两相接触的流动状况以及吸附温度、压力等操作条件有关。

2. *内扩散传质速率方程*

吸附质从吸附剂外表面通过微孔道进入吸附剂内表面过程中，吸附质在孔道中有两种扩散形式：沿孔截面扩散和表面扩散。当沿着空界面扩散时，根据孔径的大小又可以分为三种情况：分子扩散，此时孔径远远大于吸附质分子运动的平均自由程；纽特逊(Knudsen)扩散，此时孔径远远小于吸附质分子运动的平均自由程；过渡扩散，此时介于上述两种情况之间，两种扩散均起作用。所以，内扩散过程十分复杂，很难获得内扩散机理速率方程。通常将内扩散过程简化为从外表面向固体内的传质过程，传质速率方程可表示为

$$\frac{\mathrm{d}q}{\mathrm{d}\theta}=k_{\mathrm{s}}a_{\mathrm{p}}(q_i-q) \tag{5-11}$$

式中　q_i——单位质量吸附剂外表面吸附质的量，kg 吸附质/kg 吸附剂；

q——单位质量吸附剂上吸附质平均质量，kg 吸附质/kg 吸附剂；

k_{s}——内扩散过程的传质系数，$\mathrm{kg/(m^2 \cdot s)}$。

k_{s}与吸附剂的微孔结构性质，吸附质的物性以及吸附过程的操作条件有关，一般采用实验方法测定。

3. *总传质速率方程*

由于吸附剂外表面的浓度 C_i与 q_i无法测定，因此通常按照拟稳态处理，总的传质速率方程可以表示为

$$\frac{\mathrm{d}q}{\mathrm{d}\theta}=K_{\mathrm{f}}a_{\mathrm{p}}(C-C^{*}) \tag{5-12}$$

或

$$\frac{\mathrm{d}q}{\mathrm{d}\theta}=K_{\mathrm{s}}a_{\mathrm{p}}(q^{*}-q) \tag{5-13}$$

式中　C^{*}——与吸附质含量为 q 的吸附剂成平衡的流体中的吸附浓度，$\mathrm{kg/m^3}$；

q^{*}——与吸附质浓度为 C 的流体相成平衡的吸附剂上吸附质的量，kg 吸附质/kg 吸附剂；

K_f——以 $\Delta C=C-C^*$ 为推动力的总传质系数，m/s；

K_s——以 $\Delta q=q-q^*$ 为推动力的总传质系数，kg/(m^2·s)。

如果吸附过程为稳态，从流体传递到吸附剂外表面的速率应等于从吸附剂外表面传递到吸附剂内的速率，则

$$\frac{dq}{d\theta}=K_f a_p(C-C^*)=K_s a_p(q^*-q)=k_f a_p(C-C_i)=k_s a_p(q_i-q) \tag{5-14}$$

若在操作规程的浓度范围内吸附平衡线为直线，即

$$q^*=mC \tag{5-15}$$

其故相界面上两相互成平衡，则

$$q_i=m\,C_i \tag{5-16}$$

将式(1-15)及式(1-16)代入式(1-14)，整理可得

$$\frac{1}{K_f}=\frac{1}{k_f}+\frac{1}{m\,k_s} \tag{5-17}$$

$$\frac{1}{K_s}=\frac{1}{k_s}+\frac{m}{k_f} \tag{5-18}$$

上面两式表明，吸附过程的总阻力为外扩散与内扩散阻力之和。若内扩散很快，过程为外扩散控制，q_i 接近 q，则 $K_f\approx k_f$；若外扩散很快，过程为内扩散控制，C 接近 C_i，则 $K_s\approx k_s$。由于吸附过程涉及多种传质步骤，影响因素复杂，因此传质系数一般由实验或经验确定。

5.3 固定床吸附过程

固定床是最常用的一种间歇操作的吸附分离设备，被广泛用于液体或气体混合物的分离与纯化。固定床吸附操作一般包括吸附阶段和解吸阶段。目前主要有两种操作方法：一种是变温操作，即低温吸附，高温解吸；另一种是变压操作，即高压吸附，低压解吸。低温、高压对吸附有利，高温、低压对解吸有利，两种操作方式相比，变压操作比变温操作更有利。

固定床吸附具有吸附器结构简单、造价低，吸附剂固定不动、磨损少，操作方便等优点。但同时存在操作为间歇操作、设备内吸附剂再生时不能吸附、固定的吸附床层的传热性差、吸附剂不易很快被加热和冷却、吸附剂用量大等缺点。

5.3.1 固定床吸附的操作特性

固定床吸附是非稳态过程，流体等速通过床层，在流动相中吸附质的浓度分布随时间沿床层位置变化，或吸附剂上所吸附的吸附质浓度也随床层位置而变化。表示流体中吸附质浓度随床层位置变化的曲线称为吸附负荷曲线。吸附过程中流出物浓度也随着时间或流出物体积而变化。

1. 传质区和透过曲线

一般以流体相中吸附质浓度 c 的变化表示负荷曲线，横坐标表示床层高度，纵坐标表示流体相中吸附质的浓度。若床层吸附完全没有阻力，则吸附负荷曲线为垂线，但实际吸附过程中存在传质阻力，吸附速率不可能无限大，吸附负荷曲线一般为曲线。如图 5-2 所示，表示不同吸附时间对应的流体相中浓度随床层高度的变化。当初始浓度为 c_F 的流体以等速流过吸附剂床层经过 t_1 时间后，形成了 S 形的吸附负荷曲线，此曲线曾为传质前沿、传质波或吸附波。随着时间的推移，吸附波向床层出口方向移动。在 t_1 时刻，床层中无饱和区；在 t_2 时刻，长度 Z_S 的床层几乎饱和，Z_F 以后的床层未使用；在 t_b 时刻，传质前沿正好到达床层出口，该点称为穿透点，此时应该停止进料，否则会造成吸附质溢出床层，达不到预期的分离效果。

Z_S 到 Z_F 之间的区域称为传质区，传质区越小，说明传质阻力越小，床层利用率越高。由于难确定传质区的起点和终点，定义 $c/c_F = 0.05$ 处的位置为 Z_F，$c/c_F = 0.95$ 处的位置 Z_S。床层出口流体中吸附质的浓度随时间变化的曲线，称为透过曲线（图 5-3）。当 $t<t_b$ 时，出口流体中吸附质浓度 c_{out}/c_F 小于 0.05；当 $t=t_b$ 时，流出物中吸附质的浓度突然升高，即为吸附穿透点，此时应停止吸附操作，更换吸附剂或进行吸附剂再生操作；当 $t>t_b$ 时，床层出口流体中吸附质的浓度快速上升，床层达到饱和后，$c_{out}=c_F$。

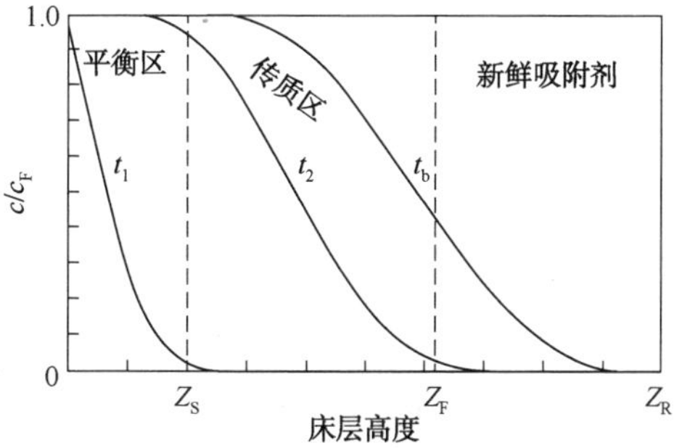

图 5-2　固定床中溶质浓度分布

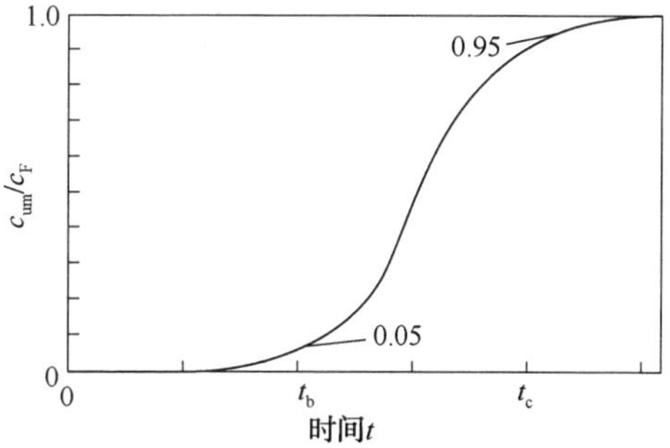

图 5-3　透过曲线

假设流过床层的初始浓度为 c_0（kg 吸附质/m^3 流体），流速 u（m/s），床层内流型为活塞流，没有返混现象，床层横截面为 A（m^2），经过时间 t_0（s）后，整个床层吸附饱和，流入床层的吸附质的量为 q（kg），则

$$q = uA\, c_0 t_0 \tag{5-19}$$

当床层传质阻力为零时，传质区为零，吸附速率无限大，则流体流入床层后立即形成饱和的平衡区。吸附负荷曲线随着流体的流入不断前移，直到床层出口为止。若床层长度为 Z（m），单位体积吸附剂的饱和吸附量为 a_m（kg 吸附质/m^3 吸附剂），则床层的吸附量为

$$q = a_m AZ \tag{5-20}$$

式(5-19)和式(5-20)相等

$$uA\, c_0 t_0 = a_m AZ \tag{5-21}$$

$$t_0 = \frac{a_m}{u\, c_0} Z = KZ \tag{5-22}$$

式中，$K = a_m / uc_0$，称为吸附床层的 K 值。t_0 称为吸附床层的允许操作时间。实际操作中，由于存在传质阻力，吸附负荷曲线为 S 型，因此真实的允许操作时间 t 要小于 t_0。两者的差值为损失时间，用 t_m 表示

$$t_m = t_0 - t \tag{5-23}$$

令 $t_m = KZ_m$，将式(1-22)代入上式，则

$$t = KZ - t_m = K(Z - Z_m) \tag{5-24}$$

式中　Z_m——床层内与 t_m 相对应的一段没有被完全吸附的床层高度。

【例 5-1】 用活性炭填充的固定床吸附床层，活性炭颗粒直径为 3mm，通入床层的四氯化碳蒸汽浓度 c_0 为 0.015kg/m³，气流速度为 5m/s，在气流通入 220min 后吸附质到达床层 0.1m 处，505min 后到达 0.2m 处，设床层高度为 1m，计算此吸附柱的允许操作时间。

【解】 将 t_1、t_2 和 Z_1、Z_2 代入式(5-23)

$220 = 0.1K - t_m$

$550 = 0.2K - t_m$

联立，解得 $K = 2850$(min/m)，$t_m = 65$(min)

将 $Z = 1$ 代入式(5-24)，则允许操作时间

$t = 2850 \times 1 - 65 = 2785$(min)

2. *浓度波移动速率*

假设流体以活塞流通过床层，流经床层空隙的实际流速常数 u；流体主体中溶质与吸附剂上的吸附质瞬时达到平衡；无轴向弥散；等温操作。从开始进料开始，做微分时间 dt 内流经微分吸附床长度 dZ 的溶质的物料衡算

$$\varepsilon_b u A_b c \mid Z = \varepsilon_b u A_b c \mid Z + \Delta Z + \varepsilon_b A_b \Delta Z \frac{\partial c}{\partial t} + (1 - \varepsilon_b) A_b \Delta Z \frac{\partial q}{\partial t} \tag{5-25}$$

式中　$\varepsilon_b u$——表观流体流速；

ε_b——床层孔隙率；

A_b——床层横截面积；

c——流体中吸附质浓度；

q——单位体积吸附剂颗粒的吸附量，由合适的吸附等温线方程得到。

等式两边同时除以 ΔZ，并取极限 ΔZ 趋于 0，得到

$$\frac{\partial c}{\partial t} + u \frac{\partial c}{\partial Z} + \frac{(1 - \varepsilon_b)}{\varepsilon_b} \frac{\partial q}{\partial t} = 0 \tag{5-26}$$

根据偏微分方程性质，可得

$$\frac{\partial q}{\partial t}=\frac{\partial q}{\partial c}\times\frac{\partial c}{\partial t} \tag{5-27}$$

式(5-26)为 $c=f(Z,\ t)$ 的双曲线偏微分方程，可得到浓度与床层长度和时间的函数关系，由隐式偏微分方程的规则得到

$$u_c=\left(\frac{\partial Z}{\partial t}\right)_c=-\frac{\dfrac{\partial c}{\partial t}}{\dfrac{\partial c}{\partial Z}} \tag{5-28}$$

式中　u_c——恒定浓度 c 的浓度波移动速率。

结合式(5-26)、式(5-27)和式(5-28)得到

$$u_c=\frac{u}{1+\left(\dfrac{1-\varepsilon_b}{\varepsilon_b}\right)\dfrac{dq}{dc}} \tag{5-29}$$

该方程说明浓度波移动速度取决于流体在床层空隙中的流速和吸附等温线的斜率；若 dq/dc 为常数，则浓度波前沿移动速度也为一常数，一般来说，浓度波在床层中移动的速度比流体流经床层空隙的速度要小得多。

3. 吸附等温线对浓度波的影响

根据吸附床层性能的不同，吸附等温线可以分为线性吸附等温线、优惠吸附等温线和非优惠吸附等温线(图 5-4)。

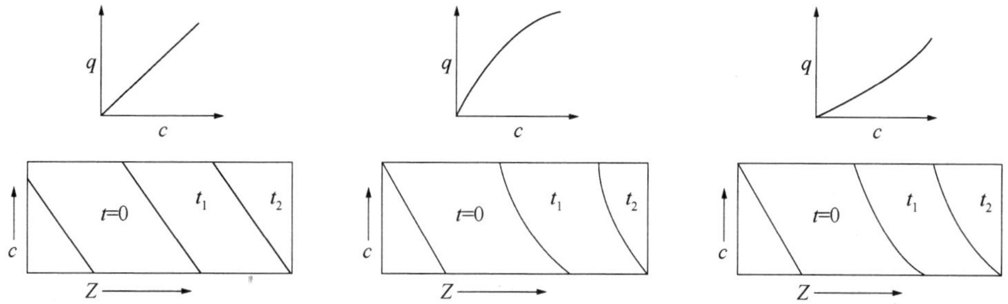

图 5-4　三种不同吸附等温线对吸附波的影响

吸附等温线形式对吸附波的相撞和移动速率都有影响。如图 5-4 所示，线性吸附等温线的斜率保持不变，吸附质分子与固体吸附剂分子之间的亲和力保持恒定，不随吸附质浓度而变化，传质区宽度和吸附波形状在整个床层中维持不变；优惠吸附等温线的斜率随着流体相中的浓度的增加而减少，吸附质分子与固体吸附剂分子之间的亲和力随吸附质浓度增加而降低，高浓度区的浓度波移动速率大于低浓度区的浓度波移动速率，且波形随时间的延长而变陡，直到发展成稳定的波形；非优惠吸附等温线的斜率随着流体相中的浓度的增加而增加，高浓度区的

浓度波移动速率小于低浓度区的浓度波的移动速率，且波形随时间的延长而变宽。

4. 影响传质区的因素

固定床吸附过程中，流体通过床层时，在床层形成传质前沿，即吸附波。吸附波的宽度表示传质区的大小。实际操作中影响传质区的因素主要有：①吸附剂颗粒尺寸，吸附剂颗粒的形状和大小直接影响扩散速率和床层压降。一般采用球形粒子作为吸附剂，降低床层压降。采用小颗粒吸附剂，得到较陡和较短的传质区，使得吸附效率更高。②吸附剂床层高度，床层高度必须大于传质区长度才能有效吸附分离，若干倍的最小床层高度可以提高吸附分离能力，在压降允许的前提下，吸附剂床层高度越大越好。③流体流速，流体流速会影响传质区移动速率和传质区的长度，在低流速下，吸附质向前扩散的速率大于传质区移动速率，因此传质区很长，在高流速下，滞留状态会转变为湍流状态，吸附过程的控制步骤由外扩散转变为内扩散，因此传质区长度变短。④温度，吸附剂的物理吸附量随着温度的升高而降低，同时扩散速率随着温度的升高而增大，传质区变短，移动速率变快。⑤吸附质浓度，传质区的移动速率随着进口气体中吸附质浓度的增大而增大，从而减少了移动一个传质区长度所需的时间。对于等温吸附线为曲线的情况，也缩短了传质区长度。增大吸附质浓度使得透过曲线变陡，拖尾部分拉长。⑥杂质吸附，杂质气体(包括载气)在吸附剂上的吸附都会降低吸附剂的吸附能力。⑦压力，通常情况下，吸附剂的吸附能力随压力的增大而增大，但在高压下若更易吸附物质使逸度减小或载体吸附增加，也会造成吸附剂吸附能力的降低。

5.3.2 固定床吸附的计算

对于一定的吸附分离系统，处理量、浓度和分离要求都是已知的。在工艺条件确定后，吸附器的主要计算为吸附剂的用量、吸附床层高度和直径等。

假设吸附波形状恒定，通过小型实验可以测得透过曲线从而确定工业规模吸附剂床层长度。吸附剂的床层长度等于理想固定床吸附器床层长度(Z_{ES})与附加长度(Z_{UB})之和。Z_{UB}的长度与传质区的宽度及传质区内c/c_F分布的形状有关。所需的总床层长度为

$$Z_B = Z_{ES} + Z_{UB} \tag{5-30}$$

假定吸附速率无限大，进入吸附剂床层的吸附质瞬间全部被吸附，即传质区为零，不需要Z_{UB}，若$Z_B > Z_{ES}$，则Z_{UB}就是未用床层的长度。实际操作中，传质区不为零，Z_{UB}称为未用床层的等价长度，可以根据小型实验结构测得透过曲线。如图5-5所示，t_s为透过曲线上一点，使A的面积等于B的面积，则

$$Z_{UB} = \frac{t_s - t_b}{t_s} Z_e \tag{5-31}$$

$$t_s = \int_0^{t_e} \left(1 - \frac{c}{c_F}\right) dt \tag{5-32}$$

式中　Z_e——实验床层长度。

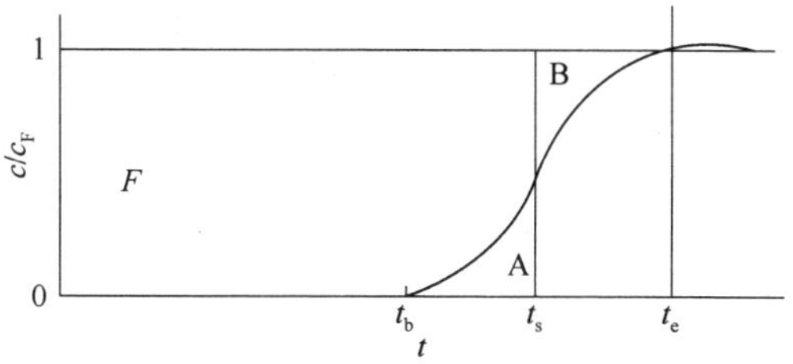

图 5-5　实验方法确定床层长度

Z_{ES}可以通过物料衡算得到，吸附床直径为 d，吸附剂床层堆积密度为ρ_b，进料流量为 Q_F，则

$$c_F Q_F t_b = q_F \rho_b \frac{d^2}{4} Z_{ES} \tag{5-33}$$

式中　t_b——穿透时间；

q_F——吸附剂的吸附量。

从而可以求得 Z_{ES}。

吸附层高度确定后，根据实验条件下测得的单位吸附剂吸附量及已知的原料处理量，原料中吸附质的浓度、分离要求、循环周期等数据可以计算出吸附剂的需要量和设备的直径。

【例 5-2】

已知用 4A 分子筛固定床脱除氮气中水蒸气的吸附实验数据：床层长度 Z_e = 0. 268m，操作温度 T=28℃（忽略温度变化），p=4118Pa（忽略压力变化），进料流率 G=144kmol/（h · m^2），进料中水含量 c_F = 1440×10^{-6}（体积分数），分子筛原始含水量 q_0 = 1kg/100kg 分子筛，分子筛平衡含水量 q_F =0. 215kg H_2O/kg 分子筛，床层堆积密度 ρ_b = 713kg/m^3。拖过曲线数据如下表：

$c_{出口}$/10^{-6}V	时间/h	$c_{出口}$/10^{-6}V	时间/h	$c_{出口}$/10^{-6}V	时间/h
<1	0~9. 0	238	10. 2	1115	11. 5
1	9. 0	365	10. 4	1235	11. 75
4	9. 2	498	10. 6	1330	12. 0
9	9. 4	650	10. 8	1410	12. 5
33	9. 6	808	11. 0	1440	12. 8
80	9. 8	980	11. 25	1440	13. 0
142	10. 0				

拟工业装置在与小试相同温度、压力、质量流率和水含量下操作，确定穿透时间为20h，求出其中水含量不大于9×10^{-6}(体积分数)的床层高度及床层有效利用率。

【解】

$$c_F=\frac{1440\times18}{10^6}=0.02592\ \frac{\text{kg}\ H_2O}{\text{kmol}\ N_2}$$

$$\frac{Q_F}{\pi d^2/4}=144\ \frac{\text{kmol}}{\text{h}\cdot\text{m}^2}$$

$t_b=20\text{h}\quad \rho_b=713\text{kg/m}^3$

$q_F=0.215\text{kg}\ H_2O/\text{kg}$ 分子筛 $\quad q_0=0.01\text{kg}\ H_2O/\text{kg}$ 分子筛

$$Z_{ES}=\frac{c_FQ_Ft_b}{q\rho_b\pi(d^2/4)}=\frac{0.02592\times144\times20}{(0.215-0.01)\times713}=0.511(\text{m})$$

根据透过曲线，可得$t_e=12.8\text{h}\quad t_b=9.4\text{h}$

积分可得 $t_s=\int_0^{t_e}\left(1-\frac{c}{c_F}\right)\text{d}t=10.93\text{h}$

$$Z_{UB}=\frac{t_s-t_b}{t_s}Z_e=\frac{10.93-9.40}{10.93}\times0.268=0.037(\text{m})$$

$$Z_B=Z_{ES}+Z_{UB}=0.511+0.037=0.548(\text{m})$$

床层有效利用率$=\frac{0.511}{0.548}\times100\%=93.2\%$

5.4 移动床和模拟移动床吸附过程

固定床吸附是间歇操作，需要更换吸附剂，装置不能稳定操作，影响了产品的质量以及装置的经济性和分离效率。为了实现连续高效运行的吸附过程，研究人员开发了移动床和模拟移动床吸附。

5.4.1 移动床吸附过程

与固定床吸附相比，移动床吸附器中的吸附剂床层依靠某种动力连续运动，流体及吸附剂两相均以恒定的流速通过设备，其任意一个断面上的组成不随时间而变化。图5-6为液相移动床吸附原理图，进料液里只有A、B两种组分，用固体吸附剂和液体脱附剂D来分离它们。

固体吸附剂在塔内自上而下移动，从塔底流出后，经塔外提升管提升至塔顶循环入塔。液体用循环泵自下而上流动，与固体物流逆流接触，整个吸附塔按不同物料的进出口为止，分成四个作用不同的区域：ab段为A吸附区；bc段为B脱附区；cd段为A脱附区；da段为D的部分脱附区。被吸附剂所吸附的物料称

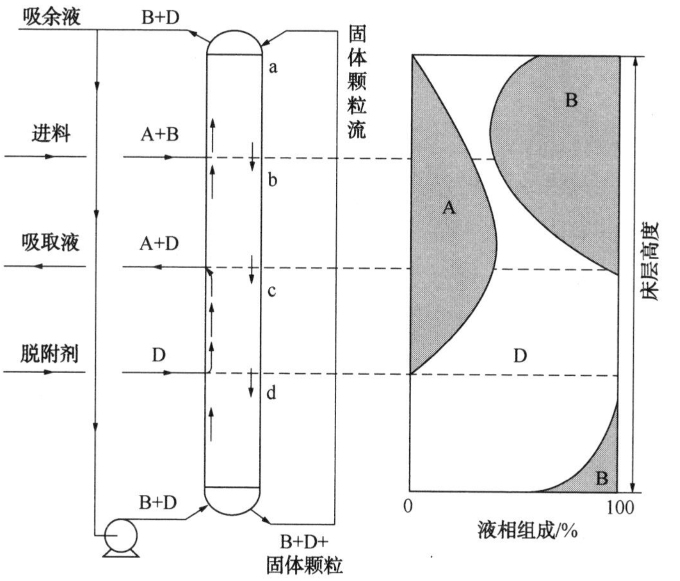

图 5-6　液相移动床吸附原理图

为吸附相，塔内未被吸附的液体物料称为吸余相。

在 A 吸附区，液体向上移动与向下移动的吸附剂接触，其中 A 组分被吸附到吸附剂上，吸附剂上的脱附剂 D 被部分置换出来，进料中的 B 组分和置换出来的 D 组分构成吸余相从塔顶排出；在 B 脱附区，含有 A、B 和 D 的吸附剂向下移动与含有 A 和 D 的向上移动的液体接触，由于 A 比 B 有更强的吸附力，所以 B 被从吸附剂上脱附出来，仅含有 A 和 D 的吸附剂继续向下移动；在 A 脱附区，脱附剂 D 向上移动，与向下移动的含有 A 和 D 的吸附剂接触，将吸附剂上的 A 全部脱附出来，并从该区的顶部排除含有 A 和 D 组分的吸余液；在 D 的脱附区，仅含有 D 的吸附剂向下移动与塔底向上移动的含有 B 和 D 的液体逆流接触，液体中 B 组分被吸附剂吸附，从而吸附剂上部分 D 组分被置换出来，吸附剂上只有 B 和 D 组分，而从此区域顶部排出的吸余相几乎仅含有 D，实现了 D 组分的回收，达到减少脱附剂循环量的目的。

5.4.2　移动床吸附器的计算

对于移动床吸附过程，在工艺条件确定后，吸附器的主要计算为吸附段的高度和吸附剂的用量。为简化计算，假设吸附过程温度恒定，该吸附操作与吸收过程类似，即固体吸附剂代替吸收过程中的液体吸收剂。

如图 5-7 所示，逆流吸附过程中由于吸附剂和不可吸附的流体(惰性物质)在吸附过程中保持不变，所以浓度和流量单位均为无吸附质作为计算基准。

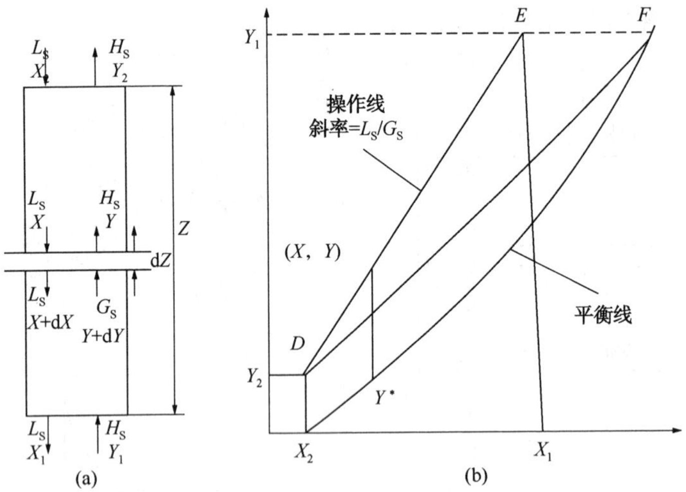

图 5-7　单组分连续逆流吸附

对全塔作物料衡算

$$G_S(Y_1-Y_2)=L_S(X_1-X_2) \tag{5-34}$$

式中　G_S——不含吸附质的流体的质量流率，kg 无吸附质/(h · m²)；

L_S——净吸附剂的质量流率，kg 净吸附剂/(h · m²)；

Y——吸附质在流体相中的浓度，kg 吸附质/kg 无吸附质流体；

X——吸附质在吸附相中的浓度，kg 吸附质/kg 净吸附剂。

任意一个塔截面与塔顶作物料衡算

$$G_S(Y-Y_2)=L_S(X-X_2) \tag{5-35}$$

$$Y=\frac{L_S}{G_S}X+\left(Y_2-\frac{L_S}{G_S}X_2\right) \tag{5-36}$$

在固定的操作条件下，G_S 和 L_S 为定值，故上式为斜率为 L_S/G_S，过点(X_2，Y_2)的直线。斜率 L_S/G_S，称为固流比。

如图 5-7(b)所示，式(1-35)为过点 $E(X_1, Y_1)$ 和 $D(X_2, Y_2)$ 的直线，称为操作线，式(1-35)称为操作线方程。E 和 D 点分别代表吸附器的底部和顶部。该直线上的任意一点代表吸附器内部某一截面的操作情况，直线上方对应吸附过程，直线下方对应脱附过程。与吸收过程类似，操作线偏离平衡线的程度越大，吸附推动力越大。吸附剂的最小用量，即固流比的最小值为操作线与平衡线相交(或相切)的情况。如图 5-7(b)中直线 DF 即为吸附剂用量最小时的操作线。

对图 5-7(a)中微分截面 dZ 上的物料衡算

$$L_S\mathrm{d}X=G_S\mathrm{d}Y \tag{5-37}$$

由吸附速率方程，可得

$$L_S dX = G_S dY = K_Y a_p (Y - Y^*) dZ \tag{5-38}$$

式中　Y^*——与吸附相浓度 X 相对应的流体相平衡组成。

因此，推动力 $Y-Y^*$ 与平衡线和操作线间的垂线距离相等。

对式(5-38)积分

吸附段有效高度：

$$Z = N_{OG} H_{OG} \tag{5-39}$$

其中，传质单位高度：

$$H_{OG} = \frac{G_S}{K_Y a_p} \tag{5-40}$$

传质单元数：

$$N_{OG} = \int_{Y_2}^{Y_1} \frac{dY}{Y - Y^*} \tag{5-41}$$

由上式可知，通过求解传质单元数和传质单元高度可以求得吸附段有效高度。由式(5-41)可知，传质单元数 N_{OG} 可以通过图解法求得。目前，通过固定床的数据和关联式估算出移动床的传质总系数，从而近似求得移动床传质单元高度 H_{OG}。需要说明的是，移动床固体吸附剂颗粒处于运动状态，传质阻力与固定床存在差别，所以该方法与实际操作存在偏差，仅仅用于近似估算。

【例 5-3】

拟采用连续逆流吸附器来干燥空气中的水分，加入的吸附剂硅胶是干的，其通过床层的流量为 2441kg/(m^2·h)，湿空气中含水为 0.004kg/kg 干空气，以 4570kg 干空气/(m^2·h)的速率通过床层，吸附后空气含水为 0.0001kg/kg 干空气，吸附等温线为：$Y^* = 0.018X$，$k_Y . a_p = 1259 G_S^{0.55}$ kgH_2O/(m^3·h·ΔY)[G_S为干空气质量流速，kg/(m^2·h)]，$k_X . a_p = 3485$kg H_2O/(m^3·h·ΔX)，试求：吸附段的有效高度。

【解】　已知 $G_S = 4570$kg 干空气/(m^2·h)；$L_S = 2441$kg/(m^2·h)

$Y_1 = 0.004$kg/kg 干空气；$Y_2 = 0.001$kg/kg 干空气；$X_2 = 0$

由物料衡算求出 X_1

$$X_1 = \frac{G_S(Y_1 - Y_2)}{L_S} + X_2 = 0.0073$$

$$Y_1^* = 0.018\,X_1 = 0.0001314 \quad Y_2^* = 0$$

由于操作线及平衡线均为直线，平衡推动力取对数平均值。

$$\Delta Y_1 = Y_1 - Y_1^* = 0.00387 \quad \Delta Y_2 = Y_2 - Y_2^* = 0.0001$$

$$\Delta Y_m = \frac{\Delta Y_1 - \Delta Y_2}{\ln \frac{\Delta Y_1}{\Delta Y_2}}$$

$$N_{OG} = \frac{Y_1 - Y_2}{\Delta Y_m} = 3.78$$

$$\frac{1}{K_Y a_p} = \frac{1}{k_Y a_p} + \frac{m}{k_X a_p} = \frac{1}{1259\ G_S^{0.55}} + \frac{0.018}{3485}$$

$$K_Y a_p = 77673.6\text{kg } H_2O/(m^3 \cdot h \cdot \Delta Y)$$

$$H_{OG} = \frac{G_S}{K_Y a_p} = \frac{4570}{77673.6} = 0.0588(m)$$

吸附段高度：$Z = N_{OG}H_{OG} = 0.22(m)$

5.4.3 模拟移动床吸附过程

移动床吸附实现了连续吸附操作，具有生产强度高、原料利用率好、产品质量稳定、过程易于自动控制等优点。但是移动床吸附同时也存在吸附剂由于不断循环会磨损严重，造成吸附剂消耗量大；移动床内易出现沟流和轴向返混等缺点。

针对这些问题20世纪60年代美国UOP公司开发了模拟移动床技术，称为“Sorbex”。模拟移动床是以逆流连续操作方式，固体吸附剂在床层内固定不动，通过变换固定床吸附设备的物料进出口位置，产生相当于吸附剂连续向下移动，而物料连续向上移动的效果。

如图5-8所示，模拟移动床把固定吸附床均分为24段，每段内装有吸附剂，段间液体不能直接流通，每段均有进出口管道(进出两用)，由中央控制装置控制其进出。固定吸附床上24个口都接到一个24通旋转阀上，在统一时间内旋转阀接通四个口，其余均封闭。如图5-8所示，3、6、15、23四个口分别接通解吸剂(D)进口(10)，抽余液(B+D)流出口(7)，原料(A+B)进口(1)，抽出液(A+D)排出口(16)，一定时间后，旋转阀向前旋转，则进出口变为2、5、14、22，依此类推，当进出口升到1后又转回到24，循环操作。对于每一段来说，其吸附、脱附过程是间歇、周期性进行的，而对整个吸附塔来说，原料与脱附剂的进料、抽出液与抽余液的抽出均可视作连续进行的。

采用模拟移动床实现来连续操作，可以提高吸附剂和脱附剂的使用效率，吸附剂用量仅为固定床的4%，脱附剂用量为固定床的一半。模拟移动床一般用于液相难分离体系，特别是异构体的分离过程。目前，工业上主要用于从混合二甲苯中分离对二甲苯、从混合二乙苯中分离对二乙苯、从烷烃混合物中分离正构烷烃、$C_8 \sim C_{18}$烷烃与烯烃的混合物中分离烯烃以及从葡萄糖与果糖的混合物中分离果糖浆等。

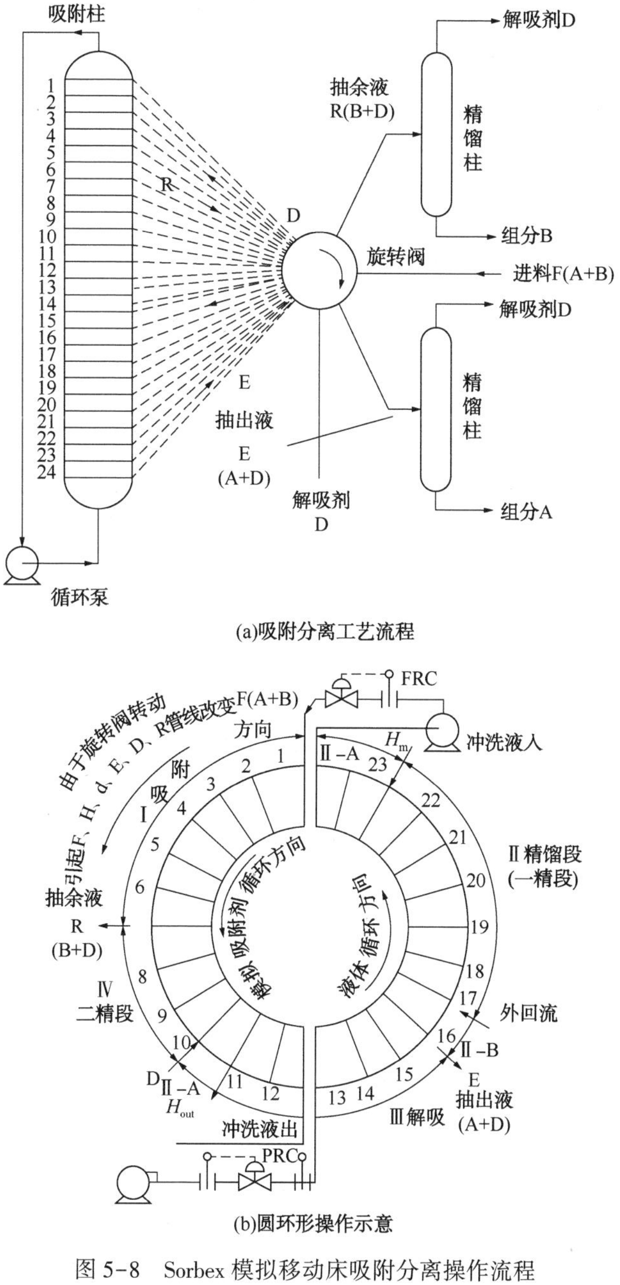

图 5-8　Sorbex 模拟移动床吸附分离操作流程

D—解吸剂；E—抽出液；F—料液；R—抽余液

5.5 变温吸附过程

变温吸附利用吸附剂的平衡吸附量随温度的升高而降低的特性，采用常温吸附、升温脱附的操作方法。目前普遍被用于挥发性有机废气的净化处理。如图 5-9所示，循环操作在两个固定床吸附器中进行，其中一个在环境温度 T_1附件吸附溶质，另一个在高温 T_2下解吸溶质，使得吸附剂床层再生。

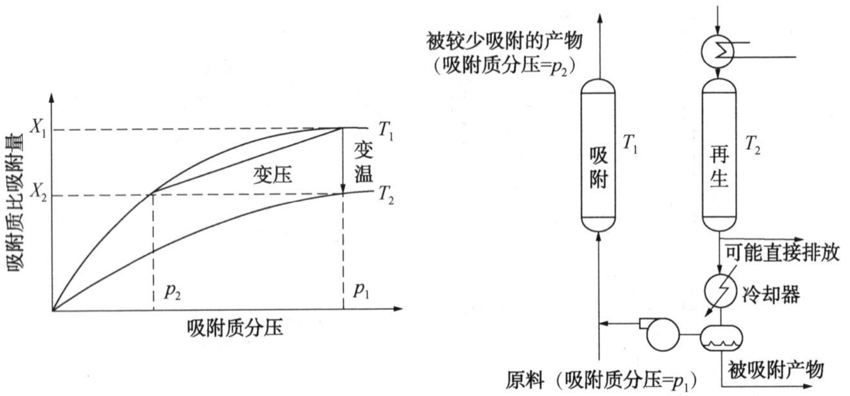

图 5-9　变温吸附原理

解吸的温度一般都比较高，但不能高到引起吸附剂性能变坏的程度，因此，变温吸附最好用于脱除低浓度杂质，此时吸附和解吸均可在接近恒温的条件下进行。尽管通过改变温度，使溶质汽化，不需要清洗气也能实现解吸的目的。但当床层温度降低时，部分溶质会再次吸附，所以解吸过程一般还会使用清洗剂脱除吸附质。一个理想的变温吸附循环包括 4 步：①在 T_1 温度下吸附至达到穿透点；②加热床层至 T_2；③在 T_2 温度下解吸达到低吸附质负荷；④冷却床层到 T_1。实际循环操作没有恒温阶段，作为循环的再生阶段，第②和③是结合到一起的，床层被加热的同时，用经预热的清洗气解吸，直到进出口温度接近为止。①和④也是同时进行的，床层冷却后即开始进料，因此吸附基本上在进料流体温度下进行。

由于固体吸附剂的传热性能较差，床层的加热和冷却过程不能瞬时完成。虽然可以采用床外夹套或设置内部换热管间接加热，但变温吸附的循环周期较长，通常需要以小时或天数计，因此能量利用和操作效率不高，一般还是以预热或预冷清洗流体的方式改变床层温度。清洗流体可以是原料或流出物的一部分，或使用其他流体。再生阶段消耗的清洗剂的量比在吸附阶段送入床层的原料量要少得多。如果吸附质有价值且容易冷凝，清洗流体选用不冷凝气体。如果吸附质有价值且不容易冷凝，可选用蒸汽作为清洗流体，然后将蒸汽冷凝与解吸的吸附质分离。如果吸附质没有价值，则可使用燃料或者空气作为清洗流体，然后送去焚烧。

5.6 变压吸附过程

5.6.1 变压吸附循环

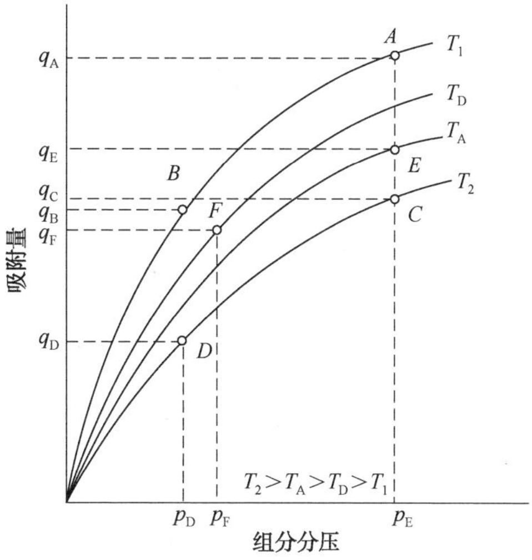

图 5-10 变压吸附循环操作原理

变压吸附分离是恒温条件下，通过改变压力实现吸附-脱附循环的操作方法。在压力下气体组分吸收，减压下被吸附组分解吸，放出该气体组分，吸附剂再生。如图 5-10 所示，吸附和解吸过程中床层的温度保持 T_1 恒定，吸附压力和解吸压力分别为 p_A 和 p_B，则在 AB 线两端吸附量之差 $\Delta q=q_A-q_B$ 为每经加压（吸附）和减压（解吸）循环组分的分离量。如果要使吸附和解吸过程吸附剂的吸附量的差值增加，可以同时采用减压和加热的方法进行解吸再生，沿 AD 线两端的吸附容量差值 $\Delta q=q_A-q_D$，则为联合解吸，在实际的变压吸附分离操作中，组分的吸附热都比较大，吸附过程是放热反应，随着组分的解吸，变压吸附的工作点从 E 点移向 F 点，吸附时从 F 点返回 E 点，沿 EF 进行，每经加压吸附和减压解吸循环的组分分离量 $\Delta q=q_E-q_F$ 为实际变压吸附的差值。因此，欲提高变压吸附的处理能力，选择的吸附剂除了对各组分的选择性要大，其吸附等温线的斜率变化也要显著，并尽可能使其压力变化加大，以增加其吸附量的变化值。通常，采用升高压力或抽真空的方法操作。

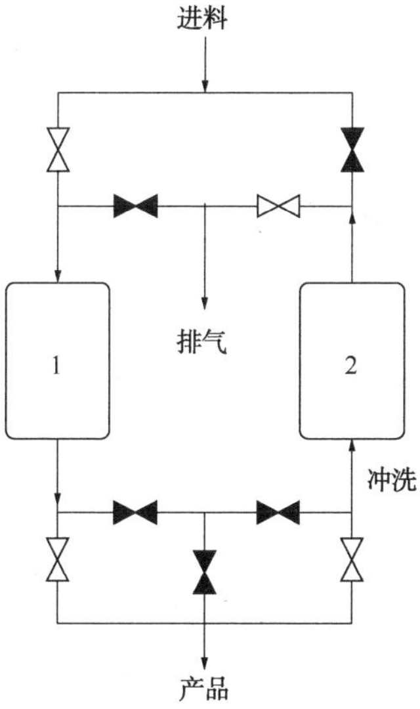

图 5-11 变压吸附循环

最简单的变压吸附是在两个并联的固定床中实现的。如图 5-11 所示，其中一个吸附床在某压力下吸附，而另一个吸附床在较低压力下解吸。变压吸附只能用于气体吸附。具有两个固定床的变压吸附循环如 5-12 所示，称为 Skarstrom 循环。每个床在两个等时间间隔的半循环中交替操作：充压后吸附，放压后吹扫，实际上分四步进行。原料气用于充压，流出产品气体的一部分用于吹扫。在图 5-11 中，1 床进行吸附，离开 1 床的部分气体返回至 2 床吹扫用，吹扫方向与吸附方向相反。

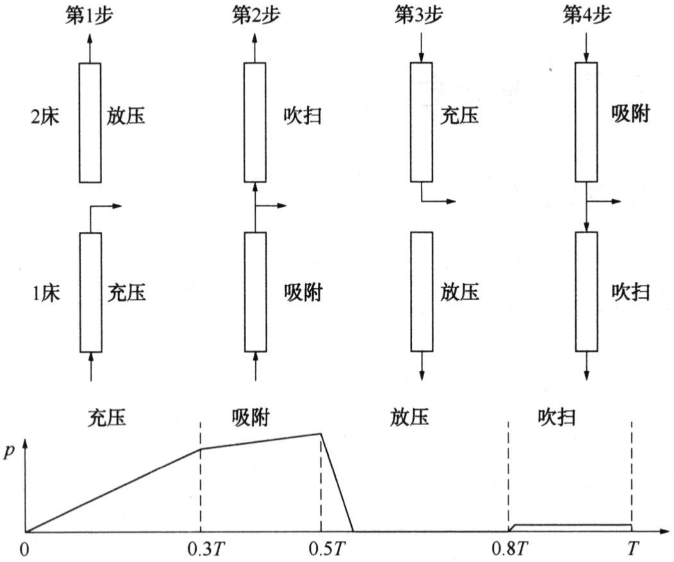

图 5-12　变压吸附循环步骤

5.6.2　变压吸附理论分析

假设变压吸附过程中气相和固相之间的传质阻力可以忽略，则变压吸附过程中吸附波的移动情况可用平衡理论预测。

对于等温吸附系统，假设床层内达到吸附平衡，可以用式(5-26)表示单吸附质组分的物料衡算，式中 c 为其中吸附质的浓度，其他符号与前面一致，总的物料衡算为

$$\frac{\mathrm{d}p}{\mathrm{d}t}+\mathrm{d}(up)=0 \tag{5-42}$$

将吸附平衡关系 $q=Kc$ 代入式(5-26)，假设气体为理想气体，气相浓度用分压表示，结合道达尔分压定律，得到

$$p[\varepsilon_\mathrm{b}+(1-\varepsilon_\mathrm{b})K]\frac{\partial y}{\partial t}+\varepsilon_\mathrm{b}pu\frac{\partial y}{\partial Z}+(1-\varepsilon_\mathrm{b})K\frac{\partial y}{\partial Z}=0 \tag{5-43}$$

使用下列常微分方程组可得到上述方程的解

$$\frac{\mathrm{d}t}{p[\varepsilon_\mathrm{b}+(1-\varepsilon_\mathrm{b})K]}=\frac{\mathrm{d}Z}{\varepsilon_\mathrm{b}pu}=\frac{\mathrm{d}y}{(1-\varepsilon_\mathrm{b})Ky\left(\dfrac{\partial p}{\partial t}\right)} \tag{5-44}$$

在吸附和解吸阶段吸附波的移动速率由式(5-44)得到。

吸附阶段

$$\frac{dZ}{dt}=\beta u_H \tag{5-45}$$

解吸阶段

$$\frac{dZ}{dt}=\beta\gamma u_H \tag{5-46}$$

式中

$$\beta=\frac{\varepsilon_b}{\varepsilon_b+(1-\varepsilon_b)K} \tag{5-47}$$

γ 为吹扫比，定义为 u_L/u_H，分别为解吸阶段和吸附阶段床层的空隙流速。

如果在放压和充压阶段忽略床层的压降，即 $dp/dZ=0$，则

$$\frac{\partial u}{\partial Z}=-\left(\frac{1}{p}\right)\frac{\partial p}{\partial t} \tag{5-48}$$

由于在 $z=0$ 处，$u=0$，所以

$$u=-\left(\frac{1}{p}\right)\left(\frac{dp}{dt}\right)Z \tag{5-49}$$

联立式(5-48)和式(5-49)并积分，可以确定压力变化前后吸附波的位置。设压力 p_H下，吸附波的位置为 Z_H，压力 p_L下为 Z_L，则它们之间的关系是

$$Z_H=Z_L\left(\frac{p_L}{p_H}\right)^{\beta} \tag{5-50}$$

由式(5-45)、式(5-46)和式(5-50)可得到穿透距离。

在充压和高压吸附期间，净穿透距离为

$$\Delta L_H=L_L\left(\frac{p_L}{p_H}\right)^{\beta}-\beta u_H t_C \tag{5-51}$$

同样地，在吹扫和低压解吸期间，净穿透距离为

$$\Delta L_L=\beta\gamma u_H t_C-L_H\left(\frac{p_H}{p_L}\right)^{\beta} \tag{5-52}$$

通过以上参数就可以确定操作条件的范围，为了保证分离产品的浓度足够高，则 ΔL_H必须大于零，L_H必须小于床层高度 Z。相反地，如果 $L_L>Z$，吹扫气则会透过，操作条件不合适。合适的操作条件应落在图 5-13 中的阴影部分。

由临界条件 $\Delta L=0$ 可得到临界吹扫比

$$\gamma_C=\left(\frac{u_L}{u_H}\right)_C=\left(\frac{p_H}{p_L}\right)^{\beta} \tag{1-55}$$

需要说明的是，虽然通过平衡理论可以确定合适的操作条件，保证分离产品的纯度达标。但是，平衡理论模型进行了简化处理，假设吸附速率非常快，则无法得到产品的浓度值。如果想得到产品浓度或收率与操作条件之间的关系，则需要采用非平衡级模型。

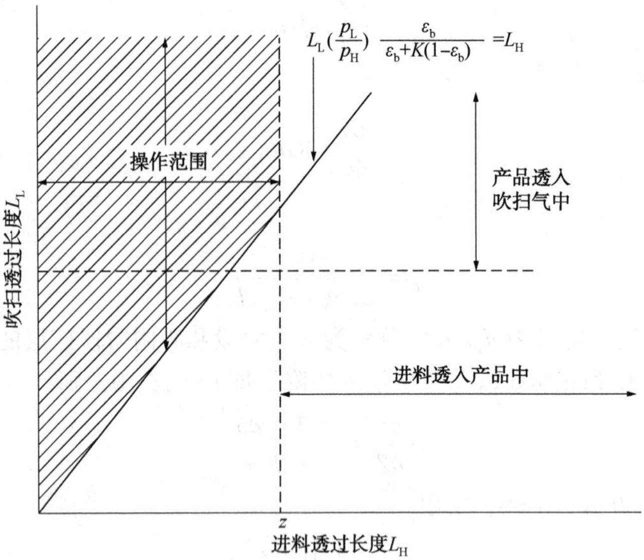

图 5-13　变压吸附 L_L-L_H 的操作范围

6 液液萃取

6.1 概述

液液萃取也称为溶剂萃取，简称为萃取或抽提，是一种重要的化工单元操作。对于液体混合物的分离，除采用蒸馏的方法外，还可以仿照吸收的方法，即在液体混合物(原料液)中加入一个与其基本不相混溶的液体作为溶剂，造成第二相，利用原料液中各组分在两个液相之间的不同分配关系来分离液体混合物，这就是液液萃取。选用的溶剂称为萃取剂，以 S 表示；原料液中易溶于 S 的组分称为溶质，以 A 表示，难溶于 S 的组分称为原溶剂，以 B 表示。

如果萃取过程中，萃取剂与原料液中的有关组分不发生化学反应而仅为物理传递过程，则称为物理萃取，反之则称为化学萃取。本章主要讨论物理萃取。

萃取操作的基本过程如图 6-1 所示。将一定量溶剂加入原料液中，然后加以搅拌，使原料液与溶剂充分混合，溶质通过相界由原料液向萃取剂中扩散，因此萃取操作与精馏、吸收等过程一样，也属于两相间的传质过程。搅拌停止后，两液相因密度差而分为两层：一层以溶剂 S 为主，并溶有较多的溶质，称为萃取相，以 E 表示；另一层以原溶剂 B 为主，且含有未被萃取完的溶质，称为萃余相，以 R 表示。若 S 和 B 为部分互溶，则萃取相中还含有 B，萃余相中亦含有 S。

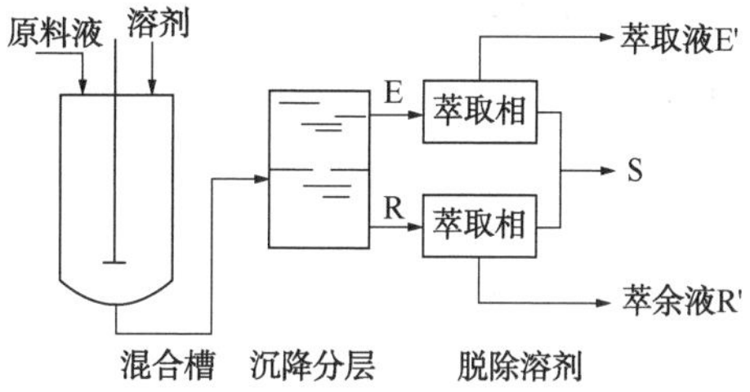

图 6-1　萃取操作过程示意图

由上可知，萃取操作并未将原料液完全分离，而只是将原来的液体混合物替代为具有不同溶质组成的新的混合液萃取相 E 和萃余相 R。为了得到产品 A，并回收溶剂以供循环使用，尚需对这两相分别进行分离。通常采用蒸馏或蒸发的方法，有时也可采用结晶或其他化学方法。脱除溶剂后的萃取相和萃余相分别称为萃取液和萃余液，以 E′和 R′表示。

与其他溶液组分分离技术相比，萃取具有操作的温度条件较为温和、不涉及相变、能耗低、能对不挥发物质如金属离子等进行分离等特点，较适用于具有下列特点的分离体系：组分相对挥发度很小，或形成共沸物，用通常的精馏方法难以分离；低浓度高沸点组分的分离，此时用精馏能耗很高；多种离子的分离；热敏性物质等不稳定物质的分离等。现在萃取技术已经在石油、化工、湿法冶金、原子能、医药、生物、新材料和环保领域中得到了越来越广泛的应用。

6.2 液液萃取相平衡

萃取过程的传质是在两液相之间进行的，其极限即为相际平衡。故讨论萃取操作必须先了解混合物的相平衡关系。

6.2.1 三角形坐标图及杠杆规则

6.2.1.1 三角形坐标图

三角形坐标图有等边三角形和直角三角形两种，后者又可以分为等腰直角三角形和非等腰直角三角形，如图 6-2 所示。

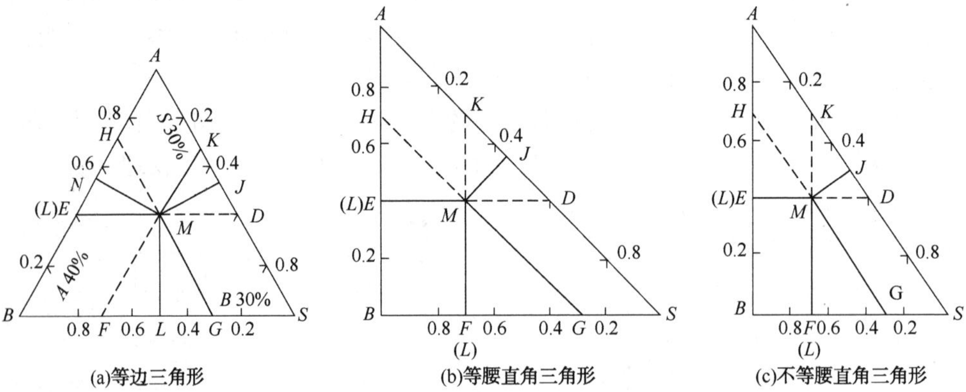

图 6-2 组成在三角形坐标图上的表示方法

三角形 *ABS* 的三个顶点分别代表溶质 A、载体 B 和溶剂 S。三角形的各条边都 100 等分，处在各边上的点表示某个二元组分。如图中的 *E* 点表示仅含有 A 和 B 的一个混合物，其中 B 的含量为 60%，*A* 的含量为 40%。三角形内部的任何一点表示一个三元组分混合物，比如图中的 *M* 点。过 *M* 点分别作三个边的平行线 *ED*、*HG*、*KF*，则线段 *BE* 代表 A 的组成，线段 *AK* 代表 S 的组成，线段 *AH* 代表 B 的组成。由图可读得该三元混合物的组成为

$$x_A=\overline{BE}=0.4,\quad x_B=\overline{AH}=0.3,\quad x_S=\overline{AK}=0.3$$

三个组分的质量分数之和等于 1，即

$$x_A+x_B+x_S=0.4+0.3+0.3=1.0$$

当用三角形的高来表示时，通过 *M* 点向三角形各边作垂直线，分别交各边

于 N、L、J 点，各垂线的长度则分别代表了该混合物中各组分的百分含量，即 ML、MJ 和 MN 分别代表了 A、B 和 S 的含量。显然，

$$\overline{ML}+\overline{MJ}+\overline{MN}=1.0$$

6.2.1.2 杠杆规则

设组成为 x_A、x_B、x_C的溶液 R kg 及组成为 y_A、y_B、y_S的溶液 E kg，两溶液混合后得到组成为 z_A、z_B、z_S的溶液 M kg，如图 6-3 所示。

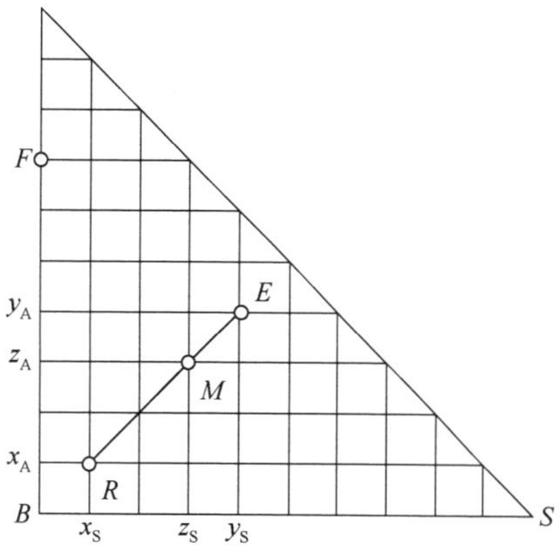

图 6-3 杠杆规则的应用

可根据物料衡算得到下式：

$$\begin{aligned} M &= R+E \\ Mz_A &= Rx_A+Ey_A \\ Mz_S &= Rx_S+Ey_S \end{aligned} \tag{6-1}$$

由此导出

$$\frac{E}{R}=\frac{z_A-x_A}{y_A-z_A}=\frac{z_S-x_S}{y_S-z_S} \tag{6-2}$$

式(6-2)表明，混合液组成的 M 点位置必在 R 点与 E 点的连线上，且线段 RM 与线段 ME 之比与混合前溶液的质量比成反比，即

$$\frac{E}{R}=\frac{\overline{RM}}{\overline{EM}} \tag{6-3}$$

式(6-3)为物料衡算的简捷图示方法，称为杠杆定律。由此可较方便地在图 6-3上定出 M 点的位置，从而确定混合液的组成。

其中，M 点表示溶液 R 与溶液 E 混合之后的数量与组成，称为 R、E 两溶液的和点；反之，当从混合物 M 中移去一定量组成为 E 的液体，余下液体在图 6-3上的表示即为 R 点，故称 R 点为溶液 E 的差点。

6.2.2 溶解度曲线和连接线

根据萃取操作中各组分的互溶性，可将三元物系分为三种情况：

① 溶质 A 可溶解于 B 及 S 中，但 B 与 S 完全不互溶；

② 溶质 A 可溶解于 B 及 S 中，但 B 与 S 部分互溶；

③ 溶质 A 可完全溶于 B，但 A 与 S 及 B 与 S 为部分互溶。

其中第一种情况属于理想的情况，第三种情况是应避免的。生产实践中广泛遇到的是第二种情况。以下讨论均属于第二种情况。其平衡相图如图 6-4 所示。此图是在一定温度下绘制的，图中曲线 $LRC'D'F'G'EJ$ 称为溶解度曲线，该曲线将三角相图分为两个区域：曲线以内的区域为两相区，以外的区域为均相区。位于两相内的混合物分为两个互相平衡的液相，称为共轭相，连接两共轭相组成坐

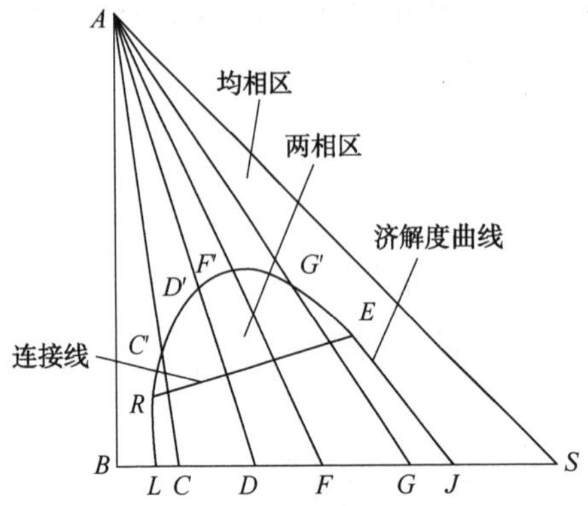

图 6-4 溶解度曲线和连接线

标的直线称为连接线，又称为平衡线，如图 6-4中的 RE 线。显然萃取操作只能在两相区内进行。

溶解度曲线可通过以下实验方法得到：一定温度下，B 和 S 部分互溶，形成一对液相，称为共轭液相。这两相的组成如图 6-3 中的 L、J 点所示。取一 B、S 二元体系，表示总体组成的点位于 L、J 两点之间，如 C 点。逐渐加入组分 A，成为三元物系。此时体系中的 B 和 S 的量之比为常数，组成点沿 AC 线变化。到一定时候，加入 A 的量恰好使混合液中的两相变为均一相，相应的组成点为 C'。改变初始时 B、S 二元物系的组成，重复试验，得到一系列点 $C'D'F'$，将这些点连起来，成为一条曲线，即为在实验温度下该三元物系的溶解度曲线。

6.2.3 辅助曲线和临界混合点

一定温度下，三元物系的溶解度曲线和连接线是根据实验数据来描绘的，使用时若要求与已知相成平衡的另一相的数据，常借助辅助曲线(也称共轭曲线)求得。只要有若干组连接线数据即可作出辅助曲线。如图 6-5 所示，通过已知点 R_1、R_2…分别作底边 BS 的平行线，再通过相应连接线另一端 E_1、E_2…分别作直角边 AB 的平行线，各线分别相交于点 J、K…连接这些交点所得的曲线即为辅助曲线。辅助曲线与溶解度曲线的交点 P，表明通过该点的连接线为无限短，相当于这一系列的临界状态，故称点 P 为临界混溶点。由于连接线通常都具有一定的斜率，因而临界混溶点一般不在溶解度曲线的顶点。临界混溶点由实验测得。

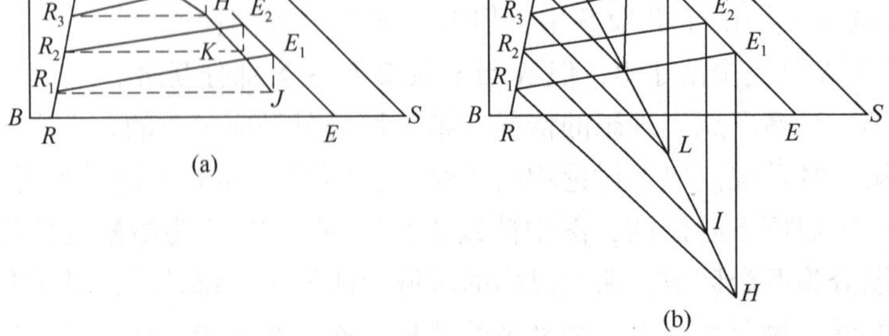

图 6-5 辅助线曲线和临界混溶点

6.2.4 分配系数、选择性因数和分配曲线

1. 分配系数和选择性因数

一定温度下，某组分在相互平衡的 E 相和 R 相中的组成之比称为该组分的分配系数，以 k 表示，即

$$k_A = \frac{y_A}{x_A} \tag{6-4}$$

同样，对于组分 B 也可以写出

$$k_B = \frac{y_B}{x_B} \tag{6-5}$$

式中 y_A，y_B——萃取相 E 中组分 A、B 的质量分数；

x_A，x_B——萃余相 R 中组分 A、B 的质量分数。

分配系数 k_A表达了溶质在两个平衡相中的分配关系。显然，k_A数值越大，萃取分离的效果越好。k_A数值与连接线的斜率有关。同一物系，其 k_A值随温度和组成而变。恒温下的 k_A值可近似视作常数。

对于萃取剂 S 与原溶剂 B 互不相溶的物系，溶质在两液相中的分配关系与吸收中的类似，即

$$Y = KX \tag{6-6}$$

式中 Y——萃取相 E 中溶质 A 的质量比组成；

X——萃余相 R 中溶质 A 的质量比组成；

K——相组成以质量比表示时的分配系数。

选择性是指萃取剂 S 对原料液两个组分溶解能力的差异。若 S 对溶质 A 的溶解能力比对稀释剂 B 的溶解能力大得多，即萃取相中 y_A比 y_B大得多，萃余相中的 x_B比 x_A大得多，那么这种萃取剂的选择性就好。萃取剂的选择性好坏也可用选择性因数来衡量，即

$$\beta = \left(\frac{y_A}{y_B}\right) \Big/ \left(\frac{x_A}{x_B}\right) \tag{6-7}$$

β 值与分配因数有关，凡是影响 k_A的因素也同样影响 β 值。选择性因数类似于蒸馏中的相对挥发度。一般情况下，B 在萃余相中浓度总是比在萃取相中的高，即 $x_B/y_B>1$，因此萃取操作中 β 值均大于 1。β 值越大越有利于组分的分离。若 $\beta=1$ 时，则有 $y_B/y_A=x_B/x_A$或 $k_A=k_B$，萃取相和萃余相在脱溶剂 S 后将具有相同的组成，并且等于原料液组成，故无分离能力，说明所选择的溶剂是不适宜的。萃取剂的选择性高，对于一定的分离任务，可以减少萃取剂的用量，降低回收溶剂的能量消耗，并且可获得高纯度产品。若 $\beta<1$，萃取还是可以进行的，但将非常困难，说明溶剂选择不当。

2. 分配曲线

由相律可知，温度、压力一定时，三组分体系两液相呈平衡时，自由度为 1。故只要已知一平衡液相中的任意组分的组成，则其他组分的组成及其共轭相的组成就为确定值。也就是温度、压力一定时溶质在两平衡相间的平衡关系可表示为

$$y_A = f(x_A) \tag{6-8}$$

式中 y_A——萃取相 E 中组分 A 的质量分数；

x_A——萃余相 R 中组分 A 的质量分数。

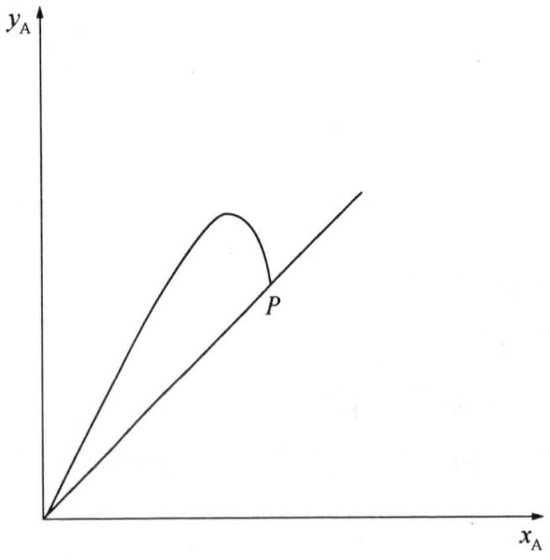

图 6-6 分配曲线

式(6-8)即为分配曲线的数学表达式。

如图 6-6 所示，在 x-y 直角坐标中，用 x_A 表示萃余相的组成，y_A 表示萃取相的组成，于是，三角相图中的一条平衡线在直角坐标中就成为一个点，把这些点连接起来，就成为一条曲线，即为分配曲线，曲线上的 P 点即为临界混溶点，P 点位于 $x=y$ 直线上。

6.3 液液萃取过程计算

液液萃取操作设备可分为分级接触式和连续接触式两类。本节主要讨论分级接触式萃取过程的计算。

在分级接触式萃取过程中，均假设各级为理论级(又称理想级)，即离开每级的萃取相和萃余相互为平衡。萃取操作中的理论级概念与蒸馏中的理论塔板类似。一个实际级的分离能力达不到一个理论级，两者之比用级效率校正，实际需要的级数等于理论级数除以级效率。目前级效率一般通过实验方法测定，尚没有可靠的理论计算方法。

6.3.1 单级萃取的计算

单级萃取是液液萃取过程中最简单的一种。将一定量的萃取剂加到料液中，充分混合一段时间后，体系分为两相，分离后可以得到萃取相和萃余相。

在单级萃取过程的计算中，一般操作条件下的相平衡数据，所需处理的原料液 F 和组成 x_F，溶剂的组成 y_S 和萃余相的组成 x_R 都是已知的。要求计算溶剂的用量，萃取相 E 和萃余相 R 的量以及萃取相的组成。萃取计算中常用图解法。

6.3.1.1 原溶剂 B 与萃取剂 S 部分互溶的物系

如图 6-7 所示，先根据相平衡数据在等腰三角形坐标图上作出溶解度曲线及辅助线。再由原料料液组成和所要求达到的萃余相组成在等腰三角形坐标图上确定 F 和 R 点，通过 R 点利用辅助线作出平衡线，得到萃取相组成点 E，连接 F 和 S，与平衡线交于 M 点，最后连接 S 与 R、S 与 E，分别延长交 AB 边于 R'和 E'，R'和 E'分别为萃余液、萃取液组成，E 点为萃取相组成，M 点为和点组成。

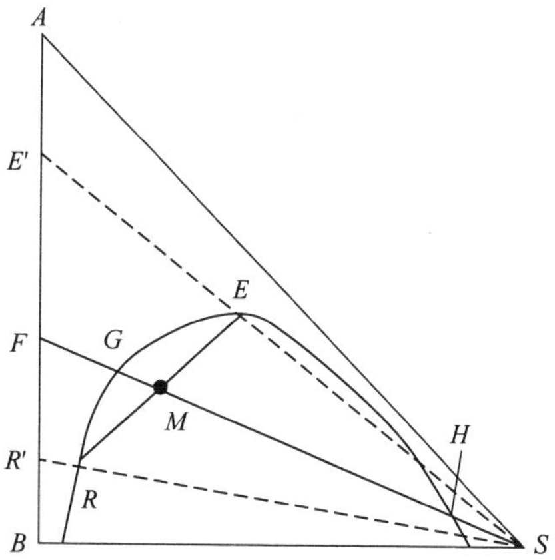

图 6-7 单级萃取图解

由质量衡算和杠杆规则可求出各流股的量，即

$$F+S=E+R=M \tag{6-9}$$

$$S=F\times\frac{\overline{MF}}{\overline{MS}} \tag{6-10}$$

$$E=M\times\frac{\overline{RM}}{\overline{RE}} \tag{6-11}$$

$$E'=F\times\frac{\overline{R'F}}{\overline{R'E'}} \tag{6-12}$$

$$R'=F-E' \tag{6-13}$$

以上诸式中各线段的长度可以从三角形相图直接量出。上述各量也可结合物料衡算进行计算

$$Fx_{\mathrm{F}}+Sy_{\mathrm{S}}=Rx_{\mathrm{R}}+Ey_{\mathrm{E}}=Mx_{\mathrm{M}} \tag{6-14}$$

联立求解式(6-9)和式(6-14)得

$$S=F\ \frac{x_{\mathrm{F}}-x_{\mathrm{M}}}{x_{\mathrm{M}}-y_{\mathrm{S}}} \tag{6-15}$$

$$E=M\ \frac{x_{\mathrm{M}}-x_{\mathrm{R}}}{y_{\mathrm{E}}-x_{\mathrm{R}}} \tag{6-16}$$

萃取液的量 E'同样可以根据物料衡算求得

$$E'=F\ \frac{x_{\mathrm{F}}-x'_{\mathrm{R}}}{y'_{\mathrm{E}}-x'_{\mathrm{R}}} \tag{6-17}$$

在生产中，由于溶剂循环使用，其中会含有少量的 A 和 B，在这种情况下，计算的原则和方法仍然适用，只要使在三角形相图中表示溶剂组成的 S 点位置略向三角形内移动一点即可。

6.3.1.2 原溶剂 B 与萃取剂 S 不互溶的物系

对于原溶剂 B 与萃取剂 S 不互溶的物系的萃取过程，因为溶剂只能溶解组分 A，而与组分 B 完全不互溶，所以，在萃取过程中，仅发生溶质 A 的相传递，原溶剂 B 及萃取剂 S 均只分别出现在萃余相及萃取相中，故用质量比表示两相中的组成较为方便。此时溶质在两液相间的平衡关系可以用与吸收中的气液平衡类似的方法表示，即

$$Y=f(X) \tag{6-18}$$

若在操作范围内，以质量比表示相组成的分配系数 K 为常数，则平衡关系可以表示为

$$Y=KX \tag{6-19}$$

根据溶质 A 的质量衡算可得

$$BX_F+SY_S=BX_1+SY_1 \tag{6-20}$$

式中 B——原料液中原溶剂的量；

S——萃取剂中纯萃取剂的量；

X_F，Y_S——原料液和萃取剂中组分 A 的质量比组成；

X_1，Y_1——单级萃取后萃余相和萃取相中组分 A 的质量比组成。

联立求解式(6-19)和式(6-20)可以求得 Y_1 和 S。

【例 6-1】 25℃时，以三氯乙烷为萃取剂，从丙酮-水溶液中萃取丙酮。若原料液总量为 100kg。其中丙酮的质量分数为 45%，萃取后所得萃余相中丙酮的质量分数为 10%，试用图解法求以下各项：

(1) 所需三氯乙烷的量以及加入萃取剂后得到的三元混合液中水和丙酮的质量分数；

(2) 所得萃取相 E 的量及其含丙酮的质量分数；

(3) 若将萃取相 E 中的萃取剂 S 全部回收，求所得萃取液 E′的量及其含丙酮的质量分数。

25℃时，丙酮-水-三氯乙烷系统的连接线数据如下表所示，表中组成均为质量分数。

水相			三氯乙烷相		
三氯乙烷(S)	水(B)	丙酮(A)	三氯乙烷(S)	水(B)	丙酮(A)
0.44	99.56	0	99.89	0.11	0
0.52	93.58	5.96	90.93	0.32	8.75
0.60	89.40	10.0	84.40	0.60	15.00
0.68	85.35	13.97	78.32	0.90	20.78
0.79	80.16	19.05	71.01	1.33	27.66

续表

水相			三氯乙烷相		
三氯乙烷(S)	水(B)	丙酮(A)	三氯乙烷(S)	水(B)	丙酮(A)
1.04	71.33	27.63	58.21	2.40	39.39
1.60	62.67	35.73	47.53	4.26	48.21
3.75	50.20	46.05	33.70	8.90	57.40

【解】 依据题给的数据绘出溶解度曲线和辅助曲线，如下图所示：

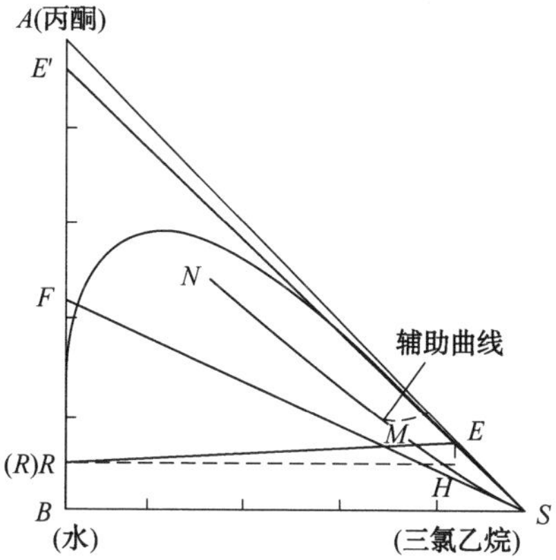

(1) 求三氯乙烷的量及混合液 M 的组成。根据原料液的组成在上图的 AB 边上标绘出 F 点，连接 SF。再依据萃余相中丙酮的质量分数为 10%，在溶解度曲线上标出 R 点(R 点与 R' 点可视为重合)，由 R 点利用辅助曲线作出 E 点。连接 E、R 两点的直线与 SF 交于 M 点，点 M 即为混合液的组成。

由杠杆规则得

$$S=F\frac{\overline{MF}}{\overline{MS}}=100\times\frac{15.2}{6.85}=222\text{kg}$$

从图中读取混合液中三氯乙烷的含量为 70%，丙酮的含量为 13%，水的含量为 17%。

(2) 求萃取相 E 的量及其中丙酮的含量。

$$M=F+S=100+222=322\text{kg}$$

$$E=M\frac{\overline{MR}}{\overline{ER}}=322\times\frac{13.6}{16.9}=259.1\text{kg}$$

从图中读取丙酮的含量为 15%。

(3) 求萃取液 E' 的量及其中丙酮的含量。

连接点 S、E 并延长，与 AB 边交于 E' 点，从上图中可读出萃取液 E′中丙酮的含量为 93%。

$$E' = F \frac{\overline{FR'}}{\overline{R'E'}} = 100 \times \frac{7}{17} = 41.2\text{kg}$$

$$R' = F - E' = 100 - 41.2 = 58.8\text{kg}$$

6.3.2 多级错流萃取的计算

单级萃取能达到的分离程度是有限的，单级萃取所得的萃余相中通常还含有大量的溶质，为了提高分离程度，可以采用多级错流萃取。其流程如图 6-8 所示，每一级都加入新鲜溶剂。前级的萃余相作为后级的进料液，并用新鲜的萃取剂再次进行萃取，这种操作方式的传质推动力大，只要级数足够多，最终可得到溶质组成低于指定值的萃余相。多级错流萃取过程总溶剂用量为各级溶剂用量之和，各级溶剂用量可以相等，也可以不等。但对一定分离任务而言，当各级溶剂用量相等时，所需的溶剂用量为最少。

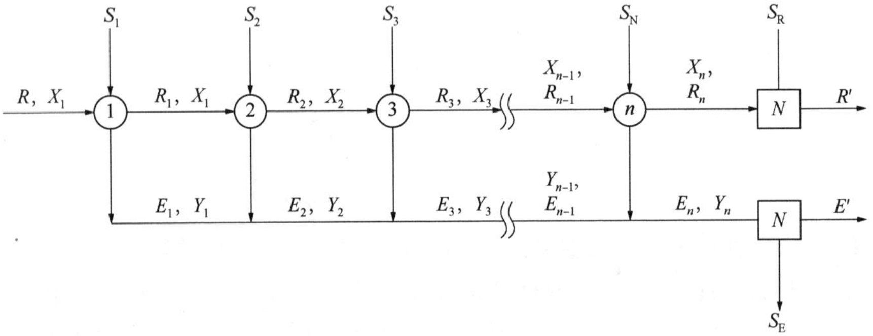

图 6-8　多级错流萃取流程示意图

在实际应用计算过程中，通常已知操作条件下的相平衡数据，所需处理的原料液的量 F 及组成 X_F 及各级萃取剂的用量 S，并规定最终萃余相的组成，要求计算理论级数。常用的计算方法是图解法。

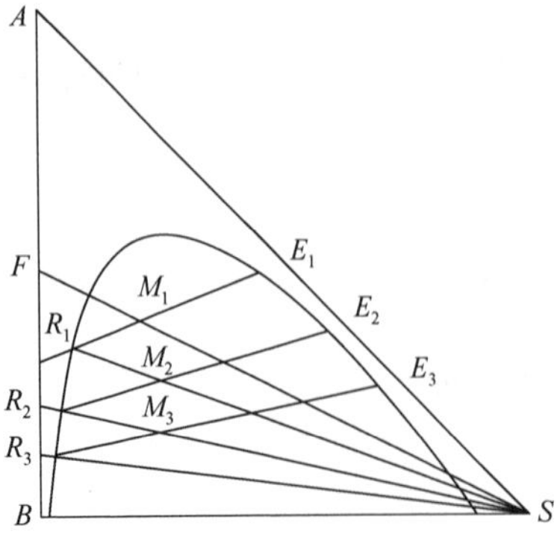

图 6-9　多级错流萃取的三角相图图解法

6.3.2.1 原溶剂 B 与萃取剂 S 部分互溶时理论级数的计算

如图 6-9 所示，多级错流萃取的三角相图图解法实际上是单级萃取图解法的多次重复。首先根据相平衡数据在等腰直角三角形作出溶解度曲线和辅助线，并在相图上确定 F 点位置。连接点 F、S 得到 FS 线，由已知的原料液的量和萃取剂的量结合杠杆规则，可以确定 M_1 点的位置。再结合辅助线用试差法作过 M_1 点的连接线，从而确定萃取相 E_1 和萃余相 R_1。将

R_1作为下一级的原料液，采用上述同样的方法可以得到萃取相 E_2 和萃余相 R_2。重复上述步骤，直到某级萃余相中溶质的组成等于或小于要求的组成 x_R 为止。连接线的条数即为所需的理论级数。

6.3.2.2 原溶剂 B 与萃取剂 S 不互溶时理论级数的计算

设每一级的溶剂加入量相等，由于原溶剂 B 与萃取剂 S 不互溶，则各级萃取相中溶剂 S 的量和萃余相中原溶剂 B 的量均可视为常数。萃取相中只有 A、S 两组分，萃余相只含 A、B 两组分。此时可用质量比 Y(A 的质量/S 的质量)和 X(A 的质量/B 的质量)分别表示两相的浓度，在 Y–X 坐标图上作出分配曲线(图 6–10)。

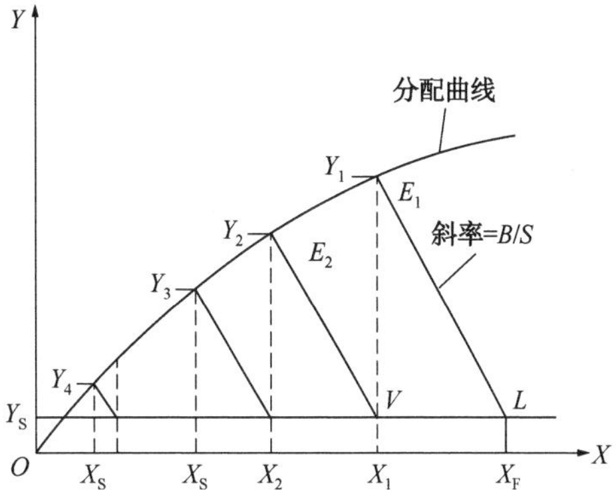

图 6–10　多级错流萃取的 Y–X 坐标图解法

对图 6–10 中第一级萃取作溶质 A 的质量衡算得

$$BX_F+SY_S=BX_1+SY_1 \tag{6-21}$$

整理可得

$$Y_1=-\frac{B}{S}X_1+\left(\frac{B}{S}X_F+Y_S\right) \tag{6-22}$$

对第二级萃取作溶质 A 的质量衡算得

$$Y_2=-\frac{B}{S}X_2+\left(\frac{B}{S}X_1+Y_S\right) \tag{6-23}$$

以此类推，对第 n 级萃取作溶质 A 的质量衡算得

$$Y_n=-\frac{B}{S}X_n+\left(\frac{B}{S}X_{n-1}+Y_S\right) \tag{6-24}$$

式(6–24)表示离开任意一级的两组成间的关系，称为操作线方程。在 Y–X 直角坐标图上为一条通过点(X_{n-1}，Y_S)、斜率为 $-B/S$ 的直线。根据理论级假设可知，离开任意级萃取的 Y_n 和 X_n 呈平衡，故点必位于分配曲线上。换言之，点为操作线与分配曲线的交点。

根据以上分析，可以得到直角坐标图解法。首先在直接 Y–X 坐标图上作出分配曲线；根据 X_F 和 Y_S 可以确定 L 点的位置，过 L 点作一条斜率为 $-B/S$ 的直线(即操作线)与分配曲线交于点 E_1，该点的坐标为(X_1，Y_1)；过 E_1 点作垂线，与 $Y=Y_S$ 水平线交于 V 点，过 V 点作一条斜率为 $-B/S$ 的直线与分配曲线交于点 E_2，该点的坐标为(X_2，Y_2)；重复上述步骤，直到某级萃余相中溶质的组成等于或小于要求的组成为止。操作线的条数即为所需的理论级数。

若溶剂中不含溶质，则 $Y_S=0$，L、V 等点均在 X 轴上。若各级溶剂用量不等，则各操作线不平行，可逐级根据溶剂量作操作线方程，其余做法相同。

若在操作范围内，以质量比表示组成时的分配系数 K 为常数，则平衡关系可表示为

$$Y=KX \tag{6-25}$$

即分配曲线为通过远点的直线，在此情况下，理论级数还可以通过解析法求得。

联立式(6-22)和式(6-25)可得

$$X_1=\frac{X_F+\frac{S}{B}Y_S}{1+\frac{KS}{B}} \tag{6-26}$$

令 $KS/B=A_m$(称为萃取因子)，整理可得

$$X_1=\frac{X_F+\frac{S}{B}Y_S}{1+A_m} \tag{6-27}$$

同理，将式(6-23)、式(6-25)和式(6-26)联立求解，可得

$$X_2=\frac{X_F+\frac{S}{B}Y_S}{(1+A_m)^2}+\frac{\frac{S}{B}Y_S}{1+A_m} \tag{6-28}$$

以此类推，整理后可得

$$X_n=\left(X_F-\frac{Y_S}{K}\right)\left(\frac{1}{1+A_m}\right)^n+\frac{Y_S}{K} \tag{6-29}$$

故可求得理论级数

$$n=\frac{1}{\ln(1+A_m)}\ln\left(\frac{X_F-\frac{Y_S}{K}}{X_n-\frac{Y_S}{K}}\right) \tag{6-30}$$

【例 6-2】 25℃下以三氯乙烷为萃取剂在三级错流萃取装置中从丙酮质量分数为 40%的丙酮水溶液中提取丙酮。已知原料液处理量为 1000kg/h，第一级溶剂用量与原料液流量之比为 0.5，各级溶剂用量相等。操作温度下，丙酮(A)-水(B)-三氯乙烷(S)系统以质量分数表示的溶解度和连接线数据如本例附表所示。试求丙酮的总萃取率。

【解】 丙酮的总萃取率可由下式计算，即

$$\varphi_A = \frac{Fx_F - R_3x_3}{Fx_F}$$

由题给出的数据，在等腰三角形相图中作出溶解度曲线和辅助曲线，如下图所示。

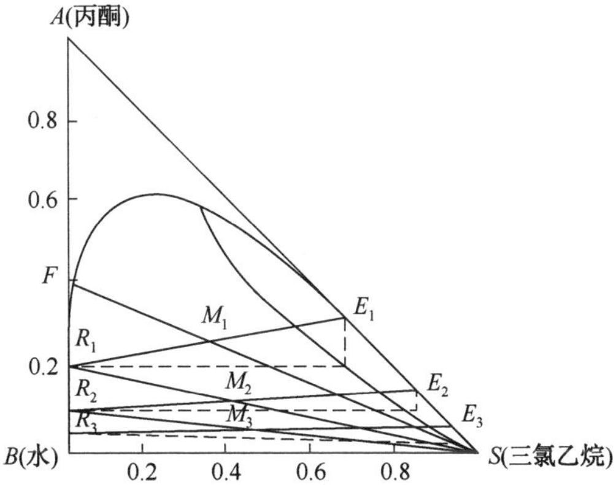

第一级的溶剂用量也即每级的溶剂用量为

$$S = 0.5F = 0.5 \times 1000 = 500\text{kg/h}$$

根据第一级总质量衡算得

$$M_1 = F + S = 1000 + 500 = 1500\text{kg/h}$$

由 F 和 S 的量按杠杆规则确定第一级混合液体的组成点 M_1，用试差法作过点 M_1 的连接线 E_1R_1。根据杠杆规则得

$$R_1 = M_1 \times \frac{\overline{E_1M_1}}{\overline{E_1R_1}} = 1500 \times \frac{19.2}{39} = 739.0\text{kg/h}$$

再用 500kg/h 的溶液对第一级的 R_1 进行萃取。重复上述步骤计算第二级的有关参数，即

$$M_2 = R_1 + S = 739 + 500 = 1239\text{kg/h}$$

$$R_2 = M_2 \times \frac{\overline{E_2M_2}}{\overline{E_2R_2}} = 1239 \times \frac{25}{49} = 632.1\text{kg/h}$$

同理，可计算第三级的相关参数

$$M_3 = R_2 + S = 632.1 + 500 = 1132.1\text{kg/h}$$

$$R_3 = M_3 \times \frac{\overline{E_3M_3}}{\overline{E_3R_3}} = 1132.1 \times \frac{28}{64} = 495.3\text{kg/h}$$

由图可以得到 $X_3 = 0.035$，所以丙酮的总萃取率为

$$\varphi_A = \frac{Fx_F - R_3x_3}{Fx_F} = \frac{1000 \times 0.4 - 495.3 \times 0.035}{1000 \times 0.4} = 95.7\%$$

例 6-2 附表 1　溶解度数据(以下均为质量分数)

三氯乙烷(S)	水(B)	丙酮(A)	三氯乙烷(S)	水(B)	丙酮(A)
99.89	0.11	0	38.31	6.84	54.85
94.73	0.26	5.01	31.67	9.78	58.55
90.11	0.36	9.53	24.04	15.37	60.59
79.58	0.76	19.66	15.89	26.28	58.33
70.36	1.43	28.21	9.63	35.38	54.99
64.17	1.87	33.96	4.35	48.47	47.18
60.06	2.11	37.83	2.18	55.97	41.85
54.88	2.98	42.14	1.02	71.80	27.18
48.78	4.01	47.21	0.44	99.56	0

例 6-2 附表 2　连接线数据(以下均为质量分数)

水相中丙酮 x_A	5.96	10.0	14.0	19.1	21.0	27.0	35.0
三氯乙烷中丙酮 y_A	8.75	15.0	21.0	27.7	32.0	40.5	48.0

6.3.3　多级逆流萃取的计算

多级错流萃取由于每一级都需要加入新鲜萃取剂，故存在溶剂消耗量大的缺点，在实际生产中，为了减少萃取剂的用量，通常采用多级逆流萃取操作。多级逆流萃取操作一般是连续的，具有分离效率高、溶剂用量少的优点。

如图 6-11 所示，多级逆流萃取原料液 F 从第一级加入，依次通过各级萃取，溶质组成逐级降低，最终萃余相 R_n 从第 N 级排出。萃取剂 S 从第 N 级加入系统，依次通过各级与萃余相逆向接触，最终萃取相 E_1 从第一级排出。

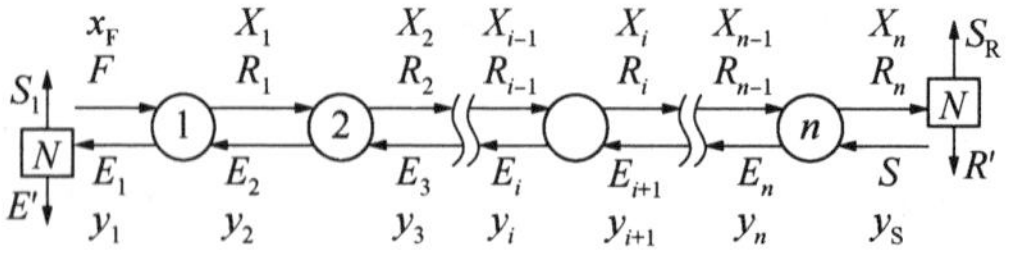

图 6-11　多级逆流萃取流程示意图

在多级逆流萃取操作中，原料液的流量 F 和组成 x_F，萃取剂的用量 S 和组成 y_S 一般都是已知的，通常需要计算最终萃余相中溶质组成降低至指定值所需的理论级数。

6.3.3.1　原溶剂 B 与萃取剂 S 部分互溶时理论级数的计算

对于原溶剂 B 与萃取剂 S 部分互溶的物系，根据原料液的量及其组成、分离指标、物系相平衡、溶剂用量等，采用三角形坐标图解法可较方便地计算。

如图 6-12 所示，根据相平衡数据在等腰三角形坐标图上画出溶解度曲线和辅助线；根据原料组成和萃取剂组成在图中确定点 F 和点 S 的位置，连接 FS，根据杠杆规则确定点 M 的位置；由最终萃余相的组成确定点 R_n 的位置，连接 R_n 和 M 点，并延长交溶解度曲线于 E_1 点，则可以确定最终萃取相的组成。

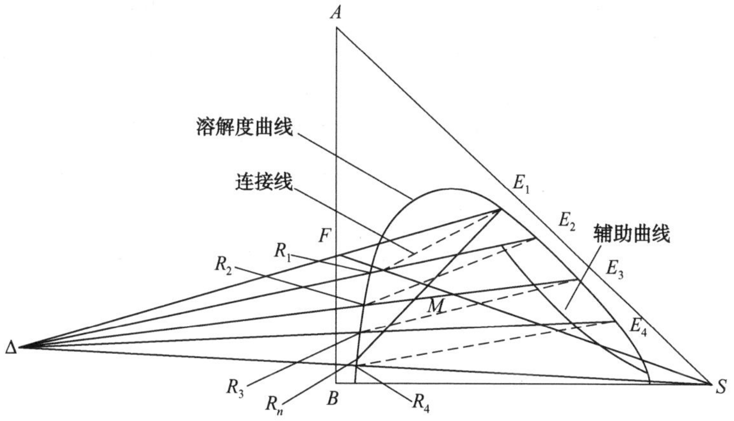

图 6-12　多级逆流萃取三角形相图图解法

由杠杆规则可计算出萃取相和萃余相的量

$$E_1 = M \times \frac{\overline{MR_n}}{\overline{R_nE_1}} \tag{6-31}$$

$$R_n = M - E_1 \tag{6-32}$$

根据总物料衡算可得

$$F + S = R_n + E_1 \tag{6-33}$$

同样的，对第一级和第二级作质量衡算可得

$$F + E_2 = R_1 + E_1 \tag{6-34}$$

$$R_1 + E_3 = R_2 + E_2 \tag{6-35}$$

依次类推第 n 级作质量衡算可得

$$R_{n-1} + S = R_n + E_n \tag{6-36}$$

整理可得

$$F - E_1 = R_1 - E_2 = \cdots = R_i - E_{i+1} = \cdots = R_n - S = \Delta \tag{6-37}$$

由物料衡算关系，在相图 6-12 上分别连接 FE_1 和 SR_n 两条线，并延长相交，就可以确定操作点 Δ，Δ 是一虚拟量，可视为通过每一级的“净流量”。显然，Δ 点分别为 F 与 E_1、R_1 与 E_2、R_2 与 E_3…R_{n-1} 与 E_n、R_n 与 S 诸流股的差点，故可延长任意两操作线，其交点即为 Δ 点。经过操作点的直线均为可能的操作线。离开每个理论级 i 的萃取相 E_i 和萃余相 R_i 是达到平衡的，因此，已知萃取相或者萃余相的组成，利用平衡连接线图解可以得到萃余相或者萃取相的组成。具体图解方法如下：①通过 FE_1 和 SR_n 两条线确定操作点 Δ 的位置；②通过 E_1 点作平衡连接线，确定 R_1 点的位置；③连接 Δ 和 R_1 点，并延长与溶解度曲线相交于点 E_2；④再通过 E_2 点作平衡连接线，确定 R_2 点的位置；⑤重复上述步骤，直到萃余相的组成小于或等于指定值为止。重复作出的连接线数目即为理论级数。

6.3.3.2 原溶剂 B 与萃取剂 S 不互溶时理论级数的计算

当原溶剂 B 与萃取剂 S 不互溶时，萃取相中只有 A、S 两个组分，萃余相中只有 B、A 两个组分，故各级萃取相中原溶剂 B 的量均保持不变。此时的多级逆流萃取操作与脱吸过程十分相似，其理论级数的计算一般采用 Y-X 直角坐标图解法求取。

如图 6-13 所示，首先在图 6-13(a) 中第一级和第 i 级之间进行质量衡算得到

$$BX_F + SY_{i+1} = SY_1 + BX_i \tag{6-38}$$

整理得到

$$Y_{i+1} = \frac{B}{S}X_i + \left(Y_1 - \frac{B}{S}X_F\right) \tag{6-39}$$

式(6-39)即为多级逆流萃取的操作线方程，操作线是一条斜率为 B/S、两端点为(X_F，Y_1)和(X_n，Y_S)的直线。如图 6-13(b) 在 Y-X 直角坐标图上画出分配线曲线和操作线，然后在自(X_F，Y_1)点开始在分配线曲线和操作线之间画梯级，梯级数即为理论级数。

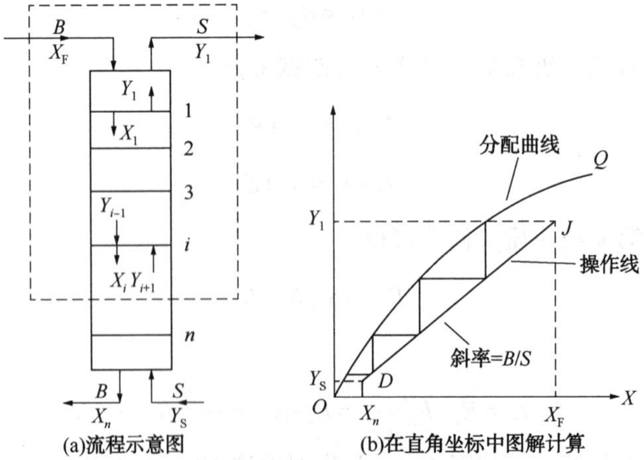

图 6-13 组分 B 和组分 S 完全不互溶时多级逆流萃取的图解计算

若分配曲线为通过原点的直线，则萃取因子 A_m($A_m = KS/B$)为常数，则可仿

照解析过程的计算，用下式求出理论级数，即

$$n=\frac{1}{\ln A_{\mathrm{m}}}\ln\left[\left(1-\frac{1}{A_{\mathrm{m}}}\right)\frac{X_{\mathrm{F}}-\dfrac{Y_{\mathrm{S}}}{K}}{X_{n}-\dfrac{Y_{\mathrm{S}}}{K}}+\frac{1}{A_{\mathrm{m}}}\right]\quad (A_{\mathrm{m}}\neq 1) \tag{6-40}$$

若 $A_{\mathrm{m}}=1$，则

$$n=\frac{X_{\mathrm{F}}-X_{n}}{X_{n}-\dfrac{Y_{\mathrm{S}}}{K}} \tag{6-41}$$

与吸收操作有最小液气比类似，多级萃取操作也有最小溶剂比和最小溶剂用量$(S/F)_{\min}$的概念。从三角相图上可以看出，S/F 值越小，操作线与连接线的斜率越接近，所需的理论级数越多，当萃取剂的用量减小至某一值时，操作线和连接线相重合，此时所需的理论级数为无限多。此溶剂比称为最小溶剂比，$(S/F)_{\min}$相对应的萃取剂用量称为最小溶剂用量 $S_{\min}$。实际所用的萃取剂用量必须大于最小溶剂用量。$(S/F)_{\min}$的值可通过杠杆规则求得。

【例 6-3】 在多级逆流萃取装置中，用纯溶剂 S 处理溶质 A 质量分数为 30% 的 A、B 两组分原料液。已知原料液处理量为 2000kg/h，溶剂用量为 700kg/h，要求最终萃余相中溶质 A 的质量分数不超过 7%。试求：(1) 所需要的理论级数；(2) 若将最终萃取相中的溶剂全部脱除，求最终萃取液的流量和组成。

操作条件下的溶解度曲线和辅助线如本题附图所示。

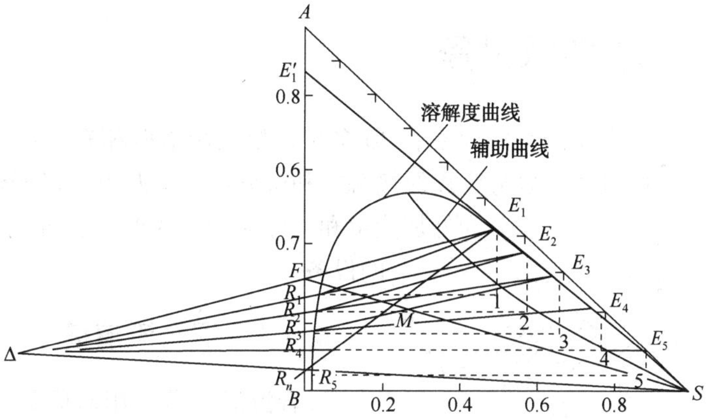

例 3 附图

【解】 (1) 所需的理论级数

由 $x_{\mathrm{F}}=30\%$在 AB 边上定出 F 点，连接 FS。则求得操作溶剂比

$$\frac{S}{F}=\frac{700}{2000}=0.35\mathrm{V}$$

根据杠杆规则在 FS 线上定出和点 M。

由 $x_n=7\%$在相图上定出 R_n点连接 R_nM 并延长交溶解度曲线与点 E_1，此点即为最终萃取相的组成点。

作点 E_1与 F、点 S 与 R_n的连线，并延长两线交于点 Δ，此点即为操作点。

过点 E_1作连接线 E_1R_1，点 R_1即为与点 E_1呈平衡的萃余相组成点。

连接点 Δ、R_1，并延长交溶解度曲线与点 E_2，此点即为进入第一级的萃取相的组成点。

过点 E_2作连接线 E_2R_2，得 R_2，连接 Δ、R_2并延长交溶解度曲线于点 E_3。

重复上述步骤，可以发现当作至连接线 E_5R_5时，$x_5=5\%<7\%$，即用 5 个理论级可以满足萃取分离要求。

(2) 最终萃取液的流量和组成。

连接点 S、E_1并延长交 AB 边于点 E_1'，此点即代表最终萃取液的组成点，由图读得 $y_1'=0.87$。

根据杠杆规则可计算 E_1，即

$$E_1=M\times\frac{\overline{MR_n}}{\overline{E_1R_1}}=(2000+700)\times\frac{19.5}{43}=1224\text{kg/h}$$

萃取液由 E_1完全脱除溶剂 S 而得到，故可应用杠杆规则求得 E_1'，即

$$E_1'=E_1\times\frac{\overline{E_1S}}{\overline{SE_1'}}=1224\times\frac{43.5}{91.5}=582\text{kg/h}$$

6.4 液液萃取设备

目前，工业上常用的萃取设备有 30 多种，根据液液两相在萃取过程中接触方式的不同，萃取设备可以分为逐级接触式和微分接触式两类。根据外界是否输入机械能，萃取设备还可以分为外加能量和无外加能量两类。下面介绍几种典型的设备。

6.4.1 混合澄清槽

混合澄清槽是使用时间最长，而且目前仍在使用的一种分级接触式萃取设备。如图 6-14 所示，混合澄清槽由混合槽和澄清槽组合而成，原料液和萃取剂在搅拌装置的作用下，得到充分的混合，加快了两相之间的传质速率。然后混合液在澄清槽

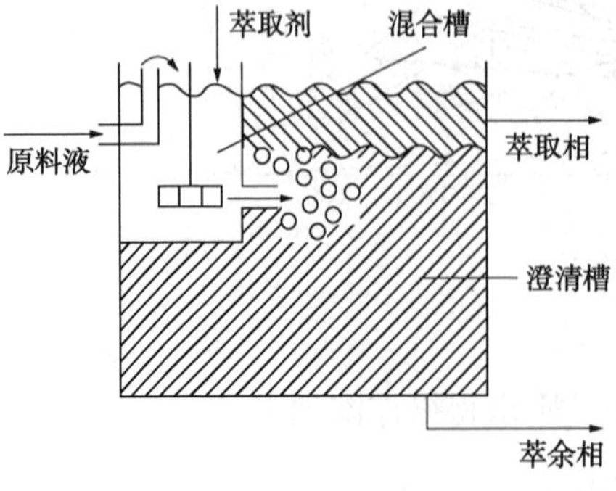

图 6-14　混合澄清槽

中利用两相的密度差进行重力沉降分离，得到萃取相和萃余相。

混合澄清槽可以单级使用，也可以将多台混合澄清槽串联使用，实现很方便的多级萃取操作。这时需要保证每一级中的界面稳定，通常采用水力学平衡的方法或者用压缩空气分别对每级液面上方的气压进行调节。

混合澄清槽的传质效率可以高达 80%以上，分离和处理能力稳定，操作弹性大，在很多萃取分离场合得到应用。但是其存在占地面积大、操作能耗高、萃取剂用量大、密闭性差、萃取剂易挥发、设备投资大等缺点。现在正逐渐被塔式萃取设备取代。

6.4.2 离心萃取器

混合澄清槽主要利用两相之间的密度差进行分离，但是对于连续相黏度较大或者体系存在界面活化物质以及分散相液滴过小等情况时，容易出现分相不清、两相夹带等影响分离效率的现象，甚至由于乳化现象的产生使得萃取过程不能进行。

离心萃取器则是利用离心力使两相快速混合、接触传质并分相。按照两相接触方式的不同，离心萃取器可分为逐级接触式和微分接触式两类。在逐级接触式萃取器中，两相的作用过程与混合澄清槽类似。而在微分接触式萃取中，两相接触方式则与连续逆流萃取塔类似。

离心萃取器中离心加速度高达数百倍乃至数千倍的重力加速度 g，因此，离心场中分散相液滴聚并快，分离速度快。离心萃取器特别适合两相密度差小或容易乳化的物系。由于物料在离心萃取器中停留时间短，因此也适合化学和物理性质不稳定的物质的萃取。

离心萃取器具有结构紧凑、生产强度高、物料停留时间短、分离效果好的优点。但是离心萃取器结构复杂、加工精度要求高、制造成本和操作费用高。目前，离心萃取器常用于萃取级数不多的情况。

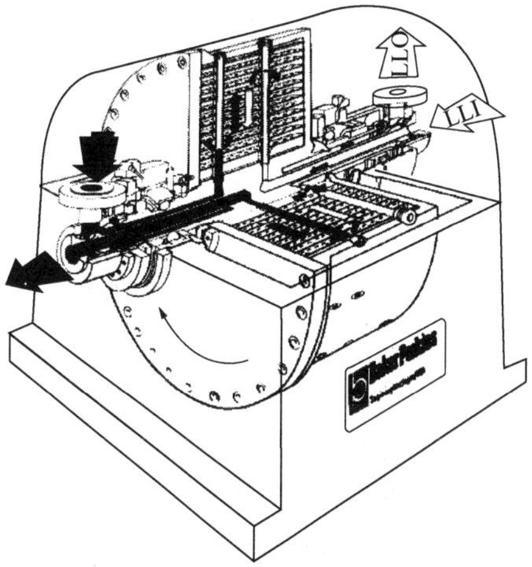

图 6-15　离心萃取器

6.4.3 萃取塔

一般将高径比很大的萃取装置统称为塔式萃取设备，简称萃取塔。萃取塔采用直立安装，两相分别从塔的上下两端引入塔内，在塔中接触传质，然后分散相聚并，再流出塔。通常，为了获得更好的萃取效果，萃取塔内有填料、塔板等内构件；同时，塔顶、塔底应有足够的分离空间，使得两相更好地分层。根据两相混合和分散的不同，萃取塔的结构形式也不相同。下面介绍几种工业上常用的萃取塔。

1. 填料萃取塔

填料萃取塔是典型的微分接触式萃取设备，其结构与精馏和吸收所用的填料塔基本相同。如图 6-16 所示，塔内装有填料，轻相从萃取塔底部进入，顶部排出；重相从顶部进入，底部排出。操作时，连续相充满整个塔中，分散相以液滴状通过连续相。填料材质应能被连续相润湿而不被分散相润湿，以利于液滴的生成和稳定。在众多填料中，陶瓷易被水润湿，塑料和石墨易被有机相润湿，金属材料则需由实验测定。填料尺寸应小于塔径的 1/8~1/10，但大于临界直径。

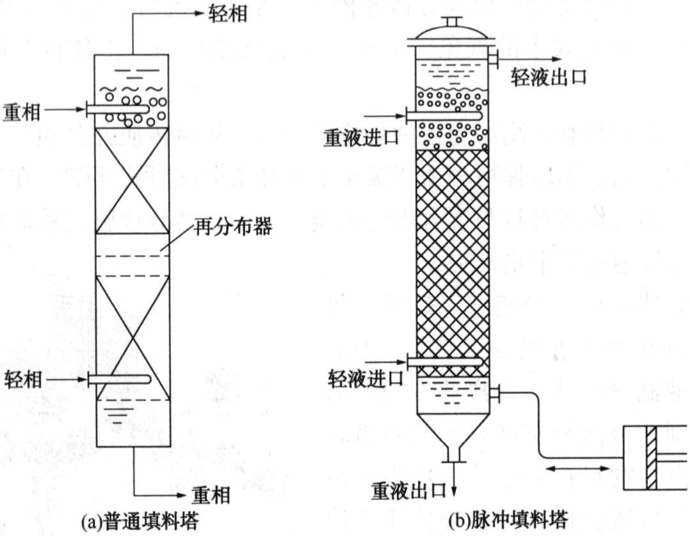

图 6-16　填料萃取塔

填料塔结构简单、操作方便，适用于处理腐蚀性料液，但存在传质效率低的缺陷。一般用于所需理论级数较少(如 3 个萃取理论级)的场合。

在普通填料塔内，两相靠密度差逆向流动，相对速率较小，界面湍动程度较低，从而限制了传质速率进一步的提高。为了增加湍动程度，向填料提供外加的脉冲能量，就成了脉冲填料塔，如图 6-16(b)所示。一般用往复泵或压缩空气提供脉冲。

2. 筛板萃取塔

筛板塔也是常用的萃取设备之一，塔内装有若干层筛板，筛孔直径比气液传质的筛板孔径小，一般为 3~9mm，孔距为孔径的 3~4 倍，板间距为 150~600mm。其结构如图 6-17 所示。

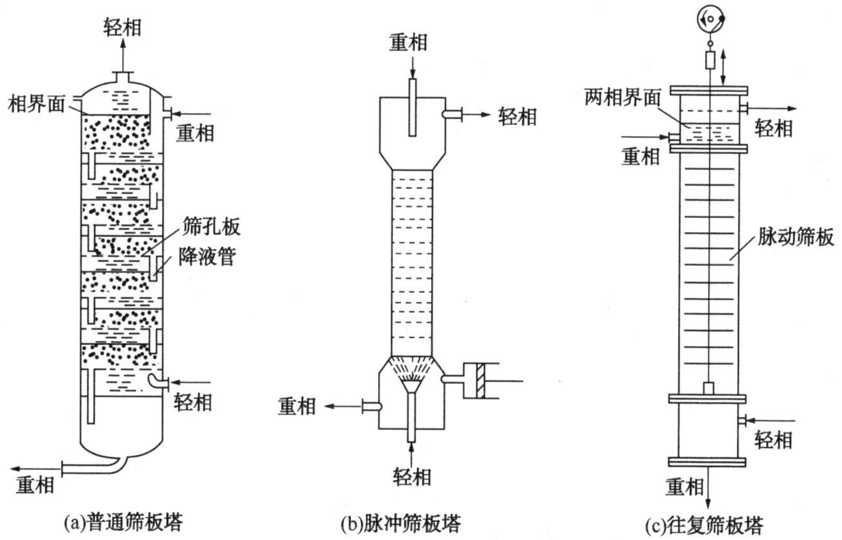

图 6-17　筛板萃取塔

筛板萃取塔是逐级接触式萃取设备，两相依靠密度差，在重力作用下，进行分散和逆向流动。分散相经过筛孔被分散成液滴，与连续相接触进行传质。待两相分层后，再经过筛板分散，液滴表面得到更新。如此分散、聚并交替进行，从而达到分离的目的。

筛板萃取塔由于塔板的限制，减小了轴向返混，同时由于分散相的多次分散和聚并，液滴表面不断更新，使得筛板的效率比填料塔有所提高，加之筛板塔结构简单，造价低廉，可处理腐蚀性料液，因而应用较广。

脉冲筛板塔也被称为液体脉动筛板塔，是指由于外力作用使液体在塔内产生脉冲运动的筛板塔。其原理与脉冲填料塔相同，产生脉冲的方法也有利用往复泵、隔膜泵、压缩空气等，脉冲振幅范围为 9～50mm，频率为 30～200min^{-1}。其结构与气-液传质过程中无降液管的筛板塔类似。其结构如图 6-17(b)所示，在塔的顶端和底部有上澄清段和下澄清段，以利于相间分离。塔的中间为两相传质段，塔的下澄清段装有脉冲管。萃取操作时由脉冲发生器提供的脉冲使塔内液体做上下往复运动，轻、重液相均穿过筛板面做逆流流动，分散相在筛板之间不分层。

脉冲塔的优点是结构简单、传质效率高，但其生产能力一般有所下降，在化工生产中的应用受到一定限制。

往复筛板萃取塔是将若干筛板按一定间距固定在中心轴上，由塔顶的传动机构带动做上下往复运动，振幅一般为 3～5mm，频率可达 1000min^{-1}。在不发生液泛的前提下，频率越高，塔效率越高。当筛板向上运动时，迫使筛板上侧的液体经筛板向下喷射；反之，当筛板塔向下运动时，又迫使筛板下侧的液体向上喷射。

往复筛板塔可大幅度增加相际接触面积和提高液体的湍流程度，提高了传质效率，减少了流动阻力，具有操作方便、生产能力大等优点。故在工业生产中应用日益广泛。

3. 转盘萃取塔

转盘萃取塔是在塔体内壁面按一定间距装若干个环形挡板，称固定环，固定环把塔内空间分隔成若干个空间，两固定环之间均装有一个转盘，转盘的直径小于固定环的内径，以便于装卸。其结构如图 6-18 所示。萃取操作时，转盘做高速旋转，对液体产生强烈的搅拌作用，在液体中产生的剪应力将分散相破裂成许多细小的液滴，增加了相际接触和液体湍动，固定环则可抑制返混。因此，转盘萃取塔的传质效率较高。转盘塔结构简单、生产能力大、传质效率高、操作弹性大，故在工业中应用较广泛。为了进一步提高转盘塔的分离效率，近年来又开发了如图 6-18(b)所示的偏心转盘塔。其装有搅拌液片的转轴安装在偏心位置，塔内不对称地设垂直挡板，将其分成混合区和澄清区。混合区由横向水平挡板分隔成许多小室，澄清区由环形水平挡板分隔成许多小室。

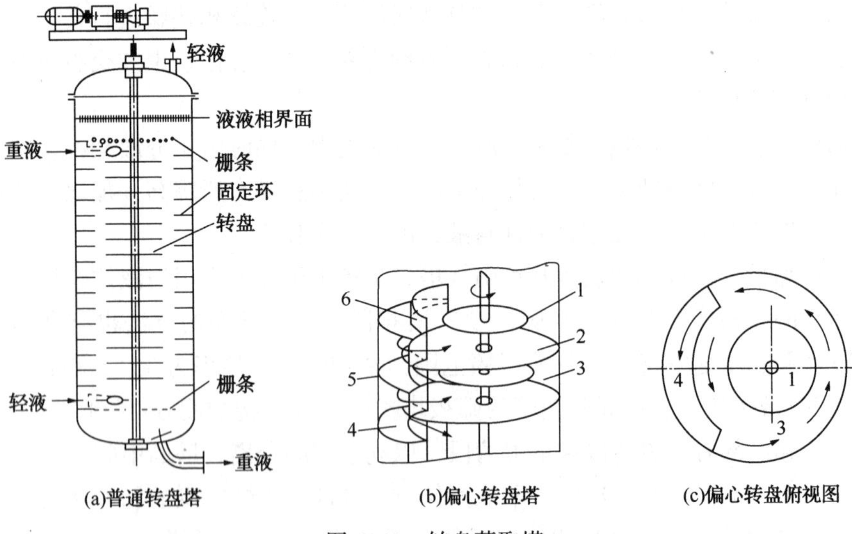

图 6-18　转盘萃取塔

1—转盘；2—横向水平挡板；3—混合区；4—澄清区；5—环形分隔板；6—垂直挡板

偏心转盘萃取塔在原有转盘萃取塔用转盘进行分散的基础上，设置挡板增加的澄清区可以使得分散液滴反复聚并再分散，减小了轴向混合，从而提高了萃取效率。偏心转盘萃取塔由于塔的尺寸范围很宽，塔高可达 30m，塔径可达 4m，故对物系的性质适应性很强，且适用于含有悬浮固体或易乳化的料液。

6.5 其他萃取技术

随着化学工业的发展，各类产品的深度加工、生物制品的精细分离、资源环境的综合利用、环境治理的严格标准等都迫切要求更多产品分离和更高物质提纯。萃取分离与反应的结合、萃取分离与其他单元操作的结合以及萃取分离过程的强化已经成为新型萃取技术发展的方向。随着技术的发展，相继出现了液膜萃取、超临界萃取、双水相萃取、反向胶团萃取、外场强化萃取、双溶剂萃取、固相萃取和化学萃取等，这些萃取分离技术都有各自的特点，下面将对超临界萃取和双水相萃取作简要介绍。

6.5.1 超临界萃取

超临界流体萃取又称为超临界萃取、压力萃取、超临界气体萃取。是利用流体在临界点附近所具有的特殊溶解性进行萃取的一种化工分离技术。

早在 1879 年，Hannay 和 Hogarth 发现，在超临界状态下，乙醇可以溶解碘化钾、溴化钾等固体，而通过降低压力则可以将这些固体析出，该过程后来被称为"超临界流体萃取"。但直到 20 世纪 60 年代，才开始对超临界萃取进行研究。目前超临界萃取已经被称为一种新型的分离技术，在食品、医药、化工、能源、香精香料等工业生产中得到应用。

6.5.1.1 超临界萃取的基本原理及流程

当物质处于其临界温度（T_c）和临界压力（p_c）以上时候，流体成为超临界流体（Super Critical Fluid，SCF），此时即使继续增加压力，它也不会被液化，但流体的密度随压力的增高而增加。该流体的密度与液态接近，具有类似液体的性质，但同时又保留了气体的外观，具有良好的扩散性。二氧化碳的临界温度比较接近常温，加之安全易得，价廉且能分离多种物质，故二氧化碳是最常用的超临界流体。

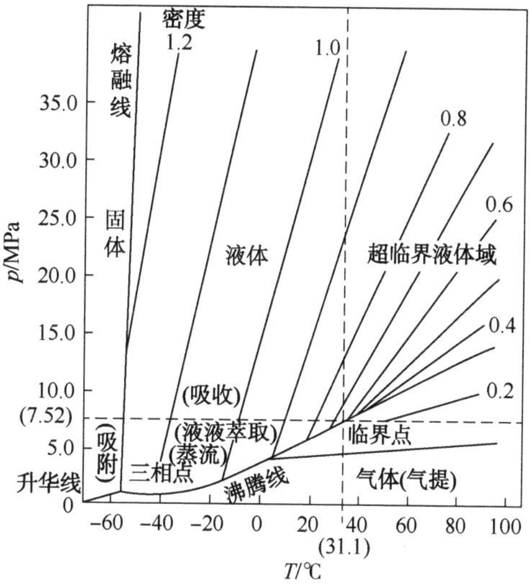

图 6-19 二氧化碳的压力-温度-密度关系

图 6-19 为二氧化碳的压力与温度和密度的关系图。从图中可以发现在稍高于临界点温度的区域内，压力的微小变化将引起密度的明显变化，若升高压力，则流体的密度几乎与液体相近。由此可知，超临界流体对液体

或固体溶质的溶解能力也将与液体溶剂相似，因此，可进行萃取分离。通常在高密度条件下，萃取分离所需组分，然后稍微升高温度或者降低压力将溶剂与所需萃取的组分分离。

很多物质具有超临界流体的溶剂效应，常用的 SCF 有二氧化碳、乙烯、乙烷、丙烯、丙烷和氨等。一些浸出溶剂的沸点与临界特性见表 6-1。表 6-1 所列溶剂中，大多数溶剂的临界压力在 4MPa 上下，符合超临界流体萃取剂的条件。然而，超临界流体萃取剂的选取，还需要综合考虑溶质的溶解度、选择性和化学反应可能性等一系列的因素，因此应用于工业分离有实际价值的超临界流体并不多。一般来说，临界密度越大，其溶解能力越强；临界温度越接近室温，操作的条件就越温和；临界压力越低，越有利于降低设备装置的成本和提高使用安全性。

表 6-1　部分超临界流体溶剂的临界参数

溶剂	沸点/℃	临界温度 T_c/℃	临界压力 p_c/MPa	临界密度 ρ_c/(g/cm^3)
乙烯	-103.9	9.2	5.03	0.218
二氧化碳	-78.0	31.0	7.38	0.468
乙烷	-88.0	32.2	4.88	0.203
丙烯	-44.7	91.8	4.62	0.233
丙烷	-44.5	96.6	4.24	0.217
氨	-33.4	132.4	11.3	0.235
正戊烷	36.1	197	3.37	0.237
水	100	374.4	22.4	0.326

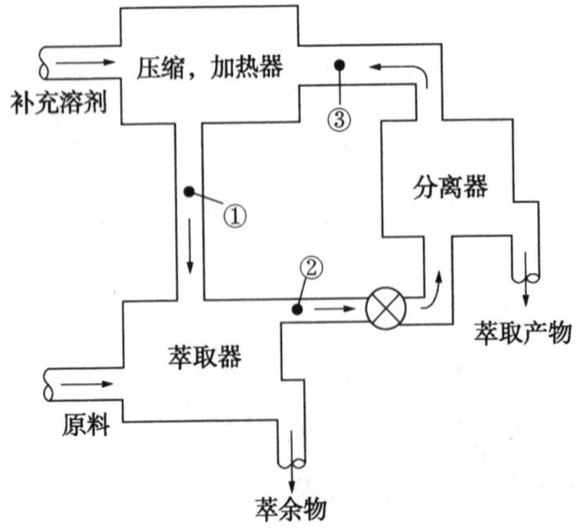

图 6-20　超临界萃取流程

利用 SCF 的溶解能力随温度或压力改变而连续变化的特点，可将超临界萃取过程大致分为两类，即等温变压流程和等压变温流程。前者是使萃取相经等温减压，后者是使萃取相经等压升(降)温，结果都能使 SCF 丧失对溶质的溶解能力，达到分离溶质与回收溶剂的目的。图 6-20 为等温降压流程示意图。图中①到②的过程为降低温度、进料萃取过程；②到③的过程为降低压力，使溶质分离出料；③到①的过程为升高温度和压力，回收溶剂，从而完成萃取与溶剂回收。

6.5.1.2 超临界萃取过程的特点

超临界萃取在溶解能力、传递性能及溶剂回收等方面具有突出的优点，主要表现在：①选择的萃取剂在常温、常压下为气体，萃取后可方便地与萃取组分实现分离；②超临界流体具有与液体相同的溶解能力，同时保持气体的传递性能，从而比液体溶剂萃取具有更高的传递速率，能更快地达到萃取平衡；③超临界流体的溶解能力，可以通过调节温度、压力、夹带剂在很大范围内变化；④超临界萃取选用的萃取剂具有化学性质稳定、无毒无腐蚀性、临界温度不过高或过低等优点，从而不会污染被萃取物，可以用于医药、食品等工业，特别适合热敏性、易氧化物质的分离或提纯。不过超临界萃取也有固有的缺点，主要是设备和操作都在高压下进行，设备投资大。

6.5.1.3 超临界萃取的应用

超临界萃取是具有特殊优势的分离技术，其已经成为一门新的分离技术，应用领域相当广泛。目前已经工业化应用的超临界萃取流程有：从烟草中提取尼古丁、从土壤中除去多环芳烃、石油残渣中油品的回收、从咖啡豆中脱除咖啡因、啤酒花中有效成分的提取等。表 6-2 列出了超临界流体萃取在各领域中的应用情况。随着超临界流体技术研究的不断深入，超临界萃取技术将获得更大的发展，并得到更多的应用。

表 6-2 超临界流体萃取在各行业中的应用实例

工业类别	应用实例
食品工业	1. 植物油的萃取(大豆、棕榈、花生、咖啡等) 2. 动物油的萃取(鱼油、肝油等) 3. 食品的脱脂(马铃薯片、无脂淀粉、油炸食品) 4. 从茶、咖啡中脱除咖啡因 5. 香料的萃取 6. 植物色素的萃取 7. 含酒精饮料的软化 8. 油脂的脱色脱臭 9. 啤酒花的萃取
香料工业和化妆品	1. 天然香料的萃取 2. 合成香料的分离、精制 3. 烟草脱烟碱 4. 化妆品原料的萃取、精制(表面活性剂、单甘酯等)
医药工业	1. 原料药的浓缩、精制和脱溶剂(抗生素) 2. 酵母、菌体生成物的萃取(γ-亚麻酸、酒精等) 3. 酶、维生素的精制、回收 4. 从动植物中萃取有效药物成分(生物碱、维生素 E、芳香油等) 5. 脂质混合物的分离、精制(甘油酯、脂肪酸、磷脂)

续表

工业类别	应用实例
化学工业	1. 烃的分离(烷烃与芳烃的分离、萘的分离、α-烯烃的分离、正烷烃和异烷烃的分离) 2. 有机溶剂的水溶液脱水(醇、甲乙酮等) 3. 有机合成原料的精制(羧酸、酯、酐，如己二酸、对苯二酸、己内酰胺等) 4. 恒沸化合物的分离(水与甲醇等) 5. 作为反应的稀释溶剂的应用(聚合反应、烷烃的异构化反应) 6. 反应的原料回收(从低级脂肪酸盐的水溶液中回收脂肪酸) 7. 农、林产品的萃取精制(发酵原料的前处理，萜烯蜡的回收)
其他	1. 超临界流体色谱 2. 活性炭再生

6.5.2 双水相萃取

在某些情况下，特别是对生物样品的处理过程中，传统的有机溶剂萃取方法受到了限制。多数蛋白质、核酸、各种细胞在有机溶剂中易失活变性，而且大部分蛋白质分子有良好的亲水性，难溶于有机溶剂中。下面介绍的双水相萃取主要就是为了解决生物活性物质的提取和分离问题。双水相萃取系统通常由两种或几种高聚物与无机盐水溶液组成，利用高聚物之间或聚合物与盐之间的不相容性，当聚合物或无机盐浓度达到一定值时，就会形成不互溶的两个水相，两相中水所占比例为85%~95%，被萃取物在两个水相间分配。双水相系统中两相密度和折射率差别较小，相界面张力小，两相易分散，活性生物物质或细胞不易失活，可在常温、常压下进行，易于连续操作，具有处理量大等优点，备受工业界的关注。

6.5.2.1 双水相体系及双水相萃取原理

将两种不同的水溶性聚合物的水溶液混合时，当聚合物浓度达到一定值，体系会自然地分成互不相溶的两相。1896 年 Beijerinck 发现，当明胶与琼脂的水溶液混合时，会形成一个浑浊溶液，它随之分成两个液相，上相中富含明胶，而下相中则富含琼脂，这就是双水相体系。

乙二醇/葡萄糖(PEG/Dextran)是研究最多的双水相体系。从图 6-21 中可以直观地看出该体系的成相条件。PEG 和 Dextran 这两种聚合物都能与水无限混合，当它们的组成在图中曲线的上方时，体系就会分为两相，分别有不同的密度和组成。*T* 点表示轻相(或上相)的组成，主要成分是 PEG；*B* 点表示重相(或下相)组成，主要成分是 Dextran。*C* 点称为临界点，相图中的曲线 *TCB* 称为结线，直线 TMB 称作系线。如果体系的总组成处于结线下方，则不满足成相条件，体系呈均一的单相。

双水相萃取分离的基本原理就是生物物质在双水相体系中的选择性分配。当生物物质(如酶、核酸、病毒等)进入双水相体系后，在上下相间进行选择性分配，表现出一定的分配系数。在很大的浓度范围内，欲分离物质的分配系数与浓度无关，而与被分离物质本身的性质及特定的双水相体系性质有关。不同的物质在特定的体系中有着不同的分配系数，如各种类型的细胞粒子、噬菌体的分配系数都大于100或小于0.01，酶和蛋白质等生物大分子的分配系数大致在0.6~10，而小分子盐的分配系数在1.0左右。由此可见，双水相体系对生物物质的分配具有很大的选择性。影响双水相体系的分配系数的因素主要包括聚合物及其相对分子质量的大小、体系的pH、体系中的离子和体系温度。一般高聚物相对分子质量越大，发生相分离、形成双水相所需的浓度越低。支链的高聚物比直链的高聚物易于形成双水相体系。体系的pH的变化能显著地改变两相的电位差以及改变蛋白质带电性质，从而影响分配系数。在双水相聚合物系统中加入电解质时，其阴阳离子在两相间会有不同的分配。同时，由于正电中性的约束，存在着穿过相界面的电势差，它是影响荷电大分子如蛋白质和核酸等分配的主要因素。此外，温度对双水相体系的影响也较大，温度越高，发生相分离所需的高聚物浓度越高，在临界点附近，温度对双水相体系的形成更为敏感。

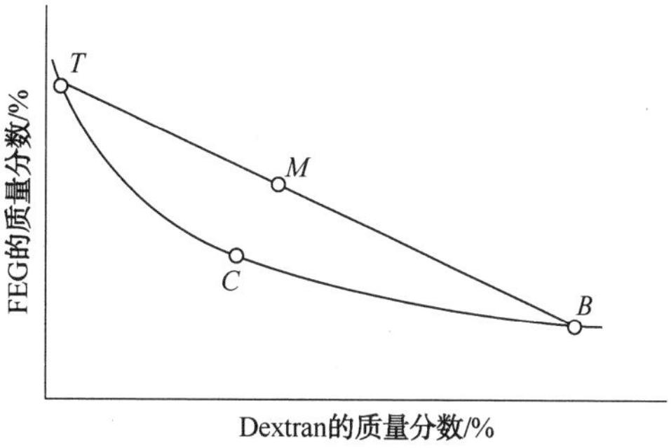

图6-21　乙二醇/葡萄糖体系的相图

6.5.2.2　双水相萃取的特点

双水相萃取是一种设备简单，在温和条件下很方便地就可以获得较高收率和纯度的生物产品的新型分离技术。与一些传统的分离方法相比，双水相萃取技术具有以下几个明显的优点：

(1) 分离时间短(特别是聚合物/盐系统)，传质过程和平衡过程速度均很快，因此相对于某些分离过程来说，能耗较低，而且可以实现快速分离，自然分相的时间一般只有5~15min。

(2) 产物收率高，目标产物的分配系数一般大于3，两相界面张力极低(10^{-6}~10^{-4}N/m)，强化相际间的质量传递，提高了分离效率。

(3) 操作条件温和，可以保持生物活性，系统的含水量多达75%~90%，萃取操作可以在室温下进行，从而避免了活性生物物质或细胞的失活。

(4) 设备易于放大，在系统物性研究透彻的基础上，运用化学工程中萃取原理，各种参数可以按比例放大，而产物收率并不降低，这是其他过程无法比拟的，这一点对于工业应用尤为有利。

(5) 步骤简单，大量杂质能够与所有固体物质一起除掉，与其他常用的固液分离方法相比，双水相分配技术可以省去1~2个分离步骤，使整个分离过程更为经济。

双水相萃取技术在生物特别是在基因工程产物的分离纯化中已显示出其优越性，所得产品纯度已能满足一般工业应用的需要，如再与超滤、层析等技术相结合，还可进一步提高产品的纯度。因此，双水相萃取技术在生化工程中展示出良好的应用前景。

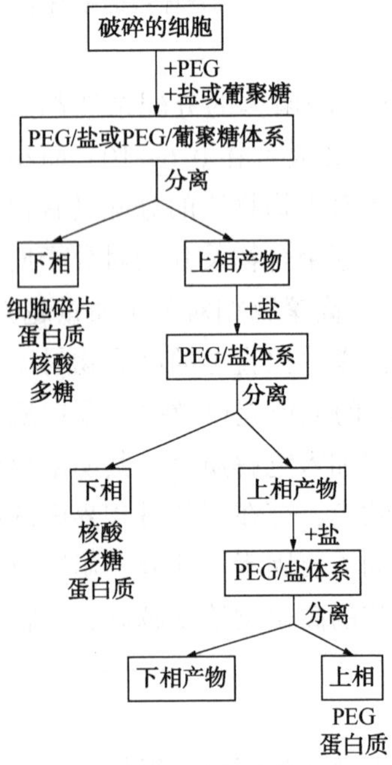

图6-22 双水相萃取流程图

6.5.2.3 双水相萃取的应用

由于双水相体系易于放大、传质速度快、节省能耗、工作条件温和、易于实现过程连续化，因此，双水相体系在生物化工领域中有着广泛的应用。最早是采用聚乙二醇(PEG)/葡萄糖体系，但其价格过高，黏度过大，现多采用PEG/无机盐体系，该体系分配系数多在3.0以上，单次萃取率高达90%以上。图6-22为双水相萃取流程示意图。

根据双水相萃取技术的特点，其特别适合一些含量微小、具有生理活性又极有价值的生物物质的分离纯化，如生物工程中各种酶、核酸细胞、蛋白质、细胞器、菌体和人生长激素等物质的分离提纯。目前已较大规模提取纯化的酶有天门冬氨酶、果糖脱氢酶、β-半乳糖苷酶、延胡索酸酶、葡萄糖异构酶、葡萄糖苷酶、磷酸果糖激酶、磷酸化酶、乳酸脱氢酶等。

近年来，从天然植物中提取有效药用成分越来越受到人们的关注。利用双水相系统的优越性，对中草药有效成分进行提取研究是一项很有意义的工作。蜕皮激素(ecdysone)和2-羟基蜕皮激素(2-hydro xyecdysone)在商业上通常作为杀虫剂或用于某些疾病的诊断指示剂，利用新型的UCON50-HB5100/羟丙基淀粉(PES)温度诱导双水相系统从菠菜中提取这两种蜕皮甾族化合物，被认为是一种便捷与经济的技术。黄芩甙(baicalin)是黄芩中具有药用价值的主要有效成分，据报道，用PEG6000-K_2HPO_4-水的双水相系统对黄芩甙和黄芩素进行分配实验，由于黄芩甙和黄芩素都有一定的憎水性，主要分配在富含PEG的上相，两种物质的分配系数最大可达到30和50，若能通过一定的手段去掉溶液中的PEG，则经浓酸结晶后可得到黄芩甙和黄芩素产品。

7 结晶技术

7.1 基本概念

7.1.1 结晶过程

结晶是指溶质从溶液、蒸汽或熔体中析出进而得到晶体的过程。最常见的结晶方法是在多相多组分溶液体系中进行结晶，主要包括两个阶段：①溶质分子首先簇集形成晶核(成核过程)；②晶核持续生长形成宏观晶体(生长过程)。无论是晶核的生成还是晶体的生长都需要以溶液过饱和度作为推动力。

结晶工艺是一种同时涉及传热传质过程的分离纯化技术。近年来，随着精细化学品和高附加值材料在化工行业中的地位不断提升，人们不仅持续研究和开发新产品，也在深入探索大规模的工业生产技术。例如，蔗糖、盐、肥料等常见的晶体类产品的全球生产量均超过 1 亿吨/年，且需求量还在不断增加。而结晶是这些化学品生产过程中的关键步骤。

7.1.2 溶液与溶解度

7.1.2.1 溶解度

溶液结晶是指从溶液中获得结晶产物的相变过程。溶解度被定义为在特定温度下，某物质在 100g 溶剂里达到饱和状态时所能溶解的最大克数。

作为一种状态函数，溶解度会随着温度或压力的变化而变化。如图 7-1 所示，随着温度升高，KNO_3在水溶液中的溶解度迅速增加，$CuSO_4$的溶解度缓慢增加，而 NaCl 的溶解度随温度改变不显著，但某些物质(如 $CaSO_4$、Na_2SO_4 等)的溶解度随温度升高而降低。溶解度数据对结晶方法的选择至关重要。例如，对于溶解度随温度变化敏感的物质，通常通过降温的方法进行结晶；而对于溶解度随温度变化不敏感的物质，则需采取蒸发、溶析等方法进行结晶。

7.1.2.2 过饱和溶液与超溶解度

在特定温度下，向一定量的溶剂中加入某种溶质，当溶质不能继续溶解时，

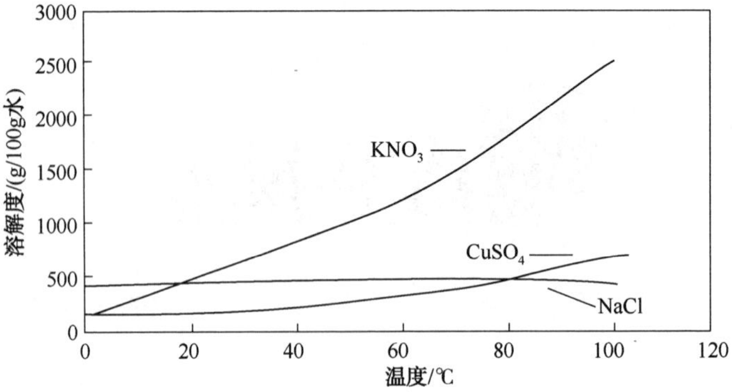

图 7-1　KNO_3、$CuSO_4$和 NaCl 在水中的溶解度

数据来源：Mullin 1997。

所得到的溶液称为饱和溶液。溶质浓度超过了该温度下饱和浓度的溶液则被称为过饱和溶液。

如图 7-2 所示，从 A 点开始，将 KCl 溶液冷却到 40℃时溶液达到饱和状态。如果继续冷却至 B 点，溶液可能仍没有晶体析出；而如果将溶液静置一段时间或搅拌该溶液则会有晶体析出，这时 B 点处在亚稳态，是过饱和溶液。

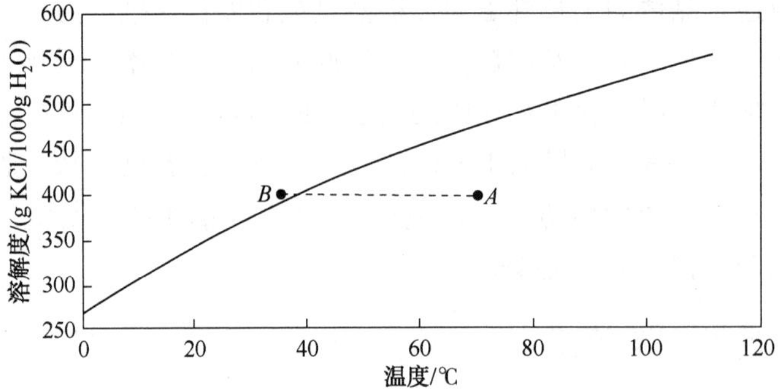

图 7-2　KCl 在水溶液中的溶解度

数据来源：Linke 和 Seidell，1958，1965

过饱和状态是所有结晶过程的先决条件。通过对操作条件的控制，溶液可以达到适当的过饱和度。尽管晶体形成过程的基本驱动力是溶质在固液两相的化学势差异，但通常使用过饱和度作为结晶过程的浓度驱动力。一个系统的过饱和度最常见的表示方式有浓度差 Δc、过饱和度比 S 和相对过饱和度 σ。如果 c 为过饱和浓度，那么 c^* 是给定温度下溶质的溶解度，则过饱和度可以表示为：

$$\Delta c = c - c^* \tag{7-1}$$

$$S = c/c^* \tag{7-2}$$

$$\sigma = \frac{\Delta c}{c^*} \tag{7-3}$$

如果在操作过程中溶液的浓度容易测量，并且相应的平衡饱和浓度已知，那么使用上述表达式即可算出过饱和度。溶液浓度可以通过分析直接确定，也可以通过测量溶液的特定性质(如密度、黏度、折射率和电导率等)来间接测定。

7.1.3 晶体

晶体是内部结构中的质点(原子、离子、分子)规则排列的固体物质。这些微观质点在晶体所占据的空间内遵循特定的几何规律进行排列。虽然所有的晶体都是固体，但并不是所有的固体都是晶体，例如，玻璃、沥青、橡胶和塑料等常见材料就是非晶态固体，也被称作无定形固体。

晶体由于其特殊结构而具有以下基本性质：

(1) 自发性：会自发地形成多面体几何形态；

(2) 均一性：晶体内具有规则的晶格结构，使得同一晶体在不同区域的质点分布一致，因此晶体的各部分物理化学性质相同；

(3) 各向异性：同一晶格构造中，不同方向上质点的排列一般不同，晶体的性质随方向不同有差异；

(4) 对称性：晶体的对称性表现为晶面、晶棱、顶角规律性重复；

(5) 最小内能：相同热力学条件下，晶体与同种物质的非晶固体、液体、气体相比，其内能最小；

(6) 稳定性：晶体比非晶体稳定。

如果晶体生长环境良好，则可形成规则多面体外形，该多面体的面称为晶面。

7.1.3.1 晶习

晶体是以三维周期性结构周期性排列的固体，从几何的角度可以用晶格的概念来表示。晶格是三维空间中点的规则排列，每个点代表一个结构单元，例如离子、原子或分子。晶格结构是同质的，即晶格中的每个点都有与其他点相同的环境(图 7-3)。

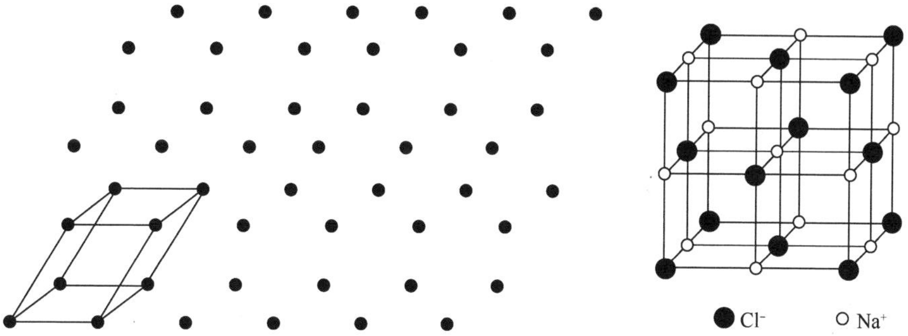

图 7-3 空间晶格(左)和晶胞(右)

通常可以用三个空间维度 x、y 和 z，以及三个角度 α、β 和 γ 共六个参数来描述晶格，这六个参数也被称为晶胞参数，使用这些参数构造的单元称为晶胞。按照晶格的空间结构可分为七种晶系，如表 7-1 所示。

表 7-1　七种晶系及其晶胞参数

晶系	轴长和键角
正交	$x \neq y \neq z$，$\alpha = \beta = \gamma = 90°$
立方(等轴)	$x = y = z$，$\alpha = \beta = \gamma = 90°$
四方	$x = y \neq z$，$\alpha = \beta = \gamma = 90°$
六方	$x = y \neq z$，$\alpha = \beta = 90°$，$\gamma = 120°$
单斜	$x \neq y \neq z$，$\alpha = \beta = 90° \neq \gamma$
三斜	$x \neq y \neq z$，$\alpha \neq \beta \neq \gamma \neq 90°$
三方(菱面体)	$x = y = z$，$\alpha = \beta = \gamma \neq 90°$

晶体的外观被称为晶习或晶体形貌。在工业结晶过程中，晶习会影响悬浮液的流变性、过滤或离心效率、固体的堆积密度和固体产品的流动性。影响晶习的因素包括晶体生长速度、溶剂、杂质等。例如，无水硫酸钙中混入杂质氟化铝会使晶体的外观由针状转变成立方体。

7.1.3.2　晶体的粒度分布

晶体的粒度分布是衡量产品质量的重要指标，直接影响过滤、干燥和洗涤等下游操作的效率，并且与产品的溶解速率、堆密度、流动性和填充性等多数质量特性密切相关。晶体的粒度分布与结晶过程的操作参数有关，如结晶温度、溶液过饱和度、悬浮液循环速率、搅拌强度等。

将晶体样品进行筛析，可绘成筛下(或筛上)累积重量或筛析质量分布百分率与筛孔尺寸的关系曲线，之后转化为累积粒子数及粒数密度与粒度曲线，进而表达出粒度分布(图 7-4)。

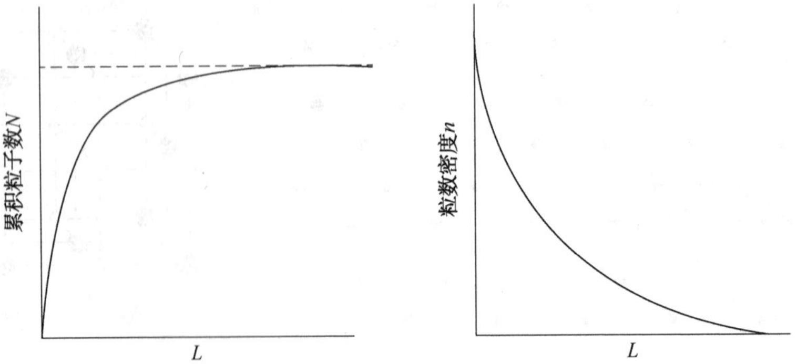

(a)累积粒子数N与粒度L关系曲线　　(b)粒数密度n与粒度L关系曲线

图 7-4　粒度分布曲线

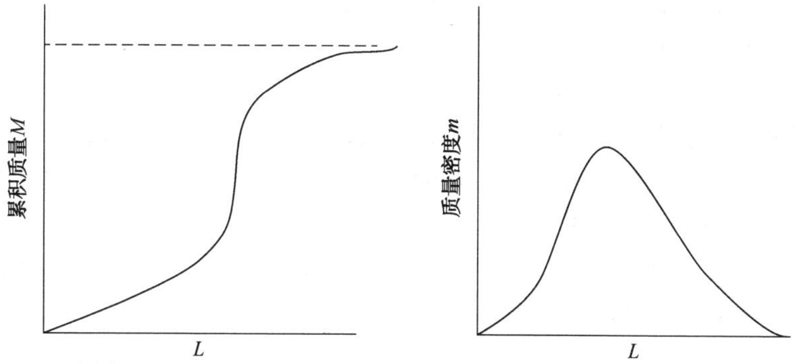

(c)累计质量M与粒度L关系曲线　　(d)质量密度m与粒度L关系曲线

图 7-4　粒度分布曲线(续)

7.2　晶体的成核与生长

7.2.1　晶体的成核

溶质在结晶过程中主要经历两个过程：成核和晶体生长。成核决定了晶体的初始结构，而晶体的生长则决定了晶体的形貌和尺寸。

晶核的形成过程包含两个阶段。第一阶段是过饱和溶液的形成，因为只有当系统处于非平衡状态时，新相才会自发形成。在第二阶段，溶解在溶液中的溶剂分子开始聚集，以减轻体系的过饱和度并使之趋于平衡。聚集的过程最终促成了可作为结晶中心的晶核的形成。晶核通常被定义为能够独立存在的新相的最小单位。常见的晶核形成模式如图 7-5 所示。

成核可以自发进行，也可以通过加入晶种、搅拌、机械冲击、外加电场或磁场以及其他外部影响来诱导发生。成核机制之一是初级成核，首先在过饱和溶液中形成成核前聚集体，最终在没有晶种的溶液中生成晶核。另一机制称为二次成核，发生在已有晶种存在的溶液中。次生晶核通过晶体之间或晶体与结晶容器之间的相互作用形成，或是借助流体流动从晶体表面剥落的半有序表面层形成。

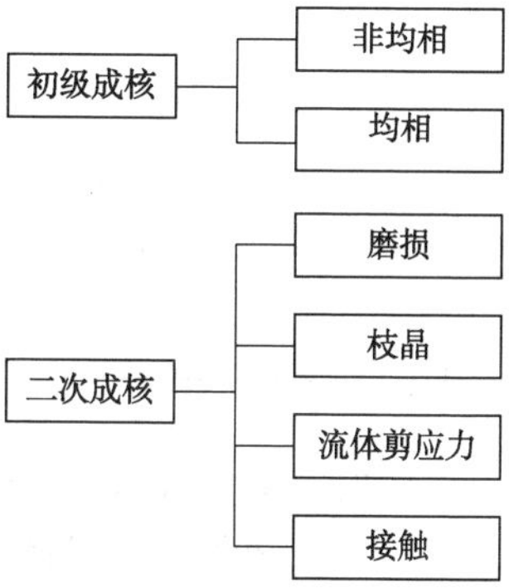

图 7-5　晶核形成的主要模式

依据外部作用的不同，初级成核可分为均相成核或非均相成核。在仅由溶质和溶剂分子组成的溶液中，由溶质浓度波动触发成核，而浓度波动在整个系统中发生的概率相同，因此称为均相成核。非均相成核发生在异相界面上，如结晶器壁、灰尘颗粒以及固体杂质表面。这些异相表面可以降低形成晶核所需要的能量，相比系统中的其他部位，这些位置上的成核概率更高。

7.2.1.1　初级成核

1. *初级均相成核——经典成核理论*

经典成核理论指出，介稳相中的密度波动引发了预成核团簇的形成。这些团簇不断地聚集和分散，直至达到一定的临界尺寸。当团簇达到临界尺寸时就形成稳定晶核，并开始自发生长。

这一过程的热力学描述最初由 Gibbs 在 19 世纪末提出，将形成团簇所需要的自由能变化(ΔG)定义为表面形成的自由能变(ΔG_s)和相变的自由能变(ΔG_v)之和。

$$\Delta G=\Delta G_s+\Delta G_v=\beta L^2\sigma+\alpha L^3\Delta G_v \tag{7-4}$$

式中　σ——表面张力；

β、α——面积形状因子和体积形状因子(基于特征长度 L)。

对于晶核直径为 d 的球形晶核，面积形状因子 $\beta=\pi$，体积形状因子 $\alpha=\dfrac{\pi}{6}$。对于半径为 r 的球形团簇，上式变为：

$$\Delta G=4\pi r^2\sigma+\frac{4}{3}\pi r^3\Delta G_v \tag{7-5}$$

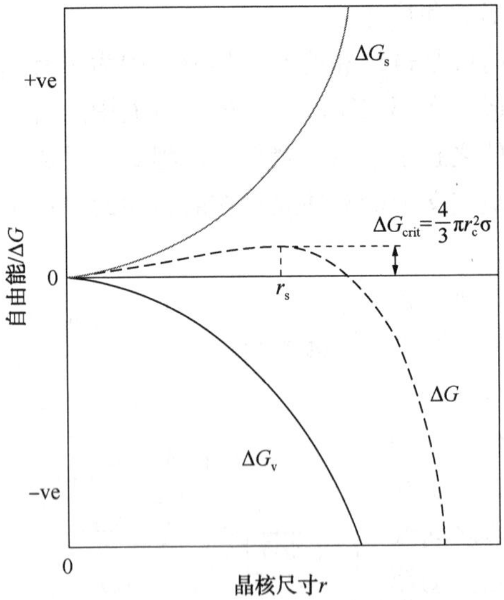

图 7-6　体系自由能大小与团簇尺寸的关系

对于溶液结晶，第二项(ΔG_v)描述了过饱和溶液发生沉淀的自发倾向。因为固态相对于液态更为稳定，ΔG_v 为负值，体系的吉布斯自由能降低。相较之下，固液界面的引入使自由能增加，而增加的量在数值上与团簇的表面积成正比。因此，团簇的生长与否主要取决于 ΔG_v(促进团簇生长)与 ΔG_s(促进团簇溶解)之间的相对关系。图 7-6 定性地描述了彼此相反的两项 ΔG_v 与 ΔG_s 以及总体自由能变化 ΔG 随团簇半径的变化关系。其中，正项 ΔG_s 在团簇半径较小时占主导作用，这导致初始阶段总体自由能增大，也意味着较小体积的团簇通常倾向于溶解。随着团簇半径的增大，ΔG 达到极大值，当团簇尺寸大于此临界尺寸时，系统总自由能下降，这有利于晶核的形成。

换言之，临界尺寸代表了稳定晶核的最小尺寸，大于临界尺寸的晶核会生长为宏观的晶体。临界尺寸可以根据自由能函数对半径求导获得，即：

$$\frac{\mathrm{d}(\Delta G)}{\mathrm{d}r}=8\pi r_{\mathrm{c}}\sigma+4\pi r_{\mathrm{c}}^{2}\Delta G_{\mathrm{v}}=0 \tag{7-6}$$

进一步可推出：

$$r_{\mathrm{c}}=-\frac{2\sigma}{\Delta G_{\mathrm{v}}} \tag{7-7}$$

2. 初级均相成核——两步成核理论

经典成核理论假设参数的波动同时影响密度和结构顺序，即溶质分子以有序的临界分子团簇聚集。然而，近年来的一系列理论和实验研究表明，从过饱和溶液中成核可能是一个两步过程：首先形成类似液体的溶质分子团簇，随后这些团簇重组为有序的晶体结构，过程如图 7-7 所示。

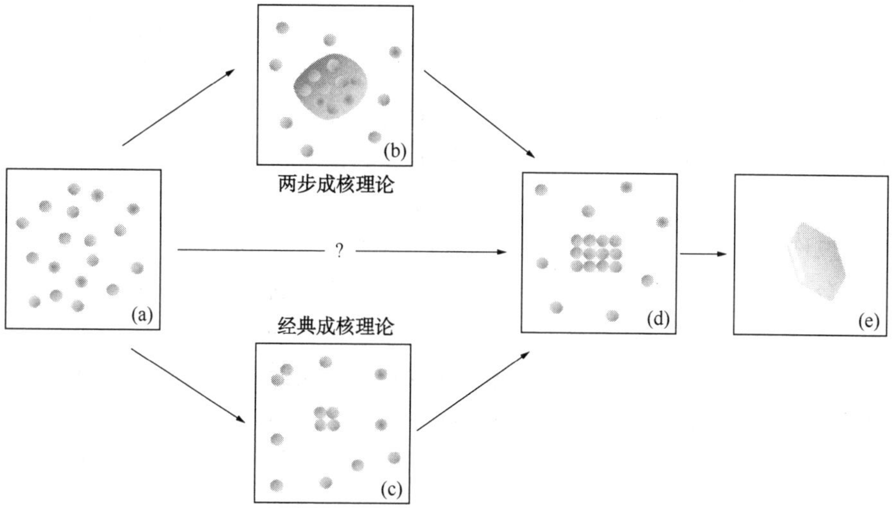

图 7-7　从溶液到晶体的两种途径

(a)过饱和溶液；(b)类似液体的溶质分子团簇；(c)由经典成核理论所提出的有序临界溶质分子团簇；(d)有序的晶核；(e)晶体

3. 初级非均相成核

均相成核在实际生产中并不常见，因为杂质(如灰尘和污垢)以及结晶器壁等异相界面的存在，可以降低成核所需要的活化能，从而诱导非均相成核的发生。活化势垒降低的幅度取决于溶质分子团簇与异相界面之间的接触角，如式(7-8)所示：

$$\Delta G_{\mathrm{crit,het}}=\phi\Delta G_{\mathrm{crit,hom}} \tag{7-8}$$

式中　ϕ——接触角因子，通过下式定义：

$$\phi=\frac{1}{4}(2+\cos\theta)(1-\cos\theta)^{2} \tag{7-9}$$

当 ϕ 小于 1 时，成核活化势垒降低，使非均相成核发生所需的过饱和度低于均相成核，导致介稳区宽度的减小。从能量角度看，虽然接触角 θ 为零的系统会自发成核，但实际上这样的系统并不存在。

7.2.1.2 二次成核

二次成核是由过饱和溶液中已经存在的同一溶质的晶体引发的，这些晶体对后续成核过程起到催化作用。相较于自发成核，二次成核通常需要更低的过饱和度。

1. 二次成核的机理

二次成核的理论分为两类，一类将二次成核的发生归因于母晶(溶液中已经存在的晶种)的作用，主要包括：①初始或微尘成核；②针状或多晶成核；③接触成核(微磨损)；④碰撞或磨损成核(宏观磨损)。另一类则认为二次成核起源于溶液中溶质的状态和行为，包括：杂质浓度梯度成核和流体剪切成核。

在初始或微尘成核中，二次成核起源于晶种。在晶种生长过程中，晶种表面形成了微小的晶体，当这些微晶被引入溶液时，会成为成核位点。这一机制会严重影响间歇结晶的过程，因此需要溶剂预处理晶种以削弱这种影响。当溶质过饱和度高时，会形成针状或枝状晶体，这些晶体在溶液中易破碎并成为成核位点，该现象被称为针状成核(Needle Breeding)。溶液中的溶质在更高的过饱和状态下，则会形成不规则的多晶聚集体。多晶破碎后成为成核中心，这一过程被称为多晶成核(Polycrystalline Breeding)。

接触成核是结晶器中二次成核的重要因素。结晶器中一般存在三类接触：晶体-晶体、晶体-搅拌器、晶体-结晶器壁。晶体与接触对象之间的碰撞导致微磨损(晶体表面损伤)，产生二次成核位点。在高速搅拌下，晶体经宏观磨损后产生的碎片也会成为成核位点。与接触成核所涉及的微磨损不同，宏观磨损会导致晶体的棱角变圆。这一过程被称为碰撞成核(Collision Breeding)或磨损成核(Attrition Breeding)。这一机制的成核速率是晶体硬度、悬浮液浓度和停留时间的函数。

杂质浓度梯度理论假设溶液中存在晶体时会更具结构性，晶体附近流体的局部过饱和度会有所增加。如果杂质的存在抑制了初级成核，则有可能发生二次成核。由于晶种自身会产生杂质浓度梯度，晶体表面附近的杂质浓度低于体相中的杂质浓度，这种浓度梯度会增强二次成核。流体剪切成核理论则认为当高过饱和溶液以较大的流速流过正在生长的晶体表面时，流体边界层中存在的剪应力使得针状晶体破碎，产生成核位点。并非所有掉落的碎晶体都能作为晶核继续生长，部分粒度小于临界尺寸的粒子会溶解。临界尺寸与溶液的过饱和度有关，当溶液的过饱和度较低时，对应的临界粒度相对更大，能继续生长的碎晶体所占比例就会下降。

2. 二次成核的成核动力学

二次成核是一种复杂的现象，基于幂律模型的关联可以很好地解释大多数的实验数据。幂律模型由下式给出：

$$B=k_{\mathrm{N}}\Delta C^{n} \tag{7-10}$$

式中 k_{N}——成核速率常数；

ΔC——过饱和度，成核速率 B 是单位时间单位体积所形成的核数。

在工业结晶器中，大多数晶核是通过晶体与结晶器环境接触产生的。成核速率是搅拌强度、悬浮密度和过饱和度的函数：

$$B=k_{\mathrm{N}}'W^{i}M_{\mathrm{T}}^{j}(\Delta C^{n}) \tag{7-11}$$

式中 W——搅拌速率(通常用每分钟的转数或叶轮外缘线速度来表示，1/s 或 m/s)；

M_{T}——悬浮密度(单位体积溶液中晶体的质量，kg/m^3)，而在某些情况下需要使用不包含搅拌影响的方程：

$$B=k_{\mathrm{N}}''M_{\mathrm{T}}^{j}(\Delta C^{n}) \tag{7-12}$$

7.2.1.3 介稳区

在特定温度下，若向不饱和溶液中添加溶质，溶液会逐渐趋于不稳定，溶质最终以结晶的方式从溶液中析出。在结晶之前溶液存在过饱和度，过饱和极限与溶解度曲线之间的区域称为介稳区(图 7-8)，这也是所有结晶操作发生的区域。不稳定区与介稳区之间的界限在热力学上被定义为旋节线。旋节线是介稳区的绝对极限，意味着相分离在此处会立即发生。然而，介稳区的实际界限要小于热力学上的理论值，并且随结晶条件的变化而改变。灰尘、杂质、冷却速率、溶液体积、溶液状态(溶液的配制及储存方式)以及搅拌等因素都会不同程度地影响晶核的形成并显著改变溶液的介稳度。

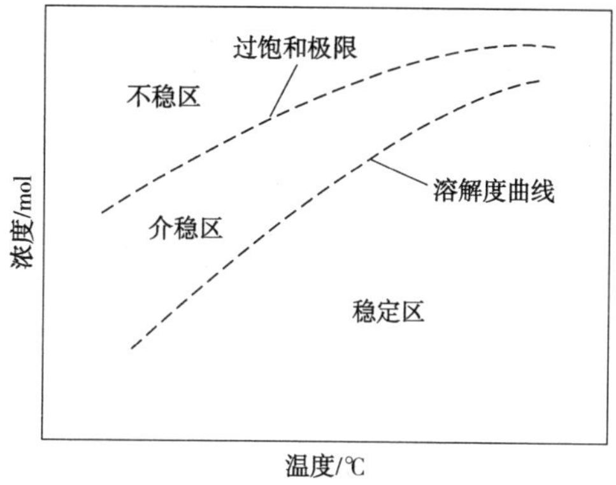

图 7-8　介稳区示意图

需要注意的是，介稳区宽度只是分析物质成核难易程度和过饱和度变化的定性判据。对于成核过程的定量测定，应该通过实验来测定成核诱导时间或成核动力学。

一般来说，定性测量介稳极限的方法有两种。第一种方法，将溶液迅速冷却至给定的温度，并记录结晶所需要的时间，当结晶时间变短时，就逐渐趋近介稳区极限。第二种方法，以恒定的速率冷却溶液，观察第一个晶体出现时所对应的温度。晶体最初被观察到的温度会随冷却速率变化而变化。一般来说，离子物质的介稳区宽度最窄，简单有机化合物的介稳区稍宽，复杂有机物质的介稳区最宽。通过测定成核诱导时间或成核动力学来评估溶液的介稳区宽度对结晶器的设计非常重要。

7.2.1.4　诱导期与潜伏期

从达到过饱和到晶体出现，通常还需要经过一段时间，这一滞后时间被称为诱导期。诱导期受过饱和程度、搅拌状态、杂质、黏度等因素的影响。

过饱和体系中诱导期的存在与均相成核的经典理论所做的假设不同。经典均相成核理论认为，在理想的稳态条件下，一经达到过饱和度成核就会立即发生。而诱导期由三个部分组成：系统达到分子团簇准稳态分布的弛豫时间 t_r，形成稳定晶核的时间 t_n，以及晶核生长至可探测尺寸的时间 t_g。所以，诱导期可以通过下式计算：

$$t_{ind}=t_r+t_n+t_g \tag{7-13}$$

对某些体系，特别是在高过饱和度的状态下，可能会观察到另一种时间滞后称为潜伏期，它描述的是观察到大量成核现象发生的时刻。

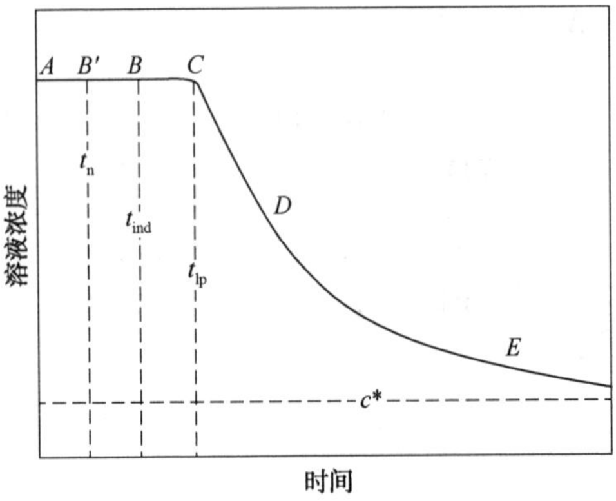

图 7-9　晶体生长过程示意图

图 7-9 所示的典型去过饱和曲线表示了这一过程。过饱和在零时刻开始形成（点 *A*），距离晶体被首次探测到（点 *B*）需要经过诱导时间 t_{ind}。诱导时间 t_{ind} 并非成核时间 t_n（点 *B'*），因为低于临界尺寸的晶核无法被探测到，需要一定时间（$t_{ind}-t_n$）生长到可被探测的尺寸。通常在 *B* 点之后的相当长时间内，溶液浓度没有显著的变化。直至点 *C* 点，潜伏期 t_{lp} 结束，迅速发生去过饱和现象（*D*），该区域主要以晶体生长为主。在逐渐结晶平衡的最后阶段（*E*），通常需要几小时或几天的时间，并伴随着晶体老化过程的发生。

7.2.2　晶体的生长

7.2.2.1　晶体生长理论

在过饱和或过冷系统中，一旦形成稳定的晶核（即大于临界尺寸的粒子），就开始形成具有肉眼可见尺寸的晶体。

1. 吸附层理论

Volmer 首先提出晶体表面存在溶质分子吸附层的晶体生长机制，认为当结晶物质的单元到达晶面时，并不会立即集成到晶格之中，而只是失去自由度，并且可以在晶面上自由移动（表面扩散）。因此，在界面处有一个松散的吸附层，也称为“第三相”，该层与溶液之间存在动态平衡。吸附层在晶体的生长和二次成核中发挥着重要的作用，厚度一般不超过 10nm。

2. 扩散-反应理论

扩散-反应理论认为，晶体的生长过程可以分为三个步骤：①溶质扩散：溶液中的溶质通过扩散穿过晶体表面的静止液层，从溶液转移到晶体表面；②表面反应：经过扩散到达晶体表面的溶质进入晶格并促使晶体生长，同时放出结晶热；③热传导：结晶热通过热传导进入溶液。

7.2.2.2　晶体生长速率

确定晶体生长速率的技术可以分为两类：第一类依赖单晶体的生长，第二类涉及悬浮晶体的生长。

在单晶体生长的实验中，目标是使晶体在过饱和状态下生长而不发生成核。在这类实验中所使用的过饱和度必须尽量低，并且需要制备出用于实验的晶种。制备晶种的常用方法是在高于室温的某个温度下制备饱和溶液，然后使溶液在无搅拌的情况下自然冷却，所得到的晶体在显微镜下进行检查，选用晶面可辨识且尺寸适合的晶体。晶体的生长速度会受到边界层厚度的影响，而边界层厚度又与晶体与溶液之间的相对速度有关。因此在单晶培养实验中，为了防止扩散控制晶体的生长速率，所有的方案都采取某种方法在生长晶体与溶液之间建立相对速度。如图 7-10 所示的单晶培养装置由一个圆底烧瓶组成，体积通常为 500～1000cm^3，加设直径为 2.5cm 的玻璃管以形成一个环路。如果将搅拌器放置在烧瓶底部位置，推动溶液向下，产生逆时针方向的流动，通过管道的流速会随着叶轮转速的增加而加快。晶体会附着在一根经过溶液流动路径的管子上。由于溶液中溶质的量远大于单晶的质量，所以可以认为结晶在恒定的过饱和状态下进行。

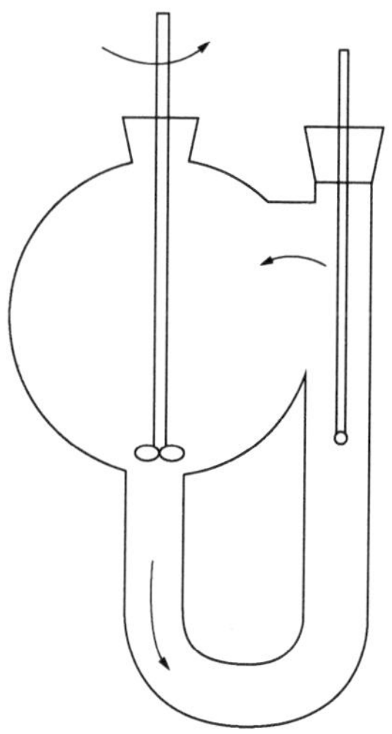

图 7-10　用于单晶生长的循环装置

在工业结晶器中，许多晶体是在悬浮液中生长的。流化床结晶器是一种用来更准确测定晶体生长速率的设备。在这种结晶器中，溶液循环流动，而晶种则悬浮在流体中。这种流动可以防止晶体沉淀，同时也确保晶体不会从结晶器中流出。

7.3　工业结晶方法

结晶是化学工业基本的单元操作，很多常见的化工产品是用结晶的方法分离或提纯得到的。结晶技术广泛应用在制糖、制药、精细化学品以及微电子等行业。在医药行业，超过 90% 的药物产品，包括片剂、胶囊、喷雾剂和注射剂等，所含的药物活性成分（APIs）是以晶体形态存在，且晶体尺寸要求控制在 0.1～

10μm，因此，在 APIs 的生产流程中，结晶操作往往是最终工序。相比于其他化工分离过程，结晶存在以下特点：

（1）选择性高：能从含有多种杂质的溶液中或多组分的熔融混合物中分离出高纯度的晶体。同分异构体、恒沸物、热敏性物质等也可用结晶法进行分离。

（2）能耗低：与其他分离方法相比，结晶过程能耗更低，结晶热一般仅是蒸发热的 10%~30%，而且对设备材质要求低，操作相对安全。

结晶方法通常分为溶液结晶、熔融结晶、升华结晶和沉淀结晶四类。

7.3.1 溶液结晶

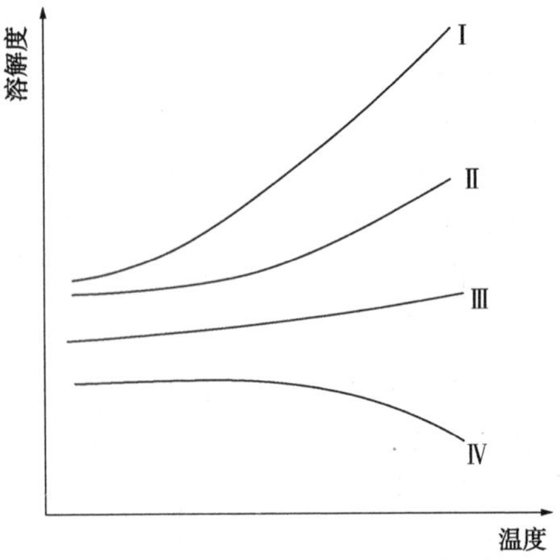

图 7-11 溶解度曲线分类

对于溶液结晶来说，过饱和度是结晶过程的推动力。按照产生过饱和度的方法分类，溶液结晶有四种方式：冷却结晶、直接蒸发结晶、真空蒸发结晶和溶析结晶。结晶物质的溶解度曲线有四种类型（图 7-11），分别对应不同的结晶方式。Ⅰ型溶解度曲线，溶解度随温度升高显著增加，适合采用冷却结晶；Ⅲ型溶解度曲线，溶解度随温度变化较小，适合采用蒸发结晶；Ⅱ型溶解度曲线，介于以上两类之间，适合采用真空结晶，即在密闭绝热条件下真空蒸发冷却结晶；第Ⅳ类物质其溶解度随温度的增加而降低，可以采用加热或蒸发溶剂的方法结晶。

7.3.1.1 冷却结晶

冷却结晶通过对溶液降温产生过饱和度而析出晶体。根据冷却方法的不同可分为自然冷却、间壁冷却及直接接触冷却。

自然冷却是将溶液与空气接触，从而降低温度产生过饱和度析出晶体。结晶设备的结构及操作均较简单，但冷却速度较慢，生产效率低，且产品质量难以控制，不利于扩大规模。间壁冷却广泛应用于工业结晶，但由于冷却表面上附着晶体(称为晶垢)，会导致冷却效果下降，另外清除冷却表面的晶垢也需要大量的操作工时。直接接触冷却法包括空气冷却、溶液直接冷却以及不互溶液体冷却等。

在工业中，间壁冷却结晶和直接接触冷却结晶是比较常见的方法。为了解决间壁冷却表面产生晶垢导致传热效率下降的问题，通常会对结晶器壳程和管程的流体进行强制循环，以减少热阻。而在采用直接接触冷却结晶时，需要特别注意确保产品不被冷却介质污染。

7.3.1.2　直接蒸发结晶

蒸发结晶是通过蒸发部分溶剂使溶液浓缩并产生过饱和度而析出晶体的过程。加热是蒸发结晶的关键步骤，其推动力来自加热介质与溶液之间的温差。温差越大，设备蒸发的效率就越高。然而，由于蒸发过程中溶液沸点的改变，体系温度也会发生变化。此外，蒸发结晶过程存在操作不稳定、晶体粘壁结块甚至堵塞换热器等问题。

蒸发结晶法主要适用于溶解度随温度变化不大的物系。比如，晒盐是最典型的应用太阳能蒸发结晶的过程。此外，蒸发结晶也用于糖类的工业生产，为提高能量利用效率，糖的精制通常采用多效蒸发结晶。通过多个蒸发结晶器操作压力逐级降低，重复利用二次蒸汽的热能。

7.3.1.3　真空蒸发结晶

直接蒸发结晶法消耗大量能源，并且不适用于热敏性物质的结晶。相比之下，真空蒸发结晶是在真空条件下使溶剂绝热蒸发，利用汽化热带走热量，降低溶液温度以促使晶体析出。实际上，真空蒸发结晶是通过冷却和浓缩两种效应产生过饱和度。

真空蒸发结晶由于结晶器内无换热面，因而壁面不会产生晶垢。真空结晶法生产效率高，易于扩大规模。真空的产生常采用多级蒸汽喷射泵及热力压缩机，在大型生产中常由多个真空蒸发结晶器组成多级结晶器，使操作真空度逐级提高，操作压力可低至 30mmHg(绝对压力)，以减少能量消耗。

7.3.1.4　溶析结晶

溶析结晶是通过向溶液中加入溶析剂来降低溶质在原溶剂中的溶解度，从而产生过饱和度的一种结晶方法。溶析剂可以是固体，也可以是液体或气体。通常情况下，选择能溶解于原溶剂，但与待结晶的溶质不相容，并且尽可能与原溶剂易分离的物质作为溶析剂。常用的溶析剂有氯化钠、硫酸盐、醇和酮类等。例如，在联合制碱工艺中，向饱和的氯化铁母液加入溶析剂氯化钠，以提高氯化铁收率。水也是一种常用的溶析剂，适量的水添加到溶液中，可以使不溶于水的有机物质从可溶于水的有机溶剂中结晶出来。以水为溶析剂的结晶过程也被成为水析结晶。此外，还可使用气体作为溶析剂，例如将氨气溶于无机盐水溶液可改变无机盐的溶解度，使溶液达到过饱和并实现结晶。

溶析法的优点有：①可与冷却法结合，提高溶质晶体的收率；②溶剂与溶析剂组成的混合溶液对杂质有较高的溶解度，从而提高晶体的纯度；③可用于热敏性物质的提纯精制，且结晶过程能耗低。例如在巴龙霉素硫酸盐的浓缩液中加入 11 倍体积的质量分数为 95% 的乙醇，即可溶析得到巴龙霉素硫酸盐晶体；④可以制备微纳米药物颗粒，控制晶体的大小和形态，并且可通过调整溶析剂与溶液的混合速率来控制晶体的成核和生长速率。

溶析结晶法缺点有：①需要处理和回收母液，分离溶剂和溶析剂；②结晶效果高度依赖于混合过程。混合不佳时，存在局部高过饱和度，进而导致过多的初级成核，形成易于附聚的细晶颗粒团簇。

7.3.1.5 反应结晶

反应结晶或沉淀，通常是指气体与液体或液体与液体之间发生化学反应以产生固体沉淀的一种结晶方法。当反应产物的浓度达到过饱和状态，溶质从溶液中析出，形成沉淀。反应结晶是一种同时涉及反应、传质、传热、成核以及生长的复杂结晶过程。由于反应过程高选择性的特点，反应结晶法可用于香料产品的分离提纯。如工业上柏木脑的生产过程，首先是柏木脑与铬酸反应生成铬酸柏$(C_{15}H_{25})_2CrO_4$，生成的铬酸柏水解得到粗柏木脑，最后精制得到高纯柏木脑。

近年来，废水中的重金属离子因其不可降解性和生物积累性而引起广泛关注。反应结晶工艺可以通过沉淀剂与重金属离子反应生成氢氧化物、硫化物或碳酸盐等沉淀来实现重金属的去除。

7.3.2 熔融结晶

近年来，无须添加任何溶剂的熔融结晶技术因为环境友好、低能耗、产品纯度高，被广泛应用于二氯苯、萘、丙烯酸等物系的分离提纯中。

7.3.2.1 熔融结晶的原理

熔融结晶法是一种利用固液相平衡来实现物质分离与纯化的方法。首先，将固相混合物加热至熔融状态形成液相。然后，对液相混合物进行降温冷却。当冷却至目标产品的凝固点时，移除热量，使目标产品由液相转变为固相。最后，通过过滤等方法实现两种物质的分离和提纯。

溶液结晶和熔融结晶的主要区别在于结晶温度不同。熔融结晶的温度通常在结晶组分的熔点附近，而溶液结晶的温度主要取决于溶质在溶剂中的溶解度。此外，熔融结晶过程涉及固液两相的结晶转化，而溶液结晶则是在溶液中发生的。值得注意的是，熔融结晶在超纯物质的提取方面具有特殊的优势。

对于双组分系统，在恒压操作时可以以温度和浓度为坐标绘制该系统的相图。图 7-12 为双组分物系的六种典型结晶相图。

7.3.2.2 熔融结晶的优势

(1) 环境友好，不需要添加其他溶剂。与溶液结晶相比，熔融结晶过程只需要调节温度，不需要加入溶剂，既节省了分离提纯的原材料成本及溶剂回收的成本，又减少了环境污染。

(2) 超纯物质的提纯。熔融结晶不需要添加溶剂，理论上，目标产物通过熔融结晶得到的产品纯度可以达到 99.9%。

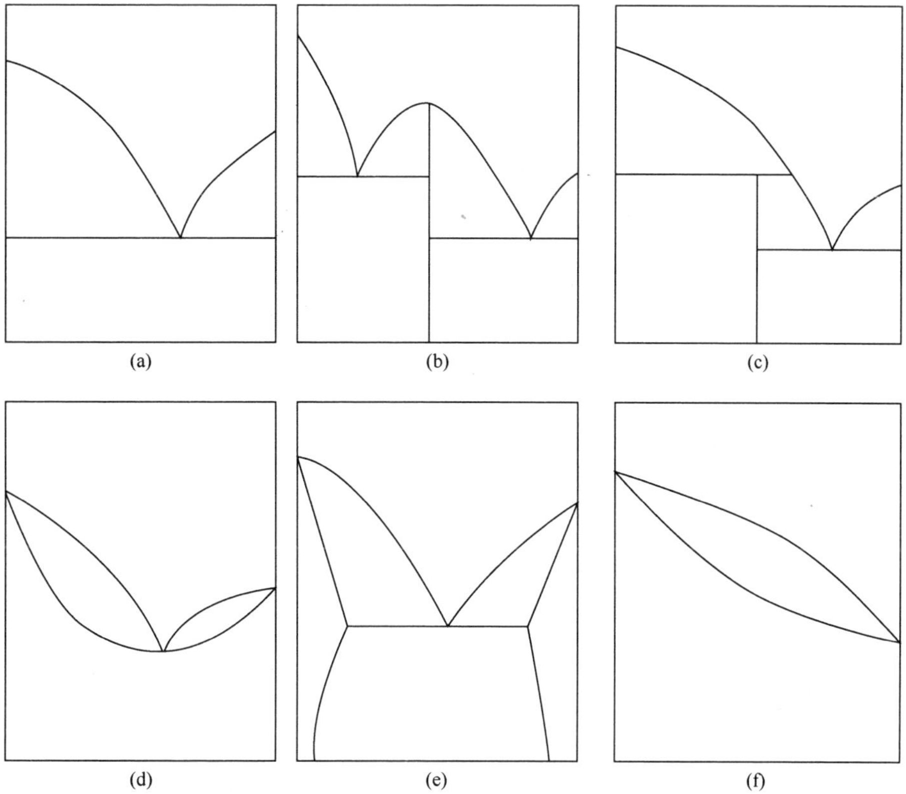

图 7-12　有机物系的六种典型结晶相图

（3）操作温度低。大部分有机物的结晶温度在 200℃以内，结晶温度低，操作安全，对设备的材质要求低，不需要专门的固液分离设备，降低了设备投资。

（4）效率高，能耗低。熔化热显著小于汽化热，使得熔融结晶技术的能耗只有精馏能耗的 10%~30%。

7.3.3　新型结晶技术

7.3.3.1　膜结晶技术

当在接近过饱和的高浓度溶液中使用温度或浓度梯度作为驱动力时，可以结合膜分离过程进行膜结晶。将膜分离与结晶过程结合起来的膜结晶技术，不仅可以较好地控制晶体成核和生长动力学，膜表面还可以促进异质成核。膜的一侧与待处理的热溶液接触（热侧），另一侧直接或间接地与冷溶液接触（冷侧），热侧溶液中易挥发的组分在膜面处汽化并通过膜进入冷侧被冷凝成液相，其他组分则被疏水膜阻挡在热侧，从而实现混合物分离或提纯的目的。在膜结晶中，溶剂的蒸发是在膜组件内部进行的，因此料液的浓度通常低于饱和浓度。而溶质结晶则发生在料液循环中的一个单独容器内，料液的浓度处于过饱和状态，这为溶质的结晶提供了条件。

膜结晶工艺的优势包括：①可以通过膜传质调控溶液最大过饱和度；②膜可作为异质成核诱导界面；③可实现晶体尺寸、晶型、晶习和纯度等特征的精准调控；④与冷却或蒸发结晶相比，能耗降低。

7.3.3.2 超临界流体结晶技术

超临界流体结晶技术是利用超临界流体作为溶剂或溶析剂来开展结晶的一种新技术。超临界流体的类液体密度大小与其溶解溶质的能力有关，而类液体密度可以通过改变临界区的压力和温度进行调节，因此超临界流体的溶解特性可以根据具体应用进行调整。如果载有溶质的超临界流体发生膨胀，那么密度的变化可能会导致溶质结晶沉淀。如果溶剂在膨胀结束时处于气态，则析出的晶体不含有溶剂。如果含有所需溶质的溶液被超临界流体强制膨胀，那么液相不再是溶质的良好溶剂，溶质将发生成核。在这种情况下，超临界流体充当溶析剂，这种结晶过程被称为超临界溶析结晶。

利用超临界流体结晶技术可以控制晶体的粒度，得到粒度分布均一、纯度高的晶体，可用于制备特殊材料和分离热敏性物质等。

近年来，随着对结晶技术的深入研究，人们发现光照、声场、磁场、电场、微重力等物理场对晶体的生长都有重要影响。例如采用超声强化溶液结晶，可以控制晶体粒径的大小，使粒度分布均一，这种方法在许多领域已经表现出了优越性。在超声场作用下，蔗糖溶液成核结晶过程可以在低过饱和度下实现，所得晶核较其他方法更加均匀、完整，晶粒尺寸分布较窄。而磁场能改变晶体结构中氢键的方向和强度，从而影响结晶过程。

7.4 工业结晶器

工业结晶器种类繁多，有的专用于某一结晶方法，也有的通用于不同结晶方法，典型的结晶器设备如表 7-2 所示。此外还有混合型与分级型、母液循环型与晶浆循环型、间歇型与连续型等不同的划分方式。

表 7-2 结晶器设备类型及晶体尺寸

设备类型	晶体尺寸/μm	典型产品
强制循环结晶器	30~150	$Na_2B_4O_7\cdot H_2O$，NaCl，Na_2SO_4，KCl，
流化悬浮结晶器	6~65	KCl，$(NH_4)_2SO_4$，$Na_2B_4O_7\cdot H_2O$
导流管挡板结晶器	6~48	H_3BO_4，$(NH_4)H_2PO_4$，$(NH_4)_2HPO_4$
反应式结晶器	6~100	$(NH_4)_2SO_4$，$(NH_4)_2H_2PO_4$，$(NH_4)H_2HPO_4$
表面冷却结晶器	20~150	Na_2ClO_3，KCl，$Na_2SO_4\cdot 10H_2O$

续表

设备类型	晶体尺寸/μm	典型产品
直接接触冷却结晶器	6~48	C_8H_{10}，$NaOH \cdot 2H_2O$
间歇结晶器	20~100	$Na_2SO_4 \cdot 10H_2O$，$FeSO_4 \cdot 7H_2O$
聚四氟乙烯管结晶器	14~65	$Na_2SO_4 \cdot 10H_2O$

7.4.1 间歇式真空结晶器

当物料量较少或物料必须以非连续方式处理时，通常采用间歇式真空结晶器。一个循环周期一般为2~8h，在循环结束后将结晶器内物料倾倒在搅拌罐中，采用间歇或连续方式从罐中取出以进行分离和干燥。间歇式真空结晶器同样适用于物料在很宽的范围内冷却或需要很高的真空度来达到最终温度的情况。

7.4.2 流化悬浮结晶器

流化悬浮结晶器也称Oslo结晶器，是最早应用的结晶器之一。将热的浓缩进料溶液与循环液混合，溶剂在蒸发器中被绝热蒸发。过饱和的液体通过降液管离开蒸发器，进入最底部的悬浮室，搅动悬浮室中的晶体，使它们在进入的过饱和溶液流中保持流化状态。可以通过悬浮室下部出口去除粗晶，产品晶体在悬浮室的上部从母液中分离出来，只留下少量的母液，用进料溶液再循环。流化悬浮结晶器广泛用于粗物料结晶，如硫酸铵。此外，还可应用于高结晶速率的晶体，如硫酸镍。

7.4.3 强制循环结晶器

强制循环结晶器简称FC(Forced Circulation)型结晶器，由结晶室、循环管、循环泵、换热器等组成。操作时，料液自循环管下部加入，与离开结晶室底部的晶浆混合后，由泵送往加热室。晶浆在加热室内升温(通常为2~6℃)，但不发生蒸发。热晶浆进入结晶室后沸腾，使溶液达到过饱和状态，于是部分溶质沉积在悬浮晶粒表面上，使晶体长大。作为产品的晶浆从循环管上部排出。

强制循环蒸发结晶器生产能力大，但产品的粒度分布较宽，常用于溶解度曲线较平坦的物系结晶。操作方式可以是连续式，也可以是间歇式。FC结晶器适用于多种有机和无机化合物的结晶，如氯化钠、硫酸钠、碳酸钠、柠檬酸、尿素等。

7.4.4 导流管挡板结晶器

在导流管挡板结晶器(DTB结晶器)中，晶体生长后通过一个大型、缓慢移动的螺旋桨循环器从主体下部循环到沸腾表面。生长晶体的悬浮液周围是一个环形沉降区，可以从中去除母液流中的细小晶体。

1. 蒸发式 DTB 结晶器

在 DTB 结晶器中，导流筒把含大量晶体的晶浆直接送到沸腾液体的表面，但温度变化量将每次产生的过饱和量限制在 1℃左右，从而将成核速率限制在极小值。沸腾作用主要集中在结晶器的中心，并通过垂直入口均匀分布在整个表面。结晶器设有内外两个循环系统，内循环系统为晶浆提供良好的流体力学条件，使得沸腾作用均匀分布，最大限度地减少结晶器壁上的结晶堆积，并延长操作周期；外循环系统将母液送至外置加热器，经加热后返回结晶器，使得沸腾表面的温度降低。DTB 结晶器通过从环形挡板区中泵出的母液量来调控细晶产品的量，使得诸如$(NH_4)_2SO_4$、KCl 和$(NH_4)_2HPO_4$之类的结晶产品在 6~20 筛目范围内。

2. 反应式 DTB 结晶器

当一种固相结晶产品由两种组分的反应产生时，在反应式 DTB 结晶器中进行比在单独的反应器中更有利。例如，液态或气态 NH_3与浓硫酸在结晶器中反应生成$(NH_4)_2SO_4$晶体，氧气（空气）氧化 $CaSO_4$或废酸中和 $Ca(OH)_2$。反应物在 DTB 型结晶器的导流管中混合，其中大量晶浆与反应物连续混合，以使驱动力（反应产生的过饱和）最小化。

7.4.5 喷雾结晶器

喷雾结晶器是一种用于结晶过程的设备，它通过将溶液或悬浮液喷雾成小液滴，使其在空气或其他气体介质中快速蒸发和冷却，从而形成晶体。该类结晶器常用于以下场合：

（1）快速结晶：喷雾结晶器可以在短时间内形成晶体，适用于需要快速处理的场合。

（2）均匀颗粒：由于喷雾结晶的过程可以控制液滴的大小，因此可以得到粒径均匀的晶体产品。

（3）热敏性物质：对于一些对高温敏感的物质，喷雾结晶器可以在较低温度下实现结晶，避免物质的热分解或变性。

（4）空气污染控制：喷雾结晶器设计可以防止产品与空气接触，从而避免污染产品或污染空气。

喷雾结晶器的工作原理主要包括以下几个步骤：

（1）溶液准备：将需要结晶的溶液或悬浮液制备好。

（2）喷雾过程：通过喷嘴将溶液或悬浮液喷成细小液滴。

（3）蒸发和冷却：液滴在空气或气体介质中蒸发冷却，形成晶体。

（4）晶体收集：通过收集装置将形成的晶体收集起来，得到最终产品。

喷雾结晶器被广泛应用于制药、食品、化工等行业，用于生产各种结晶产品。

7.5 结晶器的选择和设计

结晶过程的优点包括能耗低、操作简单及产品纯度高等。设计和操作方面的进步使工业结晶过程能够根据需求生产出不同数量和规格的产品，包括大宗产品（如糖、氯化钠、硫酸铵、尿素和己二酸）、超高纯度产品（如对二甲苯和萘）、精细化学品（如颜料）。

工业结晶器的选择和设计方法结合了对结晶基本原理的理解和实用设计的探索。如图 7-13 所示，工业结晶器设计过程包含五个步骤。结晶器设计的关键在于将结晶产品的功能需求转化为物理需求，这为结晶器的设计设定了目标。此外，还需要确定与工艺操作相关的性能标准。一般而言，总体设计的目标由工艺的经济性决定，需要在各种性能指标之间进行权衡。

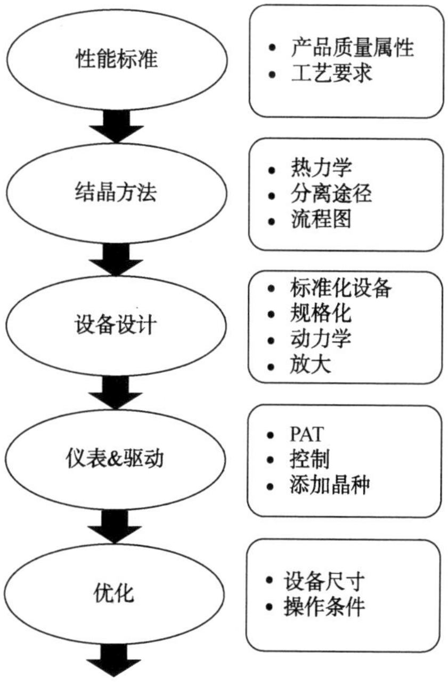

图 7-13 工业结晶器设计的关键步骤

7.5.1 性能标准

在结晶过程的设计中，产品质量通常用明确的物理量来表示。主要性能标准包括：

（1）产量：单位时间内获得的产品量。

（2）产率：晶相中的溶质的量除以进料中的溶质的量。

（3）晶体粒度分布：只有符合产品粒度分布要求的晶体值得关注。

（4）形状：与晶体结构有关，并且会受到杂质、过饱和度、溶剂、多晶型以及各种动力学过程（例如磨损和团聚）的影响。

（5）晶体和生物利用度等。

（6）纯度。此外，还要考虑结晶过程的能量负荷、灵活性、稳定性和可控性等因素。

7.5.2 结晶方法

结晶过程通常在接近热力学平衡的条件下操作。因此，相行为将决定最佳的结晶方法。通常，可以使用四种方法来实现结晶过程，分别是改变温度(例如冷却结晶)；选择性去除其中一种成分(例如蒸发结晶)；添加一种组分(例如溶析结晶)；化学物质的变化(例如反应结晶或沉淀)。熔融结晶尽管从热力学角度来看是一种冷却过程，然而由于目标的不同(如超纯产品的生产)、无溶剂以及生长机制的差异(传热限制与传质限制生长)，熔融结晶通常被认为不同于上述四种基本结晶方法。

结晶系统的热力学行为受到温度、压力和组分的影响，压力的影响通常可以忽略不计，因此可以通过常压下的相图预测物质的结晶行为。相图的关注点是分离的边界，如溶解点和溶解度线，这些边界形成了热力学空间中组分对应的结晶区域。由于热力学空间随组分数量的增加呈指数增长，所以选择最优结晶方法的复杂性取决于所涉及组分的数量。

对于二元体系，根据系统的溶解度图足以选择最优的结晶方法。如图 7-14 所示，可以根据溶解度相图的关键特性选定结晶方法。蒸发结晶和冷却结晶是大型工业装置最常用的方法。当溶解度曲线相对陡峭时，优先选择冷却结晶，能够以低能耗实现高产率。对于溶解度曲线平坦或呈反比的化合物，蒸发结晶是首选方法。对于介于两者之间的情况，则可以使用冷却或蒸发结晶。值得注意的是，冷却结晶的能量消耗通常低于蒸发结晶，因为冷却结晶只需要去除结晶的热量以及母液的显热，这远低于蒸发结晶时所需的溶剂汽化热。蒸发结晶和冷却结晶的相对能耗可以通过下公式来比较：

$$\frac{E_{\text{evap}}}{E_{\text{cool}}}=\frac{\Delta H_{\text{evap}}}{C_{\text{p}}}\left(\frac{1}{w_{\text{eq}}}-1\right)\frac{\mathrm{d}w_{\text{eq}}}{\mathrm{d}T} \tag{7-14}$$

式中 E——蒸发或冷却所需的能量；

w_{eq}——平衡温度下以质量分数(kg/kg 液体)表示的饱和浓度；

C_{p}——饱和溶液的比热容；

ΔH_{evap}——汽化热。

从式 7-14 可以看出，除了具有平坦溶解度曲线的高可溶性物质，冷却结晶通常比蒸发结晶更节能。

在冷却结晶过程中，经常会遇到换热器表面结垢的问题。骤冷可以有效地避免这一问题，尤其适用于溶解度曲线陡峭的情况。熔融结晶通常用于纯化熔点较低、黏度相对较低的物质。溶析结晶需要添加溶析剂，在结晶过程之后必须回收。而沉析适用于微溶性化合物的生产。

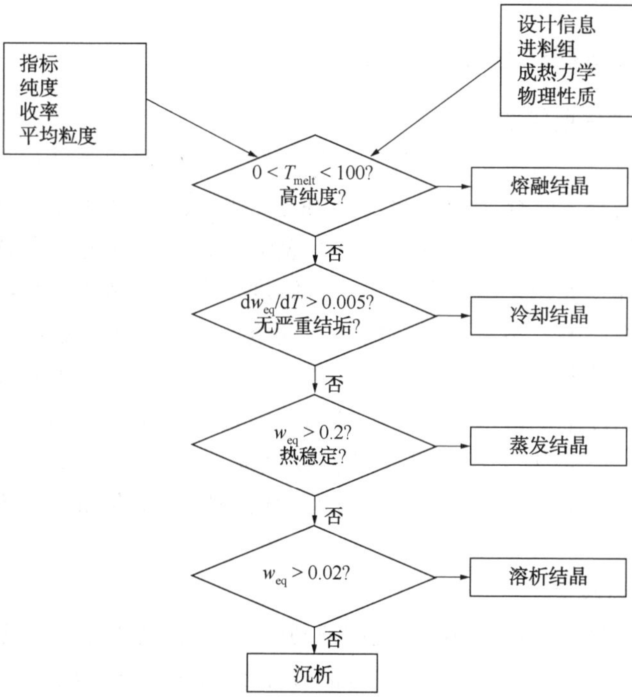

图 7-14　结晶方法的选择

7.5.3　设备设计

在结晶器的设计中，可以先从已有的结晶器类型列表中选择某种结晶器，然后根据设计规范对其进行调整并确定尺寸。此外，还需设计循环装置、换热器等辅助装置。所有类型结晶器的基础都是一个混合良好的容器，因为结晶过程需要较长的停留时间和较强的湍流条件以增强传质和传热，并最大限度地降低过饱和度和溶质的浓度梯度。结晶器设计通过影响(二次)成核和晶体生长之间的平衡，或者通过改变不同粒度晶体在结晶器中的停留时间来控制产品质量。图 7-15展示了悬浮(OSLO)结晶器、导流管挡板(DTB)结晶器和强制循环(FC)结晶器的预期中值晶体尺寸。OSLO 结晶器、DTB 结晶器、FC 结晶器的预期

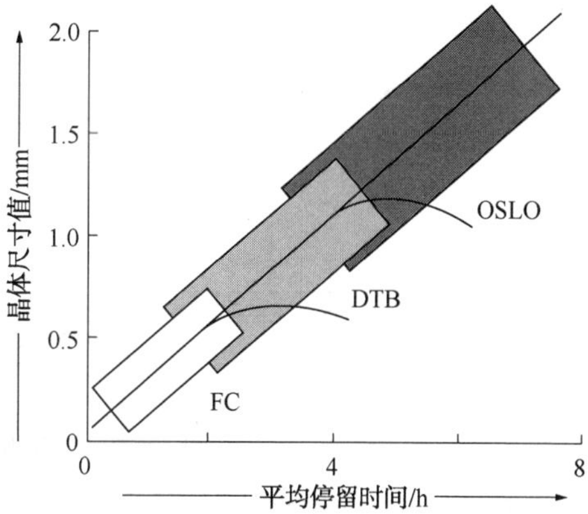

图 7-15　三种结晶器的预期晶体尺寸中值与停留时间

晶体尺寸中值依次减小。

7.5.4 结晶器的选择

7.5.4.1 评估所需的信息

在选择结晶器之前需要了解关于结晶物质及其母液的基础信息。例如，该物质是水合物还是无水化合物？该物质在水中或其他溶剂中的溶解度有多大？该物质溶解度随温度和 pH 如何变化？溶液中是否存在其他化合物共沉淀，如果是，它们的存在如何影响主要组分的溶解度？杂质对晶体的晶习以及成核和生长速率有什么影响？溶液和晶体的物理性质如何？作为温度的函数，饱和溶液和晶体上存在的蒸汽压是多少？结晶热多大？生产率是多少？什么结构的材料可以与不同温度下的溶液接触？在结晶器中将使用哪些公用工程，相关成本是多少？最终产品是否与其他晶体材料或固体混合？需要多大尺寸的晶体产品，如何从母液中分离并干燥这种晶体？如何处理和储存晶体而不会过度破碎或结块？

7.5.4.2 溶解度

在处理溶解度非常大的物质，例如芒硝或其他水合盐时，通常选择冷却型结晶器，因为它们的产率较高且能降低分离过程的能耗。对于具有平坦或反比溶解度曲线的物质，则必须使用蒸发结晶。蒸发结晶通常在恒温下进行，也可以在晒池中以相对较低的温度进行。典型化合物的溶解度曲线见图 7-16。

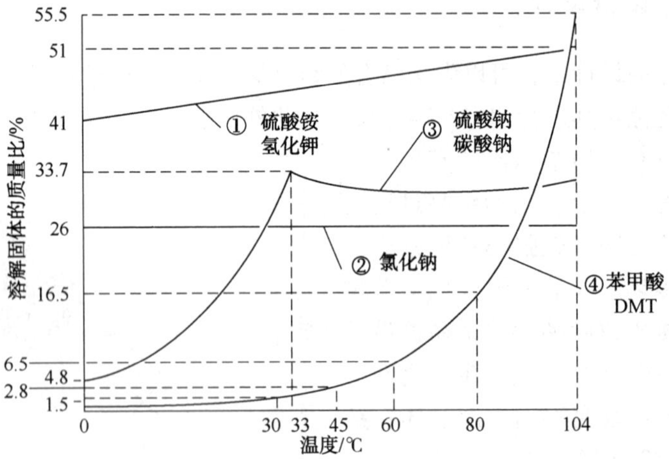

图 7-16 典型化合物的溶解度曲线

7.5.4.3 操作规模

操作规模通常对设备的选择具有决定性的作用。对于规模非常小的结晶操作，通常选择容量从几升到几百升不等的辐射式结晶装置。对于每天高达数千升的大规模操作，可以选择带有水冷盘管和搅拌器的罐体，使用真空蒸发去除溶剂结晶。

7.5.4.4 间歇或连续操作

目前，大多数结晶过程是间歇操作。然而，近年来制药和精细化工行业越来越倾向于从传统的间歇操作转向连续操作，未来将有越来越多的结晶过程采用连续操作。选择间歇操作还是连续操作的主要依据有以下几点：

(1) 生产能力。如果结晶物质的生产规模较小(例如小于 5kt/a)或非常昂贵且必须将损失控制在最低限度时，一般使用间歇操作，比如在精细化学品、食品添加剂或药品等生产时，生产的灵活性和溶质的损失量比操作成本更为重要。超过 20kt/a 的生产规模一般是连续操作。

(2) 产品质量。在没有二次成核的情况下，每个晶体都经历相同的结晶过程，因此，具有明确停留时间的操作会导致晶体的尺寸分布更窄。相比之下，连续结晶器操作简单，并且能够提供稳定的产品质量。在间歇操作情况下，每一批次的晶体质量可能并不一致。同时，连续设备可以将操作条件调整到更为精细的程度，有利于控制产品质量。

(3) 操作成本。间歇结晶器的操作成本通常更高，因为需要持续的人工干预，特别是在开停车阶段。间歇操作的程序可能包括添加晶种、调整公用工程用量、进行固液分离以及处理固体等步骤。相比之下，连续操作需要的操作人员较少，并且公用工程可以稳定工作，从而最大限度地降低锅炉、冷却塔和发电设施的规模。同时，连续操作还可以最大限度地减少进料和产品母液的储存设施。

(4) 清洁与除垢。当结晶系统具有很强的结垢倾向或需要定期清洁时，例如在食品生产过程中，间歇操作是首选。在间歇操作期间，污垢去除和设备清洁可以很容易地纳入批量操作的计划中，而连续结晶操作则需要完全停止生产来进行除垢或清洁程序。

间歇操作也适用于冷却范围非常大的情况，例如在处理初始饱和温度相对较高或者最终母液温度显著低于室温的物质时，间歇操作能够避免连续设备中高温进料溶液与相对低温的母液混合而引起的系统冲击。

7.5.4.5 多级结晶器

多级结晶器在操作中具有更好的经济性，特别适用于需要通过冷却高流量、高浓度液体来获得晶体的情况，同时出口处的母液需要重新溶解或进入浸出工序。在多级结晶器中来自后一级结晶器的母液可以在第一级或某一级通过管壳式换热器加热。使用多级结晶器不仅减少了将母液升温到工作温度所需的蒸汽，还减少了部分结晶器的冷却水用量。图 7-17 显示了采用了超过 12 级冷却的系统，具有三级母液再加热的五级钾盐冷却结晶器。

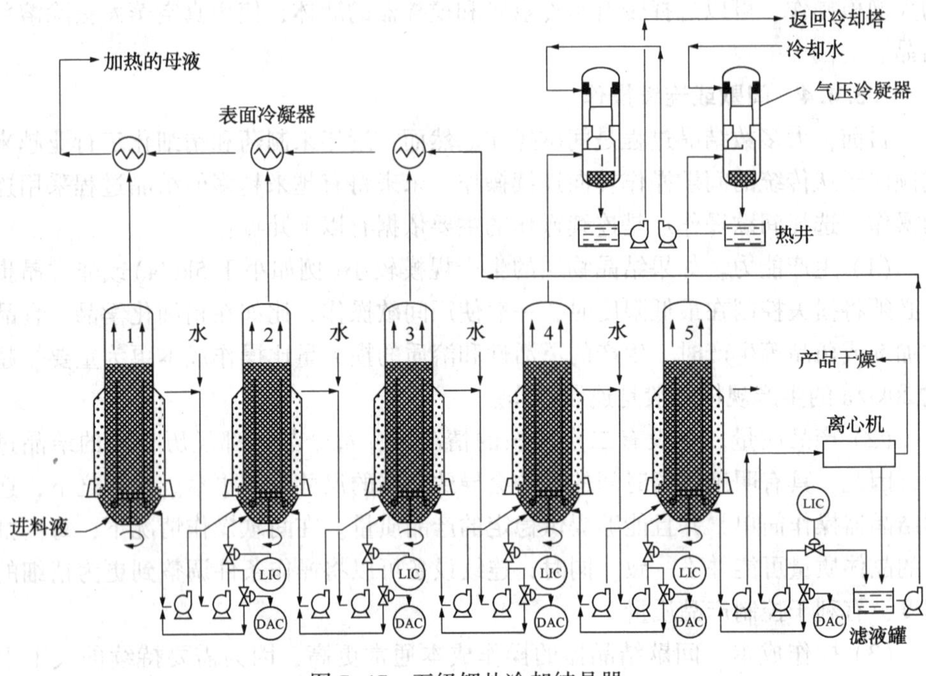

图 7-17　五级钾盐冷却结晶器

8 固液浸取

8.1 概述

浸取(Leaching)是利用溶剂将固体原料中的溶质提取出来的单元操作，又称固液萃取或浸出。把原料固体混合物与浸取剂混合，利用各组分在浸取剂中具有不同的溶解度，使可溶性组分溶解形成溶液，分离后得到的不溶性组分称为固体残渣(也称为载体)。

浸取在湿法冶金工业、制药工业、化学工业和食品工业有广泛应用。自然界中大多数金属矿以多组分形式存在，有利用价值的金属通常都需要通过浸取从矿石中分离，如用氨溶液或硫酸从矿石中浸取分离铜，用氰化钠溶液浸取分离金。以生物质为原料，用浸取法可以得到各种有机物质，如用超临界 CO_2 或有机溶剂从大豆、花生、玉米中浸取食用油，用温水从甜菜中浸取糖，从中药植物的根叶中用水或有机溶剂浸取各种有效成分等。

浸取可分为物理浸取、化学浸取和细菌浸取三大类。

物理浸取是单纯的溶质溶解过程，常用浸取剂包括水、醇或其他有机溶剂。化学浸取可用于处理矿物，常用浸取剂包括酸、碱和盐类的水溶液，通过化学反应溶出某些组分。细菌浸取可用于处理某些硫化金属矿，依靠细菌的氧化作用使难溶的硫化物转变为易溶的硫酸盐从而转入浸取液中。

浸取操作的步骤一般为：①浸取剂与固体物料进行密切接触，将可溶性组分转入液相，成为浸取液；②固体残渣与浸取液分离；③用浸取剂洗涤残渣，回收附着在残渣上的可溶性组分；④浸取液的提纯和浓缩，获得可溶性组分的产品；⑤从残渣中回收有价值的浸取剂。

根据浸取过程中浸取剂的运动方式，浸取可以分为搅拌浸取和渗滤浸取。根据浸取时的温度和压力条件，可以分为热压浸取和常温常压浸取。常温常压浸取比较常见，但热压浸取可以加速浸取过程，提高浸取率。

湿法冶金工业中浸取方法和浸取剂的选择主要取决于矿物原料的组成和结构。另外，还要考虑浸取剂的价格、对矿物的分解能力以及对浸取设备的腐蚀等因素。如目标矿物为硫化矿物且含有较多碳酸盐时，就不宜直接采用酸浸，除了可以预先用浮选法分离硫化矿物外，还可以预先氧化焙烧然后进行酸浸，或采用氧化酸浸或热压酸浸的方法来处理。

中药提取过程实质上也是将溶质从固相转移到液相的浸取过程。中药材中的有效成分有的在药材表面，有的被药材中不溶性载体包围，有的存在于动植物药材细胞内。药材表面上的可溶性组分很容易被提取，若有效组分存在于药材细胞中或者存在于固体物质包围中时，溶剂必须先进入固体内部，溶解可溶组分后再扩散出来。

8.2 浸取过程的相平衡

8.2.1 相平衡

一个系统中可能包括多个组分和多个相。一定的条件下，系统中各相的性质和数量都不随时间发生变化，则此系统处于相平衡状态。总体上说，一个系统（*M* 个组分，*P* 个相）想要达到相平衡，要满足各相的压力和温度相等，同一组分在每个相中的化学势或逸度相等的条件。宏观上讲，此时相与相之间不发生物质的净迁移；微观上讲，分子仍在不同相间迁移但迁移的速率相同。固液相平衡是固液浸取传质分离过程的理论基础。

8.2.2 直角三角形相图

固体物料浸取时进入设备内的物料有溶质 *A*（可溶性成分）及载体 *B*（不溶性成分）和溶剂 *S*。三元体系的固液平衡关系可以用直角三角形相图表示，如图 8-1 所示，每个顶点代表一个纯组分，每一条边代表一个二组分混合物。横轴 *BA* 上的各点坐标表示溶质的组成（x_A），纵轴 *BS* 上的各点坐标表示溶剂的组成（x_S），斜边 *SA* 表示不含载体的浸取液，即 $x_B=0$。与斜边平行的直线群（虚线）表示 x_B 等于定值的情况，三角形内的点则代表真正三元混合物的组成。

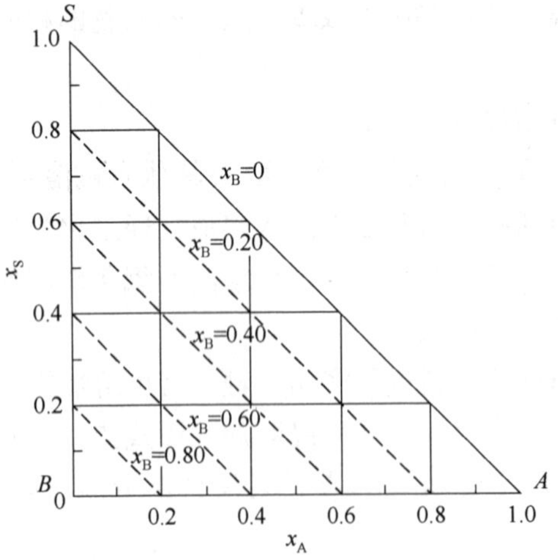

图 8-1 直角三角形相图

中药提取过程是将中药材中的有效成分（溶质）从中药的固体基块（载体）中转移到溶液（浸取液）中，即将可溶性组分由固相转移到液相中，从而获得含有溶质的浸取液的过程。因此，中药提取过程实质上是溶质由固相传递到液相的传质过程，可以用直角三角形内的点表示中药混合物浸取过程的组成关系。

8.2.3 固液相平衡

固液浸取的操作步骤包含固体物料与浸取剂的混合与分离。以中药浸取过程为例，若固体物料和溶剂长时间充分混合，则可溶性有效成分全部溶解在溶剂中，不溶性固体及部分残留在固体内的溶液就成为药渣，若能把药渣也分离为液体和固体，也即分开溶质与不溶性固体，就达到了固液完全分离的要求。但在实际的浸取操作过程中，用普通的分离手段通常不能将固液完全分开，固体药材中常常会吸附一部分溶液。

将溶剂与固体物料混合，经一定时间后分离出浸取液(又称溢流)及分离后的固体里含有的液相(又称底流)。如图 8-2 所示，点 M 表示固液混合相，点 L 与 V 分别表示底流与溢流，直线 VL 过 M 点。如果溢流为澄清液，则 V 在斜边 SA 上。若溶剂量很大，达不到饱和溶解度，在可溶性组分不吸附、接触时间充分的情况下，溢流液中的溶质浓度与底流液中的溶质浓度相等，所以直线 VL 一定通过原点 B，底流 L 可以认为与溢流具有相同组成。固液浸取过程大多数是此种情况，称其处于平衡状态。平衡状态时的级数称为理论级或平衡级。

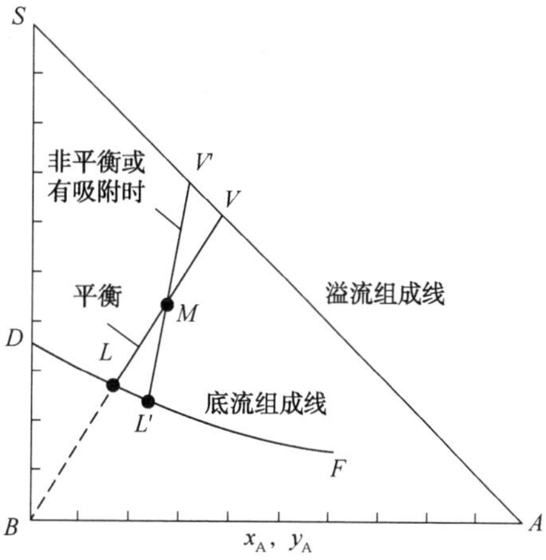

图 8-2 浸取平衡图

如果固液两相接触时间不足而未达到平衡或者溶质有吸附的情况下，底流液中的溶质浓度将大于溢流液中的溶质浓度。底流和溢流分别用 L'、V'表示，点 L' 必定在点 L 的右边。大多数中药提取过程中，由于溶质在药材内部的扩散速率比外部的扩散速率小，因此非平衡的情况居多。尤其是在多级提取时，与单级提取相比，由于各级提取时间不充分，多级提取常为非平衡提取。

在实际浸取操作中，用相似的条件如固液分离程度、温度、接触时间、溶质浓度等，对各种浓度的混合相进行提取试验，点 V'的轨迹构成了溢流组成线，位于斜边 SA 上，而点 L'的轨迹构成了底流组成线 DF，由此可得到相应的溢流组成和底流组成(如结线 $V'L'$和 VL)。这种在实际装置中操作求得的关系称为实际平衡关系。用实际平衡关系计算所得的级数就是实际级数。

8.3 浸取过程的计算

8.3.1 浸取的平衡及理论级

浸取过程的设计计算基于平衡级或理论级概念进行。所谓一个理论级，就是离开该级的溢流液浓度与底流液浓度相等。在实际的浸取操作中，由于没有足够的接触时间完全溶解溶质，因此溶液与溶质之间很少能达到真正的平衡。同时要使固体与溶液完全分离也不现实，所以离开浸取器的固体中总夹带有一定量的液体和溶解在液体中的溶质。当溶质被固体吸附，固体和溶液之间虽可建立平衡，但常常因沉降和排出的不完全从而导致级效率的降低。因此除了理论级数外，级效率也需要考虑，以求得实际需要的级数，或通过实验来获得实际的平衡数据。

一般固液浸取操作可由三个组分组成：①不溶性固体或载体；②溶质，其为单一组分或多组分混合物；③溶剂，选择性地溶解溶质。若载体所吸附的溶质和载体在溶剂中的溶解度可以用溶液浓度的函数来表示，就可以进行平衡级和理论级方面的计算。根据物料衡算，用溶液中溶质浓度的函数表示已知载体所吸附的溶液量，结合理论级数的定义，就可以计算出所需的理论级数。

8.3.2 物料衡算和操作线方程

对于固液浸取过程，有单级、多级错流及多级逆流浸取三种基本操作方法。单级浸取是新鲜溶剂与固体物料接触，完成传质后进行固液相分离，这种方法溶质的回收率比较低，且所得的浸取液浓度也不高，故对工业操作来说不经济。在多级错流浸取操作中，新鲜溶剂先在第一级内与固体物料接触，完成传质平衡后，从第一级出来的底流液到第二级，再与新鲜溶剂接触，后面各级都按此步骤进行操作。在多级逆流浸取操作中，溢流液与底流液在各级中相对流动，即在某级中固液两相进行接触，完成传质平衡后，底流液流动到下一级，而溢流液则流动到上一级，各级都按此步骤进行操作。因固体在最后一级与新鲜溶剂相接触，固体离开设备后，残留溶质含量可降到最低，所以可以获得较高的溶质回收率。溶剂在第一级与新的固体物料接触后再离开浸取设备，故能获得较高浓度的浸取液。

图 8-3 为多级逆流浸取操作过程示意图，同时表示了物流量和物流的浓度。稳定操作时，整个系统的物料衡算如下：

总的溶液

$$L_0+V_{n+1}=L_n+V_1 \tag{8-1}$$

溶质

$$L_0(x_A)_0+V_{n+1}(y_A)_{n+1}=L_n(x_A)_n+V_1(y_A)_1 \tag{8-2}$$

式中 L_n——离开 n 级的底流总量；

V_n——离开 n 级的溢流总量；

x_A——为底流中溶质分率；

y_A——溢流中溶质分率；

x_S——底流中溶剂分率；

y_S——溢流中溶剂分率；

n——液流离开浸取级的级数。

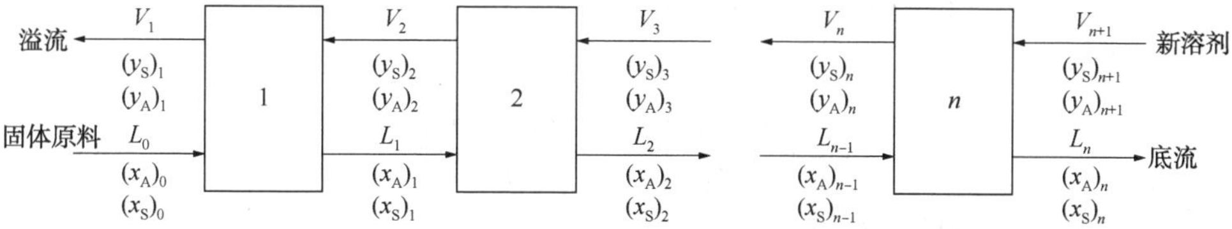

图 8-3　多级逆流浸取操作过程示意图

式(8-2)消去V_{n+1}解出$(y_A)_{n+1}$，得到如下操作线方程式

$$(y_A)_{n+1}=\frac{L_n}{V_1+L_n-L_0}(x_A)_n+\frac{V_1(y_A)_1-L_0(x_A)_0}{V_1+L_n-L_0} \tag{8-3}$$

若从各级流出的底流液恒定，式(8-3)所表示的操作线为直线。若 L_n不恒定，此时操作线的斜率会逐级变化。对于已知的浸取问题，利用上述的操作线方程式可以通过代数法、图解法和解析法计算得到所需的平衡级数。

8.3.3 代数法

代数法的计算基准是从已知的最终液流量和组成中选择最合适的量开始计算。首先从浸取级的任意一端的一个理论级开始用平衡数据以及载体所夹带的溶液数据来进行物料衡算，计算得到液流组成。然后在各理论级逐级进行重复计算，直至达到工艺规定的条件为止。用得到的理论级数除以总的级效率，就可以得到实际级数。不溶性固体能够吸附的溶液量与溶液的性质有关，尤其是黏度。通常在与工业相似的操作条件下用实验的方法测定。用代数法可以解决各种工业浸取问题，但当浸取级数较多时，此法计算相当烦琐。

8.3.4 图解法

1. 单级浸取

图 8-4 为单级浸取过程，溶剂 V_S与固体物料 L_0 在浸取设备中进行混合接触后，混合物分离得到溢流 V_1和底流 L_1。

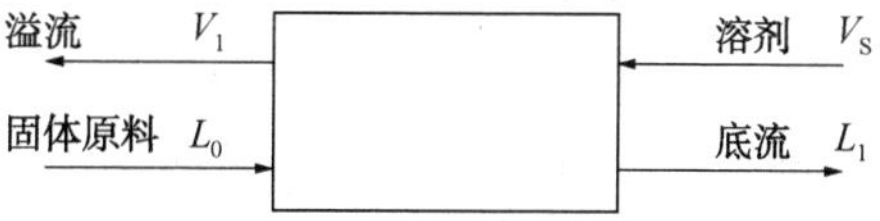

图 8-4　单级浸取示意图

图中 V_s——进入系统的新鲜溶剂的质量流量，kg/h 或 kg；V_1——离开系统的溢流液质量流量，kg/h 或 kg；L_0——进入系统的固体原料的质量流量，kg/h 或 kg；L_1——离开系统的固体物料的质量流量，kg/h 或 kg。

设 x 为离开系统的固体物料中的组分质量分率，y 为溢流中的组分质量分率，对系统进行物料衡算：

$$L_0+V_s=L_1+V_1=M \tag{8-4}$$

$$L_0x_{A0}+V_sy_{As}=L_1x_{A1}+V_1y_{A1}=Mx_{AM} \tag{8-5}$$

式中 M——L_0与 V_s 混合物的质量流量，kg/h 或 kg；

x_{AM}——混合物的组分 A 质量分率。

由此得

$$x_{AM}=\frac{L_0x_{A0}+V_sy_{As}}{L_0+V_s}=\frac{L_1x_{A1}+V_1y_{A1}}{L_1+V_1} \tag{8-6}$$

不溶固体的物料量为

$$B=L_0(1-x_{A0}) \tag{8-7}$$

单级浸取图解法如图 8-5 所示。点 V_s、L_0分别表示为溶剂与固体物料，表示混合物的点 M 为 $\overline{L_0V_s}$ 的内分点，其组成可由式(8-6)计算。因$y_{A0}=0$，式(8-6)可改写为

$$\frac{x_{AM}-y_{As}}{x_{A0}-x_{AM}}=\frac{L_0}{V_s}=\frac{\overline{MV_s}}{L_0M} \tag{8-8}$$

由此可说明用L_0与 V_s 的比值，可以从图上求出内分点 M。则L_1V_1为通过 M 点的结线，由此可从图上读出溢流(浸取液)和底流(浸余液)的组成，如果接触时间充分且能达到平衡状态时，$\overline{L_1V_1}$将通过原点 B。

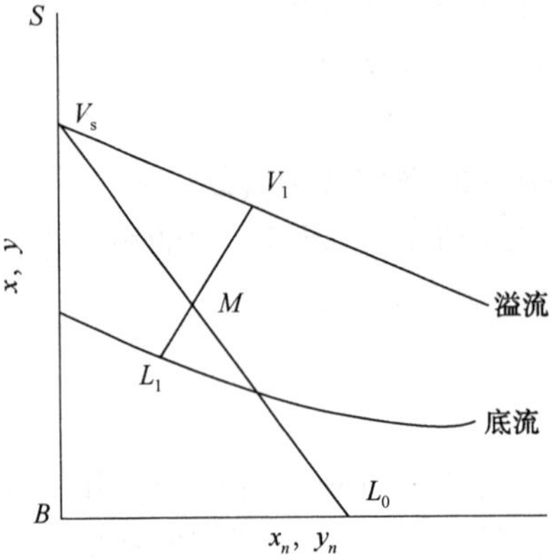

图 8-5　单级浸取图解法示意

2. 多级错流浸取

多级错流浸取示意图如图 8-6 所示。经过一次提取后的底流(物料)L_1在第 2 级又与新鲜溶剂接触，进行第二次浸取，这样重复进行的操作为多级错流浸取，在平衡图上的图解法表示如图 8-7 所示。

与单级浸取一样，由原物料L_0与溶剂 V_s 求出混合物的组成点M_1，通过M_1的结线与底流组成线及溢流组成线的交点分别为L_1、V_1。因在多级错流浸取中，每级都用新鲜溶剂处理，所以连接 V_s 与L_1，由L_1与 V_s 的比值求出L_1V_s 的内分点 M_2，同样可得到通过M_2的结线与底流组成线及溢流组成线的交点L_2、V_2。由此重复图解，就可以得到最终的提取液的浓度和所需的理论级数。

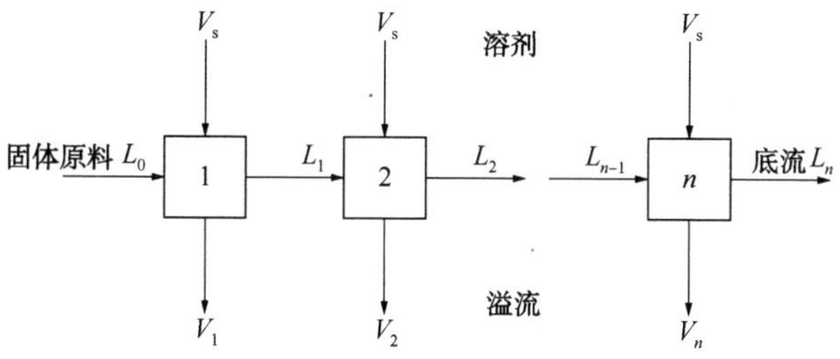

图 8-6　多级错流浸取示意图

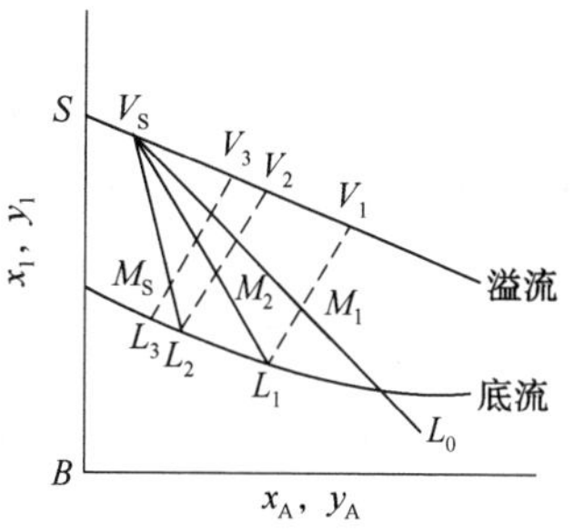

图 8-7　多级错流浸取图解法示意

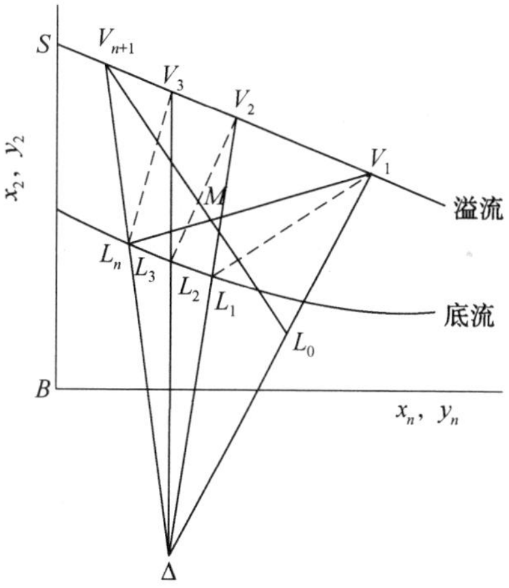

图 8-8　多级逆流提取的图解法示意

3. 多级逆流浸取

连续多级逆流浸取是最重要的固液浸取操作方式，流程如图 8-8 所示。图中V_{n+1}、L_0分别表示溶剂和固体物料，V_i、L_i分别表示第 i 级的溢流与底流，在连续多级逆流操作中，底流液与溶剂（溢流液）在各级中以相对方向流动，即由第 1 级流出的底流在第 2 级与由第 3 级流出的溢流相接触。

稳定操作时，由第 1 级到第 n 级作总物料衡算以及对溶质 A 作物料衡算可得

$$L_0+V_{n+1}=L_n+V_1=M \qquad (8\text{-}9)$$

$$L_0x_0+V_{n+1}y_{n+1}=L_nx_n+V_1y_1=Mx_M \qquad (8\text{-}10)$$

解出y_{n+1}并消去V_{n+1}得到操作线方程如下

$$y_{n+1}=\frac{L_n}{V_1+L_n-L_0}x_n+\frac{V_1y_1-L_0x_0}{V_1+L_n-L_0} \qquad (8\text{-}11)$$

若从各级流出的底流液恒定，则式（8-11）在 XY 坐标图上为直线；若底流液L_n不恒定，操作线的斜率将逐渐变化。在实际生产中底流液一般是不恒定的。

M 是根据L_0与V_{n+1}的比值求出的$\overline{V_{n+1}L_0}$的内分点，同时 M 点又是表示L_n和V_1混合物的点，所以 M、L_n和V_1应在同一直线上。连接底流组成线上的点L_n和 M 后延长与溢流组成线相交，交点即为V_1。一般如果确定了L_0、V_{n+1}、V_1和L_n四个量，则由V_{n+1}与L_0的比值确定溶剂比。上面四个量与溶剂比确定后，另一个量也能够确定。由各级的物料衡算得

$$L_0-V_1=L_1-V_2=\cdots=L_n-V_{n+1}=\Delta \qquad (8\text{-}12)$$

$$L_0x_0-V_1y_1=L_1x_1-V_2y_2=\cdots=L_nx_n-V_{n+1}y_{n+1}=\Delta x_{\Delta M} \qquad (8\text{-}13)$$

式(8-12)中Δ是图8-8中直线$\overline{V_{n+1}L_n}$和直线$\overline{V_1L_0}$的交点，而表示操作线的各直线L_1V_2，L_2V_3…均通过Δ点。当$L_0>V_1$时，Δ为正，Δ在溢流线之上；当$L_0<V_1$时，Δ为负，如图8-8中Δ在溢流线之下；x_Δ可取正负值。M、Δ是两个假想的量值。M是将多级提取过程视为单级提取时V_{n+1}与L_0的混合物，将这一混合物分离即可得到V_1和L_n。而Δ表示从第一级至第n级方向流动的净流率。

用图解法求级数时，可以从第一级或第n级开始，图8-8中为从第一级开始进行求解。由式(8-12)和式(8-13)先求出V_1，通过底流组成线和点V_1结线相交得L_1(平衡时，结线应通过原点B)，将Δ与L_1连接起来，其延长线与溢流组成线相交的交点为V_2，如此重复作图，直至第i级底流中溶质浓度$(x_A)_i \leq (x_A)_n$为止，结线的数目即等于级数。如果是在实际生产中得到平衡数值，则所得到的级数经圆整后即为实际所需的级数。

8.3.5 解析法

解析法的原理与图解法的原理一样，是应用平衡关系和物料衡算逐级进行计算，然后根据简单的假定推导出理论级数和浸取率的计算式。

1. 单级和多级错流浸取

如图8-9所示，做单级浸取时的物料衡算

溶质：

$$S_{F1}+s_0=S_1+s_1 \tag{8-14}$$

溶液：

$$W_{F1}+w_0=W_1+w_1 \tag{8-15}$$

通常S_{F1}、s_0、W_{F1}、w_0为已知值，因此若给定上述两式中右边两个未知数中的一个，即可解出上述方程式。

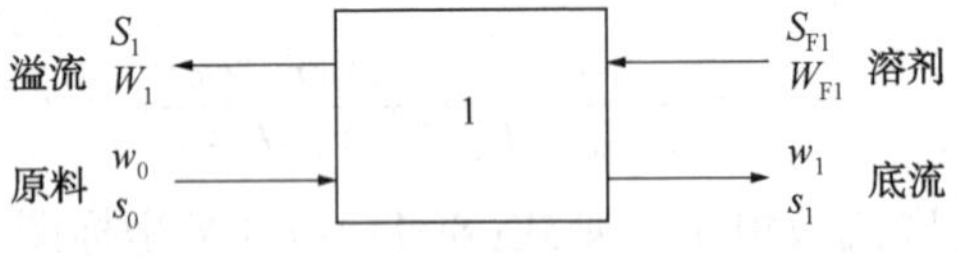

图8-9　单级浸取解析法

多级错流浸取过程如图8-10所示，物料衡算可以表示为

溶质：

$$S_{F2}+s_1=S_2+s_2 \tag{8-16}$$

溶液：

$$W_{F2}+w_2=W_2+w_2 \tag{8-17}$$

假定：①底流液流量恒定；②溢流中不含有固体；③液固接触时间充足，达到平衡。用溶剂比α来表示溢流液和底流液的比值，则有

$$\frac{S_1}{W_1}=\frac{s_1}{w_1}，\ \frac{S_2}{W_2}=\frac{s_2}{w_2} \tag{8-18}$$

$$S_1=\frac{W_1}{w_1}s_1=\alpha_1 s_1，\ S_2=\frac{W_2}{w_2}s_2=\alpha_2 s_2 \tag{8-19}$$

假定各级进料的量都相等，则各级溢流液量也相等，即：

$$w_1=w_2=\cdots=w=定值$$

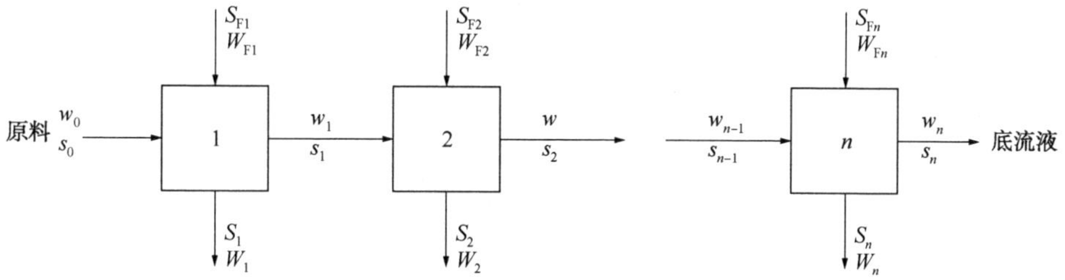

图 8-10　多级错流浸取解析法

各级所用的溶剂量相等，即：

$$W_{F2}=W_{F3}=\cdots=W_{Fn}=W=定值$$

所以：

$$w_0\neq w_1=w，\ W_F\neq W_1=W$$

w_0可以取任意值。由以上假定可以得：

$$\alpha_1=\alpha_2=\cdots=\alpha \tag{8-20}$$

由此可见，在各级中溢流液量与底流液量的比值 α 也为定值。

假定加入各级中的溶剂不含有溶质时，$S_{Fn}=0$，由式(8-14)、式(8-19)、式(8-20)可得：

$$s_0=s_1+S_1=s_1+\alpha s_1=(1+\alpha)s_1$$

$$s_1=\frac{s_0}{1+\alpha} \tag{8-21}$$

同样可得：

$$s_2=\frac{s_1}{1+\alpha}=\frac{s_0}{(1+\alpha)^2}$$

由此可得 n 级浸取时为：

$$s_n=\frac{s_0}{(1+\alpha)^n} \tag{8-22a}$$

$$\frac{s_n}{s_0}=\frac{1}{(1+\alpha)^n} \tag{8-22b}$$

式中　s_n——经过 n 级浸取后原料中的溶质量；

s_0——最初原料中的溶质量；

α——各级溢流液量和底流液量的比值。

在各级底流液量与最初固体原料中溶液量相等时：

$$w_0 = w, \quad W_{F1} = W_{F2} = \cdots = W_{Fn} = W \tag{8-23}$$

α 为各级加入溶剂量与底流液量之比。在 n 级错流浸取时，如果将一定量的溶剂进行 n 等分，则各级中的溶剂量为 α/n，则：

$$s_n = \frac{s_0}{\left[1+\left(\frac{\alpha}{n}\right)\right]^n} \tag{8-24a}$$

$$\frac{s_n}{s_0} = \frac{1}{\left[1+\left(\frac{\alpha}{n}\right)\right]^n} \tag{8-24b}$$

当进行浸取时用一定数量的溶剂，则采用单次溶剂量少而次数多的浸取，要比单次溶剂量多而次数少的浸取效果好。

2. 多级逆流浸取

多级逆流浸取的解析计算方法较多，有 Baker 式、McCabe－Smith 式、Kremser 式及陈氏式等。

（1）Baker 式：图 8-11 所示的是多级逆流浸取，以载体量为基准，对任意的一级中 i 的溶液和溶质进行物料衡算为：

$$W_i + w_i = W_{i+1} + w_{i-1} \tag{8-25}$$

$$S_i + s_i = S_{i+1} + s_{i-1} \tag{8-26}$$

式中：$i=1-n$。通常将w_i、s_i表示为S_i/W_i的函数关系如下：

$$s_i = f\left(\frac{S_i}{W_i}\right) \quad w_i = g\left(\frac{S_i}{W_i}\right) \quad i=1, 2, \cdots, n \tag{8-27}$$

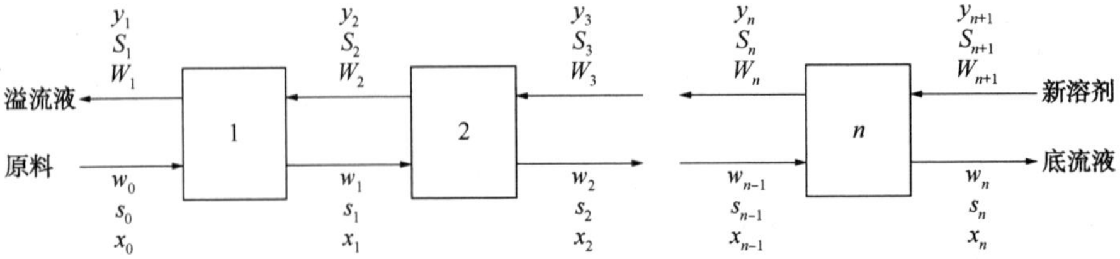

图 8-11　多级逆流浸取解析法

假定：①各级均达到平衡，即：

$$\frac{S_i}{W_i} = \frac{s_i}{w_i} \quad i=1, 2, \cdots, n \tag{8-28}$$

② 各底流液量一定。即

$$w_i = w = \text{定值} \quad i=1, 2, \cdots, n$$

在一般原料中，若不含溶剂或含有任意量的溶剂，则$w_0 \neq w$。当底流液流量一定时，由第 2 级以后的各级进行物料衡算得$W_i = W$，$i=2, 3, \cdots, n$。$n=1$ 时，$W_1 \neq W$。从第 2 级以后的各级中溢流液量与底流液量的比值一定，设为 α，则由式(8-28)可得

$$S_i = \alpha s \quad i=2, \cdots, n \tag{8-29}$$

在 $n=1$ 时，$S_1 = \alpha_1 s_1$，式中$\alpha_1 \neq \alpha$。应用上述假定，对 n 级的溶质进行衡算得

$$s_{n-1} = s_n + S_n - S_{n+1} = s_n(1+\alpha) - S_{n+1} \tag{8-30}$$

对 n 级与 $n-1$ 级的溶质进行衡算得

$$\begin{aligned} s_{n-2} &= s_n + S_{n-1} - S_{n+1} = s_n + \alpha s_{n-1} - S_{n+1} \\ &= s_n \alpha[s_n(1+\alpha) - S_{n+1}] - S_{n+1} \\ &= s_n(1+\alpha+\alpha^2) - S_{n+1}(1+\alpha) \end{aligned} \tag{8-31}$$

同理可得

$$s_{n-3} = s_n(1+\alpha+\alpha^2+\alpha^3) - S_{n-1}(1+\alpha+\alpha^2)$$

$$s_{n-(n-1)} = s_1 = s_n(1+\alpha+\alpha^2+\cdots+\alpha^{n-1}) - S_{n+1}(1+\alpha+\alpha^2+\cdots+\alpha^{n-2}) \tag{8-32}$$

$$s_1 = s_n \frac{\alpha^n - 1}{\alpha - 1} - S_{n+1} \frac{\alpha^{n-1} - 1}{\alpha - 1} \tag{8-33}$$

总的物料衡算为

$$s_0 = s_n + S_1 - S_{n+1} = s_n + \alpha_1 s_1 - S_{n-1} \tag{8-34}$$

将式(8-33)代入式(8-34)得

$$s_0 = s_n + \alpha_1 \left[s_n \frac{\alpha^n - 1}{\alpha - 1} - S_{n+1} \frac{\alpha^{n-1} - 1}{\alpha - 1} \right] - S_{n+1} \tag{8-35}$$

$$\frac{s_0}{s_n} = 1 + \alpha_1 \left(\frac{\alpha^n - 1}{\alpha - 1} \right) - \frac{S_{n+1}}{s_n} \left[1 + \alpha_1 \left(\frac{\alpha^{n-1} - 1}{\alpha - 1} \right) \right] \tag{8-36}$$

式(8-36)称为 Baker 式，表示溢流液与底流液之比、原料中溶质的量与最终溶质量的比值、级数及溶剂中溶质的量之间的关系。

(2) Baker 式的简化：在 Baker 式中，若溶剂中不含溶质，则$S_{n+1}=0$，式(8-36)变为

$$\frac{s_0}{s_n} = 1 + \frac{\alpha_1(\alpha^n - 1)}{\alpha - 1} \tag{8-37}$$

如果 $\alpha = \alpha_1$，由式(8-36)得

$$\frac{s_0}{s_n} = \frac{\alpha^{n+1} - 1}{\alpha - 1} - \frac{S_{n+1}(\alpha^n - 1)}{s_n(\alpha - 1)} \tag{8-38}$$

当$S_{n+1}=0$，$\alpha=\alpha_1$，则可进一步简化为

$$\frac{s_0}{s_n}=\frac{\alpha^{n+1}-1}{\alpha-1}=1+\alpha+\alpha^2+\cdots+\alpha^n \tag{8-39}$$

通常，在原料中不含溶剂($w_0=s_0$)和溶剂中也不含溶质($S_{n+1}=0$)的情况下，由式(8-37)可得

$$\alpha^n=\left(\frac{s_0}{s_n}-1\right)\left(\frac{\alpha-1}{\alpha_1}\right)+1 \tag{8-40}$$

由于 $\alpha=\frac{W}{w}$，$\alpha_1=\frac{W_1}{w}$，因此

$$\begin{gathered}\alpha-1=\frac{W-w}{w}=\frac{W_{n+1}-w_n}{w}=\frac{W_1-s_0}{w}\\ \frac{\alpha-1}{\alpha_1}=\frac{W_1-s_0}{W_1}=1-\frac{s_0}{W_1}\end{gathered} \tag{8-41}$$

将式(8-41)代入式(8-40)，可得

$$\alpha^n=\left(\frac{s_0}{S_n}-1\right)\left(1-\frac{s_0}{W_1}\right)+1=\frac{s_0}{s_nW_1}(W_1-s_0+s_n)$$

因$S_{n+1}=0$，由总的溶质衡算可得

$$s_0=S_1+s_n$$

所以

$$\begin{gathered}\alpha^n=\frac{s_0}{s_nW_1}(W_1-S_1)=\frac{s_0}{s_n}\left(1-\frac{S_1}{W_1}\right)\\ \frac{s_0}{s_n}=\frac{\alpha^n}{1-\frac{S_1}{W_1}}\end{gathered} \tag{8-42}$$

式(8-42)表示原料中的入口与出口溶质的浓度比、级数及最终浸取液的浓度之间的关系。以上各式是以溶液量来表示的，若以溶剂量为基准，也可以推导得出类似的计算式。

8.4 浸取过程工艺条件选择

在固液浸取过程中，影响固液相平衡和浸取效率的因素主要有：固体物料的预处理、溶剂的性质、浸取温度、浸取时间和外力等。针对不同特点的矿物、动物药和植物药，影响程度各有不同。

8.4.1 固体原料的预处理

为了能够使固体原料中的溶质较快地接触到溶剂，在固体浸取过程中对固体原料进行预处理非常必要。预处理包括粉碎、研磨、切片及造型等。

固体原料有不同的结构特性，溶质可能在不溶性固体表面，也可能被不溶性固体包覆。溶质有可能为化学结合，也有可能像在动植物中那样存在于细胞中。

溶剂很容易浸取不溶性固体表面上的溶质，而对于不溶性固体包覆的溶质，溶剂必须先扩散到固体内部，溶解溶质后，再一起扩散出来。在此种情况下，将固体物料磨细、粉碎或切成碎片，可以增加固体原料与溶剂接触的表面积，从而使浸取的速度能够显著提高。但考虑到浸取过程中及粉碎后续的液固分离的费用，需选择一个经济合理的颗粒大小。

在动植物原料中，因为溶质存在于细胞中，若细胞壁没有破裂，溶质通过细胞壁的渗透行为来进行浸取作用。细胞壁产生的阻力会使浸取速率变慢，但如果将原料磨碎，破坏全部的细胞壁，也是不可取的，因为会浸取出来一些相对分子质量较大的组分，导致溶质精制困难。所以工业上把这类原料加工成一定形状，如在甜菜浸取中，将甜菜加工成甜菜丝；在植物籽浸取中，将其压制成薄片形状；在中药浸取过程中，加工成饮片。这样操作既增加了表面积，同时又使较少量的细胞壁破裂，溶剂可以在不溶性固体中自由流动，达到浸取的目的。

8.4.2 浸取剂的选择

浸取剂和液液萃取剂的选择类似。在选择溶剂时，不但要考虑溶剂本身的渗透能力，而且还要关注溶剂的溶解特性，按照相似相溶的原理来筛选合适的溶剂。即当提取极性成分时，要选用极性较强的溶剂；当提取非极性成分时，要选用非极性溶剂。同时所选溶剂还必须能够高选择性地溶解溶质，这样可以减少浸取液的精制成本。

溶剂对溶质的饱和溶解度要大，可以得到高浓度的浸取液。若溶质的溶解度小，要消耗过多的溶剂，而且所得到的浸取液中溶质浓度低，在进行溶剂回收时需要消耗较多的能量。

从溶剂回收角度看，溶剂的沸点应该低一些。如果在常压下操作，则沸点是浸取温度的上限。黏度和密度对扩散系数、固液分离、搅拌的动力消耗等均有影响。同时，还必须考虑溶剂的价格、毒性、燃烧、爆炸、腐蚀性等有关问题。在矿物浸取中，常用一些强酸(盐酸、硫酸、硝酸等)、强碱(氢氧化钠等)作为溶剂。

如果溶剂用量较少，导致组织内外迅速达到平衡，由于饱和限制而降低提取率。用量过多，不但提取时间延长，而且浪费试剂。溶剂的用量由浸取过程所需条件及溶剂回收要求来决定。

8.4.3 浸取温度的选择

通常情况下，随着温度的升高，分子热运动加快，可以缩短平衡时间，提高浸取率，且溶质在溶剂中的溶解度一般随着温度升高而增大，浸取液中的溶质浓度也会增高，同时黏度减小，扩散系数增大，浸取速率增快。但为了避免杂质过多浸出，或者高温引起化学反应，浸取温度不能过高。若浸取温度达到或超过沸点温度，浸取设备必须耐压，从而增加设备费用，所以一般浸取温度在所选用溶剂的沸点以下或接近沸点温度。

对于某些植物成分来说，升高温度反而降低了其在溶剂中的溶解度，如葛根素；另外，某些组分受热会发生分解或变性，如含淀粉较多的材料受热后，淀粉煳化而影响溶出。因此在浸取过程中，要根据具体情况选择适宜的温度。

8.4.4 浸取时间的选择

通常浸取量随浸取时间单调增加，浸取时间越长越有利于浸取。但达到平衡以后，浸取过程已完成，延长时间浸取量不再增加。同时，长时间的浸取可能会使大量杂质溶出，影响浸取液的质量。在中药提取中，长时间的浸取还会使苷类等有效成分被体系中的酶分解。

8.5 浸取过程设备

固液浸取操作包含固体物料中的溶质溶解在溶剂中的过程以及浸取液与固体残渣分离的过程。浸取液与固体残渣通常不易分离完全，通常需要反复洗涤以回收浸取后残渣中吸附的溶质。

浸取设备的操作方式有间歇式、半连续式和连续式。按照固液两相的运动方式，可以分为移动床、固定床、分散接触式；按照固体原料与溶剂的接触方式，可以分为单级接触、多级接触与微分接触型。

选择设备时，通常根据所处理固体原料的颗粒大小、形状、处理难易、物理性质及所需费用来决定，如处理量大通常选用连续浸取设备。在浸取操作过程中，为了避免固体物料的移动，可采用固定床串联，能够使浸取液通过固定床后连续取出，也可采用间歇式或半连续式的固定床。

8.5.1 渗滤浸取的设备

1. 分批操作的渗滤器

(1) 堆积浸取。堆积浸取(简称堆浸)是一种简单的浸取操作，即将粗碎矿石堆积在不发生渗透性的床面上，然后将浸取剂喷洒在上面。如从硝石中提取盐时，在不发生渗透性的床面上堆积原料，且在上面喷洒水，经渗滤所获得的浸取液经过自然蒸发即可得到粗盐。又如在含铜硫化铁矿的矿场上，把粗碎矿石按10°倾角堆积到6~9m高后，在上面喷洒浸取剂，矿石遇适当的水分后在空气中发生氧化反应，铜就成为可溶性盐而被浸出。为了让氧化时间更充分，浸取剂采用间歇喷洒。浸取液流过铁屑，将金属铜置换出来。

（2）矿床内浸取。矿床内浸取是就地浸取，直接从矿床中将有利用价值的金属进行回收。如用坑道水循环对含铜0.5%的硫化铜矿处理，从而廉价回收铜。

（3）渗滤器。粗大颗粒固体可以用移动床或固定床渗滤器进行浸取。将待浸取固体装入渗滤器后，用溶剂渗滤、浸渍且间歇排泄浸取液。为了有最大的空隙率，槽内应该放颗粒均匀的固体，从而降低床层阻力和减少沟流。槽的底部安装多孔板，固体原料堆放在上面。

渗滤器也可以联组操作。如图8-12表示多个间歇浸取器组成的浸取器组，可用于制糖工业或提取药物。在制糖工业操作中，利用几个至十几个浸取器联组，用71~77℃的热水把糖从含糖18%的甜菜中浸取出来，糖的收率达95%~98%，浸取液的最终浓度可达12%。在丹宁的浸取操作中，用高度为4.6~7.6m、直径为1.5~2.4m的提取器组，采用完全浸泡及间歇脱水的方式来进行浸取。

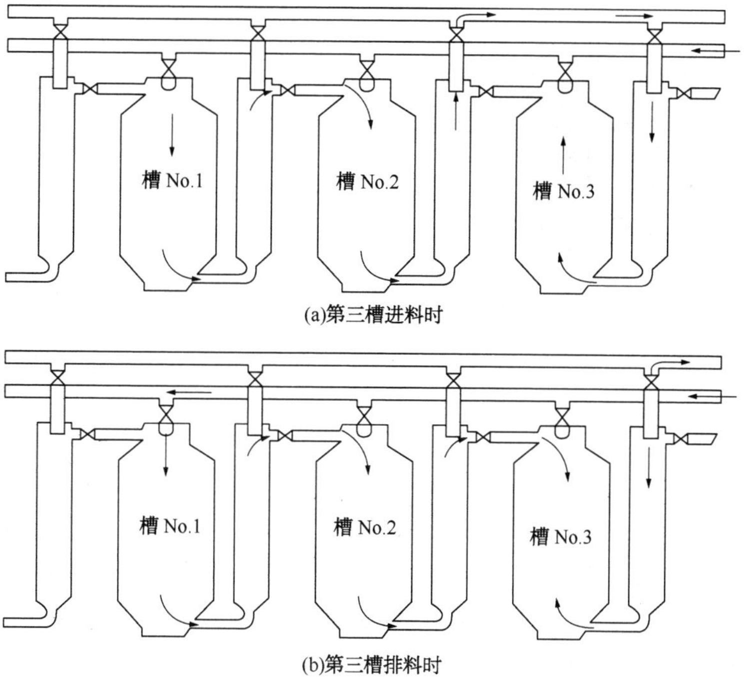

图8-12 浸取器组示意图

2. 连续操作的渗滤器

移动床中进行固体浸取的渗滤器有 Bollman、Kennedy、Rotocel 及环形浸取器等。可用于有机溶剂从蓖麻籽、棉籽、大豆及其他植物籽中提取植物油。通常将这些植物籽用挤压的方法加工成片状有利于浸取。

（1）Rotocel 浸取器。Rotocel 浸取器由美国 Kellogg 公司开发，1949 年开始用于工业化生产，这种浸取器的处理能力大。美国很多都是采用这种大容量的连续浸取的 Rotocel 浸取器，且已建成每天能够处理 18000t 物料的大型 Rotocel 浸取器。我国在菊花晶和大豆等提取过程中也采用了此类浸取器。

Rotocel 浸取器的结构如图 8-13 所示。类似于间歇逆流多级接触的浸取器组，由中心部分连通且互相垂直的两个槽组成，浸取器内侧的槽被隔开成 20 个相等的扇形单元，整个槽在圆形轨道上以大约 40r/min 的转速慢慢旋转。固体物料从某一固定地点连续加入后，就受到多股溶剂的喷淋，每一股溶剂都依次比前面一股溶剂稀，且排出物料前还要用纯溶剂进行洗涤。各个单元的底板都有翻板，浸取完成后，浸取残渣就会落下。为了防止溶剂的蒸汽外逸，浸取槽外侧装有密封罩。槽的底部设有残渣和溶液接收器。残渣接收器接收分离下来的残渣后，推出槽外；溶液接收器主要接收由各个单元流下来的溶液后，用泵再将其输送到隔室的上方，作为溶剂喷淋下来。

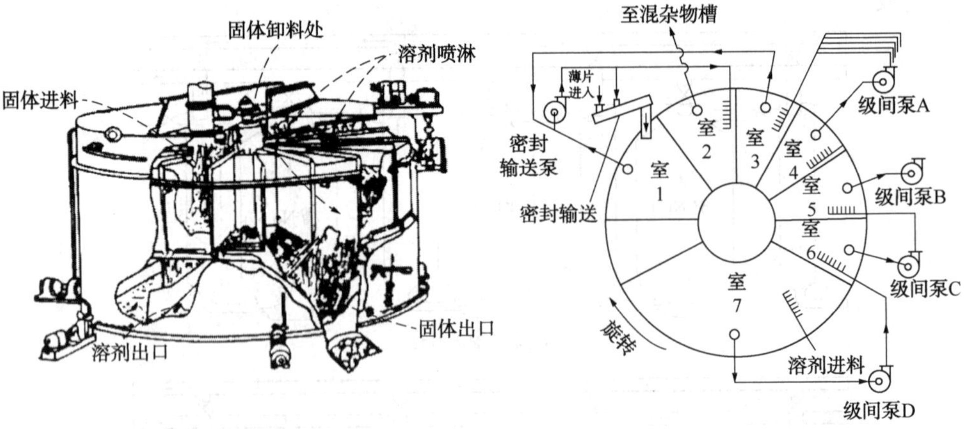

(a)Rotocel 浸取器　　(b)Rotocel 浸取器原理

图 8-13　Rotocel 浸取器的示意图

（2）Bollman 浸取器。图 8-14 为 Bollman 浸取器示意图，是一种移动床式的连续浸取器，包含一串带孔的料斗，类似斗式提升机，料斗被安装在密封的设备中。固体物料从向下移动的那一侧顶部的料斗加入，从向上移动的一侧顶部的料斗中被排出。即将排出的固体物料被溶剂喷淋，喷淋后的溶剂经料斗向下流动，从而达到逆向流动。然后使溶剂以并流的方式向下流过其余料斗且与物料进行接触。典型的 Bollman 浸取器每小时转一圈，每斗可以装 360kg 物料，每天能够处理 50~500t 固体物料。Bollman 浸取器中因为固体没有搅拌以及最后的浸取液是并流操作的，所以它可处理薄片物料。但是此类设备中只有部分是采用逆流流动的，且有时还会发生沟流现象，故效率比较低。

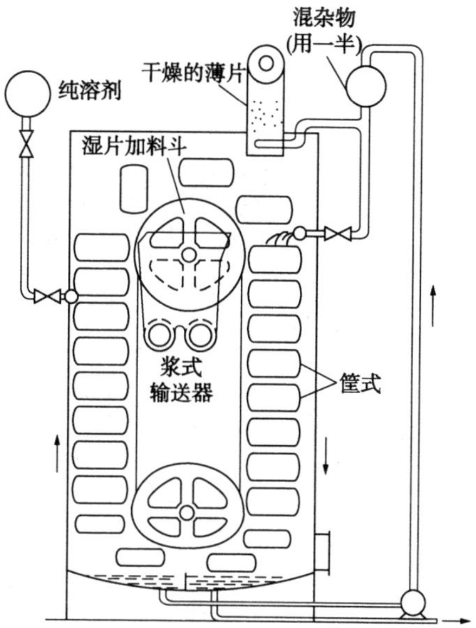

图 8-14　Bollman 浸取器示意图

（3）Kennedy 浸取器。Kennedy 浸取器结构如图 8-15 所示。它由一组槽串联组成，固体在叶轮的带动下，由一个槽被输送到另一槽中。所以此种浸取器实际上就是一个渗滤器。

当固体被叶轮叶片提升到槽内液面上方并被倾倒入下一个槽子时，固体中的液体就被放出来。浸取过程中，固体从一个槽子到另一个槽子的移动方向与溶剂的流动方向相反，形成逆流浸取，具有较高的浸取效率。

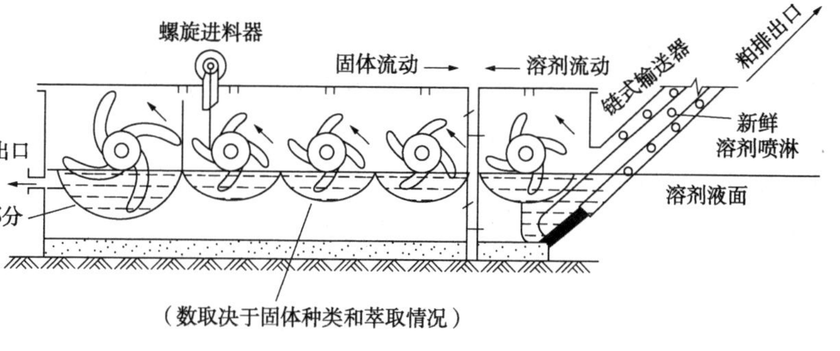

图 8-15　Kennedy 浸取器示意图

（4）环形浸取器。环形浸取器由美国皇冠公司 20 世纪 70 年代开发，具有喷淋式同时又具有浸泡式浸取器的优点，日处理量可以达 1000~1500t，结构如图 8-16所示。固体物料从进料口加入浸取器以后，先经过预喷淋浸取段再进入流化浸取段，然后在环形浸取器的下部进行多次浸泡或喷淋，再在右边弧形部分被提升上去后，与新鲜的溶剂逆流从而进行连续的浸取，最后被新鲜溶剂喷淋、冲洗且沥干，固渣由螺旋输送器排出。

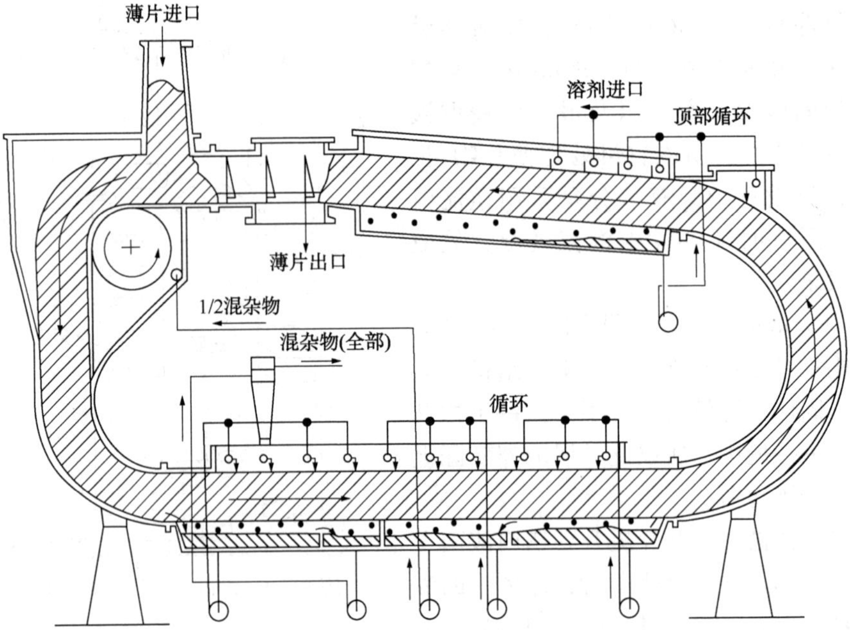

图 8-16　环形浸取器

8.5.2　分散式固体浸取设备

1. 搅拌式浸取槽

(1) 粗粒原料搅拌式浸取槽。粗粒原料用的搅拌式浸取槽可分为立式搅拌桨浸取槽、卧式搅拌桨浸取槽和回转圆筒式浸取槽等类型，见图 8-17。

卧式搅拌桨浸取槽操作时，把原料装入后密封，然后一边搅拌原料，一边通过喷嘴将新溶剂喷入，此后在不搅拌的情况下由同一个喷嘴将已溶解了溶质的溶剂排出。经过三次或三次以上这样的重复操作后，用蒸汽夹套加热，蒸发附着在残渣上的溶剂，或者由槽底部的喷嘴直接吹入蒸汽蒸出溶剂。蒸汽进行冷凝回收，脱去溶剂的残渣由螺旋输送器排出。

立式搅拌桨浸取槽能够用于植物籽的浸取，蒸汽盘管安装在底部，可以直接喷蒸汽进行加热，此种形式的设备可广泛应用于半连续的浸取或间歇浸取中。

回转式浸取槽主要用于提取浸取较困难的漂白土、压榨过的残渣、泥状物料及胶体粉末。工业上广泛采用具有外夹套蒸汽加热的水平圆筒形的设备，有利于均匀加热和浸取器的旋转。

(2) 细粒原料搅拌式浸取槽。在浸取槽中，用搅拌的方式使细粒原料悬浮在溶剂中，经过一定时间的浸取后，在同一槽中或在另一槽中使固体粒子沉降，或者用过滤的方式使固液分离，搅拌形式有空气搅拌和机械搅拌两种。

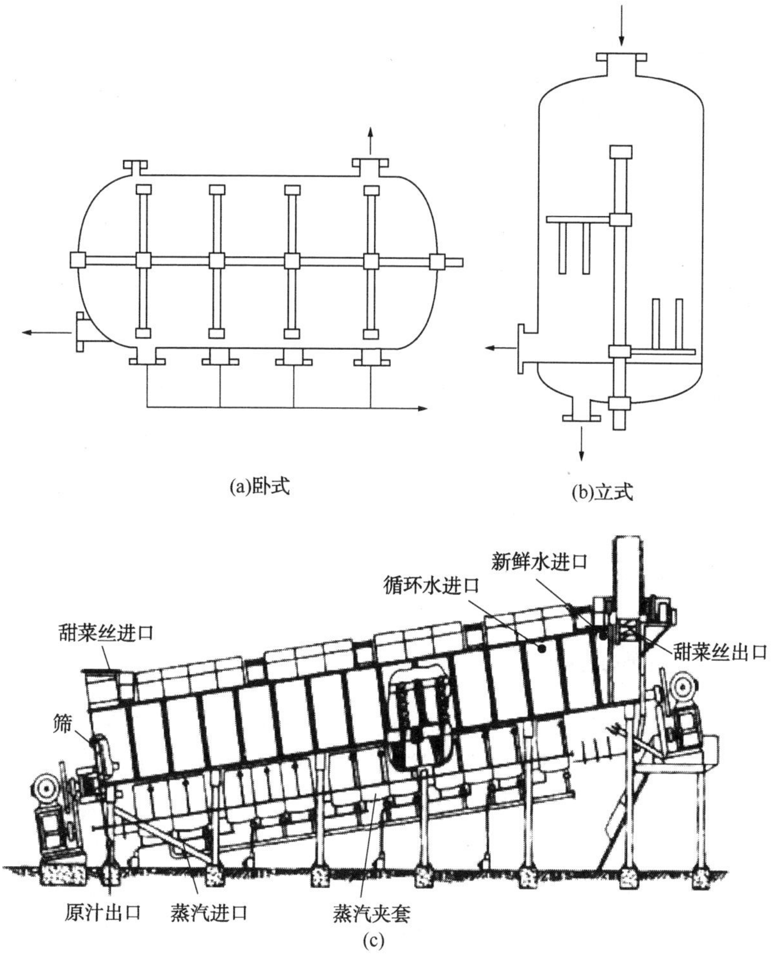

图 8-17　搅拌式浸取器(粗粒原料)

图 8-18 为空气搅拌的 Pachuca 槽。槽用金属、水泥或木材制造，成本低，可长期操作。在槽的中部，从锥形底到液面附近有一根垂直管，从管的下部吹入空气，空气与悬浮液在管内急剧上升，悬浮液在垂直管的外侧向槽的底部流动，从而形成循环。

2. 连续分散的浸取器

典型的连续分散浸取器 Bonotto 浸取器结构如图 8-19 所示，是一种垂直型板式浸取器，在长圆柱塔内等距离设置水平圆板，水平圆板会以一定的速度旋转。板上刮刀推动固体移动。相邻两板的开孔互相错开 180°，固体物料从塔的顶部加入，依次通过各板，直到降至塔的底部，最后由螺旋输送器排出。浸取剂从塔的底部进入，向上流动。

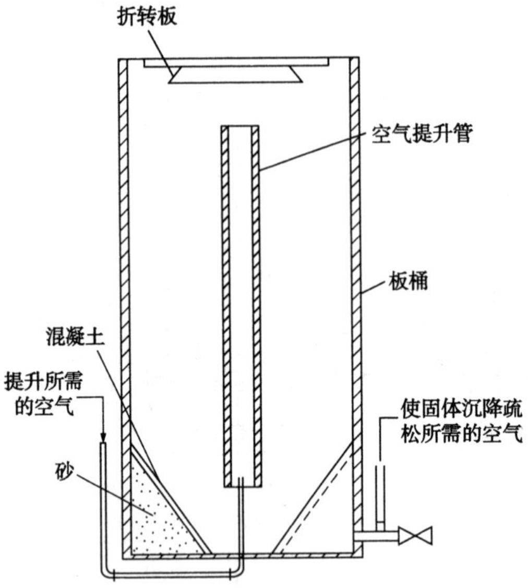

图 8-18　Pachuca 槽

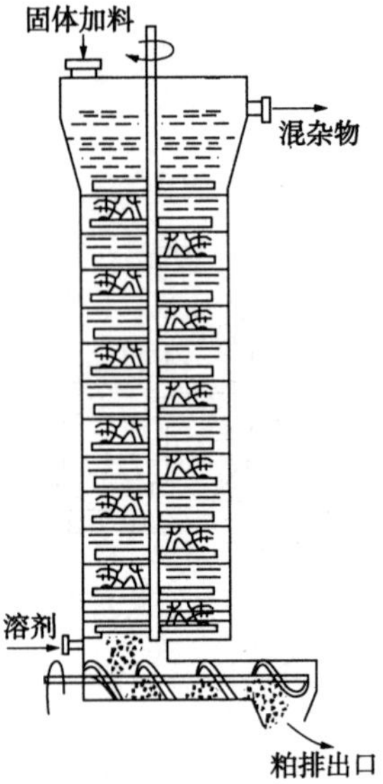

图 8-19　Bonotto 浸取器

8.5.3　螺旋输送浸取器

螺旋输送浸取器[如图 8-20(a)所示]是在一个 U 形浸取器中，分别装三组螺杆输送固体。在螺旋表面上开孔，溶剂可通过孔进入另一螺旋中与固体逆流接触。螺旋的转速以固体排出口能够达到紧密程度为宜，螺旋输送器主要用于处理渗透性、轻质的固体物料。

其他形式的螺旋输送浸取器，如双螺旋浸取器[如图 8-20(b)所示]，水平部分的螺旋用于浸取，倾斜部分的螺旋用于洗涤、脱水及排出浸取过的固体。

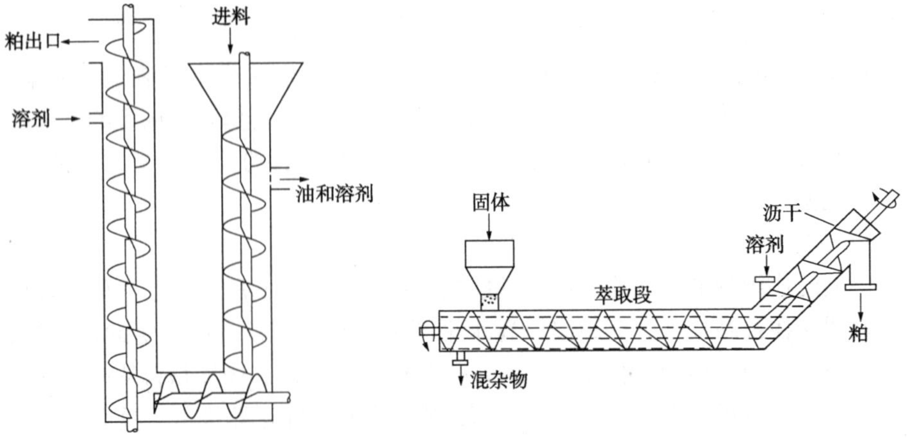

(a)螺旋输送浸取器　　(b)双螺旋浸取器

图 8-20　螺旋输送浸取器

9 膜分离技术

9.1 概述

早在18世纪初，人们就已经注意到膜分离现象。早期研究所用的分离膜是天然的，如猪和牛的膀胱、动物的肠衣等。20世纪50年代，Juda试制成功了具有高选择透过性的阴、阳离子交换膜使得电渗析(Electrodialysis，ED)进入实用阶段。60年代Loeb和Sourirajan的不对称反渗透膜制备取得突破性进展后，反渗透(Reverse Osmosis，RO)成为较经济的海水淡化技术。70年代超滤(Ultrafiltration，UF)得到工业应用，90年代开发了渗透蒸发(Pervaporation，PV)技术。进入21世纪，各种性能优异的膜不断被开发出来的同时，卷式和中空纤维式膜组件的发明，使膜分离技术的优势不断强化，在海水淡化、苦咸水脱盐、废水处理、生物制品的提纯等越来越多的领域得到应用。

膜分离技术发展迅速是因为膜分离对混合物中各组分的选择性很高，通常在分离过程中混合物主体没有相变，所用的设备装填密度大、效率高，因而在分离许多体系时与传统方法相比具有高效、节能、环保等优点。比如，利用渗透蒸发过程进行醇类恒沸物的脱水，能耗仅为常规恒沸精馏的1/2～1/3，且不使用苯等挟带剂。目前膜分离技术已发展成为一种重要的分离方法，但关于分离膜的基础理论及应用研究还不够深入，以至于在许多领域内膜分离技术还没有大规模应用。膜分离技术目前尚处于诱导期，未来将进入全面发展阶段。

9.2 膜的分类

尽管商业化的分离膜种类繁多，分离机理和使用方法差异很大，但它们具有共同的特性——选择透过性。如图9-1所示，膜是分离两相和作为选择性传递物质的屏障。膜可以是固态，也可以是液态；膜可能是均质结构，也可能是非均质结构；膜可以是电中性，也可以带电荷；膜传递过程可以是主动过程，也可以是被动过程。主动传递过程的推动力可以是压力差(Δp)、浓度差(Δc)或电位差($\Delta \Psi$)。膜可以按不同标准进行分类。

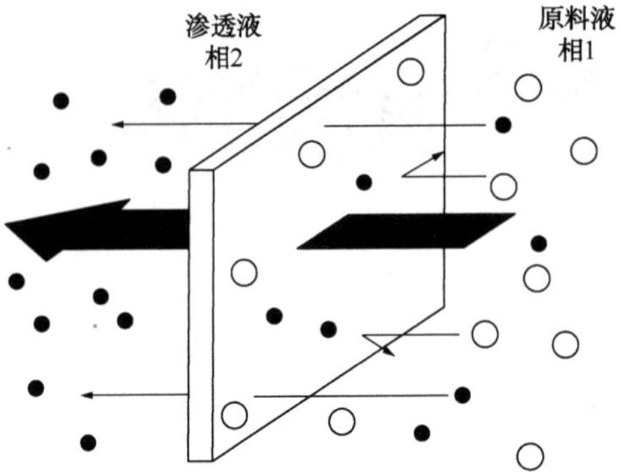

图 9-1　选择透过性分离膜

9.2.1　按膜结构分类

膜的结构决定了分离机理，分类如图 9-2 所示。传质阻力由膜的总厚度决定，降低膜的厚度可提高渗透速率。对称膜的厚度一般在 10～200μm；不对称膜由厚度 0.1～0.5μm 的致密皮层和 50～150μm 的多孔支撑层构成，由于起分离作用的皮层致密且厚度很小，所以同时具有高选择性和高渗透速率。不对称膜中的皮层和支撑层由不同的聚合物材料制成，可以针对分离要求分别进行优化，使膜整体性能达到最优。

- 固膜
  - 对称膜
    - 柱状孔膜
    - 多孔膜
    - 均质膜
  - 不对称膜
    - 多孔膜
    - 具有皮层的多孔膜
    - 复合膜
- 液膜
  - 存在于固体多孔支撑层中的
  - 以乳液形式存在的

图 9-2　按膜结构进行分类

9.2.2　按化学组成分类

不同组成的膜材料在化学稳定性、热稳定性、机械性能和亲和性能方面有明显的差异。目前已有数十种材料用于分离膜的制备，如表 9-1 所示。

纤维素类是应用最早，也是应用最广泛的膜材料，主要用于反渗透膜、纳滤膜、超滤膜、微滤膜、透析膜中，在气体分离膜和渗透汽化膜中也有应用。由于纤维素类膜在较高温度、酸性和碱性条件下易水解，并且易被微生物分解，所以耐久性较差。聚酰胺和芳香杂环类材料聚合制备复合反渗透膜，性能优于纤维素类膜。聚酰亚胺是近年开发应用的耐高温、耐化学试剂的优良膜材料，已用于反渗透膜、超滤膜、气体分离膜。聚砜类是反渗透膜、超滤膜、微滤膜和气体分离膜的重要材料。聚烯烃类、硅橡胶类、含氟聚合物、聚碳酸酯等可用作气体分离膜和渗透汽化膜的材料。无机材料如玻璃已被用于制备中空纤维形式的反渗透膜和超滤膜，陶瓷和金属可用于制备超滤膜和微滤膜。

表 9-1　膜材料的分类

有机材料	纤维素类	二醋酸纤维素、三醋酸纤维素、醋酸丙酸纤维素、硝酸纤维素等
	聚酰胺类	尼龙-66、芳香聚酰胺、芳香聚酰胺酰肼等
	芳香杂环类	聚哌嗪酰胺、聚酰亚胺、聚苯并咪唑、聚苯并咪唑酮等
	聚砜类	聚砜、聚醚砜、磺化聚砜、磺化聚醚砜等。
	聚烯烃类	聚乙烯、聚丙烯、聚丙烯腈、聚乙烯醇、聚丙烯酸等
	硅橡胶类	聚二甲基硅氧烷、聚三甲基硅烷丙炔、聚乙烯基三甲基硅烷
	含氟聚合物	聚全氟磺酸、聚偏氟乙烯、聚四氟乙烯等
	其他	聚碳酸酯、聚电解质
无机材料	陶瓷	氧化铝、氧化硅、氧化锆等
	玻璃	硼酸盐玻璃
	金属	铝、钯、银等

9.2.3　按分离机理分类

根据分离机理，膜可分为多孔膜、无孔膜和载体膜。多孔膜是根据颗粒大小进行分离的，主要用于超滤和微滤。无孔膜利用分离体系中各组分溶解度或扩散系数的差异进行分离，主要用于气体分离、透析、蒸汽渗透等过程。载体膜通过载体分子对某一组分高度专一的亲和性来实现不同组分间的分离。通过膜的组分可以是气体、液体、离子或非离子。

9.2.4　按几何形状分类

无论在实验室或工业规模的膜分离装置中，膜都被制作成一定形状的组件。膜组件的几何结构有板框式、管式、卷式和中空纤维式，相应的膜的几何形状主要有平板式、管式、毛细管式和中空纤维式。后三种皆为管状膜，差别主要是直径不同：直径>10mm 的为管式膜；直径在 0.5～10mm 的是毛细管式膜；直径<0.5mm的为中空纤维膜。管状膜直径越小则单位体积的膜面积越大。

9.3 典型的膜分离过程

膜分离过程是以选择性透过膜为分离介质，在两侧施加某种推动力，原料侧组分选择性透过分离膜，从而达到分离或提纯的目的。不同的膜分离过程中所用的膜结构、材质和选择特性有所差异；被膜隔开的两相可以是液态，也可以是气态；推动力可以是压力梯度、浓度梯度、电位梯度或温度梯度。本节主要介绍反渗透、纳滤、超滤、微滤、透析、电渗析、载体促进传递、渗透汽化、膜精馏、膜萃取和气体分离等典型膜分离过程(表 9-2)。

表 9-2 典型的膜分离过程

膜过程	相 1*	相 2	推动力	分离机理	渗透物	截留物	膜结构
微滤	L	L	压力差(0.01~0.2MPa)	筛分	水、溶剂溶解物	悬浮物、颗粒、纤维和细菌(0.01~10μm)	对称和不对称多孔膜
超滤	L	L	压力差(0.1~0.5MPa)	筛分	水、溶剂、离子和小分子(相对分子质量<1000)	生化制品、胶体和大分子(相对分子质量 1000~300000)	具有皮层的多孔膜
纳滤	L	L	压力差(0.5~2.0MPa)	筛分+溶解/扩散	水和溶剂(相对分子质量<200)	溶质、二价盐、糖和染料(相对分子质量 200~1000)	致密不对称膜和复合膜
反渗透	L	L	压力差(1.0~10.0MPa)	溶解/扩散	水和溶剂	全部悬浮物、溶质和盐	致密不对称膜和复合膜
电渗析	L	L	电位差	离子交换	电解离子	非解离和大分子物质	离子交换膜
渗析	L	L	浓度差	扩散	离子、低相对分子质量有机质、酸和碱	相对分子质量大于 1000 的溶解物和悬浮物	不对称膜和离子交换膜
渗透汽化	L	G	分压差	溶解/扩散	溶质或溶剂(易渗透组分的蒸汽)	溶质或溶剂(难渗透组分的液体)	复合膜和均质膜
膜蒸馏	L	L	温度差	气-液平衡	溶质或溶剂(易汽化与渗透的组分)	溶质或溶剂(难汽化与渗透的组分)	多孔膜

续表

膜过程	相 1* 2	推动力	分离机理	渗透物	截留物	膜结构
气体分离	G G	压力差(1.0~10.0MPa) 浓度差(分压差)	溶解/扩散	易渗透的气体和蒸汽	难渗透的气体和蒸汽	复合膜和均质膜
液膜	L L	化学反应与浓度差	反应促进和扩散传递	电解质离子	非电解质离子	载体膜
膜接触器	L L G L L G	浓度差 浓度差(分压差) 浓度差(分压差)	分配系数	易扩散与渗透的物质	难扩散与渗透的物质	多孔膜和无孔膜

9.3.1 反渗透和纳滤

1960 年 Loeb 和 Sourirajan 制得了世界上第一张高脱盐率、高通量的不对称反渗透膜，大大地促进了膜技术的发展。20 世纪 90 年代超低压高脱盐全芳香族聚酰胺复合膜进入市场，反渗透已成为海水淡化最经济的技术。

纳滤膜(NF)介于反渗透膜和超滤膜之间，初始目标是软化水，用膜法代替常规的石灰软化和离子交换。近年来开发出多种材料和型号的纳滤膜，如 CA-CTA 不对称纳滤膜、芳族聚酰胺界面缩聚复合纳滤膜和 S-PES 类涂层复合膜等，截留相对分子质量 200~1000，在水软化、不同相对分子质量有机物分级、有机物除盐等领域广泛应用。

9.3.1.1 反渗透原理

当用一个半透性膜分隔两种不同浓度的溶液时，膜仅允许溶剂分子通过。由于浓溶液中溶剂的化学位低于它在稀溶液中的化学位，稀溶液中的溶剂分子会自发地透过半透膜向浓溶液中迁移。如图 9-3(a)所示。

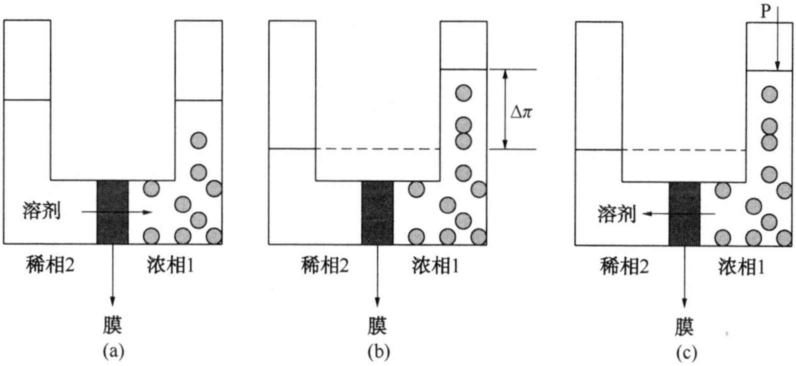

图 9-3 渗透过程示意图

等温条件下浓溶液(相1)中溶剂的化学位为：

$$\mu_{i,1}=\mu_{i,1}^{0}+RT\ln a_{i,1}+V_i p_1 \tag{9-1}$$

稀溶液(相2)中溶剂的化学位为：

$$\mu_{i,2}=\mu_{i,2}^{0}+RT\ln a_{i,2}+V_i p_2 \tag{9-2}$$

式中　μ_i、μ_i^0——溶液(相1和相2)中溶剂的化学位和标准化学位；

R——气体常数；

T——温度；

a_i——溶剂的活度；

V_i——偏摩尔体积；

p——溶液(相1和相2)压力。

令 $\mu_{i,1}=\mu_{i,2}$

由式(9-1)和式(9-2)可得(假定溶剂分子偏摩尔体积基本不变)：

$$RT(\ln a_{i,2}-\ln a_{i,1})=(p_1-p_2)V_i=\Delta\pi V_i \tag{9-3}$$

式中：流体压差 p_1-p_2 为 $\Delta\pi$。

如膜的一侧为纯溶剂 $a_{i,2}=1$(相2)，则式(9-3)为：

$$\Delta\pi=-\frac{RT}{V_i}\ln a_{i,1} \tag{9-4}$$

高浓度或高分子溶液的行为与此关系有较大偏差，可修正为如下形式：

$$\Delta\pi=\frac{RT}{M}C+B\,C^2+A \tag{9-5}$$

式中　M——物质相对分子质量；

B、A——常数；

C——物质浓度。

如果向浓溶液加一压力 p：

$$\mu_{i,1}-\mu_{i,2}=RT(\ln a_{i,1}-\ln a_{i,2})+V_i p=V_i(p-\Delta\pi) \tag{9-6}$$

若 $p>\Delta\pi$ 即$\mu_{i,1}>\mu_{i,2}$，浓溶液中溶剂分子的化学位将高于稀溶液中溶剂分子，溶剂将通过半透膜向稀溶液迁移，与自发的趋势相反，被称为反渗透，见图9-3(c)。在实际反渗透过程中为达到一定的渗透速率膜两边的压差远大于渗透压。

9.3.1.2　膜的迁移方程(根据优先吸附-毛细孔流理论)

反渗透(RO)与纳滤(NF)过程所依据的原理相同，可视为同一类过程，用于将无机盐、葡萄糖、蔗糖等小分子溶质从溶液中分离出来。小分子溶质的体积很小，所用的半透膜是流体阻力较大的致密膜，操作压力大于渗透压。在完全没有溶质透过膜的情况下，渗透通量可用下式表示：

$$J_w=A(\Delta p-\Delta\pi) \tag{9-7}$$

当有少量溶质透过时，膜两侧真实的渗透压差不是 $\Delta\pi$，而是 $\sigma\Delta\pi$，其中 σ 是膜对特定溶质的截留系数。渗透通量可表示为：

$$J_w = A(\Delta p - \sigma\Delta\pi) \tag{9-8}$$

对于给定的膜，式(9-7)和式(9-8)中 A 为常数，反映了在没有浓差极化时溶剂的透过速率。A 的大小与实验条件有关：压力恒定时，$A \cdot \mu_w$ = 常数(μ_w 为溶剂黏度)；温度恒定时，

$$A = A_0 \exp(-\alpha\Delta p) \tag{9-9}$$

式中 A_0——$\Delta p = 0$ 时 A 的外推值。

溶质通量可表示为：

$$J_S = B\Delta C_S = \frac{D_{AM}}{K\delta}(C_2 - C_3) \tag{9-10}$$

式中 D_{AM}——溶质向膜中的扩散系数；

K——溶质在膜与溶液间的分配系数；

δ——膜厚；

$C_1(c_b)$、$C_2(c_m)$、$C_3(c_p)$——溶剂在膜的料液侧的主体溶液中、料液侧膜表面上和渗透产物中的浓度；

$\frac{D_{AM}}{K\delta}$——溶质渗透系数，反映了膜的溶质透过特性。

温度的影响符合下式：

$$\frac{D_{AM}}{K\delta} \propto \exp(0.005T) \tag{9-11}$$

在很宽的进料浓度和膜孔径范围内，$\frac{D_{AM}}{K\delta}$与进料液的浓度和流速无关。

在实际应用时，通常用纯水渗透速率 PWP 和对某一溶质膜的截留率 R 描述反渗透膜和纳滤膜的性能。纯水渗透速率为：

$$PWP = \frac{J_w}{\Delta p(\Delta\pi = 0)} \tag{9-12}$$

同时，截留率有表观截留率和本征截留率之分，表达式如下：

表观截留率：

$$R = 1 - \frac{C_3}{C_1} \tag{9-13}$$

本征截留率：

$$R' = 1 - \frac{C_3}{C_2} \tag{9-14}$$

9.3.1.3 反渗透膜与纳滤膜及其组件

1. 反渗透膜与纳滤膜

用于反渗透和纳滤过程的膜多种多样，主要有平板不对称膜、中空纤维不对

称膜、中空纤维复合膜、管式不对称膜等。按使用范围可将膜分为三类：①高压反渗透膜；②低压反渗透膜；③超低压反渗透膜。

(1) 高压反渗透膜。反渗透膜的主要用途之一是海水淡化。由于海水的含盐量很高(达3.5%)，其渗透压很高(约2.5×10^6kPa)。考虑到膜分离器的生产能力及水的回收率，实际操作压力在5.0×10^6kPa以上，甚至达到2.0×10^7kPa，对膜的截留率、强度及耐压密性提出了很高的要求。

(2) 低压反渗透膜。低压反渗透膜的组件通常在1.4~2.0MPa下操作，主要用于苦咸水脱盐。与高压反渗透相比设备费和操作费较少，对某些有机和无机溶质有较高的选择分离能力。

(3) 纳滤膜(超低压反渗透)。纳滤膜又称为超低压反渗透膜或疏松型反渗透膜，操作压力通常在1.0MPa以下，对一价离子和相对分子质量小于300的小分子的截留率较低，对二价离子和相对分子质量大于300的有机小分子的截留率较高。

2. *反渗透膜与纳滤膜组件*

反渗透过程的经济性和实用性取决于组件的价格与性能，对组件的机械强度、流体力学结构及经济性都有较高的要求。四种主要的组件用于反渗透和纳滤过程时的性能及操作条件见表9-3。目前在反渗透和纳滤过程中，卷式和中空纤维组件占据了绝大部分市场份额。

表9-3 四种膜组件用于反渗透和纳滤时的性能及操作条件

比较项目	管式	板框式	卷式	中空纤维式
填充密度/(m^2/m^3)	20	150	250	1800
膜清洗	内压式易 外压式难	易	难	难 (内压中空纤维超滤易)
膜更换难易	内压式难 外压式易	一般	易	易
原水预处理成本	低	中等	高	高
相对价格	高	高	低	低

9.3.1.4 反渗透与纳滤工艺流程

反渗透和纳滤的工艺流程通常包括前处理工艺、膜分离工艺和后处理工艺。为减少料液在膜分离过程中对膜的污染和化学损伤，必须对料液进行适当的预处理。在实际生产中，必须选用合适的膜和组件形式，通过计算确定组件的排列和操作条件。有时经过膜分离装置处理过的料液不能完全达到要求，仍需进一步处理。在海水淡化中，反渗透法的能耗在水回收率为30%~40%时一般为6~7kW/m^3，仅为蒸发法的四分之一(图9-4)。

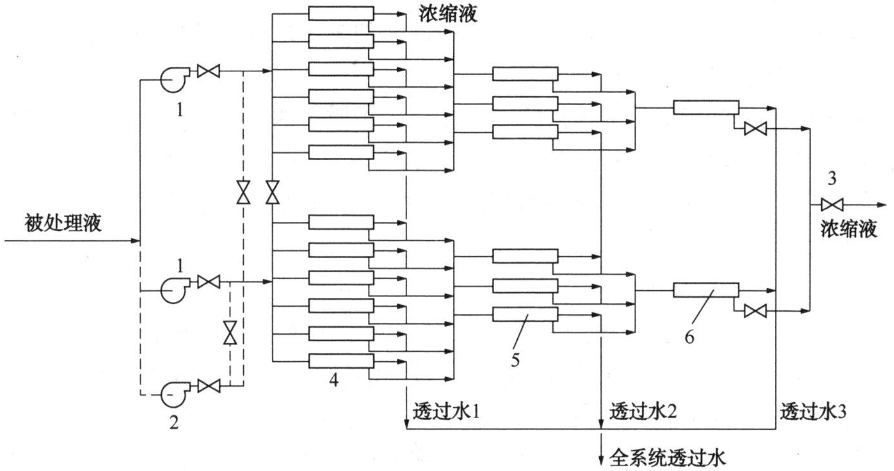

图 9-4　某钢厂三级苦咸水淡化反渗透脱盐装置流程图

1—高压泵；2—备用高压泵；3—压力和流量控制阀，4—第一级 RO 组件；
5—第二级 RO 组件；6—第三级 RO 组件

9.3.1.5　反渗透和纳滤应用

反渗透广泛应用于水的纯化过程，比如海水和苦咸水脱盐制饮用水，以及制备半导体工业、医药、化学工业中所需的超纯水。反渗透也用于浓缩过程，包括食品工业中果汁、糖、咖啡的浓缩，电镀和印染工业中废水的浓缩，奶品工业中生产干酪前牛奶的浓缩。

纳滤膜对 Na^+和 Cl^-等单价离子的截留率较低，但对 Ca^{2+}、Mg^{2+}、SO_4^{2-}等二价离子及除草剂、农药、色素、染料、抗生素、多肽和氨基酸等小相对分子质量(200~1000)物质的截留率很高，而且水在纳滤膜中的渗透速率远大于在反渗透膜中，所以当需要对低浓度的二价离子和相对分子质量在 200 到数千的溶质进行截留时，选择纳滤比反渗透经济。

9.3.2　超滤

超滤(UF)膜的孔径范围在 1~50nm，能从水溶液中分离相对分子质量大于数千的大分子和胶体物质，被广泛应用于食品、医药、水处理以及生物技术领域。

9.3.2.1　超滤原理

超滤膜多为不对称结构，由一层极薄(通常小于 1μm)具有一定尺寸孔径的表皮层和一层较厚(通常为 125μm 左右)具有海绵状或指状结构的多孔层组成。前者起分离作用，后者起支撑作用。在压力作用下，原料液中的溶剂和小的溶质粒子从高压料液侧透过超滤膜到低压侧。因为尺寸大于膜孔径的大分子及微粒被膜阻挡，料液逐渐被浓缩。溶液中的大分子、胶体、蛋白质、微粒等则被超滤膜截留而作为浓缩液回收。应当指出的是，孔径大小并不是物料分离的唯一支配因素，有些情况下超滤膜材料表面的化学特性起到决定性的截留作用。超滤膜的性能指标主要是渗透通量和截留率。

通过测定具有相似化学结构的不同相对分子质量的一系列化合物的截留率所得的曲线称为截留相对分子质量曲线，根据该曲线求得截留率大于90%（或95%）的相对分子质量即为截留相对分子质量。在截留相对分子质量附近曲线越陡，则膜的截留性能越好。

9.3.2.2 超滤操作工艺

超滤的基本操作有三种：①重过滤操作：用于大分子和小分子的分离。如图9-5所示，料液中含有不同相对分子质量的溶质，通过不断地加入纯水补充滤出液的体积。小分子组分逐渐被滤出液带走，从而达到提纯大分子组分的目的。②间歇操作：常用于小规模生产。③连续式操作：操作时组件的配置有单级和多级两类。图9-6为多级连续错流操作配置示意图，这种形式有利于提高效率，因为除最后一级在高浓度下操作渗透速率较低外，其他级操作的渗透速率较高。

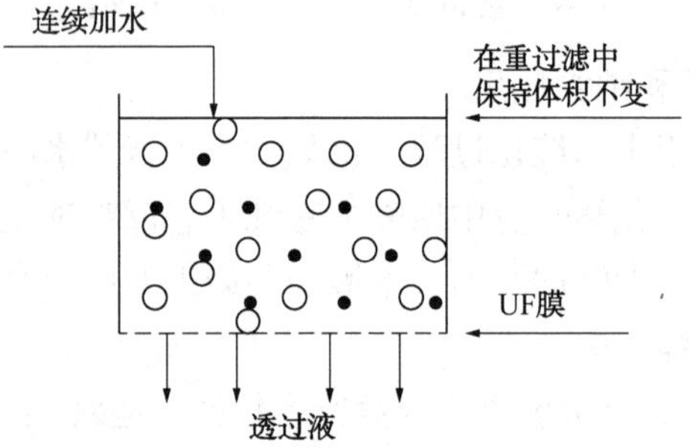

图9-5　连续式重过滤操作示意图

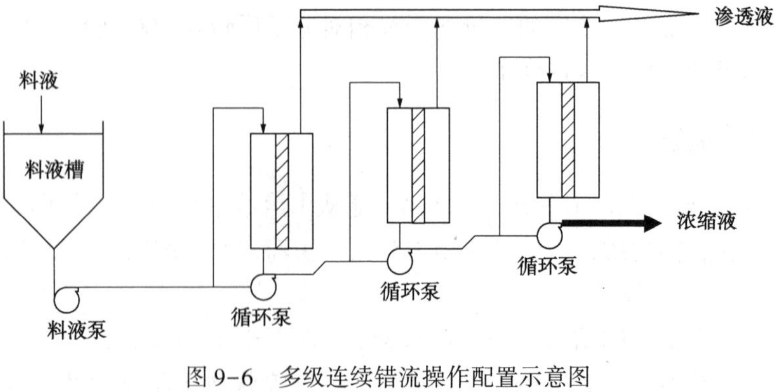

图9-6　多级连续错流操作配置示意图

9.3.2.3 超滤的应用

超滤除了用于工业废水处理、城市污水处理、饮用水的生产、高纯水的制备、生物制剂的提纯以及食品和医药工业外，正在向非水体系的应用发展。超滤已成为蛋白、酶纯化和浓缩的高效过程。超滤浓缩的优点是无相变，一般无须加热，工序简单，适用 pH 范围广，适合热敏性物质的分离浓缩。选用不同截留相对分子质量的膜，不同的膜材质和工艺可实现不同酶和蛋白的纯化浓缩。在果汁浓缩中，通常先用超滤膜对果汁进行澄清(预处理)，之后用反渗透法浓缩。在茶汁浓缩中，经预处理的茶汁，通过反渗透浓缩到含固量 15%之后冷冻贮存或喷雾干燥。

9.3.3 微滤

微滤膜具有比较整齐、均匀的多孔结构，孔径范围为 0.05～10μm，主要用于对悬浮液和乳液进行截留。

9.3.3.1 微滤原理

微滤又称精过滤，属于筛网式过滤。在静压差作用下，小于膜孔的粒子通过滤膜，大于膜孔的粒子则被截留到膜面上，大小不同的组分得以分离。除此以外，还有膜表面层的吸附截留和架桥截留，以及膜内部的网络中截留，如图 9-7 所示。通过微滤膜的体积通量可由 Darcy 定律描述：$J=A\Delta P$。渗透常数 A 决定于渗透液黏度和膜的厚度、孔隙率、孔径及其分布等因素。若膜由直的毛细管构成，根据 Hagen-Poiseuille 关系式，$A=\dfrac{\varepsilon r^2}{8\eta\tau\Delta X}$；若膜是球形颗粒的聚集体，根据 Kozenry-Carman 公式，$A=\dfrac{\varepsilon 3}{K\eta s^2\Delta X}$($\varepsilon$：孔隙率；$r$：孔半径；$\Delta X$：膜厚；$\eta$：动力学黏度；$\tau$：弯曲因子；$K$：与孔几何形状有关的无因次常数；$s$：单位体积中球颗粒的表面积)。为了优化微滤膜性能，应尽可能使膜表面孔隙率高，孔径分布窄。

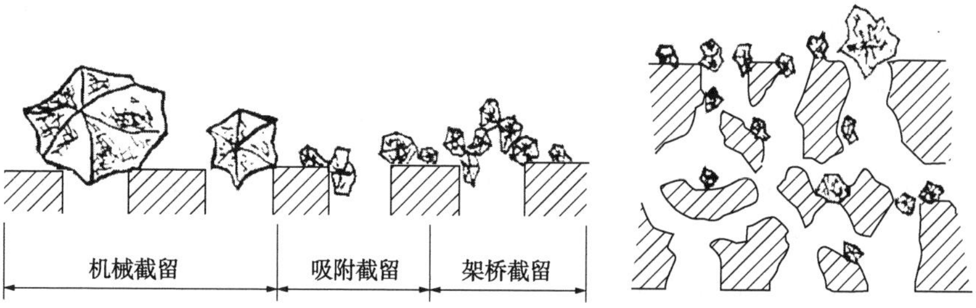

(a)膜的表面层截留　　(b)膜内部的网络中截留

图 9-7　微滤膜的截留作用

9.3.3.2 微滤操作工艺

微滤有两种操作工艺：①死端过滤；②错流过滤。如图 9-8(a)所示，在死端过滤时，溶剂和小于膜孔的溶质在压力的驱动下透过膜，大于膜孔的颗粒被截留，通常堆积在膜面上。死端过滤只需要克服膜阻力的能量，在许多场合下，实验室用的真空泵或增压泵就可提供足够的能量使微滤的流速达到要求。但随着操作时间的增加，在膜面上堆积的颗粒越来越多，过滤阻力越来越大，膜的渗透速率下降。所以死端过滤是间歇式的，必须周期性地停下来清洗膜表面的污染层或更换膜。第二种操作方式是错流过滤，如图 9-8(b)所示。在泵的推动下料液平行于膜面流动。与死端过滤不同的是料液流经膜面时产生的剪切力把膜面上滞留的颗粒带走，从而使堆积层保持在一个较薄的水平。死端过滤与错流过滤相比操作简单，适于实验室等小规模分离。对于固含量低于 0.1%的物料通常采用死端过滤；在分离固含量在 0.1%~0.5%的料液时，通常要对料液进行预处理或在膜面上加玻纤预过滤装置；对固含量高于 0.5%的料液通常采用错流过滤操作。

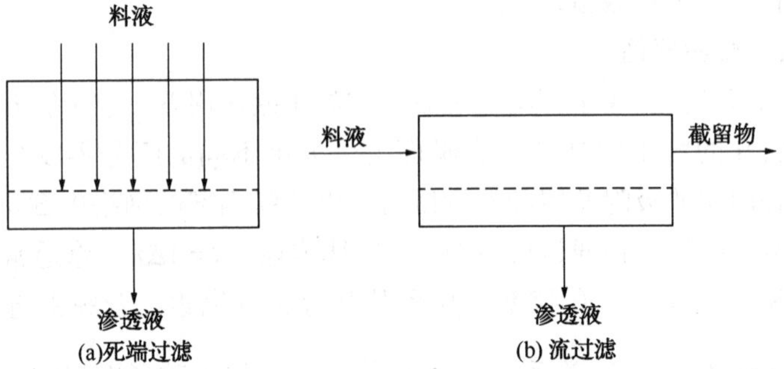

图 9-8 死端过滤和错流过滤示意图

9.3.4 渗析

渗析(Dialysis)也称透析，是溶质在自身浓度梯度作用下从膜的上游传向下游的过程。由于分子大小及溶解度不同，扩散速率存在差异，从而实现分离。渗析主要用于脱除溶液中的低相对分子质量组分。

9.3.4.1 传质理论

渗析过程的示意图如图 9-9(a)所示。原料液和渗析液通常是逆向流动，也可以是同向的。典型的浓度分布如图 9-9(b)，若存在边界层阻力，则浓度分布图 9-9(c)。

假定 Q_a、Q_b不变，则传质方程为：

$$dw = u_0(C_a - C_b)\,dA \tag{9-15}$$

$$dw = -Q_a dC_a = -Q_b dC_b \tag{9-16}$$

式中 u_0——总传质系数；

A——渗透膜面积；

w——溶质传递量；

Q_a——溶质流量；

Q_b——渗析液流量；

C_a——料液的浓度；

C_b——渗析液的浓度。

联立式(9-15)和式(9-16)，并对整个渗透器进行积分得：

$$w=u_0A\left[\frac{(C_{a2}-C_{b1})-(C_{a1}-C_{b2})}{\ln\left(\frac{C_{a2}-C_{b1}}{C_{a1}-C_{b2}}\right)}\right]=u_0A\Delta C_{1m} \tag{9-17}$$

式中 C_{a1}和C_{a2}——料液的进出口浓度；

C_{b1}和C_{b2}——渗析液的进出口浓度；

ΔC_{1m}——对数平均浓度差。

以上的讨论都是在忽略溶剂的流动下进行的。若溶剂与溶液中其他组分之间不存在耦合作用，则在渗透压的作用下溶剂从低浓度侧流向高浓度侧；若原料侧压力高于渗透液侧，则溶剂从原料液侧流向渗透液侧。通常溶剂与溶质的流动是相互耦合的。

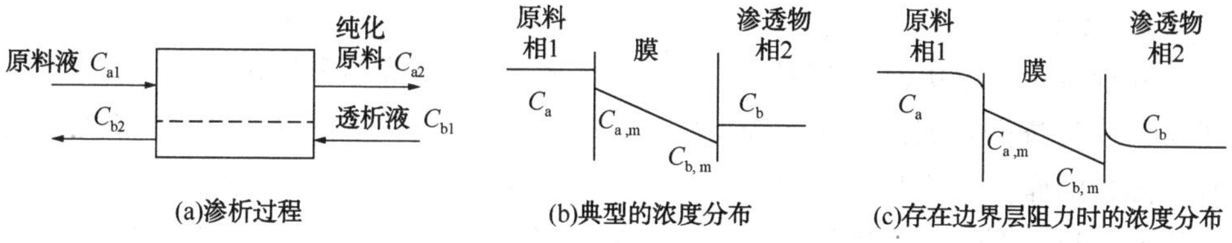

图 9-9 渗析过程及浓度分布示意图

9.3.4.2 渗析膜的应用

目前渗析最主要的用途是血液透析。渗析膜代替肾除去尿素、肌酸酐、磷酸盐和尿酸等有毒的低相对分子质量组分，以缓解肾衰竭和尿毒症患者的病情。该过程中血液被蠕动泵加压通过渗透器，在膜两侧液体所含溶质的浓度差及所形成的渗透压差的作用下，血液中的上述废物过程通过膜进入渗析液，渗析液中的某些组分则通过扩散进入血液，使血液达到需要的离子平衡。由于渗析过程中传质推动力是膜两侧物料中组分的浓度差，受体系条件的限制，传输速率慢，选择性不高，在工业生产上的应用不多，仅用于人造丝生产废纺丝液中碱的回收、血清蛋白和疫苗中脱出盐和其他低分子溶质、从啤酒中降低醇含量等。

9.3.5 电渗析

电渗析是在直流电场作用下，以电位差为推动力，利用离子交换膜的选择透过性，把电解质从溶液中分离出来，从而实现溶液的浓缩、淡化、精制和提纯。

9.3.5.1 电渗析原理

电渗析过程的原理如图 9-10 所示。在阴极和阳极之间交替排列一系列阴离子交换膜和阳离子交换膜。阴离子交换膜能使阴离子透过，阳离子交换膜剂能使

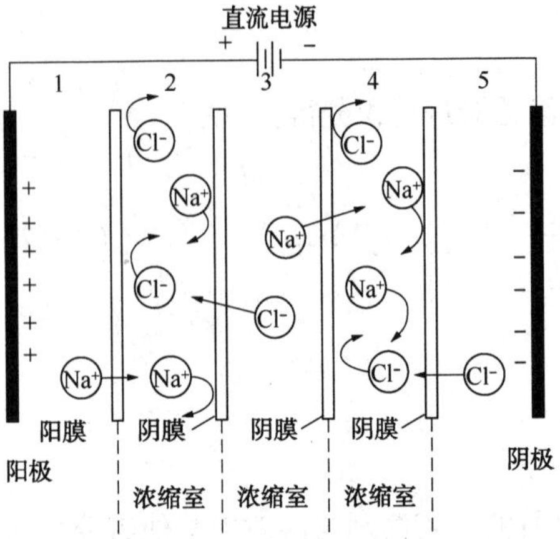

图 9-10　电渗析过程原理示意图

阳离子透过。将两种膜所形成的格室中充满氯化钠(NaCl)的水溶液。当接入直流电源，带负电的阴离子会向阳极迁移，受到阴膜的阻挡在 2、4 室积累；带正电的钠离子向阴极迁移，受到阳膜阻拦也在 2、4 室积累，于是形成交替排列的稀溶液和浓溶液。在电极处发生电解，电极反应如下：

阳极：

$$2Cl^- - 2e \longrightarrow Cl_2 \uparrow$$

阴极：

$$H_2O + 2e \longrightarrow H_2 \uparrow + 2OH^-$$

9.3.5.2　电渗析装置

电渗析器主要由膜堆、极区、夹紧装置三部分组成。

1. 膜堆

膜堆位于电渗析器的中部，由浓、淡水隔板/改向隔板和阴离子交换膜/阳离子交换膜交替排列成浓水室和淡水室。常见的隔板分为无回路隔板和有回路隔板。隔板的厚度一般为 0.5~2mm。通常在隔板框内加入隔网，隔网形式有鳞网、编织网和挤压网等。常用的材料有聚乙烯、聚氯乙烯、聚丙烯、天然橡胶。

2. 极区

极区位于膜堆两侧，包括电极和极水隔板。极水隔板供传导电流和排除废气、废液之用，所以比较厚。电极的形状有板状、网状、棒状、丝状。常用的电极有二氧化钌电极、石墨电极、不锈钢电极等。

3. 夹紧装置

电渗析器有两种锁紧方式：压机锁紧和螺杆锁紧。大型电渗析器用油压机锁紧，中小型电渗析器多用螺杆锁紧。

4. 组装方式

组装方式有串联、并联及串-并联。常用“级”和“段”来表示，“级”是指电极对的数目，“段”是指水流方向，水流通过一个膜堆后，改变方向进入后一个膜堆即增加一段。

(1) 并联组装。水流同向通过膜堆的组装形式称为并联组装，如图 9-11(a)和(b)所示。特点是产水量与膜对数成正比，适用于产水量大而水质要求不高的场合。

(2) 串联组装。水流由前一个膜堆出来改变方向进入后一个膜堆的组装形式，如图 9-11(c)和(d)所示，适用于产水量小而水质要求较高的场合。

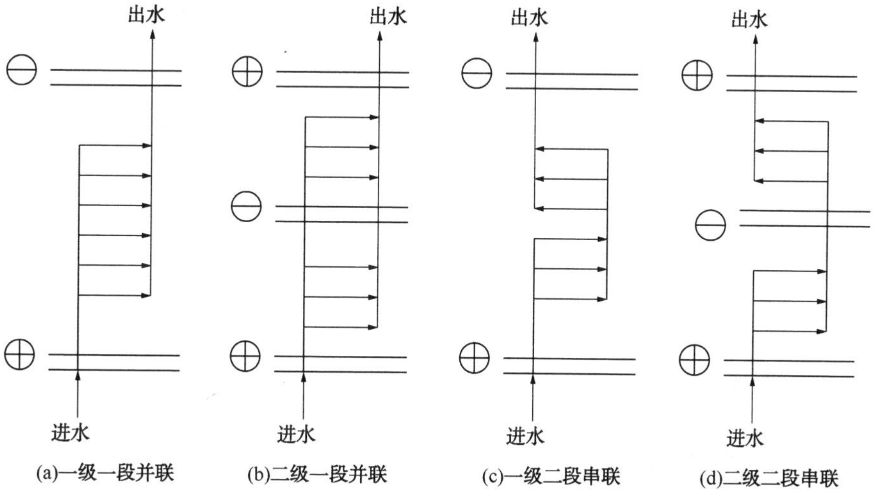

图 9-11　各种电渗析器的组装方式示意图

9.3.5.3　电渗析应用

目前电渗析主要用于苦咸水淡化、生产饮用水、浓缩海水制盐以及脱除电解质。它是所有膜分离过程中唯一涉及化学变化的分离过程。在许多领域与其他方法相比，它能有效地将生产过程与产品的分离过程融合起来，具有其他方法不能比拟的优势。比如四室电渗析器提取乳酸技术不但将乳酸从发酵液中分离出来，同时将它由钙盐转化成酸，与传统工艺相比工序简单、耗能少、产率高。

9.3.6　渗透汽化

渗透汽化(Pervaporation，PV)是利用溶液中的不同组分在膜中溶解、扩散能力不同，使某一组分优先渗透实现分离。由于在分离过程中有相变，必须提供一定热量。渗透汽化膜的选择性很高，处理用常规方法分离能耗高的近沸、恒沸体系具有很大优势。

9.3.6.1　渗透汽化过程原理

如图 9-12 所示，原料液体混合物被泵打入膜分离器后，膜选择性地吸附原料中的某一组分。被吸附组分在膜中扩散，最后在膜的渗透物侧脱附进入气相。推动力是膜两侧渗透组分的分压差，这一压差可用真空泵抽真空或通过惰性气体吹扫方法来维持。

当膜透过侧的压力足够低时，组分在透过侧的解吸很快，可以不考虑解吸步骤对传递过程的影响。膜的选择性和渗透速率主要受组分在聚合物膜中溶解度和扩散速率的控制。有些溶剂能使聚合物溶胀，促进链节的自由转动，减少扩散活

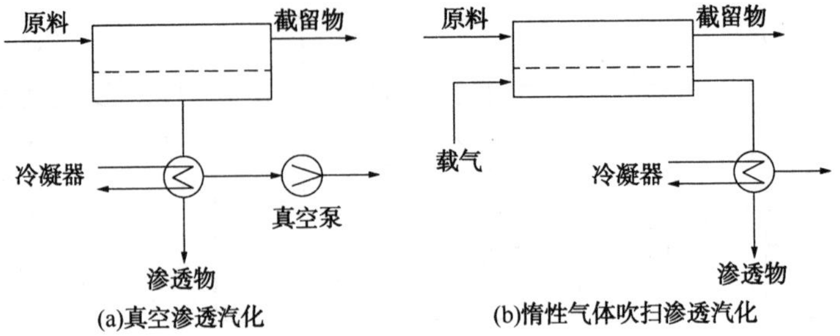

图 9-12　渗透汽化过程示意图

化能。高分子链间距离变大更有利于组分扩散，所以组分在膜中的溶解度越大通常它在膜中的扩散速率也越大。

9.3.6.2　渗透汽化膜

评价渗透汽化膜性能的指标主要有两个：

渗透流通量：

$$F=\frac{\text{渗透液的总量}}{\text{膜面积}\times\text{时间}} \tag{9-18}$$

分离因子：

$$\beta_{\text{pervap}}=\frac{\text{渗透液中组分浓度之比}}{\text{原料液中组分浓度之比}} \tag{9-19}$$

膜分离技术与传统技术相比最大优点就是节能。因此在渗透汽化中应以含量少的组分为优先通过组分，使尽可能少的物质发生相变。根据对渗透汽化过程的分析，如果渗透组分与膜分离材料之间有较好相容性，可以得到较高的渗透速率，所以针对①有机溶液中少量水的脱除；②水溶液中少量有机物质的脱除；③有机液体混合物的分离，分别选择亲水、亲油材质的膜。

9.3.6.3　渗透汽化膜组件

渗透汽化经常处理热的、含有有机溶剂的料液对装置的密封材料提出了很高的要求。而且渗透汽化过程要求渗透物侧应有足够的空间以利于渗透气迅速被带走。目前实际应用中多采用不锈钢材质的板框式组件，典型结构如图 9-13 所示。

9.3.7　气体分离

气体膜分离技术已被应用于合成氨弛放气中氢的回收、利用空气制氧制氮及天然气净化处理等方面。

9.3.7.1　气体分离的原理

采用多孔膜与致密膜都可实现气体分离，但分离机理不同。

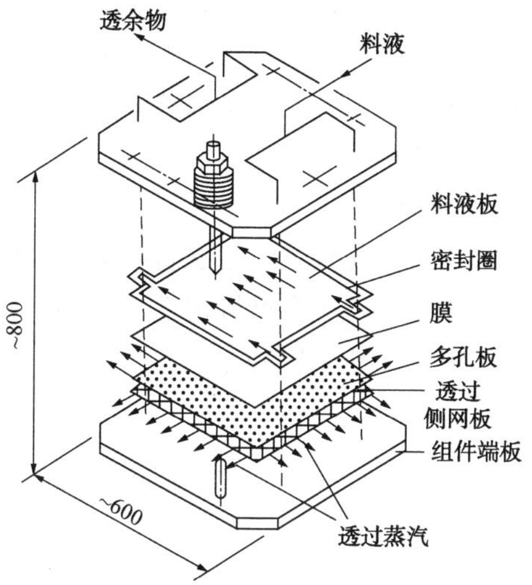

图 9-13　典型板框式渗透汽化组件

1. 多孔膜的微孔扩散机理

气体通过多孔膜的渗透包括 Knudsen 扩散和 Poiseuille 流动。在微孔直径 d 比气体分子的平均自由程λ小很多的情况下，气体分子与孔壁之间的碰撞概率大于分子之间的碰撞概率，分子的渗透速率是与相对分子质量有关的。

$$J=\frac{KP_0x}{M^{\frac{1}{2}}} \tag{9-20}$$

式中　K——常数；

P_0——微孔膜高压侧压力；

M——相对分子质量；

x——进料中组分的摩尔分数。

对于原料气由两种组分组成的体系而言，其理论分离因子为：

$$\alpha=\frac{\frac{J_1}{J_2}}{\frac{x}{1-x}}=\left[\frac{M_2}{M_1}\right]^{\frac{1}{2}} \tag{9-21}$$

实际的应用中，大多数分离体系中各组分的相对分子质量差别不大，其理论分离因子不大，而且实际分离过程中在原料侧存在浓差极化、非理想的膜结构等因素，Knudsen 流动的实际分离因子达不到理想值，为了获得足够的分离程度必须进行多级分离。

2. 致密膜的溶解扩散机理

通常认为在致密膜中，气体分子的渗透机理包括三步：①在膜的上游侧表面吸附溶解；②在浓差的推动下溶解在膜上游侧表面的气体分子扩散到膜的下游侧表面；③气体分子在膜的下游侧表面解吸。通常气体在膜面的吸附和解吸过程进行得较快，在膜内的扩散较慢。不同组分渗透性的差异来自它们在膜中的扩散能力和溶解能力的不同。

9.3.7.2 气体分离膜组件

由于气体分离膜的渗透通量比较小，且混合物中通常没有固体杂质，所以商品膜组件一般采用装填密度最高的中空纤维组件，也有少量采用卷式和平板式组件。常见的气体分离膜组件如图 9-14 所示。

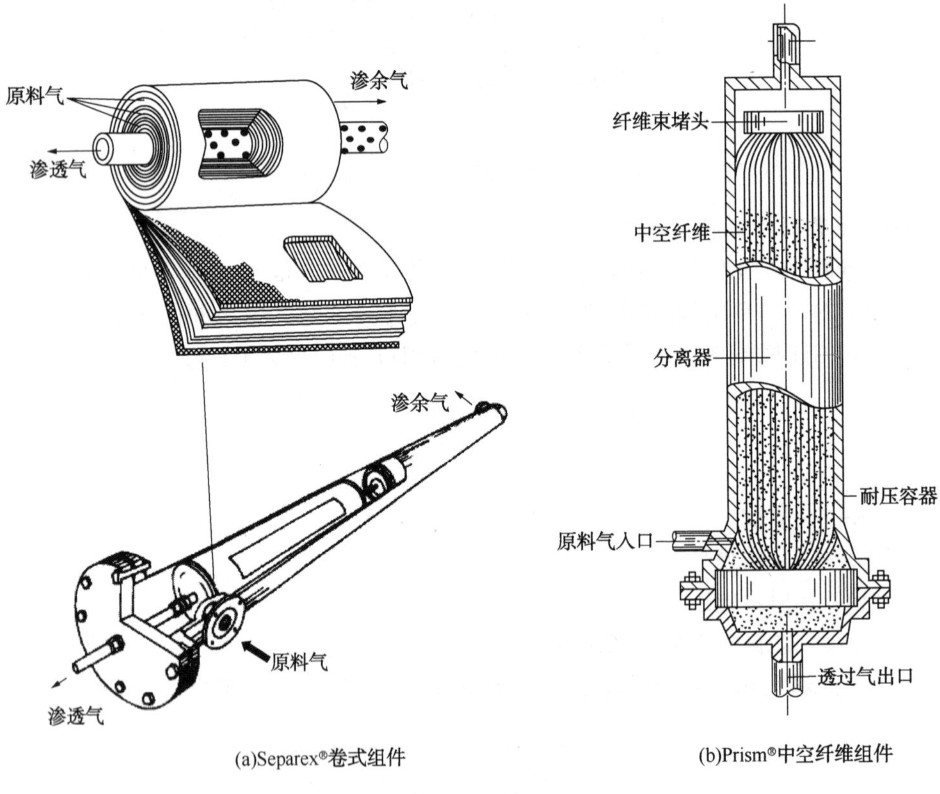

图 9-14 常见的气体分离膜组件

9.3.8 膜蒸馏

膜蒸馏过程可以应用的领域主要有：①纯水的生产；②溶液的浓缩；③挥发性产品的收集。膜蒸馏的优点有：①对离子、大分子胶体、细胞及其他非挥发性物质 100%截留；②操作温度比传统蒸(精)馏低，对热敏性物质的脱水浓缩有利；③操作压力低于传统的压力驱动膜分离过程；④对膜与原料液之间的相互作用要求不高；⑤对膜的机械性能要求不高；⑥与传统的蒸馏过程相比所需的蒸汽空间小。由于在膜蒸馏过程中要求膜不能被润湿，所以它仅能用于水溶液体系且必须是稀溶液的处理。

9.3.8.1 膜蒸馏过程原理

在膜蒸馏过程中被加热的水溶液从疏水多孔膜的一侧流过。疏水膜表面张力比较低，使得水溶液不能进入膜孔，在膜孔处形成了溶液-蒸汽界面，如图 9-15 所示。料液中可挥发组分以蒸汽的形式透过膜进入蒸汽压较低的另一侧，从而实现分离。有四种维持膜两侧蒸汽压的方法：①直接接触式膜蒸馏，渗透液侧冷凝液直接与膜相接触；②气隙式膜蒸馏，冷源是一冷壁，与膜之间存在一空气隙；③吹扫气膜蒸馏，冷源置于组件之外，由吹扫气带走蒸汽；④真空膜蒸馏，冷源置于组件之外，通过抽真空的方法带走蒸汽。可挥发物在料液侧的溶液-蒸汽界面蒸发，然后通过扩散、对流穿过膜，最后以冷凝液或者蒸汽的形式从组件中移走，从而实现分离。

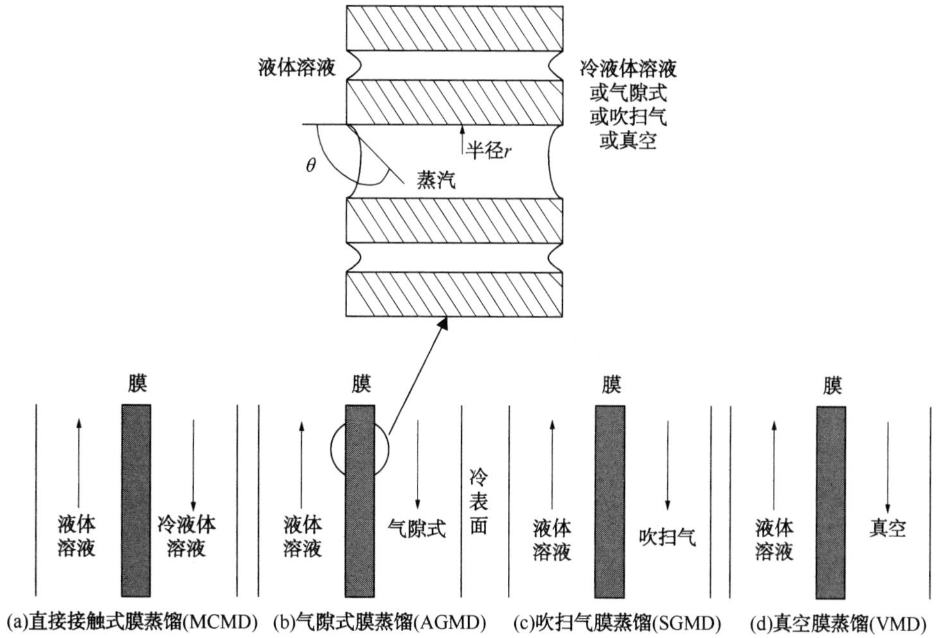

图 9-15 在膜蒸馏过程中溶液-蒸汽界面

9.3.8.2 膜蒸馏装置

膜蒸馏中膜的材质主要有聚丙烯、聚四氟乙烯、聚偏氟乙烯，孔径一般在 0~1μm，孔隙率大多在 60%~75%。用于膜蒸馏过程的组件形式有中空纤维式、卷式和板框式。板框式的结构通用性强，对膜进行清洗、更换比较方便，实验室规模的装置多用板框式。

参考文献

[1] Seader J. D, Ernest J Henley. Separation Process Principles[M]. Beijing: Chemical Industry Press, 2002.
[2] 胡英，吕瑞东，刘国杰，等. 物理化学[M]. 北京：高等教育出版社，2007.
[3] 陈敏恒，丛德滋，齐鸣斋，等. 化工原理(下册)[M]. 北京：化学工业出版社，2020.
[4] 刘丽华，张顺泽. 分离工程[M]. 北京：化学工业出版社，2021.
[5] 徐心茹，杨敬一，李少萍. 化工过程分离工程[M]. 上海：华东理工大学出版社，2012.
[6] 邓修，吴俊生. 化工分离工程[M]. 北京：科学出版社，2019.
[7] 张一安，徐心茹. 石油化工分离工程[M]. 上海：华东理工大学出版社，1998.
[8] 彭秉璞. 化工系统分析与模拟[M]. 北京：化学工业出版社，1990.
[9] Niggemann Gerit, Hiller Christoph, Fieg Georg. Modeling and in-depth analysis of the start-up of dividing-wall columns[J]. Chemical Engineering Science, 2011, 66(5): 5268-5283.
[10] 邱彤. 化工过程模拟[M]. 北京：化学工业出版社，2020.
[11] Asprion Norbert. Modeling, simulation, and optimization 4.0 for a distillation column[J]. Chemie Ingenieur Technik, 2020, 92(7): 879-889.
[12] 朱开宏，等. 化工过程流程模拟[M]. 北京：中国石化出版社，1993.
[13] Pierucci S, Manca D, Galli S, et al. A generalised program for fuel cell systems simulation [J]. Computer Aided Chemical Engineering, 2002, 10(12): 307-312.
[14] 郭天民. 多元气-液平衡和精馏[M]. 北京：化学工业出版社，1983.
[15] 天津大学化学工程研究所精馏理论与应用课题组. 精馏过程理论基础[M]. 北京：高等教育出版社，2020.
[16] 从海峰，李洪，高鑫，等. 蒸馏技术在石油炼制工业中的发展与展望[J]. 石油学报(石油加工)，2015，31(2)：315-324.
[17] 高倩，苏宏业，褚健. 石油蒸馏过程仿真研究与探讨[J]. 浙江大学学报(工学版)，2003，37(3)：367-371.
[18] 赵晓军，杨敬一，徐心茹，等. 卡宾达原油常减压蒸馏装置负荷转移技术的模拟与分析[J] 当代石油石化. 2006，14(10)：29-32.
[19] 侯芙生. 中国炼油技术[M]. 北京：中国石化出版社，2011.
[20] 谢书圣，徐心茹，杨敬一，等. 天然气三甘醇脱水系统吸收塔模拟计算研究[J]. 计算机与应用化学. 2011，28(3)：343-346.
[21] Alfredo Sánchez-Bautista, Ester M. Palmero, Alberto J. Moya, et al. Characterization of al-

kanolamine blends for carbon dioxide absorption. Corrosion and Regeneration Studies. Sustainability, 2021, 13(7), 4011.
[22] Rooney P C, Bacon T R, Dupart M S. Effect of heat stable salts on MDEA solution corrosivity. Part 1[J]. Hydrocarbon Processing, 1996, 64(5): 95-102.
[23] Rooney P C, Dupart M S, Bacon T R. Effect of heat stable salts on MDEA solution corrosivity. Part 2[J]. Hydrocarbon Processing, 1997, 65(4): 65-71.
[24] Feng Zhao, Caixiang Cui, Shoulong Dong, et al. An overview on the corrosion mechanisms and inhibition techniques for amine-based post-combustion carbon capture process. Separation and Purification Technology, 2023, 304: 122091.
[25] Yang J Y, Xu X R, Li S P, et al. Selective removal of H_2S from petroleum refinery gases I. A new desulfurizer behavior of absorption[J]. Petroleum Science and Technology, 2001, 19(3&4): 341-350.
[26] Wang Haiqin, Song Shen, Zhang Zubin, et al. A novel process of low-temperature fractionation combined with extractive distillation for H_2S removal from natural gas[J]. Separation and Purification Technology, 2022, 302: 122102.
[27] Yang J Y, Xu X R, Chen S Z. Selective removal of H_2S from petroleum refinery gases I. A study on the corrosion in desulfurizer $H_2S-CO_2-H_2O$ system[J]. Petroleum Science and Technology, 2003, 21(1&2): 29-42.
[28] Veawab A, Tontiwachwuthikul P, Chakma A. Influence of process parameters on corrosion behavior in a sterically hindered amine-CO_2 system[J]. Ind. Eng. Chem. Res., 1999, 38(1): 310-315.
[29] Liu Y Q C, Dunn D, Lipari M, et al. A comparative study of continuous operation between a dynamic baffle crystallizer and a stirred tank crystallizer[J]. Chemical Engineering Journal, 2019, 367: 278-294.
[30] Tanaka M, Hosoya M, Manaka A, et al. Synthesis of a dipeptide by integrating a continuous flow reaction and continuous crystallization[J]. Chemical Engineering Research & Design, 2021, 175: 259-271.
[31] Amari S, Nakamura A, Takiyama H. Effect of operating conditions on the characteristics of crystalline particles in a cascade-type crystallizer[J]. Industrial & Engineering Chemistry Research, 2022, 61(28): 10117-10123.
[32] Tavare N S. Industrial crystallization: process simulation analysis and design[M]. Springer Science & Business Media, 2013.
[33] Power G, Hou G, Kamaraju V K, et al. Design and optimization of a multistage continuous cooling mixed suspension, mixed product removal crystallizer[J]. Chemical Engineering Science, 2015, 133: 125-139.
[34] Koyama M, Kudo S, Amari S, et al. Development of novel cascade type crystallizer for continuous production of crystalline particles[J]. Journal of Industrial and Engineering Chemistry, 2020, 89: 111-114.
[35] 朱家文，吴艳阳，等. 分离工程[M]. 北京：化学工业出版社，2019.

[36] 郭立玮. 制药分离工程[M]. 北京：人民卫生出版社，2014.
[37] 宋航. 制药分离工程[M]. 北京：科学出版社，2020.
[38] 周胜，吴勇. 膜分离技术在化工废水处理中的研究与应用[J]. 炼油与化工，2023，34(04)：10-14.
[39] 王湛，王志. 膜分离技术基础[M]. 北京：化学工业出版社，2019.
[40] 任建新. 膜分离技术及其应用[M]. 北京：化学工业出版社，2002.
[41] 日本膜学会编. 膜分离过程设计法[M]. 王志魁译，沈文粹校. 北京：科学技术文献出版社，1988.
[42] R. 劳顿巴赫，R. 阿尔布雷希特. 膜分离方法——超滤和反渗透[M]. 黄怡华，董汝秀译，周理审校. 北京：化学工业出版社，1991.
[43] 任静，罗锦洪，韩海忠. 膜分离技术在水处理中的应用研究[M]. 北京：北京工业大学出版社，2022.
[44] K. W. Lawson，D. R. Lloyd. Review - membrane distillation [J]. Journal of Membrane Science，1997，124：1-25
[45] A. Gabelman，S. T. Hwang. Hollow fiber membrane contactors[J]. Journal of Membrane Science，1999，159：61-106
[46] Marcel Mulder. 膜技术基本原理[M]. 2 版. 李琳译，单德芳校. 北京：清华大学出版社，1999.
[47] R. Rautenbach. 膜工艺[M]. 王乐夫译. 北京：化学工业出版社，1998.
[48] 蒋维均. 新型传质分离技术[M]. 北京：化学工业出版社，1992.
[49] 王振堃，张怀明，沈立成. 电渗析和反渗透[M]. 上海：上海科学技术出版社，1980.
[50] 张维润等著. 电渗析工程学[M]. 北京：科学出版社，1995.
[51] 秦冰，傅晓萍，桑军强. 工业水处理技术[M]. 北京：中国石化出版社，2021.
[52] 许振良. 膜法水处理技术[M]. 北京：化学工业出版社，2001.
[53] Ahmed M，Mavukkandy M. O，Giwa A，et al. Recent developments in hazardous pollutants removal from wastewater and water reuse within a circular economy [J]. Npj Clean Water，2022，5：1-25
[54] R. D. Noble，S. A. Stern. Membrane separations technology：principles and applications [M]. The Netherlands，Elsevier Science B. V，1995.
[55] 许振良. 污水处理膜分离技术的研究进展[J]. 净水技术，2000(3)：3-6
[56] R. R. Bhave. Inorganic membranes synthesis，characteristics and applications [M]. New York：Van Nostrand Reinhold，1991.
[57] W. S. Winston，K. K. Sirkar. Membrane handbook [M]. New York：Van Nostrand Reinhold，1992.
[58] T. Matsuura. Synthetic membranes and membrane separation processes [M]. CRC Press Inc. 1994.
[59] 朱长乐等. 化学工程手册(第 18 篇)：薄膜过程[M]. 北京：化学工业出版社，1987.
[60] 许振良，T. S. CHUNG. 聚醚酰亚胺中空纤维超滤膜的研究(Ⅱ)油/水乳状液分离[J]. 膜科学与技术，2001(3)：29-32.

[61] Zhen-Liang Xu, et al. Polymeric asymmetric membranes made from PEI/PBI/PEG for oil-surfactant-water separation[J]. Journal of Membrane Science, 1999, 158: 41-62.
[62] Dmitrieva E. S, Anokhina T. S, Novitsky E. G, et al. Polymeric membranes for oil-water separation: a review[J]. Polymers, 2022, 14: 980.
[63] Holda, A. K, Vankelecom I. F. J. Understanding and guiding the phase inversion process for synthesis of solvent resistant nanofiltration membranes[J]. Journal of Applied Polymer Science, 2015, 132: 42130.
[64] Wang, K. Y, Weber M, Chung T. S. Polybenzimidazoles(PBIs) and state-of-the-art PBI hollow fiber membranes for water, organic solvent and gas separations: a review[J]. Journal of Materials Chemistry A, 2022, 10(16): 8687-8718.
[65] 徐孙杰，沈倩，罗立汉，等. 芳纶基 OSN 膜分离纯化大环内酯类药物分子的应用[J]. 膜科学与技术，2021，41(3)：111-117.
[66] Padaki M, Murali R. S, Abdullah M. S, et al. Membrane technology enhancement in oil-water separation. A Review Desalination, 2015, 357: 197-207.
[67] 孙晶莹，张海珍，穆彤，等. 三通道毛细管复合纳滤膜的改进及其性能[J]. 膜科学与技术，2020，40(5)：31-38.
[68] 徐孙杰，沈倩，罗立汉，等. 芳纶基 OSN 膜分离纯化大环内酯类药物分子的应用[J]. 膜科学与技术，2021，41(3)：111-117.
[69] Xiao Q. R, Sun S. An anti-abrasion sandwich structured membrane for highly efficient oil/water separation[J]. Polymers for Advanced Technologies, 2023, 34: 3659-3666.
[70] 胡碧涵，杨栋，王洋，等. 椭圆中空纤维膜渗透汽化的传质强化数值模拟[J]. 膜科学与技术，2022，42(1)：65-71.
[71] Wenten I. G, Khoiruddin K, Wardani A. K, et al. Preparation of antifouling polypropylene/ZnO composite hollow fiber membrane by dip-coating method for peat water treatment[J]. Journal of Water Process Engineering, 2020, 34: 101158.
[72] 齐炜东，徐孙杰，许振良，等. 超疏水 PDMS/PVDF 纳米纤维膜制备及其苯酚分离性能[J]. 膜科学与技术，2021，41(1)：10-15.
[73] 沈倩，徐孙杰，许振良. 糖基掺杂聚酰胺纳滤膜制备及其性能研究[J]. 膜科学与技术，2020，40(1)：117-122.
[74] 冯霄. 化工节能原理与技术[M]. 北京：化学工业出版社，2015.
[75] 李群生. 传质分离理论与现代塔器技术[M]. 北京：化学工业出版社，2016.
[76] Wankat, Phillip C. Separation process engineering [M]. New York: Pearson Education Inc, 2011.
[77] 张卫东，孙巍，刘君腾. 化工过程分析与合成[M]. 北京：化学工业出版社，2011.